普通高等教育智慧海洋技术系列教材

海洋信息处理基础

孙大军　滕婷婷　梅继丹　崔宏宇　兰华林　编著

科学出版社
北　京

内 容 简 介

本书共7章。第1章简要介绍海洋信息处理的概念内涵、技术内涵、本书定位等内容。第2～6章是理论部分，包括信号时频分析理论、信号空域处理理论、信号参数估计理论、目标状态估计理论、目标信息关联与融合理论。第7章是专题部分，重点基于第2～6章理论讨论五个相关专题，包括水声瞬态信号检测、运动平台阵列目标真方位估计、水声信道均衡、被动三维目标运动分析、分布式目标关联与融合定位跟踪。

本书可作为普通高等学校海洋信息工程类、水声工程类、电子信息工程类等专业本科生或研究生的海洋信息处理类、水声信号与信息处理类课程的教材，也可供相关领域的工程技术人员参考。

图书在版编目（CIP）数据

海洋信息处理基础 / 孙大军等编著. -- 北京 : 科学出版社, 2024. 12.
(普通高等教育智慧海洋技术系列教材). -- ISBN 978-7-03-080833-2

Ⅰ. P71

中国国家版本馆 CIP 数据核字第 2024UB3281 号

责任编辑：杨慎欣　常友丽 / 责任校对：何艳萍
责任印制：徐晓晨 / 封面设计：马晓敏

科学出版社出版
北京东黄城根北街16号
邮政编码：100717
http://www.sciencep.com
北京建宏印刷有限公司印刷
科学出版社发行　各地新华书店经销
*
2024年12月第　一　版　开本：787×1092　1/16
2024年12月第一次印刷　印张：16 1/2
字数：412 000

定价：86.00元

（如有印装质量问题，我社负责调换）

前 言

党的十八大报告作出“提高海洋资源开发能力，发展海洋经济，保护海洋生态环境，坚决维护国家海洋权益，建设海洋强国”的战略部署。党的十九大、二十大报告进一步将“加快建设海洋强国”作为重大战略任务。要维护国家海洋权益，建设海洋强国，须发展先进的海洋信息处理技术，实现对海洋环境和海洋目标的连续监测和准确预报。

海洋信息处理涉及声、光、电、磁等多种手段，完成各类跨域多源异构异类异质数据的采集、信号处理、信息处理和信息融合，实现对海洋环境和海洋目标的监测。海洋信息的来源包括天基、空基、岸基、海基等观测平台。有关基于光、电、磁等手段的海洋信息处理技术，已有多本著作出版。而声波是迄今唯一能够有效进行水下远程信息传递的载体，因此本书以水下声学信息为主，讨论水下声学信息处理的基础理论和基本方法，为水声探测、通信、定位、导航等多种应用奠定基础。

本书共 7 章，分为理论部分和专题部分。第 1 章简述海洋信息处理的概念内涵、技术内涵、本书定位等内容。理论部分重点围绕第 2 章信号时频分析理论、第 3 章信号空域处理理论、第 4 章信号参数估计理论、第 5 章目标状态估计理论、第 6 章目标信息关联与融合理论进行介绍。第 7 章专题部分重点基于第 2～6 章的理论讨论五个相关专题。本书注重内容的完整性和连续性，依据海洋信息处理的实际流程，按照信号处理、信息处理、信息融合的顺序，总结各部分的基础理论，力求环环紧扣、循序渐进。作者秉持理论联系实际、基础结合创新、知识生成体系的理念，一方面在第 2～6 章最后一节安排了实际应用案例内容，另一方面在第 7 章安排了五个相关专题，覆盖水声探测、水声定位、水声通信、水声信息融合等多个应用场景，并设置了课后习题（包括思考题、计算题、仿真题等类型），提高读者方法实操和知识应用的能力。另外，作者还依托“智慧树”平台构建“海洋信息处理基础”AI 课程（免登录网址 http://t.zhihuishu.com/DqKeMERv），提供课程图谱、问题图谱与能力图谱等。供读者从多维度、多层面理解知识点。

课程图谱
学习演示

本书由孙大军、滕婷婷、梅继丹、崔宏宇、兰华林撰写，其中孙大军负责统稿和定稿，并撰写了第 1 章，兰华林撰写了第 2 章，梅继丹撰写了第 3 章，崔宏宇撰写了第 4 章，滕婷婷撰写了第 5、6 章，全体作者共同撰写了第 7 章。在撰写过程中，胡骏杰、张艺翱、王舒徽、王慧琳、马丞达、张嘉乔、黄书鹏、徐淼、张浩日、黎梦远、秦源浩、胡哲健、王连杰、蒋金坤等对全书内容和格式进行了校正，在这里表示感谢，也一并对参考资料的作者表示诚挚的谢意。

由于作者水平有限，书中难免会出现一些疏漏和不妥之处，恳请读者批评指正。

作 者

2024 年 6 月

目　　录

第1章 绪　　论

1.1　海洋信息处理概念内涵

本节从信息、海洋信息和海洋信息处理三个层面，引出海洋信息处理的概念内涵。

当前，哲学家和科学家普遍认为，物质、能量和信息是现实世界的三大要素。美国哈佛大学研究小组给出著名的物质-能量-信息资源三角形，指出："没有物质，什么也不存在；没有能量，什么都不会发生；没有信息，什么都没有意义。"物质和能量是信息的基础，信息是物质和能量的状态、属性、关系、规律的描述。

海洋信息是跨域多源异构异类异质的，根据海洋信息研究的对象进行分类，海洋信息可分为海洋环境信息和海洋目标信息。海洋环境信息包括海洋声场环境（环境噪声、声传播等）、海洋动力环境（风场、浪场、流场、温度、盐度、压力等）、海洋动力过程（潮汐、锋面、内波、中尺度涡等）、海底环境（地形、地貌、地层等）等的信息。海洋目标信息包括海面目标（船只、海上平台、冰川等）、水下目标（潜艇、水下航行器、鱼群、海山、掩埋物等）、空中目标（海面飞行的飞机、无人机等）的信息。

海洋信息处理是指对海洋环境信息、海洋目标信息进行获取、处理与融合，实现对海洋环境和海洋目标的长时间、大范围、高精度的监测与预报。

1.2　海洋信息处理技术内涵

海洋信息处理技术包括信息获取、信息处理和信息融合。

信息获取——利用声、光、电、磁等多种手段，实现跨域多源异构异类异质数据的采集。获取海洋信息的设备包括主被动探测声呐、多波束成像声呐、声学层析、光学遥感器、合成孔径雷达（synthetic aperture radar，SAR）、超视距雷达、磁探仪等多种类型。

信息处理——这里指广义的信息处理，包括信号处理内容，即利用信号时频分析、信号空域处理、信号参数估计、目标状态估计等信号与信息处理技术，实现弱信号增强、干扰抑制、信号检测、测距/测向/测速/测深等。海洋是"嘈杂"的，各种传感器采集的数据除了包含感兴趣的目标信号外，还包括各类外部的、内部的噪声和干扰。信息处理的目的是：从含有噪声和干扰的数据中提取有用的信号，估计信号的幅度、时延、相位、频率等参数，进而估计相应观测对象的幅值、距离、方位、速度、深度等状态信息。

信息融合——利用数据关联、组合、估计等信息技术，完成目标位置和身份估计、战场态势和威胁评估。一级融合，即目标估计，对实体物理对象进行状态估计；二级融合，即态势估计，对现实世界状态及其变化进行估计；三级融合，即影响（威胁）估计，估计预测态势对规划或期望行动的影响；四级融合，即过程优化，对整个融合过程进行实时监控和性能评价。

1.3 本书定位

海洋信息处理涉及利用声、光、电、磁等各类手段采集的海洋信息的处理内容。从整个垂直空间维度看，海洋信息包括天基平台的观测信息、空基平台的观测信息、岸基平台的观测信息、海基平台的观测信息等。关于海洋信息处理方面的内容，已有多部著作出版，例如“电子与信息作战丛书”的《星载SAR与AIS综合的海洋目标信息处理技术》、“海洋科学前沿系列丛书”的《海洋信息技术与应用》、“海洋监测技术研究丛书”的《合成孔径雷达海洋信息处理与应用》、“海洋测绘丛书”的《海洋遥感探测技术与应用》、“深远海创新理论及技术应用丛书”的《海洋动力环境微波遥感信息提取技术与应用》等。以上著作讨论的对象主要是：通过天基、空基、岸基、海基等平台，利用光、电、磁等手段获得的海洋信息。

水下信息提取与应用在海洋信息处理中占据非常重要的位置，而声波是迄今唯一能够有效进行水下远程信息传递的载体，因此本书主要以水下声学信息为主，讨论水下声学信号时频分析、信号空域处理、信号参数估计、目标状态估计、目标信息关联与融合的基础理论和基本方法，为水声探测、水声定位、水声通信、导航等多种应用奠定理论基础。表1-1～表1-3分别给出了水声探测、水声定位和水声通信应用场景下信息处理目的、难点和方法的总结。

表1-1　水声探测应用场景下信息处理目的、难点和方法总结

探测技术		处理目的	信息种类	处理难点	处理方法
主动探测	单节点	弱目标发现、目标状态参数估计、持续跟踪	能量、时延、方位等	弱目标增强、混响等干扰抑制、短时存续目标确认、机动目标跟踪等	信号域：时空频域干扰抑制与信号增强 信息域：信号参数估计、目标状态估计
	多节点	弱目标发现、目标状态参数估计、持续跟踪	能量、时延（和）、方位等	弱目标增强、直达波/混响等干扰抑制、信息关联、检测融合、轨迹融合等	信号域：时空频域干扰抑制与信号增强 信息域：信号参数估计、目标状态估计、信息关联与融合
被动探测	单节点	弱目标发现、目标状态参数估计、持续跟踪	能量、方位、频率特征等	弱目标增强、干扰抑制、被动定位、被动跟踪等	信号域：时空频域干扰抑制与信号增强 信息域：信号参数估计、目标状态估计
	多节点	弱目标发现、目标状态参数估计、持续跟踪	能量、方位、时延（差）、频率特征等	弱目标增强、干扰抑制、信息关联、协同定位、检测融合、轨迹融合等	信号域：时空频域干扰抑制与信号增强 信息域：信号参数估计、目标状态估计、信息关联与融合

表 1-2　水声定位应用场景下信息处理目的、难点和方法总结

定位技术		处理目的	信息种类	处理难点	处理方法
超短基线定位	同步模式	通过在母平台上布设超短基线定位仪，采用同步信标工作方式，对水下待测平台进行定位	能量、时延、方位等	低信噪比信号检测、复杂声场条件下时延估计、平台运动条件下方位估计、位置解算	信号域：时空频域干扰抑制与信号增强 信息域：信号参数估计、位置解算
	应答模式	通过在母平台上布设超短基线定位仪，采用询问应答工作方式，对水下待测平台进行定位	能量、时延、方位等	低信噪比信号检测、复杂声场条件下时延估计、混响干扰抑制、平台运动条件下方位估计、位置解算	信号域：时空频域干扰抑制与信号增强 信息域：信号参数估计、位置解算
长基线定位	同步模式	通过在作业海域布设精确位置基准点，采用同步信标工作方式，对水下待测平台进行定位	能量、时延等	低信噪比信号检测、复杂声场条件下时延估计、位置解算	信号域：时空频域干扰抑制与信号增强 信息域：信号参数估计、位置解算
	应答模式	通过在作业海域布设精确位置基准点，采用询问应答工作方式，对水下待测平台进行定位	能量、时延等	低信噪比信号检测、复杂声场条件下时延估计、多目标互扰抑制、混响干扰抑制、大时延异步位置解算	信号域：时空频域干扰抑制与信号增强 信息域：信号参数估计、位置解算

表 1-3　水声通信应用场景下信息处理目的、难点和方法总结

通信技术	处理目的	信息种类	处理难点	处理方法
同步检测	获得通信信号的初始时间及初始多普勒频率	时延、频率等	多途及噪声影响下时延及频率的高精度估计	信号域：具有抗多途能力的同步信号设计，水声信道条件下信号时延估计及频率估计 信息域：水声多途分辨
信道估计	对水声时变多途信道进行估计及跟踪，采用均衡技术抑制多途影响	时延、幅度、相位等	水声多途信道的高精度估计及时变跟踪	信号域：水声稀疏信道约束下的信道估计及跟踪技术 信息域：基于水声信道时变模型的参数滤波技术
数据解调	对接收信号的频率或相位等信息进行估计及判别，转化成比特流	频率、相位等	噪声影响下频率或相位的高精度估计	信号域：水声信道条件下接收信号频率估计或相位估计 信息域：基于信道编码约束的译码技术

1.4　各章节的知识结构

本书以水下声学信息为讨论对象，分为理论部分和专题部分。理论部分重点围绕信号时频分析理论（第 2 章）、信号空域处理理论（第 3 章）、信号参数估计理论（第 4 章）、目标状态估计理论（第 5 章）、目标信息关联与融合理论（第 6 章）展开介绍；专题部分重点基于第 2～6 章的理论讨论五个相关专题（第 7 章），包括水声瞬态信号检测、运动平台阵列目标真方位估计、水声信道均衡、被动三维目标运动分析、分布式目标关联与融合定位跟踪。

第 1 章，绪论。阐述了海洋信息处理的概念内涵、技术内涵、本书定位及各章节知识结构。

第 2 章，信号时频分析理论。主要总结了主动声呐脉冲、海洋环境噪声、舰船辐射噪声和水下爆炸声等几种常见的海洋声学信号；从确定性信号的时域分析方法——匹配滤波，确定性信号的时频分辨力分析方法——模糊函数，非平稳信号的时频分析方法——短时傅里叶变换、小波变换和希尔伯特-黄变换等几个方面总结信号时频分析方法；以典型水声信号为例讨论时频分析理论的应用。

第 3 章，信号空域处理理论。主要从波束形成基本概念，常规时延、相移波束形成方法原理，典型加权波束形成处理方法，宽带波束形成处理实现方法，直线阵预成多波束问题，波达方位估计技术等几个方面总结声呐波束形成以及空间谱估计的基本概念和典型处理方法，并通过两个被动声呐测向案例讨论波束形成处理方法和应用。

第 4 章，信号参数估计理论。主要从信号参数估计的基本概念、估计量性质及误差分析、贝叶斯估计、最大似然估计、线性最小均方误差估计、最小二乘估计等几个方面总结信号参数估计的概念、性质和常用算法。并结合超短基线水声定位系统的应用实例，讨论相位估计方法和时延估计方法，并分析估计精度对超短基线定位精度的影响。

第 5 章，目标状态估计理论。主要从目标状态估计的状态模型、量测模型、贝叶斯滤波原理、线性滤波方法、非线性滤波方法、贝叶斯类滤波器仿真实例等几个方面总结目标状态估计理论的概念、模型和常用算法。并以被动声呐目标线谱提取的应用实例讨论基于粒子滤波检测前跟踪的目标状态估计方法的性能。

第 6 章，目标信息关联与融合理论。主要从单目标航迹的数据关联、多目标航迹的数据关联、分布式航迹关联、分布式信息融合等几个方面总结目标信息关联与融合的理论和常用算法，并以多基地目标检测融合的应用实例讨论分布式检测融合方法性能。

第 7 章，海洋信息处理专题。主要讨论水声瞬态信号检测、运动平台阵列目标真方位估计、水声信道均衡、被动三维目标运动分析、分布式目标关联与融合定位跟踪五个相关专题。

参考文献

何友, 王国宏, 陆大绘, 等, 2000. 多传感器信息融合及应用[M]. 北京: 电子工业出版社.

何友, 修建娟, 张晶炜, 等, 2009. 雷达数据处理及应用[M]. 2 版. 北京: 电子工业出版社.

康耀红, 2006. 数据融合理论与应用[M]. 2 版. 西安: 西安电子科技大学出版社.

罗鹏飞, 张文明, 2021. 随机信号分析与处理[M]. 3 版. 北京: 清华大学出版社.

潘泉, 程咏梅, 梁彦, 等, 2013. 多源信息融合理论及应用[M]. 北京: 清华大学出版社.

孙大军, 郑翠娥, 曹忠义, 等, 2023. 深海高精度水声定位与导航技术[M]. 北京: 科学出版社.

田坦, 2007. 水下定位与导航技术[M]. 北京: 国防工业出版社.

田坦, 2010. 声呐技术[M]. 2 版. 哈尔滨: 哈尔滨工程大学出版社.

王平波, 蔡志明, 代振, 等, 2021. 信号检测与估计: 水声信号处理应用[M]. 北京: 兵器工业出版社.

王永良, 陈辉, 彭应宁, 等, 2004. 空间谱估计理论与算法[M]. 北京: 清华大学出版社.

夏佩伦, 2010. 目标跟踪与信息融合[M]. 北京: 国防工业出版社.

徐文, 鄢社峰, 季飞, 等, 2016. 海洋信息获取、传输、处理及融合前沿研究评述[J]. 中国科学: 信息科学, 46(8): 1053-1085.

McDonough R N, Whalen A D, 2006. 噪声中的信号检测(第二版)[M]. 王德石, 等译. 北京: 电子工业出版社.

Urick R J, 1983. Principles of underwater sound[M]. 3rd ed. New York: Peninsula Publishing.

第 2 章　信号时频分析理论

信号处理的根本任务就是找到信号和信号之间、信号和噪声之间的差异，并将它们分离或分解，例如相关可以分离不同时延的信号，傅里叶变换可以将信号分解成不同的频率分量。不同的信号处理和变换都是为了寻求一个最佳的视角，找到感兴趣的信号和其余分量的差异。时域和频域是描述水声信号的两个基本出发点，信号的时频分析理论是信号处理的基石。

本章将对时频分析理论进行总结，共分为 8 节。2.1 节主要介绍主动声呐脉冲、海洋环境噪声、舰船辐射噪声和水下爆炸声等几种常见的水声信号；2.2 节给出主动声呐信号的时域处理方法——匹配滤波；2.3 节在傅里叶变换的基础上总结针对非平稳信号的短时傅里叶变换方法；2.4 节介绍信号模糊函数，评价信号的匹配滤波能力和时频分辨力；2.5 节和 2.6 节针对非平稳信号分别介绍小波变换和希尔伯特-黄变换两种方法的信号时频分析；2.7 节以海豚叫声处理为例介绍时频分析理论的应用；2.8 节对本章内容进行总结。

2.1　常见海洋声学信号

声学信号是声呐处理的主要对象。海洋中的声学信号来源广泛，包括由人类活动引起的人工声学信号和自然界存在的自然噪声。人工声学信号包括声呐声脉冲、船舶活动的辐射噪声、钻井平台的桩基噪声等，而自然噪声包括海洋生物活动引起的噪声、流噪声、风与波浪相互作用引起的气泡破裂的噪声、地壳活动引起的地震或火山噪声等。

下面将从时域方面来介绍海洋声学信号。

2.1.1　主动声呐脉冲

主动声呐探测目标通常以一定重复周期 T_0 发射如图 2-1 所示脉冲信号，其中 $s(t)$ 称为子脉冲。对于声呐而言，重复周期 T_0 的范围在毫秒量级到百秒量级之间。而雷达电磁波信号的重复周期一般在几微秒到几毫秒之间，显然声呐信号的重复周期要长得多，效率也低得多。

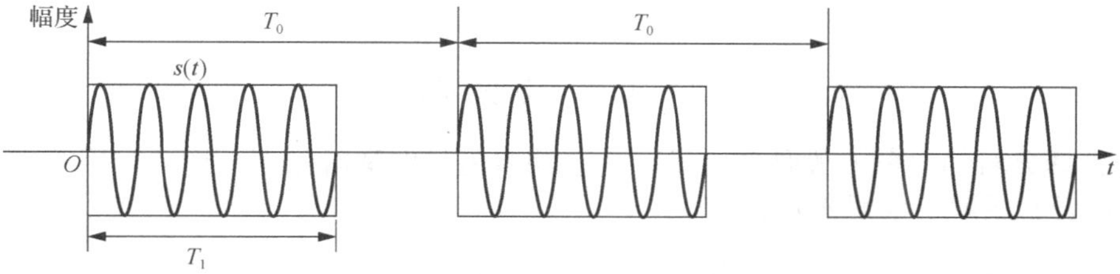

图 2-1　脉冲信号示意图

子脉冲 $s(t)$ 的持续时间长度称为脉冲宽度，显然这里的脉冲宽度小于脉冲重复周期：$T_1 < T_0$。定义占空比为 T_1 / T_0。

子脉冲 $s(t)$ 可以是一个矩形脉冲，也可以是三角形或钟形等其余包络形式的脉冲。脉冲内部可以填充连续波（continuous wave，CW）信号，也可以填充线性调频（linear frequency modulation，LFM）信号和双曲调频（hyperbolic frequency modulation，HFM）信号等。

CW 信号子脉冲可以表示为

$$s(t)=\begin{cases}a(t)\sin(2\pi f_0 t+\varphi), & 0<t<T_1\\ 0, & \text{其他}\end{cases} \tag{2-1}$$

式中，包络 $a(t)$ 是一个窗函数；φ 为初相；f_0 为载频。

最典型的例子为矩形窗：

$$a(t)=\begin{cases}A, & 0<t<T_1\\ 0, & \text{其他}\end{cases} \tag{2-2}$$

对应于矩形窗时 CW 脉冲可表示成

$$s(t)=\begin{cases}A\sin(2\pi f_0 t), & 0<t<T_1\\ 0, & \text{其他}\end{cases} \tag{2-3}$$

线性调频脉冲可以表示成

$$s(t)=\begin{cases}a(t)\sin(2\pi f_0 t+\pi k t^2), & 0<t<T_1\\ 0, & \text{其他}\end{cases} \tag{2-4}$$

式中，k 为脉冲的调频斜率。

经过信道后的脉冲信号 $y(t)$ 可以表示成子脉冲 $s(t)$ 和冲激响应 $h(t)$ 的卷积：

$$y(t)=s(t)*h(t) \tag{2-5}$$

式中，$*$表示卷积。

$$h(t)=\delta(t-nT_0) \tag{2-6}$$

式中，n 为整数。冲激响应 $h(t)$ 如图 2-2 所示。

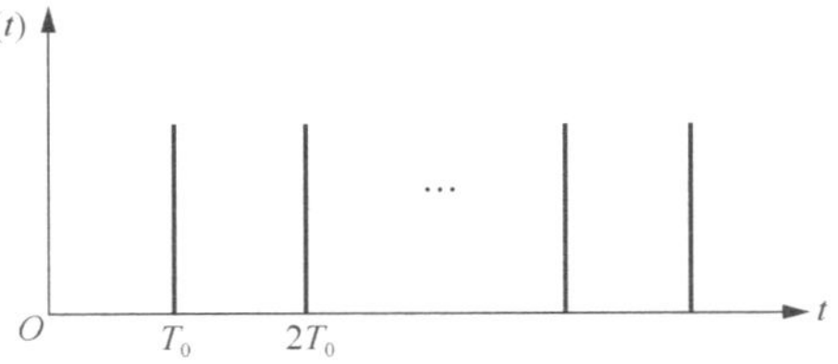

图 2-2　信道冲激响应示意图

信号处理分析的对象一般是实信号。为了获得信号的瞬时频率，通常采用希尔伯特变换将信号 $s(t)$ 表示成解析信号 $\tilde{s}(t)$，

$$\tilde{s}(t)=H\left[s(t)\right]=a(t)\mathrm{e}^{\mathrm{j}\phi(t)} \tag{2-7}$$

式中，$H(\cdot)$ 表示希尔伯特变换，对其更详细的描述可参考《噪声中的信号检测（第二版）》（McDonough et al.，2006）；相位 $\phi(t)$ 是时间函数，进而可通过微分计算求得信号的瞬时频率，

即

$$\tilde{f}(t)=\frac{1}{2\pi}\frac{\mathrm{d}}{\mathrm{d}t}\phi(t) \tag{2-8}$$

这种处理方式在处理非平稳信号时经常用到。

2.1.2　海洋环境噪声

海洋环境噪声具有典型的时变、空变特性。时变是指随时间变化，例如一天中不同时刻、一年中不同时刻，或者不同年份条件下，同一海域的环境噪声会发生改变。空变特性是指空间位置不同或深度不同时，环境噪声也不同。这里所说的海洋环境噪声是指海洋中任一特定位置、特定时间普遍存在的噪声背景，不包括附近的船舶（当然，远处船舶噪声的贡献归属于海洋环境噪声）、海洋生物、降雨等引起的瞬态噪声。

主动声呐脉冲只是由一部声呐所产生，将源特性与信道特性分离讨论相对容易。而海洋环境噪声是由无数个位置不同的噪声源产生，经过无数个不同信道最终到达观测点，是多源共同作用的结果。因此，除非是研究海洋环境噪声的形成机理问题或多点同步噪声观测问题，否则人们一般将海洋环境噪声建模成一个随机过程，作为单水听器信号处理的输入。

假定海洋环境噪声 $x(t)$ 为高斯分布，概率密度函数为

$$f(x)=\frac{1}{\sqrt{2\pi}\sigma}\mathrm{e}^{-\frac{x^2}{\sigma^2}} \tag{2-9}$$

式中，σ^2 为噪声的功率。

Urick（1983）对深海海洋环境噪声的平均谱级进行了总结，如图 2-3 所示。

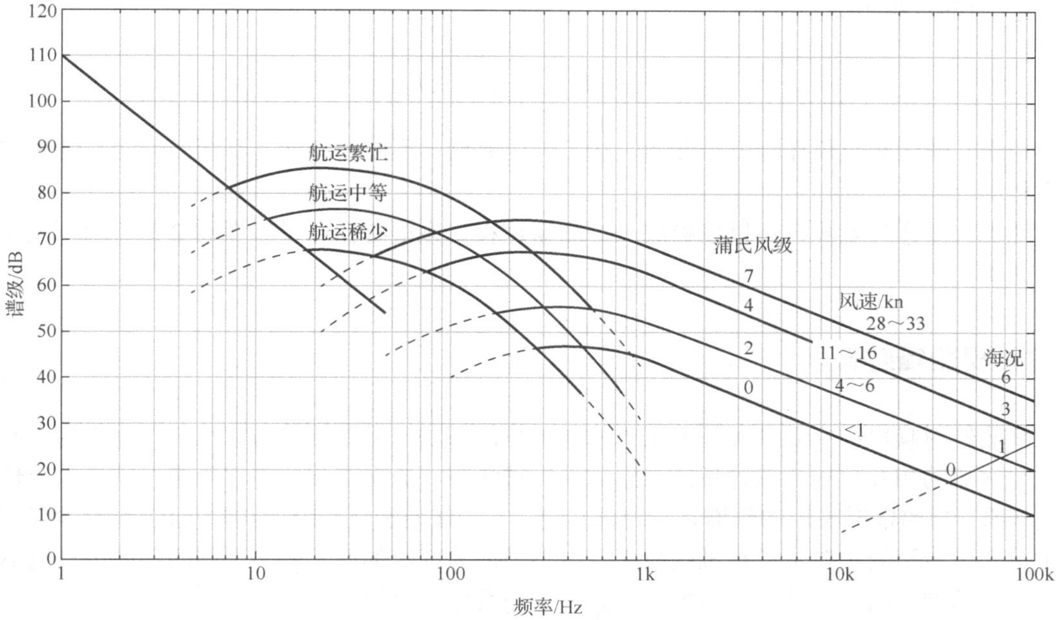

图 2-3　海洋环境噪声谱级

从图 2-3 中可以看出，海洋环境噪声受到航船和风力的影响。这里航船噪声的影响不是指单艘船个体噪声的影响，而是远处大量航船和信道的共同作用结果。由于不同的风速会引起不同的浪高，风速表征风级，浪高表征海况，因此如表 2-1 所示，风力可以用风速、风级、浪高和海况来表示，四者是一一对应的。

表 2-1　风速、风级、浪高和海况对应关系表

风级	风速/kn	浪高/m	海况
0	<1	0	0
1	1～3	0.1	0
2	4～6	0.2～0.3	1
3	7～10	0.6～1	2
4	11～16	1～1.5	3
5	17～21	2～2.5	4
6	22～27	3～4	5
7	28～33	4～5.5	6
8	34～40	5.5～7.5	7
9	41～47	7～10	8
10	48～55	9～12.5	9
11	56～63	11.5～16	10
>11	>63	—	—

噪声是航船和风力共同作用的结果，例如 100Hz 处，如果海况为 3 级（贡献噪声谱级为 63dB），航运状态为稀少（贡献噪声谱级为 63dB），那么环境噪声谱级为 66dB。

图 2-3 中谱级 $\mathrm{NL}(f)$ 是指频率 f 处 1Hz 带宽内参考 1μPa 声压所对应的声强。频带 $[f_{\mathrm{L}}, f_{\mathrm{H}}]$ 内的总噪声级为

$$P = 10\lg\int_{f_{\mathrm{L}}}^{f_{\mathrm{H}}} 10^{\frac{\mathrm{NL}(f)}{10}}\mathrm{d}f \tag{2-10}$$

应该指出，该谱级仅仅作为一个参考，在不同的海域、不同的海深、不同的时间，结果均可能不相同。

综上，海洋环境噪声可以建模成一个高斯过程，频谱特性可以参考图 2-3 所示环境噪声平均谱级。

2.1.3　舰船辐射噪声

舰船辐射噪声的主要来源是船上主机或辅机的振动、运动船体与水流的相互作用以及螺旋桨与水流的相互作用，三种噪声分别称为机械噪声、流噪声和螺旋桨噪声。从信号处理的角度来看，舰船辐射噪声的频谱是一种混合谱，它是线谱和连续谱两种情况的综合，如图 2-4 所示，其中线谱的主要来源是机械噪声，由不平衡的旋转部件（例如不圆的轴或电机电枢）、齿轮、电枢槽、涡轮机叶片、内燃机气缸中的往复爆炸以及螺旋桨旋转所产生。

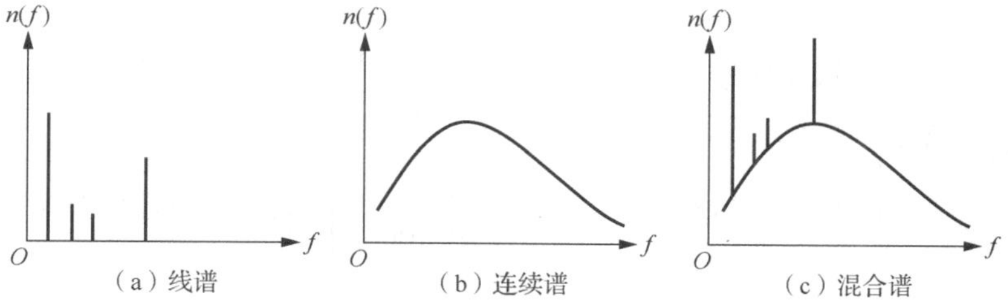

图 2-4　舰船辐射噪声谱示意图

下面给出舰船辐射噪声的理想化功率谱，如图 2-5 所示。在 0～200Hz 的连续谱具有恒定的 160dB 谱级，高于 200Hz 时，谱级按照每倍频程 6dB 下降。

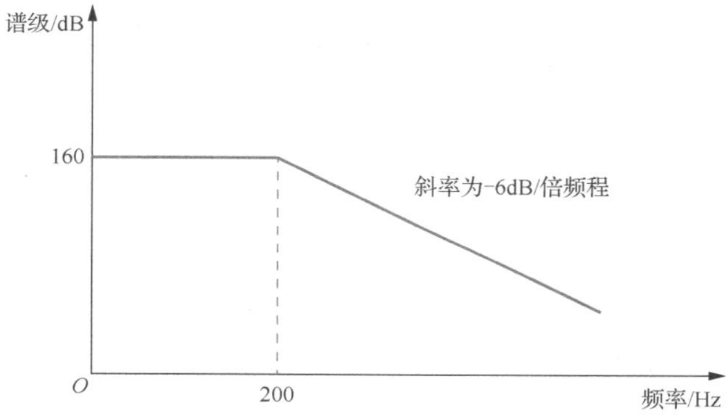

图 2-5　舰船辐射噪声的理想化功率谱

Ross（1976）和 Urick（1983）对舰船辐射噪声的频谱进行了大量的研究。

1. 连续谱

Wales 等（2002）对 1986～1992 年地中海和东大西洋中 272 艘船的辐射噪声进行了分析，得到如下经验公式：

$$\mathrm{SL}_0(f)=230.0-10\lg f^{3.594}+10\lg\left[1+\left(\frac{f}{340}\right)^2\right]^{0.917} \tag{2-11}$$

Simard 等（2016）在加拿大东部 350m 深海域采用 3 个水听器对 255 艘商船辐射噪声进行观测，并对相应的声级进行统计分析，指出频率、速度、长度、宽度、吃水对船舶辐射噪声的起伏起着重要作用。

Jiang 等（2020）分析了 2014 年 5 月至 2016 年 3 月海底水听器对黄海 27 艘商船的测试结果，给出了 20～1000Hz 的频谱估计结果，发现对长度 200m 以下的噪声用下式表示更准确：

$$
\mathrm{SL}_0(f)=\begin{cases}26.2+10\lg f^{11.1}-10\lg\left\{\left[1+\left(\dfrac{f}{30}\right)^2\right]^{9.14}\right\}, & 20\mathrm{Hz}\leqslant f\leqslant 50\mathrm{Hz}\\ 229.4-10\lg f^{3.9}+10\lg\left\{\left[1+\left(\dfrac{f}{300}\right)^2\right]^{1.2}\right\}, & 50\mathrm{Hz}\leqslant f\leqslant 1000\mathrm{Hz}\end{cases} \tag{2-12}
$$

对船舶长度小于 200m 的情形进行了重新拟合：

$$
\mathrm{SL}_0(f)=\begin{cases}115.9+10\lg f^{3.64}-10\lg\left\{\left[1+\left(\dfrac{f}{40}\right)^2\right]^{4.06}\right\}, & 20\mathrm{Hz}\leqslant f\leqslant 120\mathrm{Hz}\\ 211.5-10\lg f^{2.9}, & 120\mathrm{Hz}\leqslant f\leqslant 1000\mathrm{Hz}\end{cases} \tag{2-13}
$$

船舶辐射噪声与船速密切相关。图 2-6 绘制了两种船舶长度情况下的辐射噪声连续谱曲线。

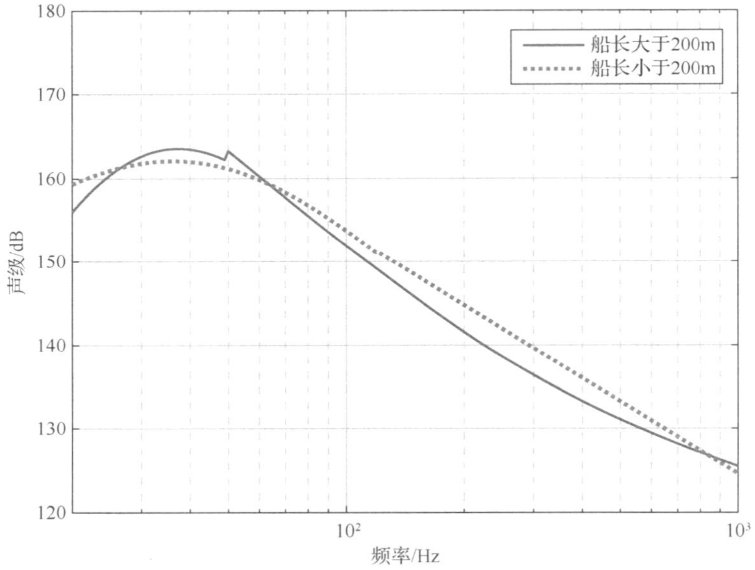

图 2-6　船舶辐射噪声连续谱模型

2. 线谱

舰船辐射噪声的线谱特征是舰船目标识别的主要依据。线谱一般有一定的频带宽度，可以看出窄带信号。

3. 调制谱

舰船辐射噪声的叶片速率谱中含有丰富的调制信息，通过提取调制信号的包络谱，可以得到螺旋桨的轴频及其谐波，由此进行目标探测与识别。

当载波信号为单频信号时，调制信号可以写为

$$
X(t)=C(1+\sin 2\pi f_2 t)\cos 2\pi f_1 t \tag{2-14}
$$

式中，C 为调制信号的幅度；f_1 为载波频率；f_2 是信号的调制频率。

当水面船从附近通过时，通常可以观测到连续谱信号干涉现象，线谱信号存在多普勒偏移现象。

2.1.4　水下爆炸声

水下爆炸声是一种常见的水下瞬态脉冲信号。

1948 年，Cole 首次系统分析了水下爆炸的形成过程与物理特性，建立了水下爆炸的基本理论。炸药在水下爆炸时会产生一个持续时间很短的爆炸冲击波。当爆炸在一团物质中发生时，爆轰波首先在物质的内部传播，再传播到周围的介质中去。爆轰波的产生，是固体的爆炸物质转化为气态反应物的一系列复杂现象的一部分。这个转化过程以及随之产生的冲击波在物质内部以一定的速度传播，这个速度与爆炸物的性质有关。对于像三硝基甲苯（TNT）这样的“烈性”炸药，爆轰速度一般约为 5000～10000m/s。与此同时，在介质中会产生向各个方向传播的冲击波。对于其他物质，如黑色炸药，其爆炸的过程进行得很慢，速度只有 0.1～1m/s，类似于燃爆或是燃烧。由这两类过程所产生的压力是非常悬殊的。如图 2-7 所示，爆轰物质产生冲击波，其特点是具有无限陡峭的脉冲前沿，紧接着冲击波压力迅速衰减，持续时间不超过数毫秒。爆燃类物质则引起一个比较低的、持续时间比较长的压力包。

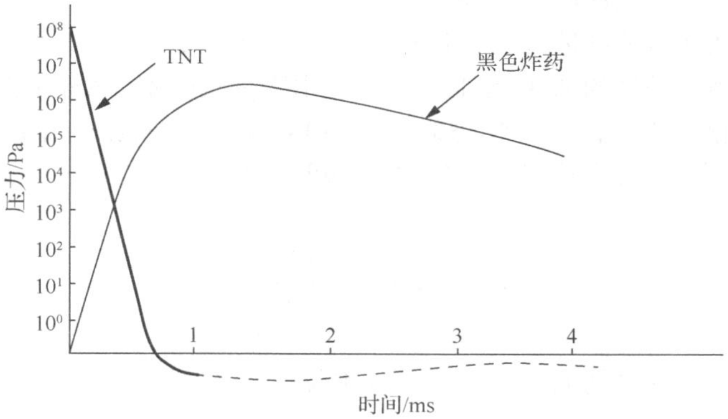

图 2-7　相同质量（1kg）TNT 和黑色炸药在单位距离（1m）处产生的冲击波（Urick，1983）

水下爆炸过程可分为三个阶段：炸药爆轰、冲击波传播和气泡脉冲产生。炸药在水下爆炸的瞬间变成高温高压爆轰产物，压缩周围水体形成初始冲击波向外传播，同时爆轰产物向外膨胀推动周围水体向外运动，形成气泡。冲击波过后气泡中的压力迅速下降，但仍比静水压力高，气泡推动周围水体向外不断膨胀，当气泡内压力降至静水压力时，在惯性作用下继续膨胀至最大体积，随后在外界压力作用下收缩，直到最小体积再继续膨胀，如此反复运动形成气泡脉冲。在浮力作用下，气泡不断上升，最后浮出水面。冲击波峰值压力大，但持续时间短，气泡脉冲虽然峰值压力小，但持续时间长。

水下爆炸在产生冲击波的同时，也会产生一系列压力脉冲，称为气泡脉冲。如图 2-8 所示，气泡脉冲是爆轰完成后所遗留下来的气体球的逐次振荡所引起的。当振荡的气体球的体积收缩到最小时，产生一个正的压力，逐次的脉冲产生逐个的压力脉冲，每一个相继的脉冲都比前一个更弱。整个过程中，气泡逐渐上浮，在深度浅到气体球能冲出水面的情况下，就没有气泡脉冲了。

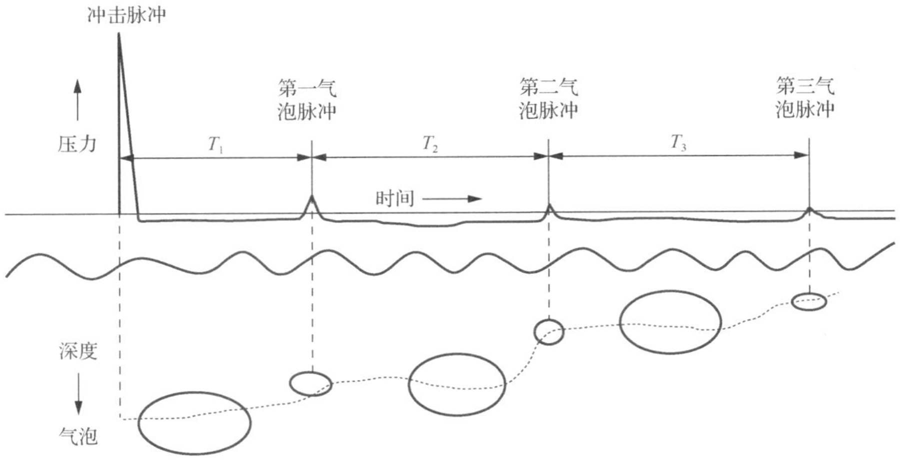

图 2-8　水下爆炸产生的冲击波和气泡脉冲

爆炸信号由冲击波和气泡脉冲组成。假设当距离较远时，可以只考虑冲击波产生的影响。几个典型的参数包括冲击波脉冲幅度、各次气泡脉冲相对时间延迟。

华盛顿大学机械工程系的 A. G. Soloway 和应用物理实验室（Applied Physics Laboratory，APL）的 Peter H. Dahl 等在美国声学学会杂志（The Journal of the Acoustical Society of America，JASA）发文给出了冲击波脉冲幅度 p_0（单位：μPa）公式：

$$p_0 = 5.2\times10^{13}\left(\frac{W^{\frac{1}{3}}}{r}\right)^{1.13} \tag{2-15}$$

第一气泡脉冲同冲击脉冲之间的时间间隔 T_1（单位：s）如下：

$$T_1 = 2.11\times W^{\frac{1}{3}}(z+10.1)^{-\frac{5}{6}} \tag{2-16}$$

第二气泡脉冲同第一气泡脉冲之间的时间间隔 T_2（单位：s）如下：

$$T_2 = 1.48\times W^{\frac{1}{3}}(z+10.1)^{-\frac{5}{6}} \tag{2-17}$$

第三气泡脉冲同第二气泡脉冲之间的时间间隔 T_3（单位：s）如下：

$$T_3 = 1.20\times W^{\frac{1}{3}}(z+10.1)^{-\frac{5}{6}} \tag{2-18}$$

式中，W 为有效的爆炸药量，单位是 kg；r 是爆炸点位置和接收水听器位置之间的水平距离，单位是 m；z 是声源爆炸深度，单位是 m。

图 2-9 为爆炸药当量与声压级的关系。从图中可以看出，随着爆炸药量的增加，声压级线性增加。100g 当量的 TNT，声压级可达 267dB，1kg 当量的 TNT，声压级可达 274dB。

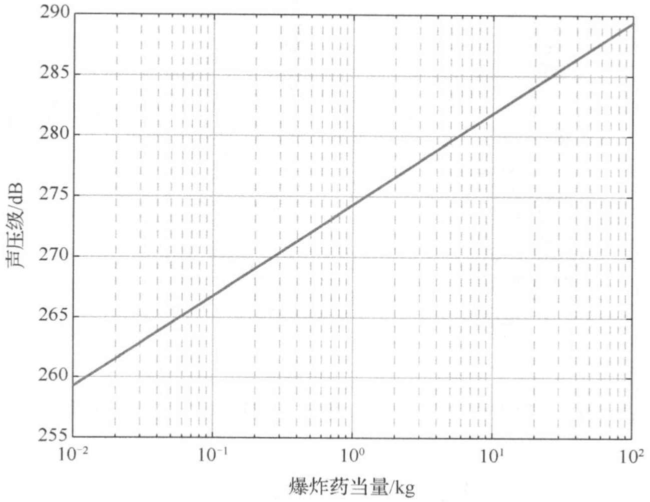

图 2-9 爆炸药当量与声压级的关系

图 2-10 和图 2-11 分别给出了实测 100g 当量 TNT 在水下爆炸时所产生的时域波形和相应的时频谱图。图中除了可见爆炸声信号的特征，还可以观察到由信道引起的多途扩展。

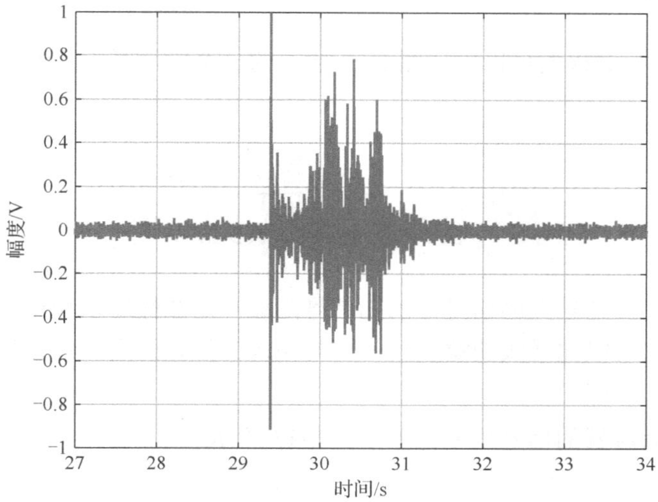

图 2-10 爆炸声信号的时域波形

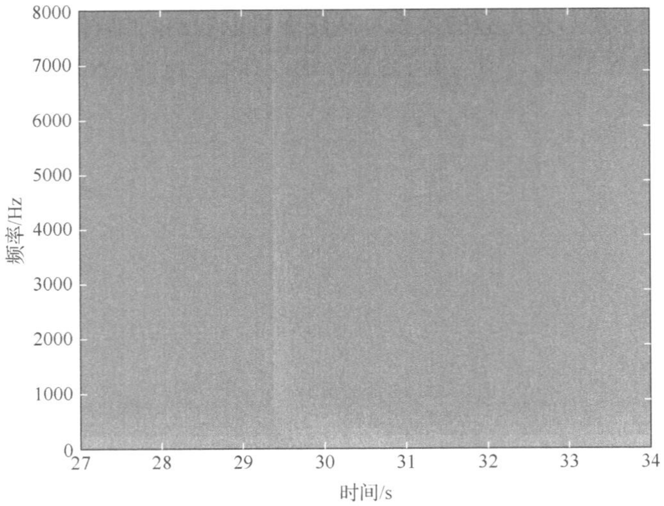

图 2-11　爆炸声信号的时频谱图（扫封底二维码可见彩图）

2.2　匹配滤波处理

对于信号处理而言，充分利用信号与噪声的先验信息，是优化设计处理器的关键。匹配滤波器就是一个典型的例子。本节将对匹配滤波器的基本原理和基本性能进行分析。

2.2.1　匹配滤波器基本原理

通常，信号接收机的模型可以用如图 2-12 所示的一个线性时不变滤波器和一个判决器来表示。

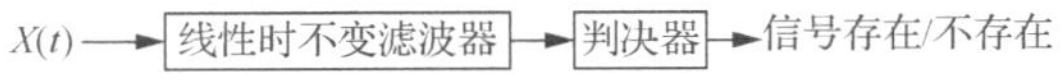

图 2-12　信号接收机模型

若线性时不变滤波器输入的信号是确知信号，噪声是加性平稳噪声，则在输入信噪比一定的条件下，使输出信噪比最大的滤波器就是与输入信号相匹配的最佳滤波器，称为匹配滤波器（matched filter, MF）。

假设基于匹配滤波器的信号处理框图如图 2-13 所示。

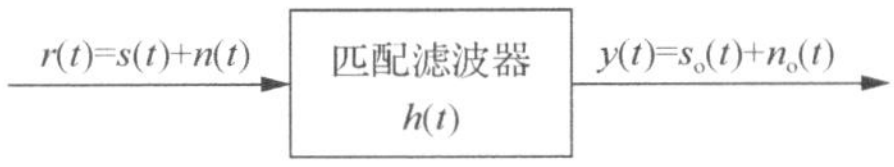

图 2-13　基于匹配滤波器的信号处理框图

匹配滤波器的输入信号为

$$r(t)=s(t)+n(t) \tag{2-19}$$

式中，$s(t)$ 是确知信号，能量 E 定义为

$$E=\int_{-\infty}^{+\infty}s^2(\tau)\mathrm{d}\tau \tag{2-20}$$

$n(t)$ 是平稳的零均值白噪声。$n(t)$ 的自相关函数为

$$R(\tau)=\frac{N_0}{2}\delta(\tau) \tag{2-21}$$

式中，N_0 为白噪声的功率谱密度；$\delta(\tau)$ 为冲激函数。

匹配滤波器是一个线性系统，系统冲激响应为 $h(t)$，输出信号为

$$\begin{aligned}y(t)&=\int_{-\infty}^{+\infty}r(\tau)h(t-\tau)\mathrm{d}\tau\\&=\int_{-\infty}^{+\infty}s(\tau)h(t-\tau)\mathrm{d}\tau+\int_{-\infty}^{+\infty}n(\tau)h(t-\tau)\mathrm{d}\tau\\&=s_o(t)+n_o(t)\end{aligned} \tag{2-22}$$

式中，$s_o(t)$ 和 $n_o(t)$ 分别是匹配滤波器对输入 $s(t)$ 和 $n(t)$ 的响应。$s_o(t)$ 和 $n_o(t)$ 对应的傅里叶变换分别是 $S_o(f)$ 和 $N_o(f)$。

t_0 时刻的输出信噪比定义为

$$\mathrm{SNR}_o=\frac{s_o^2(t_0)}{E\left[n_o^2(t_0)\right]} \tag{2-23}$$

$$\begin{aligned}E\left[n_o^2(t_0)\right]&=E\left[\int_{-\infty}^{+\infty}n(\tau)h(t_0-\tau)\mathrm{d}\tau\int_{-\infty}^{+\infty}n(u)h(t_0-u)\mathrm{d}u\right]\\&=\int_{-\infty}^{+\infty}\int_{-\infty}^{+\infty}\frac{N_0}{2}\delta(u-\tau)h(t_0-\tau)h(t_0-u)\mathrm{d}\tau\mathrm{d}u\\&=\frac{N_0}{2}\int_{-\infty}^{+\infty}h^2(t_0-\tau)\mathrm{d}\tau\end{aligned} \tag{2-24}$$

代入式（2-23）可得

$$\mathrm{SNR}_o=\frac{2\left[\int_{-\infty}^{+\infty}s(\tau)h(t_0-\tau)\mathrm{d}\tau\right]^2}{N_0\int_{-\infty}^{+\infty}h^2(t_0-\tau)\mathrm{d}\tau} \tag{2-25}$$

根据施瓦兹不等式

$$\left|\int_{-\infty}^{\infty}A(x)B(x)\mathrm{d}x\right|^2\leqslant\int_{-\infty}^{\infty}\left|A(x)\right|^2\mathrm{d}x\int_{-\infty}^{\infty}\left|B(x)\right|^2\mathrm{d}x \tag{2-26}$$

当且仅当 $A(x)=kB^*(x)$ 时等号成立，*表示共轭运算，k 为不等于 0 的常数，于是有

$$\mathrm{SNR}_o\leqslant\frac{2\int_{-\infty}^{+\infty}s^2(\tau)\mathrm{d}\tau\int_{-\infty}^{+\infty}h^2(t_0-\tau)\mathrm{d}\tau}{N_0\int_{-\infty}^{+\infty}h^2(t_0-\tau)\mathrm{d}\tau}=\frac{2E}{N_0} \tag{2-27}$$

当

$$h(t) = ks^*(t_0 - t) \tag{2-28}$$

时等号成立，信噪比达到最大值：

$$\mathrm{SNR}_o = \frac{2E}{N_0} \tag{2-29}$$

这个 $h(t)$ 就是匹配滤波器的系统冲激响应。

2.2.2　匹配滤波器性能分析

1. 匹配滤波器频率响应

匹配滤波器频率响应 $H(f)$ 可以表示为

$$H(f) = kS^*(f)\mathrm{e}^{-\mathrm{j}2\pi f t_0} \tag{2-30}$$

从公式可以看出匹配滤波器频率响应的幅频特性与输入信号的幅频特性具有相同的形状，相频特性与输入信号的相频特性刚好相反，也就是说输入信号和匹配滤波器的频率响应信号在幅频特性和相频特性上是匹配的。

2. 匹配滤波器 t_0 的选择

为确保系统可实现，匹配滤波器必须是一个因果系统，需要满足如下条件：

$$h(t) = \begin{cases} ks(t_0 - t), & t \geqslant 0 \\ 0, & t < 0 \end{cases} \tag{2-31}$$

为确保所有输入信号对输出都有贡献，采样时刻 t_0 应满足 $t_0 > T$，这里 T 为信号脉宽。

3. 匹配滤波器与相关器

将 $h(t) = ks(t_0 - t)$ 代入式（2-22）可得匹配滤波器的输出

$$\begin{aligned} y(t) &= \int_{-\infty}^{\infty} r(\tau)h(t-\tau)\mathrm{d}\tau \\ &= k\int_{-\infty}^{\infty} r(\tau)s^*(t_0 - t + \tau)\mathrm{d}\tau = kR_{rs}(t_0 - t) \end{aligned} \tag{2-32}$$

式中，$R_{rs}(\cdot)$ 表示信号 $r(t)$ 和信号 $s(t)$ 的相关函数。这里假定信号与噪声不相关。

从上式可以看出匹配滤波器形式上与相关器是等效的。而且最大值出现在 $t = t_0$ 时刻，这个位置刚好对应信号的后沿，因此一般将匹配滤波器检测称为后沿检测。图 2-14 给出了匹配滤波器处理的一个例子。图（a）为信号波形，信号为一个长 10s 的线性调频信号，下限频率为 200Hz，上限频率为 400Hz。图（b）为匹配滤波处理结果，相关峰在 10s 位置出现。

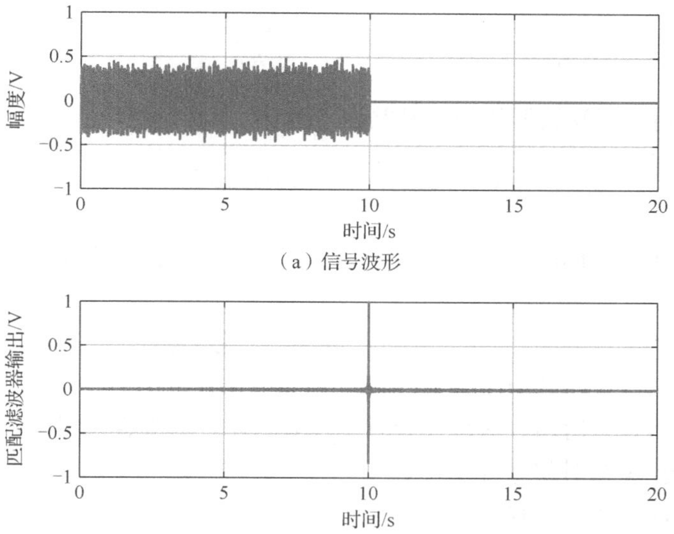

（a）信号波形

（b）匹配滤波处理结果

图 2-14　匹配滤波器处理的例子

4. 匹配滤波器的处理增益

设信号长度是T，信号中心频率为f_0，信号与噪声占用相同频带B。那么输入信号功率为

$$P_s = \frac{E}{T} \tag{2-33}$$

带限白噪声功率谱如图 2-15 所示，总噪声功率为

$$P_n = N_0 B \tag{2-34}$$

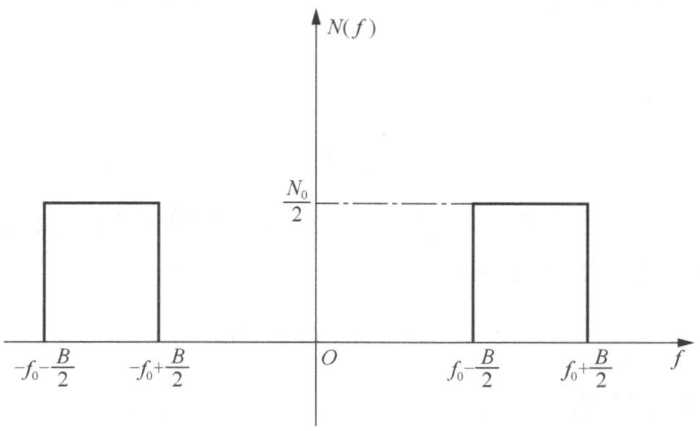

图 2-15　带限白噪声功率谱

输入信噪比定义为

$$\mathrm{SNR_i} = \frac{P_\mathrm{s}}{P_\mathrm{n}} = \frac{E}{N_0 BT} \tag{2-35}$$

结合式（2-29）可得匹配滤波器的处理增益为

$$G = 10\lg\frac{\mathrm{SNR_o}}{\mathrm{SNR_i}} = 10\lg(2BT) \tag{2-36}$$

信号的时间带宽积越大，匹配滤波或相关处理得到的信噪比处理增益也越大。

2.3 短时傅里叶变换

待分析的信号可以从时域、频域或者时频域来表述。本节将介绍信号在这些域之间的映射方法：傅里叶变换和短时傅里叶变换。

下面首先来介绍傅里叶变换。

2.3.1 傅里叶变换

信号时域波形表示信号不同时刻的强度，只能体现信号的时间特性。为了分析信号变化的快慢，需要采用傅里叶变换。

傅里叶变换（Fourier transform）是一种数学工具，可以将一个在时间（或空间）域内的信号转换成频率域内的信号。其物理意义是将一个信号分解为不同频率的正弦波组成的谱，从而揭示信号的频率特性。

当信号 $x(t)$ 满足狄利克雷（Dirichlet）条件（绝对可积条件）

$$\int_{-\infty}^{+\infty} |x(t)| \mathrm{d}t < \infty \tag{2-37}$$

时，可以采用傅里叶变换得到信号的频域表示。注意 Dirichlet 条件是傅里叶变换的充分条件，而非必要条件。

傅里叶变换定义如下：

$$X(f) = \int_{-\infty}^{+\infty} x(t) \mathrm{e}^{-\mathrm{j}2\pi ft} \mathrm{d}t \tag{2-38}$$

傅里叶变换是一种可逆的变换，也就是说信号从时域变换到频域后，还可以通过傅里叶逆变换从频域变换到时域。傅里叶逆变换定义为

$$x(t) = \int_{-\infty}^{+\infty} X(f) \mathrm{e}^{\mathrm{j}2\pi ft} \mathrm{d}f \tag{2-39}$$

傅里叶变换是分析信号的一个有力手段。图 2-16 给出了信号 1 和信号 2 两段时长为 1s 的时域波形及相应傅里叶变换后的频谱结果。从时域上看，信号 1 和信号 2 两者难以分辨，但从频域上看，可以明显看出信号 1 的主要成分包含 1 个线谱，信号 2 的主要成分包含 2 个线谱。两个信号的频谱特性表现出明显的差异。

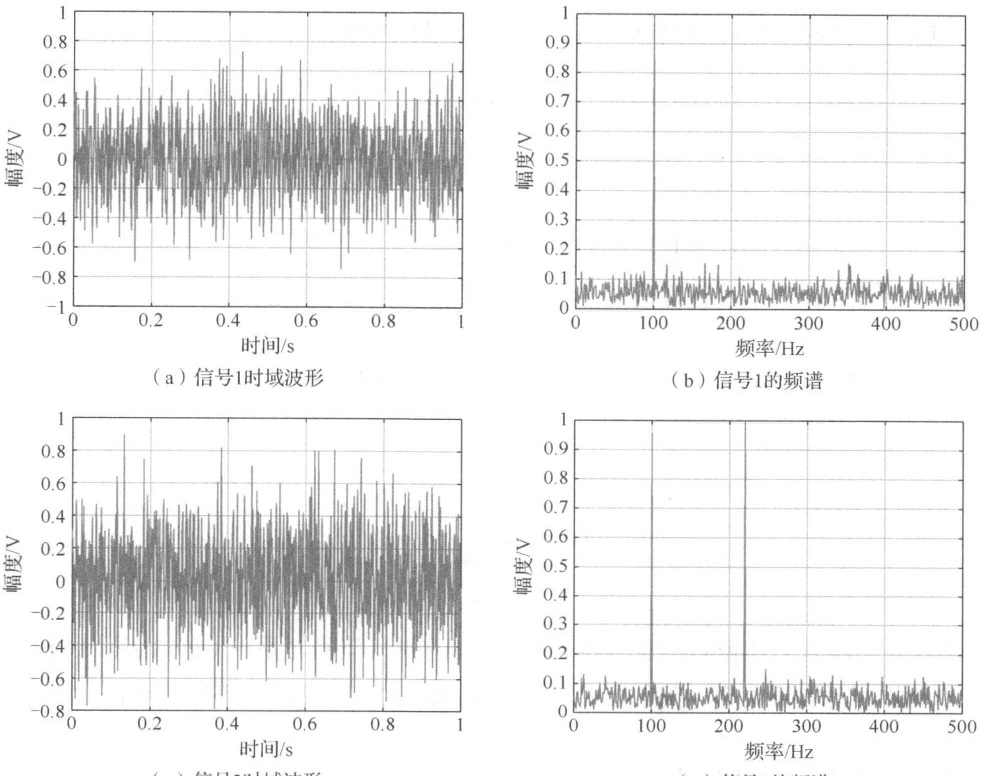

（a）信号1时域波形　（b）信号1的频谱

（c）信号2时域波形　（d）信号2的频谱

图 2-16　信号的时域波形及频谱

例 2-1　试证明傅里叶变换是一个线性系统

证明：假定

$$x(t)=ax_1(t)+bx_2(t) \tag{2-40}$$

a 和 b 为常数。那么 $x(t)$ 的傅里叶变换 $X(f)$ 为

$$X(f)=aX_1(f)+bX_2(f) \tag{2-41}$$

式中，

$$X_1(f)=\int_{-\infty}^{+\infty}x_1(t)\mathrm{e}^{-\mathrm{j}2\pi ft}\mathrm{d}t \tag{2-42}$$

$$X_2(f)=\int_{-\infty}^{+\infty}x_2(t)\mathrm{e}^{-\mathrm{j}2\pi ft}\mathrm{d}t \tag{2-43}$$

傅里叶变换是一种线性变换。这一性质在推导功率谱的概率密度函数时非常有用——高斯分布的随机过程通过一个线性系统后仍然服从高斯分布。

例 2-2　时域和频域分别从不同的角度描述同一个信号，因此傅里叶变换遵循能量守恒定律，在信号处理领域称之为帕什瓦定理（Parseval theorem），表述为

$$\int_{-\infty}^{+\infty}\left|x(t)\right|^2\mathrm{d}t=\int_{-\infty}^{+\infty}\left|X(f)\right|^2\mathrm{d}f \tag{2-44}$$

请给出数学证明。

证明：对于一个实信号而言，

$$\begin{aligned}\int_{-\infty}^{+\infty}\left|x(t)\right|^2\mathrm{d}t&=\int_{-\infty}^{+\infty}x(t)\int_{-\infty}^{+\infty}X(f)\mathrm{e}^{\mathrm{j}2\pi ft}\mathrm{d}f\mathrm{d}t\\&=\int_{-\infty}^{+\infty}X(f)\left[\int_{-\infty}^{+\infty}x(t)\mathrm{e}^{\mathrm{j}2\pi ft}\mathrm{d}t\right]\mathrm{d}f\\&=\int_{-\infty}^{+\infty}X(f)X(-f)\mathrm{d}f\end{aligned} \tag{2-45}$$

$$X(-f)=X^*(f) \tag{2-46}$$

因此

$$\int_{-\infty}^{+\infty}\left|x(t)\right|^2\mathrm{d}t=\int_{-\infty}^{+\infty}\left|X(f)\right|^2\mathrm{d}f \tag{2-47}$$

得证。

读者若要更深入了解傅里叶变换的特性，可以参考《信号与系统（第二版）》（Oppenheim，1998）、《离散时间信号处理（第三版）》（Oppenheim et al.，2015）等经典著作。

2.3.2　短时傅里叶变换基本原理

由于傅里叶变换的全局特性，它只能够反映分析信号的时间段有哪些频率成分，而不能指出这些频率成分是在什么时候发生的。水声信号中也存在着大量非线性、非平稳信号，分析这些信号的主要目的在于揭示其局部特征，尤其是频率随时间变化的规律。短时傅里叶变换对处理非平稳信号非常有用。

1946 年，Gabor 首次提出了加窗短时傅里叶变换。通过选取信号局部化的窗函数，对信号 $x(t)$ 加窗 $w(t)$，只需将两者点乘即可，得到 $x(t)w(t)$。对窗进行滑动，往后延时 t_0 则可得到 $x(t)w(t-t_0)$，假定 $x(t)w(t-t_0)$ 是平稳的，短时傅里叶变换可以表示为

$$X(t,f)=\int_{-\infty}^{+\infty}x(\tau)w(\tau-t)\mathrm{e}^{-\mathrm{j}2\pi f\tau}\mathrm{d}\tau \tag{2-48}$$

短时傅里叶变换 $X(t,f)$ 表征时刻 t 对应的频谱。

图 2-17 给出了一个傅里叶变换与短时傅里叶变换的对比。其中图（a）为信号的时域波形，持续时间 60s。图（b）为傅里叶分析结果，可以看出信号有 2 个频率成分，100Hz 和 210Hz。图（c）为短时傅里叶变换结果，把信号分成 60 段，每段时长 1s，每段分别做傅里叶变换，可以看出信号在 0～10s 时间段存在 100Hz 信号，30～40s 时间段存在 210Hz 信号。

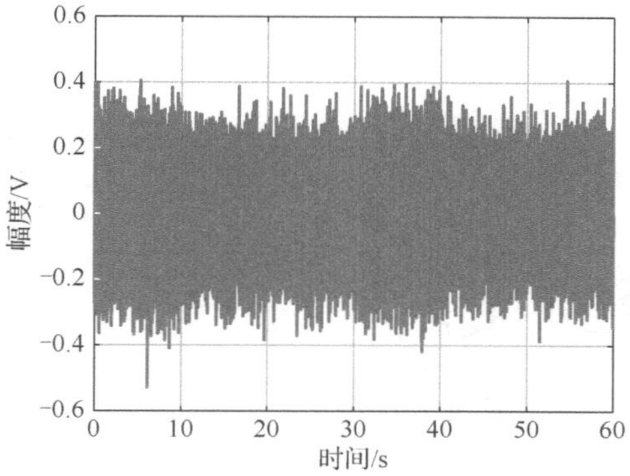

（a）时域波形

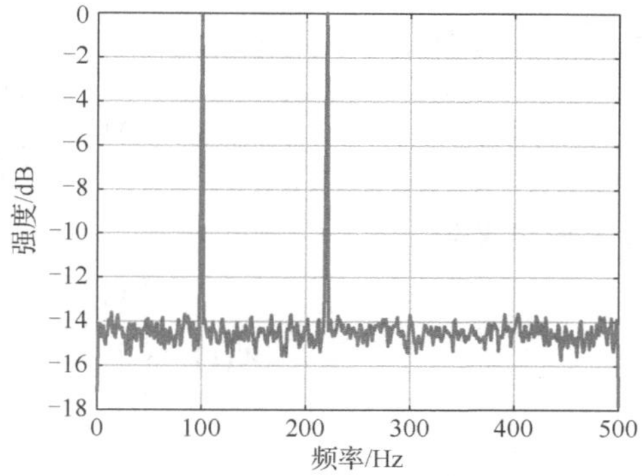

（b）傅里叶分析结果

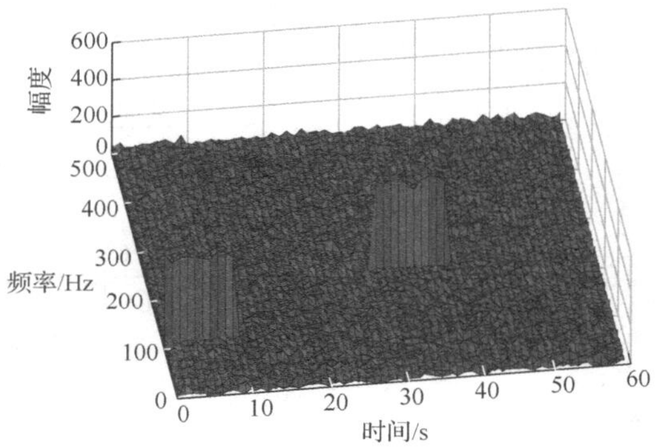

（c）短时傅里叶变换结果

图 2-17　傅里叶变换与短时傅里叶变换对比示意图

2.3.3　窗函数的选取

1927 年，沃纳·海森伯发表了《量子理论运动学和力学的直观内容》一文，提出了不确定性原理。该原理指出，不可能同时定位粒子的动量和位置，粒子位置的测量越精确，其动量的测量就越不精确，反之亦然。

信号处理的不确定性原理主要是针对时域和频域，具体表述为：一个信号不能在时域和频域上同时过于集中；一个函数时域越“窄”，它经傅里叶变换后的频域就越“宽”。

短时傅里叶变换中，窗长决定了时频谱图的时间分辨力和频率分辨力。窗长越长，截取的信号越长，时间分辨力越差，但是频率分辨力越好；窗长越短，截取的信号越短，时间分辨力越好，但是频率分辨力越差。

为满足能量归一化要求，窗函数 $w(u)$ 要满足内积为 1 的条件：

$$\int_{-\infty}^{+\infty}\left|w(u)\right|^2\mathrm{d}u=1 \tag{2-49}$$

常见的窗函数有矩形窗、汉宁窗、汉明窗和布莱克曼窗等。窗函数的主要作用有两点，一是选择短时平稳信号，二是平滑信号，减小频谱泄漏。

矩形窗定义为

$$w(t)=\begin{cases}1, & 0<t<T \\ 0, & \text{其他}\end{cases} \tag{2-50}$$

汉宁窗定义为

$$w(t)=\begin{cases}\dfrac{1}{2}\left[1-\cos\left(\dfrac{2\pi t}{T}\right)\right], & 0<t<T \\ 0, & \text{其他}\end{cases} \tag{2-51}$$

汉明窗定义为

$$w(t)=\begin{cases}0.54-0.46\cos\left(\dfrac{2\pi t}{T}\right), & 0<t<T \\ 0, & \text{其他}\end{cases} \tag{2-52}$$

布莱克曼窗定义为

$$w(t)=\begin{cases}0.42-0.5\cos\left(\dfrac{2\pi t}{T}\right)+0.08\cos\left(\dfrac{4\pi t}{T}\right), & 0<t<T \\ 0, & \text{其他}\end{cases} \tag{2-53}$$

四种窗函数的形状如图 2-18 所示。

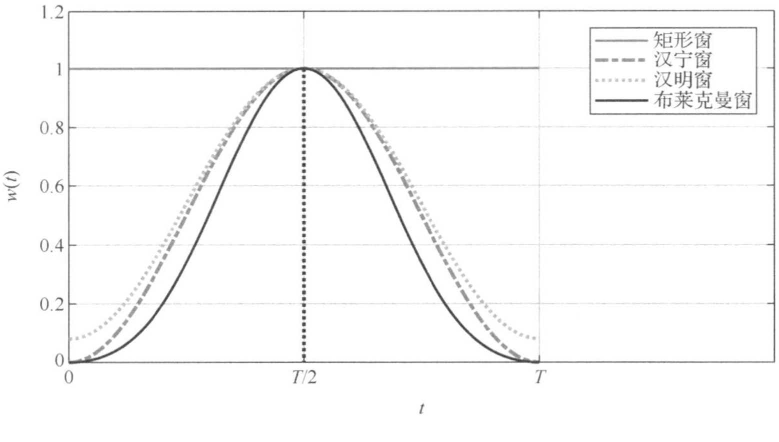

图 2-18　四种窗函数

当信号频率为 100.2Hz 和 100.6Hz，长度为 1s 时，图 2-19 给出了矩形窗、汉宁窗、汉明窗和布莱克曼窗四种不同窗函数下的傅里叶变换结果。从图中可以看出布莱克曼窗对频谱泄漏的抑制能力最强，但是主瓣宽度变大，频率分辨力有所下降。矩形窗的主瓣最窄，频率分辨力最强，但是频谱泄漏最严重。

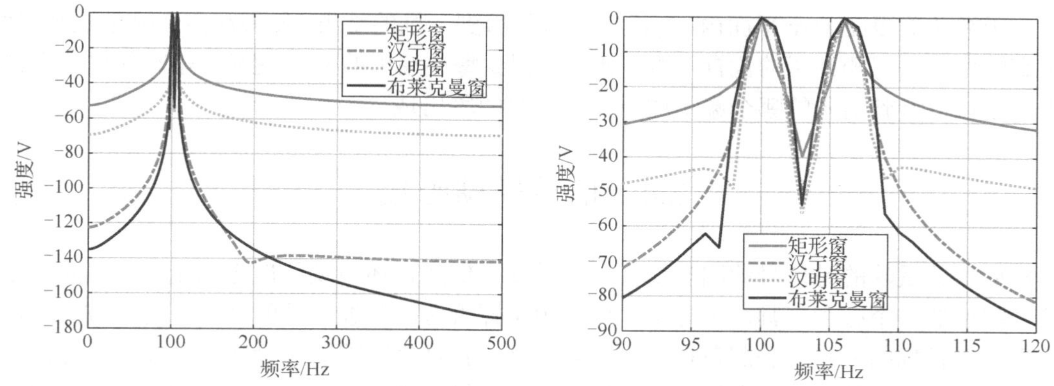

图 2-19　不同窗函数的傅里叶变换结果对比（右图为左图的放大显示）

2.3.4　短时傅里叶变换的物理解释

下面给出短时傅里叶变换的一种物理解释。

时域、频域、时频域都是信号分析的空间或者“看”信号的角度，傅里叶变换、傅里叶逆变换和短时傅里叶变换则是信号在这些空间之间的“桥梁”。由于分析对象相同，不同域的观察结果需要满足能量守恒定律，例如帕什瓦定理表明信号在傅里叶变换前后对应的时域和频域能量是相同的。

不同的域可以看到信号的不同特性，北宋苏轼的《题西林壁》中“横看成岭侧成峰，远近高低各不同”说的就是这个道理。例如图 2-16（c）所示的时域波形只能看到一个平稳信号，但是傅里叶变换后的频域却能看到 2 个频率信号，如图 2-16（d）所示。通过傅里叶变换得到了新的信息。

傅里叶变换体现的是一段时间内信号的频率结构的平均效果，并不能体现频率的细节情况，例如某个频率成分在某个时间段内存在，在另一个时间段不存在。短时傅里叶变换可以解决这个问题。

下面用日常生活中的一个例子来进行说明。如图 2-20 所示，5 根相同高度的柱子排成一列，假定任务是通过观察确定每根柱子的位置坐标。从正前方视角（时域）看，只能看到一根柱子，确定柱子的 x 坐标；从正横方向（频域）看，可以看到 5 根柱子，确定了 5 根柱子的 y 坐标。这就是傅里叶变换的作用。

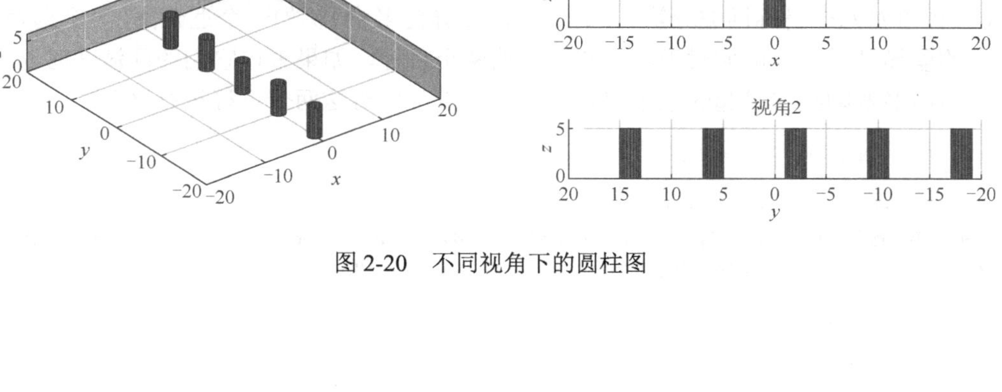

图 2-20　不同视角下的圆柱图

由于视角局限在 xOy 平面内，每次观测只能得到一维的结果。如果观察者跳出这个平面，从更高的位置去观测柱子的位置，那么就可以得到每根柱子的 x、y 坐标。短时傅里叶变换的结果就是可以看到信号的哪个频率成分在哪个时间段出现。

2.4　信号模糊函数

模糊函数反映的是信号的固有属性，与系统、信道、环境及处理方式无关，因此它是分析信号特性的一个有力工具，一方面，可以用于评价匹配滤波处理的性能，另一方面，可以用于评价对目标的分辨力和测量精度。信号模糊函数是声呐或雷达设计人员设计信号波形的一个主要依据。本节将具体介绍模糊函数的定义、模糊函数与匹配滤波器的关系、模糊函数与分辨力。

2.4.1　模糊函数的定义

信号 $s(t)$ 的模糊函数定义为

$$\chi(\tau,\xi)=\int s(t)s^{*}(t+\tau)\mathrm{e}^{-\mathrm{j}2\pi\xi t}\mathrm{d}t \tag{2-54}$$

式中，τ 为信号时延；ξ 为信号频移。

回顾式（2-48）的短时傅里叶变换，它与式（2-54）在形式上很接近，前者是加窗信号 $x(\tau)w(\tau-t)$ 的傅里叶变换，而后者可以看成瞬时相关 $s(t)s^{*}(t+\tau)$ 的傅里叶变换。

从结果上来看，信号的短时傅里叶变换得到的时频谱图描述的是信号的**时间-频率**联合特性，而模糊函数在时间维度上进行了压缩，在频率维度上进行了分解，分析的是信号的**时延-频移**联合特性。读者对这两种变换要注意区分。

模糊函数 $\chi(\tau,\xi)$ 的二维傅里叶变换 $W(t,f)$ 就是众所周知的维格纳分布函数①：

$$\begin{aligned}W(t,f)&=\int_{-\infty}^{+\infty}\int_{-\infty}^{+\infty}\chi(\tau,\xi)\mathrm{e}^{\mathrm{j}2\pi\xi t}\mathrm{e}^{\mathrm{j}2\pi f\tau}\mathrm{d}\tau\mathrm{d}\xi\\&=\int_{-\infty}^{+\infty}s(t+\tau/2)s^{*}(t-\tau/2)\mathrm{e}^{\mathrm{j}2\pi\xi t}\mathrm{e}^{\mathrm{j}2\pi f\tau}\mathrm{d}\tau\end{aligned} \tag{2-55}$$

$\chi(\tau,\xi)$ 和 $W(t,f)$ 有近似的形式，但是物理意义差别很大。

模糊函数的两个作用如下。

（1）评价匹配滤波器的处理能力，例如评价回波信号产生时延或者多普勒频移后，匹配滤波器的处理能力是否有损。

（2）评价对两个目标回波分辨力。时延上的差异是多少（例如一个近距离，一个远距离）？频移上的差异是多少？例如对于静止和运动的两个目标，如果来自它们的回波在时延上无法分辨，但由多普勒频移引起的频率差别足够大，就可以对这两个目标进行区分。

---

① 1932 年，物理学家维格纳（Wigner）提出了维格纳分布函数，并将其应用于量子力学领域。此后，维尔（Ville）将其引入信号处理领域，从而发展成为一种具有代表性的时频分析技术——Wigner-Ville 分布，简称 WVD。

2.4.2　模糊函数与匹配滤波器的关系

由式（2-28）可知，与发射信号 $s(t)$ 匹配的滤波器冲激响应函数为

$$h(t) = s^*(t_0 - t), \quad t \geqslant 0 \tag{2-56}$$

式中，t_0 是匹配滤波器输出最大瞬时功率信噪比的时刻。式（2-56）的匹配滤波器对具有时延 τ_0 和频移 ξ_0 的回波 $s_r(t)$ 的响应为 $s_r(t)$ 与 $h(t)$ 的卷积，即

$$\begin{aligned} y(t) &= \int s_r(t)h(t-\tau)\mathrm{d}\tau \\ &= \int s(\tau-\tau_0)\mathrm{e}^{\mathrm{j}2\pi\xi_0(\tau-\tau_0)}s^*[t_0-(t-\tau)]\mathrm{d}\tau \\ &= \int s(\tau)s^*[\tau+(t_0+\tau_0-t)]\mathrm{e}^{\mathrm{j}2\pi\xi_0\tau}\mathrm{d}\tau \end{aligned} \tag{2-57}$$

由式（2-57）和式（2-54）可得

$$y(t) = \chi(t_0+\tau_0-t, -\xi_0) \tag{2-58}$$

可见，匹配滤波器的输出与模糊函数有很紧密的对应关系。不失一般性，设 $t_0 = 0$，与原信号匹配的滤波器对原信号的输出为 $y(t) = \chi(-t, 0)$。这可理解为匹配滤波器对原信号的作用是用 $\xi = 0$ 的平面对信号模糊图的切割。显然切割所得曲线应包含模糊图的最大值，说明匹配滤波器有最大输出。当 $\tau_0 \neq 0$ 时切割情况相同，说明匹配滤波器对时延信号仍有最大输出。当 $\xi \neq 0$ 时，即用 $\xi = \xi_0$ 的平面去切割模糊图，得到的曲线不包含模糊函数的最大值，说明匹配滤波器对时延信号“失配”了。

上述分析说明，通过研究信号模糊函数的特性就可以了解声呐系统中匹配滤波处理的效果，而这正是模糊函数研究的最大意义。

2.4.3　模糊函数与分辨力

假设有两个目标：目标 1 的回波时延为 x，频移为 y；目标 2 的回波时延为 $x-\tau$，频移为 $y+\xi$。可将目标 1、2 的回波信号分别写作

$$s_{r1}(t) = s(t-x)\mathrm{e}^{\mathrm{j}2\pi y(t-x)} \tag{2-59}$$

$$s_{r2}(t) = s(t-x+\tau)\mathrm{e}^{\mathrm{j}2\pi(y+\xi)(t-x+\tau)} \tag{2-60}$$

可以采用两个信号波形之差的方差

$$\sigma^2 = \int_{-\infty}^{\infty} \left| s_{r1}(t) - s_{r2}(t) \right|^2 \mathrm{d}t \tag{2-61}$$

来衡量两个信号之间的差别。方差越大，声呐就越容易区分这两个目标的回波。

$$
\begin{aligned}
\sigma^2 &= \int_{-\infty}^{\infty} \left| s_{r1}(t) - s_{r2}(t) \right|^2 \mathrm{d}t \\
&= \int_{-\infty}^{\infty} \left| s(t-x)\mathrm{e}^{\mathrm{j}2\pi y(t-x)} - s(t-x+\tau)\mathrm{e}^{\mathrm{j}2\pi(y+\xi)(t-x+\tau)} \right|^2 \mathrm{d}t \\
&= \int_{-\infty}^{\infty} \left| s(t)\mathrm{e}^{\mathrm{j}2\pi yt} - s(t+\tau)\mathrm{e}^{\mathrm{j}2\pi(y+\xi)(t+\tau)} \right|^2 \mathrm{d}t \\
&= \int_{-\infty}^{\infty} \left| s(t)\mathrm{e}^{\mathrm{j}2\pi yt} - s(t+\tau)\mathrm{e}^{\mathrm{j}2\pi(y+\xi)(t+\tau)} \right|^2 \mathrm{d}t \\
&= \int_{-\infty}^{\infty} \left| s(t) \right|^2 \mathrm{d}t + \int_{-\infty}^{\infty} \left| s(t+\tau) \right|^2 \mathrm{d}t - 2\mathrm{Re}\left[\mathrm{e}^{-\mathrm{j}2\pi y\tau} \cdot \int_{-\infty}^{\infty} s(t)s^*(t+\tau)\mathrm{e}^{-\mathrm{j}2\pi\xi(t+\tau)}\mathrm{d}t \right] \\
&= 2E - 2\mathrm{Re}\left[\mathrm{e}^{-\mathrm{j}2\pi(y+\xi)\tau} \cdot \int_{-\infty}^{\infty} s(t)s^*(t+\tau)\mathrm{e}^{-\mathrm{j}2\pi\xi t}\mathrm{d}t \right] \\
&= 2E - 2\mathrm{Re}\left[\mathrm{e}^{-\mathrm{j}2\pi(y+\xi)\tau} \cdot \chi(\tau,\xi) \right] \\
&\geqslant 2\left[E - \left| \chi(\tau,\xi) \right| \right]
\end{aligned} \tag{2-62}
$$

于是有

$$
\sigma^2 = \int_{-\infty}^{\infty} \left| s_{r1}(t) - s_{r2}(t) \right|^2 \mathrm{d}t \geqslant 2\left[E - \left| \chi(\tau,\xi) \right| \right] \tag{2-63}
$$

从上式不难看出，要想使σ^2增大，在能量E一定时相当于使模糊函数$\left|\chi(\tau,\xi)\right|$尽可能减小。

若$\left|\chi(\tau,\xi)\right|$从其峰值随着$\tau$、$\xi$的变化下降得越快，两目标回波的波形之差的方差$\sigma^2$越大，声呐对这两个目标的分辨力越强。

1. 信号模糊图

以$\left|\chi(\tau,\xi)\right|$绘成如图 2-21 所示的三维图形，称为信号的模糊图，它全面表达了相邻目标的模糊程度。

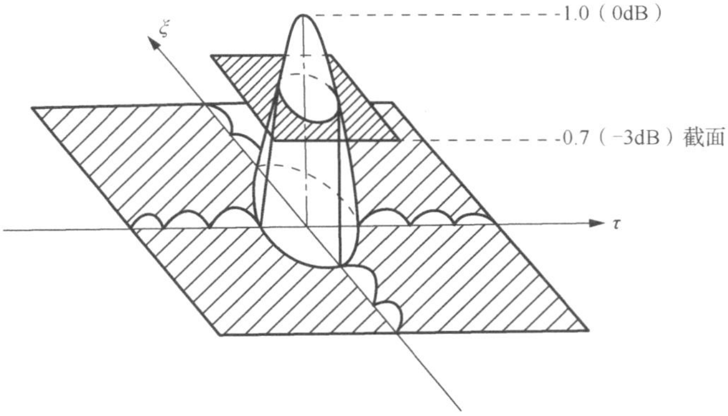

图 2-21　信号模糊图

2. 信号模糊度图

信号模糊图的最大值下降到 0.7（–3dB）处的截面图一般呈椭圆形（图 2-21），因而形象地称之为信号的模糊椭圆或信号的模糊度图。长脉冲、短脉冲、线性调频脉冲和伪随机信号脉冲的模糊度图如图 2-22 所示。

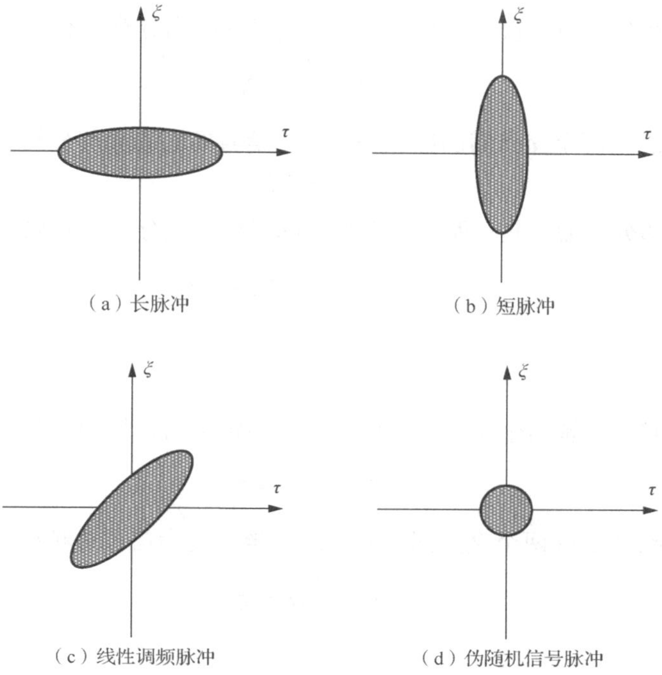

图 2-22　不同信号的模糊度图

模糊度图反映了某个信号在距离（时延）维度和速度（频移）维度的分辨相邻目标能力，也反映了目标距离、速度的测量精度。这是因为，截面的大小说明了$|\chi(\tau,\xi)|$曲面的陡峭程度。曲面越陡，则截面越小，因而相邻目标越易分辨。需要精确测量目标距离和速度时，测量人员只知道测量值在模糊度图确定的范围内，而不能以无限精度确定目标的距离或速度，因而信号的模糊函数又称为不确定函数。

3. *固有分辨力*

如图 2-23 所示，模糊度图与时延 τ 轴两个交点间的时延差定义为信号的固有时延分辨力：

$$\rho_\tau = 2\tau_0 \tag{2-64}$$

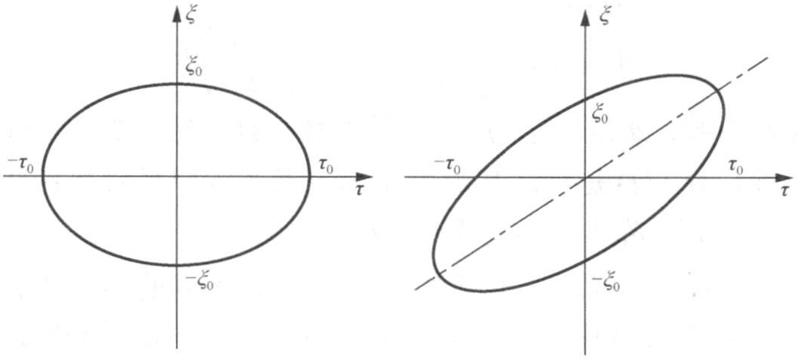

图 2-23　信号模糊度图示意图

有时又称固有时间分辨力。它与两个强度相同的目标距离分辨力有如下对应关系：

$$\rho_r = \frac{1}{2} c \cdot \rho_\tau \tag{2-65}$$

模糊度图与频移 ξ 轴两个交点间的频移差定义为信号的固有频移分辨力：

$$\rho_\xi = 2\xi_0 \tag{2-66}$$

有时又称固有频率分辨力。它与两个强度相同的目标速度分辨力有如下对应关系：

$$\rho_v = \frac{c}{2f_0} \cdot \rho_\xi = \frac{1}{2} \lambda \cdot \rho_\xi \tag{2-67}$$

4. 测量精度

模糊度图与时延 τ 轴两个交点间时延差的一半定义为信号的时延测量精度：

$$\varepsilon_\tau = \frac{1}{2} \rho_\tau = \tau_0 \tag{2-68}$$

模糊度图与频移 ξ 轴两个交点间频移差的一半定义为信号的频移测量精度：

$$\varepsilon_\xi = \frac{1}{2} \rho_\xi = \xi_0 \tag{2-69}$$

2.5 小 波 变 换

前面对非平稳信号的短时傅里叶变换作了介绍，本节和下一节将结合瞬态信号处理，对小波变换和希尔伯特-黄变换这两种非平稳信号处理方法进行介绍。

2.5.1 小波变换的定义

下面将给出小波变换的基本原理，如果读者想更详细地了解定理和相关的证明推导，可以参考相应的文献。

20 世纪 80 年代初，法国地球物理学家莫雷特（Morlet）在分析人工地震勘探信号时发现低频部分要求有高的频率分辨力（低时间分辨力），高频部分要求有低的频率分辨力（高时间分辨力）。根据这一特点，莫雷特提出了小波变换。小波变换在不同的时频平面位置具有不同的分辨力，是一种多（分力）率分析方法。

小波变换可以表示成以下公式：

$$W(a,b) = \frac{1}{\sqrt{a}} \int_{-\infty}^{+\infty} s(t) \psi^* \left(\frac{t-b}{a} \right) \mathrm{d}t \tag{2-70}$$

式中，$W(a,b)$ 是小波系数；a 和 b 是尺度和平移参数；$s(t)$ 是待处理的原始信号。$\psi_{a,b}(t)$ 和 $\psi(t)$ 的波形都是小波，$\psi_{a,b}(t)$ 是小波基函数 $\psi(t)$ 在尺度 a 和平移 b 下的变换，因此通常把 $\psi_{a,b}(t)$ 称为子小波，把 $\psi(t)$ 称为母小波或者基小波。

小波基函数 $\psi(t)$ 的具体形式取决于所选择的小波基，不同的小波基函数具有不同的性质和应用。常用的小波基有哈尔（Haar）小波、高斯（Gauss）小波、墨西哥草帽（Mexican hat）小波和莫雷特小波等。图 2-24 给出了这几种常用小波基的形状。

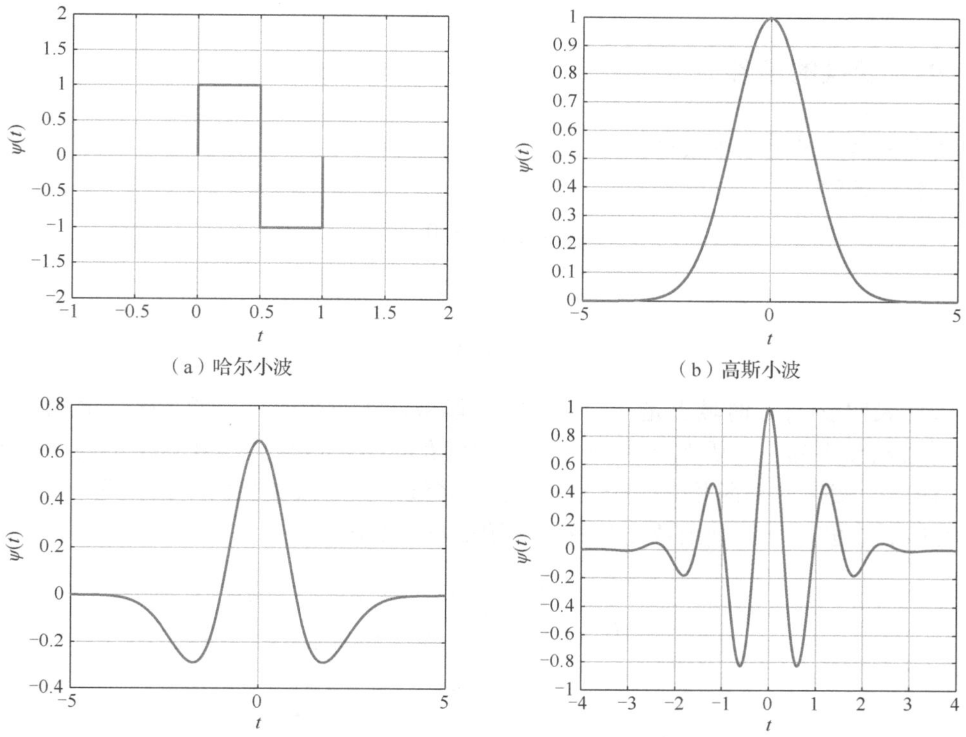

（a）哈尔小波　（b）高斯小波

（c）墨西哥草帽小波　（d）莫雷特小波

图 2-24　常用小波基的形状

（1）哈尔小波：

$$\psi_{\mathrm{H}}(t)=\begin{cases}1, & 0\leqslant t<\dfrac{1}{2}\\ -1, & \dfrac{1}{2}\leqslant t<1\\ 0, & \text{其他}\end{cases} \tag{2-71}$$

这是一种最简单的小波基函数。容易验证，哈尔小波是一种正交函数系：

$$\int_{-\infty}^{+\infty}\psi_{\mathrm{H}}(t)\psi_{\mathrm{H}}(t-n)\mathrm{d}t=0,\quad n=0,\pm1,\pm2,\cdots \tag{2-72}$$

（2）高斯小波：

$$\psi(t)=\mathrm{e}^{-t^2/2} \tag{2-73}$$

（3）墨西哥草帽小波。这种小波基函数是高斯小波基函数的二阶导数：

$$\psi(t)=\frac{2}{\sqrt{3\pi}}\left(1-t^2\right)\mathrm{e}^{-t^2/2} \tag{2-74}$$

式中系数是为了满足归一化条件［见式（2-79）］。

（4）莫雷特小波。这是最常用的复值母小波，定义为

$$\psi(t)=\frac{1}{\sqrt[4]{\pi}}\left(\mathrm{e}^{-\mathrm{j}2\pi f_0 t}-\mathrm{e}^{-\mathrm{j}2\pi f_0^2/2}\right)\mathrm{e}^{-t^2/2} \tag{2-75}$$

2.5.2 小波变换的条件

小波变换需要满足以下条件。

（1）容许条件：

$$\psi(\pm\infty)=0 \tag{2-76}$$

$$\psi(0)=0 \tag{2-77}$$

$$\int_{-\infty}^{+\infty}\psi(t)\mathrm{d}t=0 \tag{2-78}$$

前两个条件表明$\psi(t)$在时域上是一个有限长的函数，第三个条件表明$\psi(t)$是时正时负地波动，否则其积分不为零，因此在频域上也是能量有限的。这与傅里叶变换不同（如图 2-25 所示）：傅里叶变换的基函数是一个无限长的正弦波，而小波变换的基函数是一个经过衰减处理的有限长小波，小波基函数在时域和频域都是局部化的。

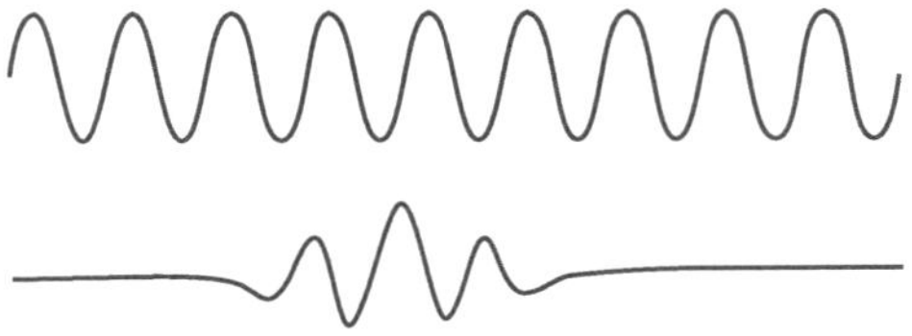

图 2-25　傅里叶变换和小波变换的基函数

（2）归一化条件：

$$\|\psi(t)\|^2=\int_{-\infty}^{+\infty}\psi(t)\psi^*(t)\mathrm{d}t=1 \tag{2-79}$$

这一条件表明小波基函数$\psi(t)$具有单位能量。

2.5.3 小波变换的物理意义

本节将从时频分辨力角度出发，通过与傅里叶变换、短时傅里叶变换的对比来说明小波变换的物理意义。

图 2-26 给出了原始信号、傅里叶变换、短时傅里叶变换和小波变换的时频网络。

原始信号$s(t)$在时域描述，它可以有很高的时间分辨力，然而其频率分辨力为零。这里时间分辨力主要取决于系统模数转换的采样率。

$s(t)$经过傅里叶变换得到的频域信号$S(f)$可以实现很高的频率分辨力，例如图 2-17 所示，经过傅里叶变换之后就可以分辨时域所不能分辨的两个频率成分。但是$S(f)$并不包括时间信息，不能判断信号是在什么时候发生的，其时间分辨力为零。

短时傅里叶变换以固定的滑动窗对信号$s(t)$进行分析，从而得到如图（2-26）所示等面积时频窗的信号局部频率特性$S(t,f)$。时域的滑动窗处理等效于频域以滤波器组将信号分频段滤波，各个由窗函数确定的滤波器的频率特性具有相同的形状，中心频率沿分析的频带等间隔分布。换句话说，短时傅里叶变换通过等时间等频率间隔对非平稳信号进行分析，得到不同频率成分信号随时间变化的情况。

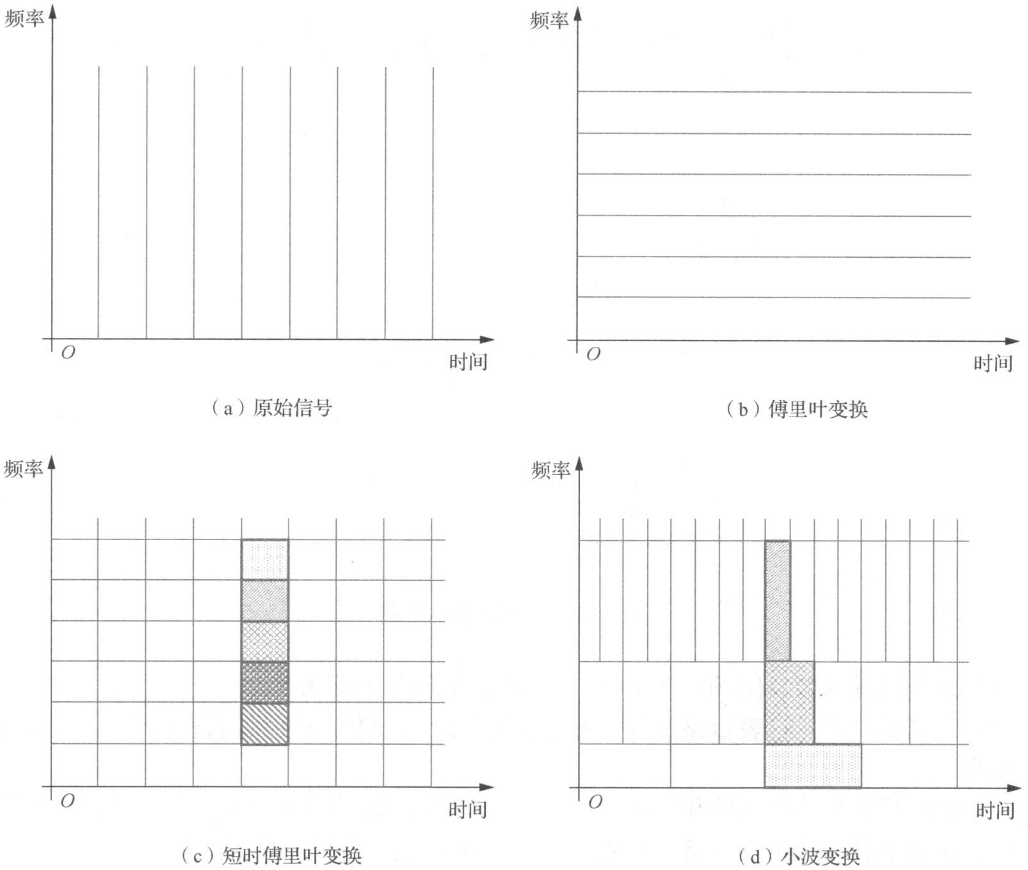

图 2-26　信号不同表达对应的时频网络

小波变换通过对小波基的平移和拉伸，可以实现对信号 $s(t)$ 低频分量的高频率分辨、高频分量的高时延分辨。在图 2-26（d）中体现为不同面积的时频网格，这就是小波的多尺度特性。

总的来看，小波变换为非平稳信号提供了新的处理方式。由于小波变换的多尺度特性，它能够提供信号在不同时间和频率尺度上的局部化信息，能够更好地捕捉信号中的局部特征、瞬态信号、突变等，对于非平稳信号的分析更为适用。同时，小波变换可以对信号进行压缩和去噪处理。通过保留主要的小波系数并丢弃较小的系数，可以实现信号的压缩。而在去噪方面，小波变换可以将信号分解成不同尺度上的成分，使得噪声成分更容易被区分和消除。

2.5.4　连续小波变换

下面结合图 2-27 给出连续小波变换信号处理的实现过程。

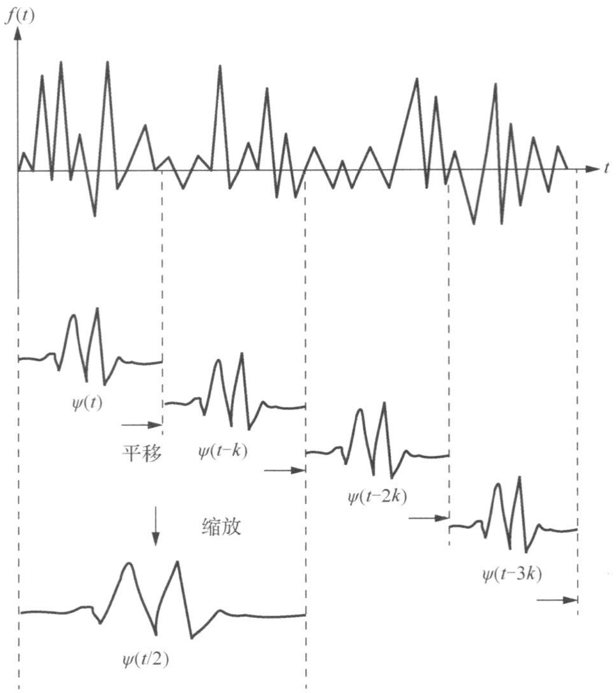

图 2-27　小波变换示意图

（1）对小波基函数 $\psi(t)$ 和原始信号 $f(t)$ 的开始部分进行比较。

（2）计算系数 C，C 表示该部分信号与小波的近似程度。C 值越高表示信号与小波相似程度越高。

（3）小波右移 k 得到小波函数 $\psi(t-k)$，然后不断重复步骤（1）和（2），直到信号结束。

（4）扩展小波，如扩展一倍，得到小波函数 $\psi(t/2)$。

（5）重复步骤（1）～（4）。

小波变换后的结果一般以小波系数图（wavelet coefficient plot）和小波谱图（wavelet spectrum plot）为主。这些图形可以帮助人们理解信号在不同尺度和频率上的分布情况。

小波系数图：小波系数图显示了原始信号在不同尺度和平移下的小波系数。通常，图中的横轴代表时间或空间，纵轴表示尺度或频率，而颜色或亮度则表示小波系数的大小。小波系数图能够展示信号的局部特征和突变，并可用于检测信号中的突发事件或周期性变化。

小波谱图：小波谱图显示了信号在频率和时间尺度上的能量分布情况。通常，图中的横轴代表时间或空间，纵轴表示频率，而颜色或亮度则表示信号的能量密度。小波谱图可以帮助人们确定信号中的频率成分和它们随时间的变化情况，从而用于频域分析和频率特征提取。

除了这些常见的图形表示外，小波变换还可以产生其他类型的图形，如小波包图（wavelet packet plot）、小波轮廓图（wavelet contour plot）等，这些图形通常用于特定的分析任务和应用场景中。

2.6　希尔伯特-黄变换

2.6.1　物理意义

下面介绍一种不受不确定性原理限制，同时还有更好的自适应性的时频分析方法——希尔伯特-黄变换。

假定任务是求一个信号的瞬时频率，信号形式为线性调频信号：

$$x(t)=\cos\left(2\pi f_0 t+\pi k t^2\right) \tag{2-80}$$

式中，$0\text{s}\leqslant t\leqslant 5\text{s}$；$f_0=0\text{Hz}$；$k=20\text{s}^{-2}$。

图 2-28 中的信号为单频率成分信号，即同一时刻只有一个频率分量的信号，瞬时频率谱可以很好地反映信号的时频特征，且有很高的时间分辨力，但是信号边界处的误差往往较大。

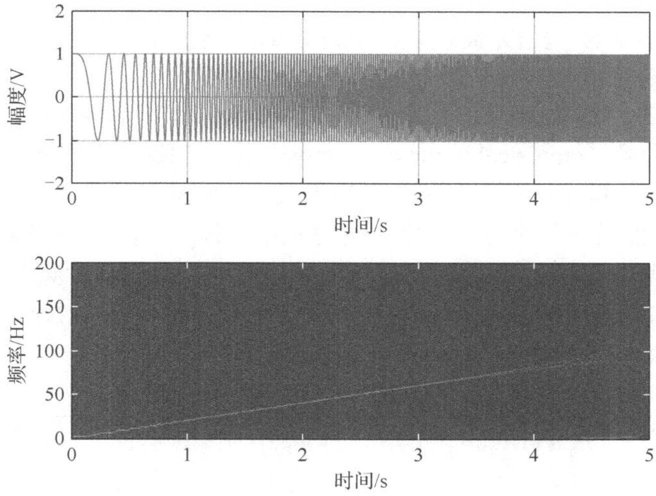

图 2-28　线性调频信号的瞬时频率谱

如果是对一个多频率成分信号（同一时刻有多个频率分量的信号）进行希尔伯特变换，结果会怎样呢？

假定信号形式为一个上调频信号和一个下调频信号的叠加：

$$x(t)=\cos\left(2\pi f_0 t+\pi k t^2\right)+\cos\left(2\pi f_1 t-\pi k t^2\right) \tag{2-81}$$

式中，$f_1=100\text{Hz}$；其余参数与式（2-80）相同。

对信号进行希尔伯特变换，然后求得瞬时频率谱，结果如图 2-29 所示。

从图 2-29 中的瞬时频率谱可知，信号瞬时频率约为 50Hz，这并不能真实反映上调频和下调频两个信号频率的时频特征，所以对多频率成分信号不能直接进行希尔伯特变换。直接的想法是：能否将这两个调频信号分离出来，然后进行希尔伯特变换，最后将瞬时频率谱综合起来。这就是希尔伯特-黄变换的基本思想。

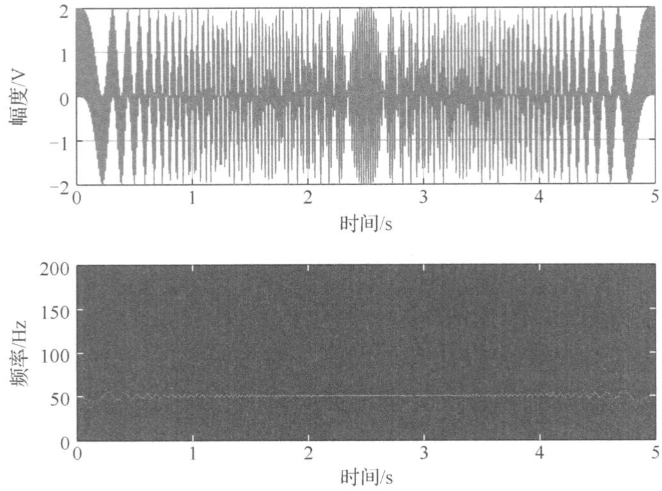

图 2-29　多频率成分信号的瞬时频率谱（直接希尔伯特变换）

希尔伯特-黄变换（简称 HHT）于 1998 年由 Norden E．Huang（黄锷）等首次提出。它首先进行经验模态分解（empirical mode decomposition，EMD），将信号分解为一系列固有模态函数（intrinsic mode function，IMF）的和的形式（分解的目的是把一个多分量信号分解成多个单分量信号），然后对每个分量分别求瞬时频率，最后对瞬时频率谱进行合成。上述例子中试图将两个信号分离的过程就是经验模态分解过程，得到瞬时频率谱结果，如图 2-30 所示。从图中大致可以看出信号的时频特征：该信号是一个 0Hz→100Hz 二次递增的扫频信号和一个 100Hz→0Hz 二次递减的扫频信号的叠加。

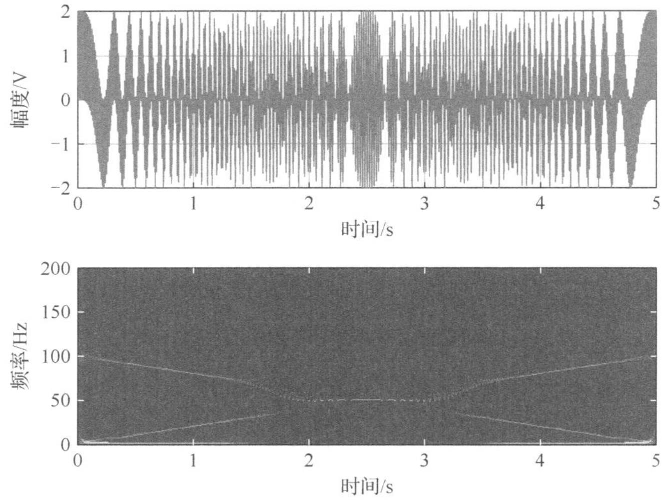

图 2-30　希尔伯特-黄变换后瞬时频率谱

当然，希尔伯特-黄变换并不是完美的，目前对于它的关键步骤经验模态分解的研究尚不完善，缺乏一些理论基础。经验模态分解可以将信号分解成两个线性调频信号，也可以分解成两个三角波信号。从图 2-30 中也可以看到，希尔伯特-黄变换后在低频区域可能会出现一些不存在的频率分量。

2.6.2　经验模态分解

一个复杂的数据在任何一个局部时刻都有超过一个的瞬时频率存在。为了更好地应用瞬时频率，就要把多分量的随机信号分解成多个 IMF，再对每个 IMF 求瞬时频率，这种方法就是经验模态分解。每个 IMF 实际上相当于一个更普遍的谐波基函数（模态），或者说是一个单频率分量信号，这个单频率分量信号未必都是正弦信号。

Huang 等（1998）总结了使瞬时频率有意义的单分量信号应满足的条件，在此基础上，提出了 IMF 的概念，IMF 要满足以下两个条件。

（1）整段信号中零点个数与极值点个数相等或至多相差 1。

（2）信号上任意一点由局部极大值点确定的上包络线和由局部极小值点确定的下包络线的均值为零，即信号关于时间轴局部对称。

第一个条件类似于传统稳态高斯过程中窄带信号的要求。第二个条件是将以往对信号的全局要求局部化，使瞬时频率不受非对称波形的影响。对于非平稳信号，局部均值涉及局部时间尺度，而定义局部时间尺度非常困难，因此用信号极大值和极小值确定的包络线的均值来逼近信号的均值。这种逼近效果即使在最坏的情况下，算出的瞬时频率也与物理意义一致。

经验模态分解能够将信号分解成多个固有模态函数。固有模态函数在全局上可以是平稳信号，也可以是非线性、非平稳信号，因此希尔伯特-黄变换同样适用于非线性、非平稳的数据分析。

经验模态分解过程如下。

（1）首先找到所有的局部极点，将局部极大值作为上包络，局部极小值作为下包络。

（2）上下包络均值用 m_1 表示，将输入数据 $x(t)$ 与 m_1 作差，记为 h_1，即

$$x(t)-m_1=h_1 \tag{2-82}$$

（3）重复上面筛选过程，直至第 k 次提取出的信号 h_{1k} 满足 IMF 条件，即

$$h_{1(k-1)}-m_{1k}=h_{1k} \tag{2-83}$$

定义 c_1 为第一阶 IMF，即

$$c_1=h_{1k} \tag{2-84}$$

筛选的目的在于提高波形对称性，同时为确保分离出的 IMF 分量保留了幅度和频率调制的足够的物理信息，需要限制筛选次数。因为筛选次数过多会使所有分量成为常幅度的频率调制信号，从而失去物理意义。将筛选的停止条件称为分解终止条件，Huang 等（1998）提出了两种终止原则：①当极点和过零点的个数相等或分解出的极点小于 3（没有足够的极点）时停止筛选。②柯西收敛准则。定义门限

$$\mathrm{SD}=\frac{\sum_{t=0}^{T}\left|h_{1(k-1)}(t)-h_{1k}(t)\right|^{2}}{\sum_{t=0}^{T}h_{1(k-1)}^{2}(t)} \tag{2-85}$$

当 0.2≤SD≤0.3 时，筛选过程终止。

（4）将得到的高频分量为主的 IMF 分量从原始信号中分离出来：

$$X(t)-c_1=r_1 \tag{2-86}$$

（5）将余量作为新的信号，重复步骤（1）～（4），结果记为

$$\begin{gathered} r_1-c_2=r_2 \\ \vdots \\ r_{n-1}-c_n=r_n \end{gathered} \tag{2-87}$$

满足任何一个预设的判决标准（分解终止条件），上述分解终止，即分量 c_n 或者余量 r_n 幅度非常小，低于门限值，或者余量变为单调函数，分解不出更多的 IMF，至此经验模态分解结束。

从分解过程可以看出，阶数较低的模态对应的频率较高，阶数较高的模态对应的频率较低，这一点在后续的例子分析中可以看出。

经验模态分解对应的逆过程称为信号重构。利用经验模态分解进行信号重构时，只需要选择部分阶的 IMF 求和。

2.7　水声信号时频分析应用实例

本节将以海豚叫声为例，对时频分析理论在水声信号处理中的应用加以说明。

2.7.1　典型海豚叫声信号

海豚能够利用位于气孔正下方的鼻腔气囊发出各种声音。通常可以划分为三类声音：哨声、啸叫声和咔嗒声。

（1）哨声。哨声通常为单个脉冲，持续时间在 0.5～1s，在时频谱上呈倒立的“V”形。哨声一般由海豚通过结缔组织振动产生，是海豚常用的交流方式。

（2）啸叫声。啸叫声在 1s 内有多个脉冲，在时频谱上有近似平行的水平线。啸叫声通常用于社交互动，比如寻找同伴或表达情绪。

（3）咔嗒声。咔嗒声在 1s 内的脉冲数更多，在时频谱上垂直条纹明显。咔嗒声的主要功能是定向，其频率一般较高，相应地作用距离也较近。

本节将分析的信号为一段海豚哨声时域信号，如图 2-31 所示，信号的时间长度为 1.5s，采样率为 11.025kHz。

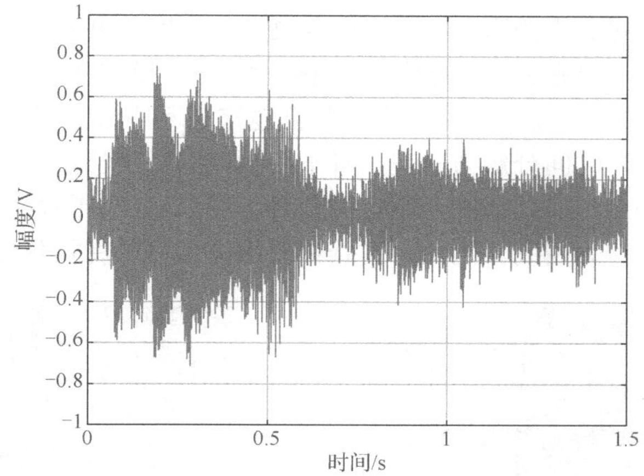

图 2-31　海豚哨声时域信号

2.7.2　基于短时傅里叶变换的水声信号时频分析应用实例

对海豚哨声信号进行短时傅里叶变换分析，主要研究窗类型和窗长度对信号分析的影响。图 2-32 给出了矩形窗、汉宁窗、汉明窗和布莱克曼窗四种窗函数对应的时频分析结果。后三种窗性能相当，但是与其他三种窗函数分析结果相比，图（a）中矩形窗在 0.3～0.4s、1～2kHz 区域信号更为模糊，这是由于加矩形窗引起的频谱泄漏现象。

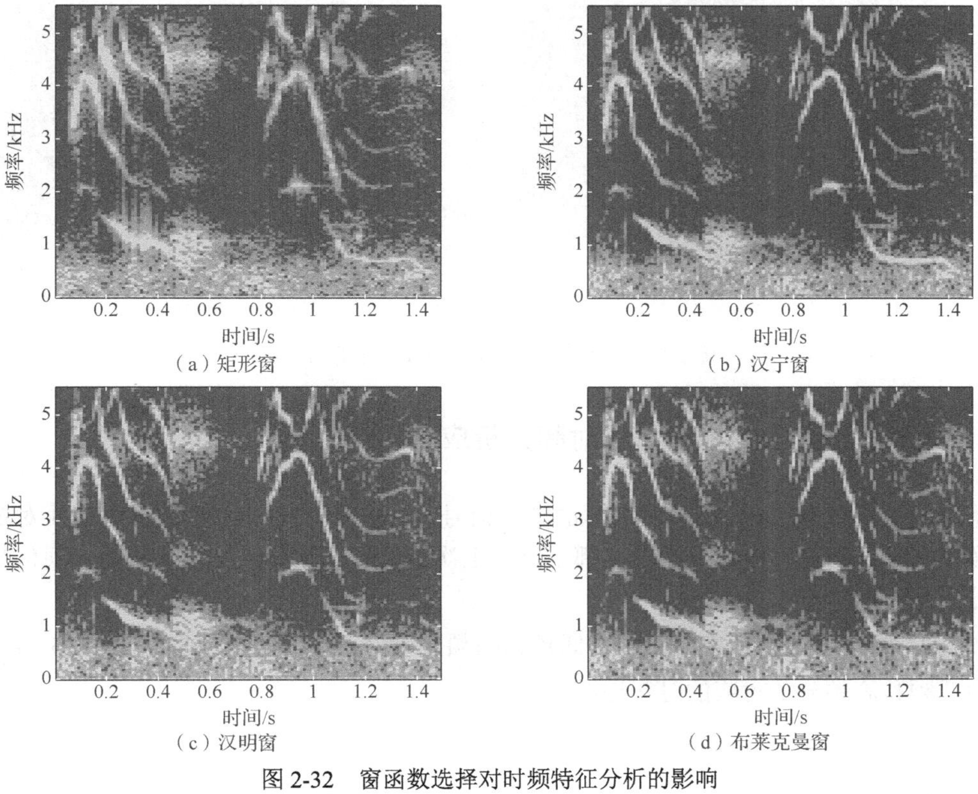

图 2-32　窗函数选择对时频特征分析的影响

为研究窗长度对时频分析的影响，固定窗函数为汉宁窗，图 2-33 中（a）、（b）、（c）、（d）四个分图给出了对应窗长分别为 11.6ms、23.2ms、46.4ms 和 92.8ms 时的时频分析结果。从图中可以看出，随着时间的增加，倒“V”形特征越来越不明显，图（d）中尤为如此。主要原因在于，窗长变大后，时间分辨力变差，看不出频谱的时变特性。那窗长是越短越好吗？答案是否定的。例如 0.2～0.4s、1kHz 附近的信号，图（a）的带宽比图（b）的宽。也就是说，窗长越长，频率分辨力越高。为此，窗长需要根据信号的特征仔细选择。

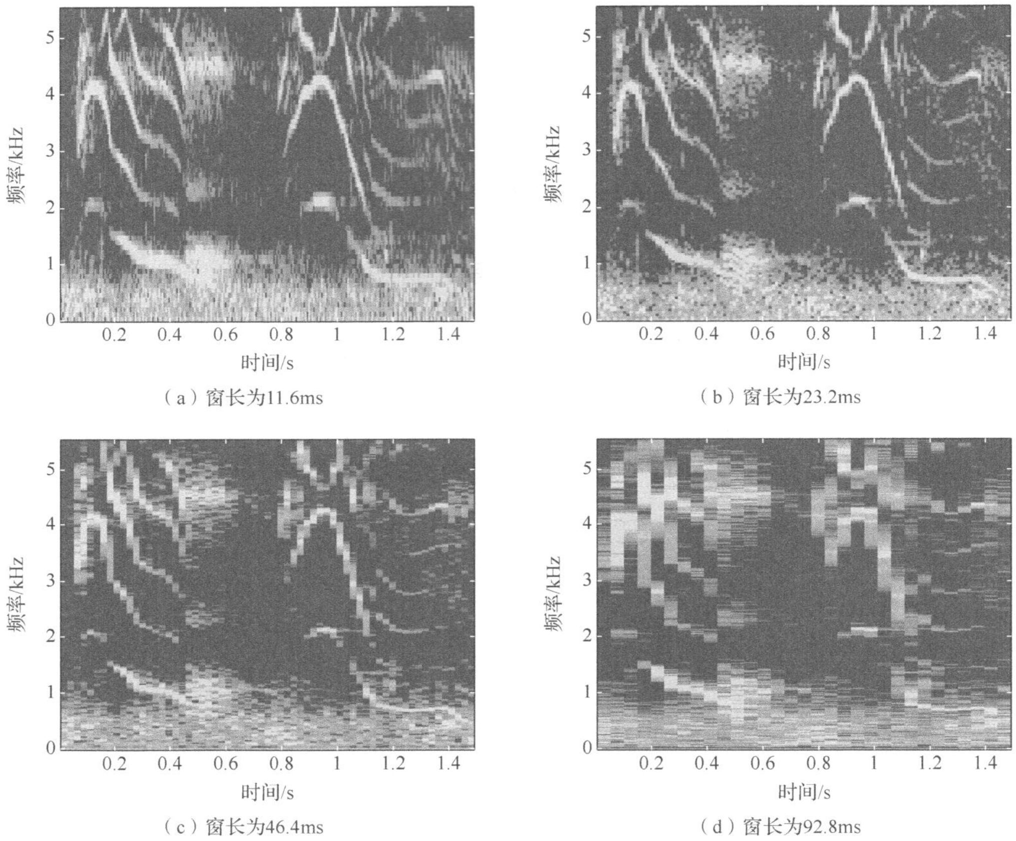

（a）窗长为11.6ms　（b）窗长为23.2ms　（c）窗长为46.4ms　（d）窗长为92.8ms

图 2-33　窗长的选择对时频特征分析的影响

2.7.3　基于小波变换的水声信号时频分析应用实例

采用马拉特（Mallat）小波对海豚的哨声信号进行分析。Mallat 小波通过多次对信号进行低频和高频分离，其中每一次分离都是针对上次分离的低频分量信号，从而实现信号的多分辨分析。

图 2-34 给出了海豚哨声的第一次低频和高频分量分离后的时域波形。图 2-35 给出了相对应的低频和高频分量对应的时频谱图。

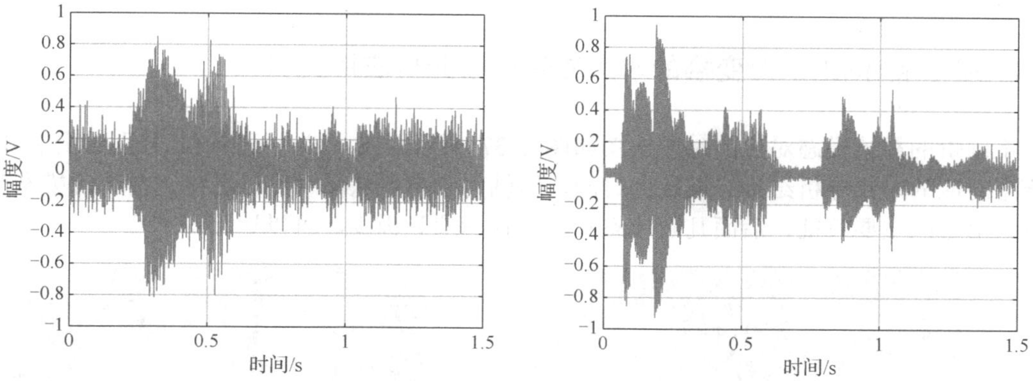

（a）低频分量　　（b）高频分量

图 2-34　低频和高频分量对应的时域波形

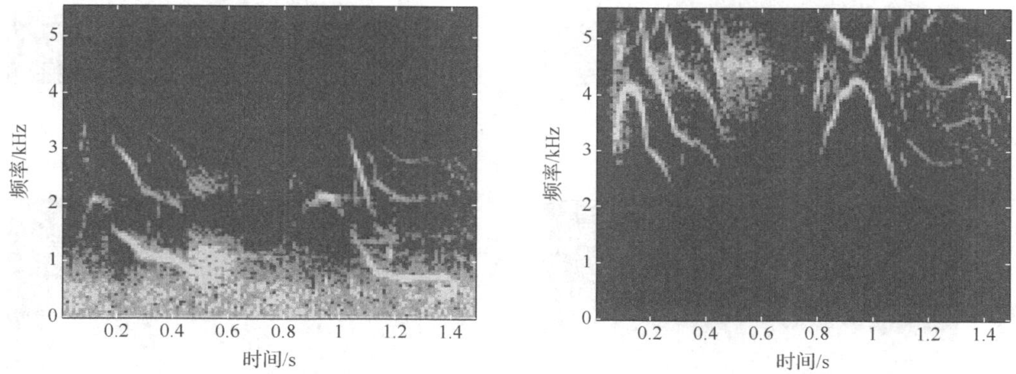

（a）低频分量　　（b）高频分量

图 2-35　低频和高频分量的海豚信号时频谱图

图 2-36 给出了小波变换后的时频分析结果。从图中可以看出，小波变换确实对低频信号有较好的频率分辨力，对高频信号有较好的时间分辨力。

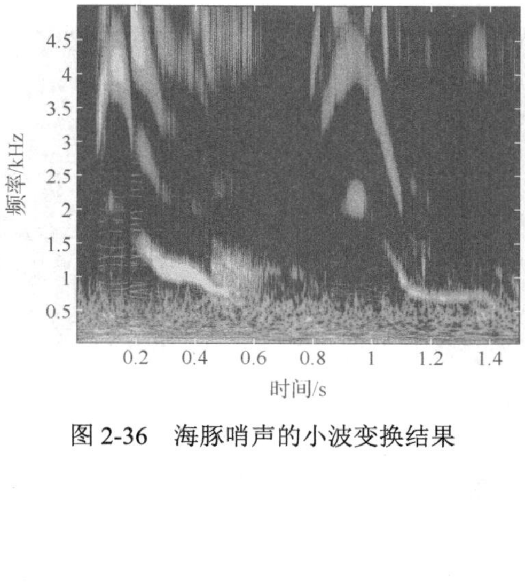

图 2-36　海豚哨声的小波变换结果

2.7.4 基于希尔伯特-黄变换的水声信号时频分析应用实例

不同阶的经验模态对应的时频谱图如图 2-37 所示。图（a）～图（f）分别给出了 1～6 阶模态对应的时频分析结果。横轴为时间，纵轴为频率。从图中可以看出，前两阶模态基本代表了信号的主要特征，后面几阶模态对应的目标信息极少，可以滤除。

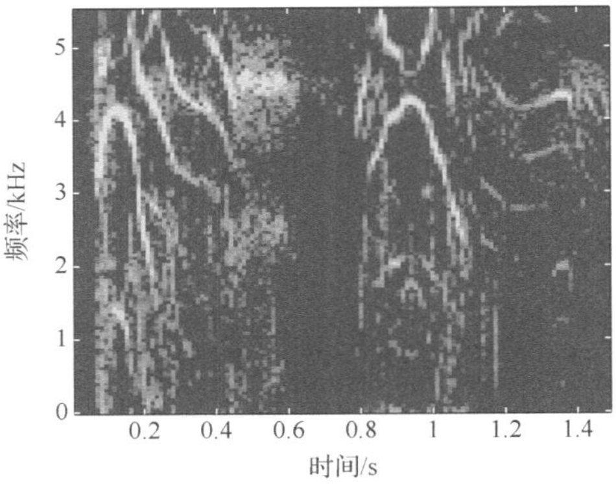

（a）1阶模态

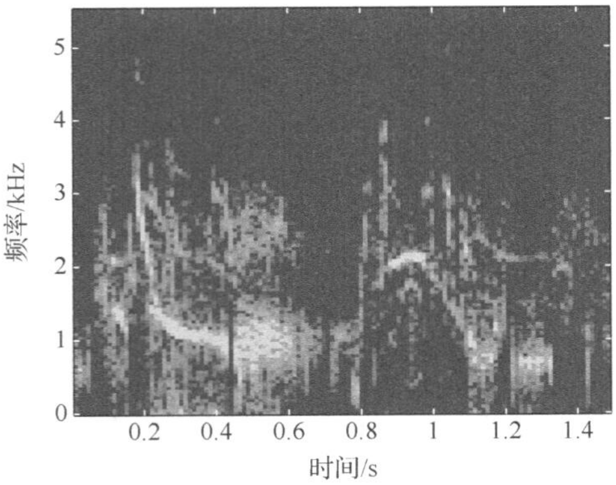

（b）2阶模态

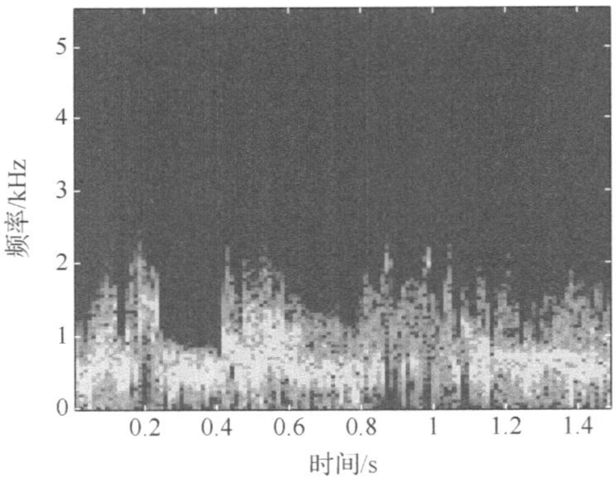

（c）3阶模态

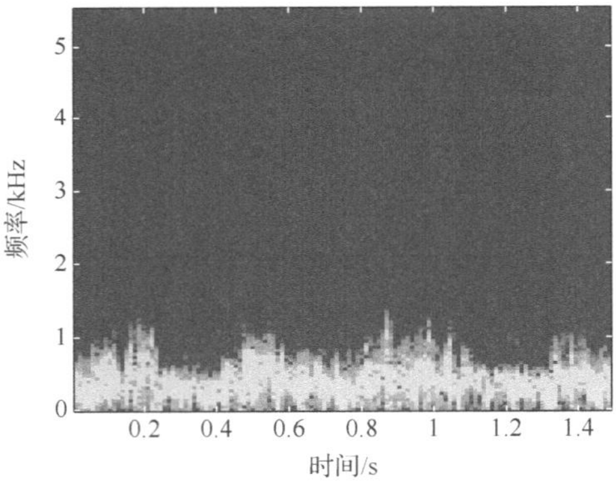

（d）4阶模态

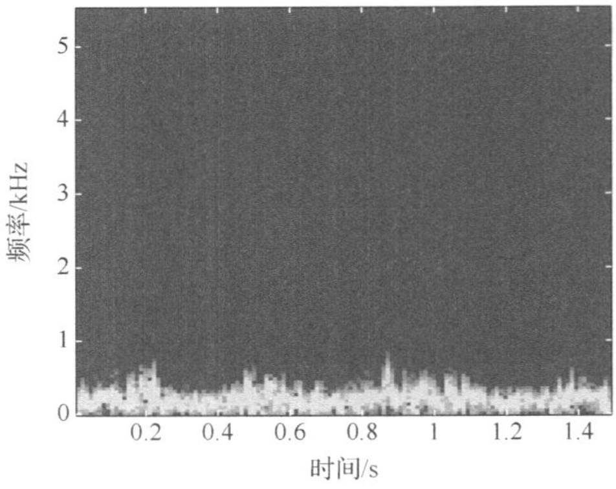

（e）5阶模态

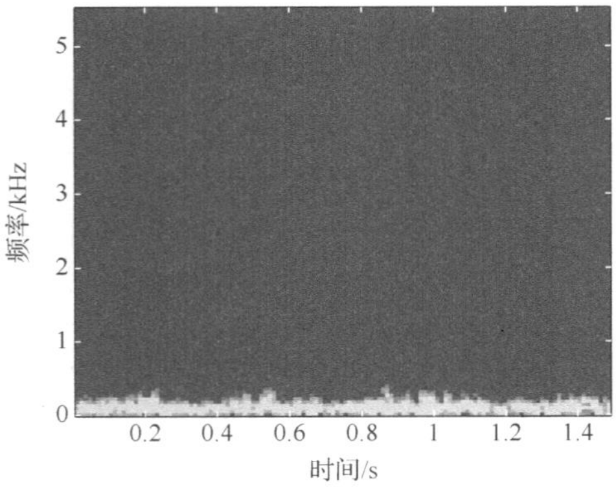

（f）6阶模态

图 2-37　不同阶经验模态对应的时频谱图

2.8 本章小结

本章介绍了常用的几种信号形式，并针对确知信号、平稳信号、非平稳信号的时频分析方法展开了介绍，最后给出了海豚信号时频分析的应用举例。

习　题

1. 采用模糊函数如何评价匹配滤波器的性能？采用模糊函数如何评价信号的分辨力？
2. 在声速恒定为1500m/s的海域利用主动声呐脉冲探测目标时，如果要分辨距离2m的2个目标，信号频率为10kHz，脉宽如何设计？带宽如何设计？
3. 请推导功率谱密度为N_0的白噪声对应的自相关函数。假如是带限白噪声，请推导相应的自相关函数。
4. 请从频域出发推导匹配滤波器。
5. 在短时傅里叶变换中，矩形窗和汉宁窗对信号分析的影响有什么区别？
6. 短时傅里叶变换遵循能量守恒定律吗？如何解释？

参考文献

田坦, 2010. 声呐技术[M]. 2版. 哈尔滨: 哈尔滨工程大学出版社.

McDonough R N, Whalen A D , 2006. 噪声中的信号检测(第二版)[M]. 王德石, 等译. 北京: 电子工业出版社.

Oppenheim A V, 1998. 信号与系统(第二版)[M]. 刘树棠, 译. 西安: 西安交通大学出版社.

Oppenheim A V, Schafer R W, 2015. 离散时间信号处理(第三版) [M]. 黄建国, 刘树棠, 张国梅, 译. 北京: 电子工业出版社.

Cohen L, 1995. Time-frequency analysis: theory and applications[M]. Englewood: Prentice Hall.

Cole R H, 1948. Underwater explosions [M]. Princeton: Princeton University Press.

Daubechies I, 1992. Ten lectures on wavelets[M]. Philadelphia: SIAM Society for Industrial and Applied Mathematics.

Gabor D, 1946. Theory of communication. Part 1: The analysis of information[J]. Journal of the Institution of Electrical Engineers - Part III: Radio and Communication Engineering, 93(26): 429-457.

Huang N E, Shen Z , Long S R, et al,1998. The empirical mode decomposition and the Hilbert spectrum for nonlinear and non-stationary time series analysis[C]. Proceedings of the Royal Society of London. Series A: Mathematical, Physical and Engineering Sciences, 454(1971): 903-995.

Jiang P F, Lin J H, Sun J P, et al, 2020. Source spectrum model for merchant ship radiated noise in the Yellow Sea of China[J]. Ocean Engineering, 216: 1-13.

Mallat S, 2008. A wavelet tour of signal processing: The sparse way [M]. 3rd ed. San Diego: Academic Press.

Ross D, 1976. Mechanics of underwater noise[M]. Los Altos: Pergamon Press.

Simard Y, Roy N, Gervaise C, et al, 2016. Analysis and modeling of 255 source levels of merchant ships from an acoustic observatory along St. Lawrence Seaway[J]. The Journal of the Acoustical Society of America, 140(3): 2002-2018.

Soloway A G, Dahl P H, 2014. Peak sound pressure and sound exposure level from underwater explosions in shallow water[J]. The Journal of the Acoustical Society of America, 136(3): EL218-EL223.

Urick R J, 1983. Principles of underwater sound [M]. 3rd ed. New York: Peninsula Publishing.

Wales S C, Heitmeyer R M, 2002. An ensemble source spectra model for merchant ship-radiated noise[J]. The Journal of the Acoustical Society of America, 111(3): 1211-1231.

第 3 章　信号空域处理理论

信号空域处理是获取海洋信息的一类基础信号处理方法。其主要研究方向可以被划分为波束形成和空间谱估计两个大类。波束形成类方法主要用于获取空间处理增益，抑制噪声和干扰，提高对指向方向目标的检测能力；空间谱估计类方法则主要用于目标方位估计和多目标分辨。二者在概念上略有差别但又相互关联，例如一些波束形成的加权方法也可以用于获得空间谱，但空间谱估计并不都是通过加权实现的。

本章主要介绍声呐波束形成以及空间谱估计的基本概念和典型处理方法，共分为 8 节。其中 3.1 节到 3.5 节主要介绍的是波束形成的基本概念和处理方法。3.1 节介绍波束形成的基本概念；3.2 节讲解时延、相移波束形成方法以获得指向不同方向的指向性；3.3 节讲解如何通过加权处理改变波束形成指向性函数形状；3.4 节从频域和时域两个角度讲解宽带信号波束形成处理的具体实现方法；3.5 节介绍了直线阵预成多波束的基本概念和多种参数与预成波束角度的对应关系；3.6 节主要讲解空间谱的概念定义、空间谱与波束图的联系和差异、空间谱估计的多种实现方法；3.7 节通过两个被动声呐测向案例讲解波束形成处理方法和应用；3.8 节对本章内容进行总结。

3.1　波束形成的基本概念

波束形成的基本思想是将阵列的各阵元输出经过一系列加权处理得到在预定方向的指向性。波束形成输出的波束域信号可以获得更高的抗干扰和抑制噪声的能力，因而在声呐、雷达等设备中得到广泛关注和应用。本节首先对波束形成的定义和基本概念进行介绍，然后，在此基础上讨论波束形成对声呐系统的作用，最后以被动声呐系统为例建立阵列信号模型，为后续的波束形成算法性能分析奠定理论基础。

3.1.1　波束形成的定义

波束形成是将按一定几何形状（直线、圆柱、圆环、球面、共形等）排列的阵列各阵元输出信号经过特定处理（例如加权、延时、求和，或加权、相移、求和等），形成空间指向性的方法。波束形成器可以视为一个空间滤波器，让空间中某些方向的信号通过，其他方向信号被抑制。采用不同的波束形成加权处理方法，可以获得不同的空间响应特性（特定主瓣宽度、旁瓣级等）。常用的加权处理方法包括经典幅度加权和各类基于不同准则求得的最优权向量形式。具体的内容将在 3.3 节中详细讨论。

以最简单的人耳二元阵系统为例来说明阵列的指向性和波束形成意义。日常生活中，人耳听音可以简化类比为一个二元波束形成系统，如图 3-1 所示，图中的 h_1 、 h_2 分别表示两个阵元位置， d 为两耳的间距。

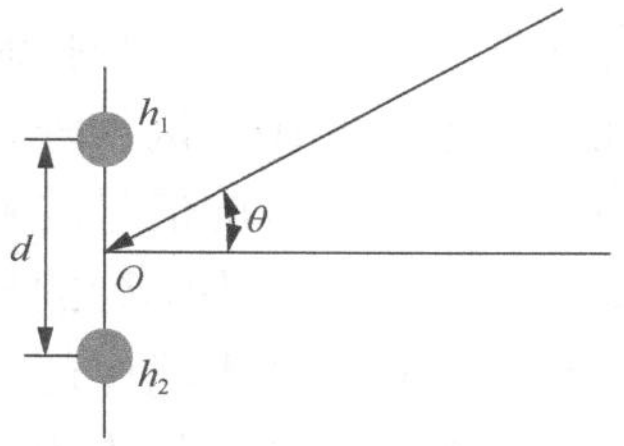

图 3-1　人耳听音几何关系图

假设有一 θ 方向入射的声信号复解析式，可表示为 $s(t)=A(t)\mathrm{e}^{\mathrm{j}\omega t}$ ，其中 $A(t)$ 表示信号幅值随时间的变化情况，则到达 h_1 、 h_2 位置处的声音波形信号可表示为

$$s_i(t)=A(t)\mathrm{e}^{\mathrm{j}\omega t}\mathrm{e}^{\mathrm{j}\varphi_i} \tag{3-1}$$

式中， $\varphi_i, i=1,2$ 是两个阵元与参考原点接收信号的相位差，可表示为 $\varphi_i=(-1)^i\pi d\sin\theta/\lambda$ 。将人脑对声音信号的处理看作一个波束形成器，对到达 h_1 、 h_2 位置处的声音波形直接相加，输出为

$$b(\theta,t)=s_1+s_2=2\cos\left(\frac{\pi d}{\lambda}\sin\theta\right)A(t)\mathrm{e}^{\mathrm{j}\omega t}=2\cos\left(\frac{\pi d}{\lambda}\sin\theta\right)s(t) \tag{3-2}$$

可见，不同方向 θ 到达的信号响应输出波形不变，但在幅度上发生了变化，对式（3-2）进行幅度归一化，忽略由源引起的恒定信号 $s(t)$ 并取模值，可得到二元系统对不同角度目标的归一化波束输出信号幅度为

$$R(\theta)=\left|\cos\left(\frac{\pi d}{\lambda}\sin\theta\right)\right| \tag{3-3}$$

式中， $R(\theta)$ 为人耳二元系统的空间自然响应函数，即指向性函数，表征对不同方向信号的响应能力。绘制指向性函数，如图 3-2 所示。

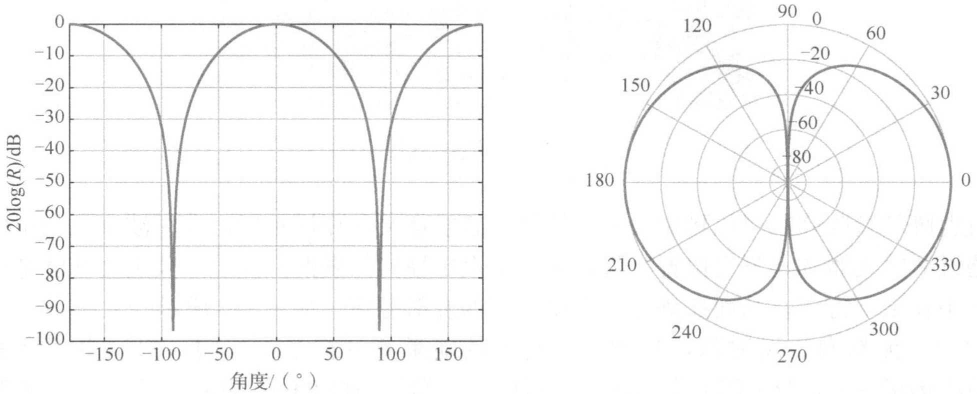

（a）二元系统指向性　（b）极坐标显示

图 3-2　指向性函数曲线

由图 3-2 可知，输出信号幅度大小随信号入射角而变化。当 $\theta=0$ 时， $R(\theta)=1$ ，实现同

相相加时，信号幅度最大，其他方向信号幅度减弱，被抑制，起到了空间滤波作用。

上述结果是阵列的自然指向性，田坦（2010）认为阵列的自然指向性是指不经过任何处理，将各阵元信号直接相加得到的阵列对不同方向信号的响应输出。根据阵列对不同方向来波信号直接相加输出信号功率绘制出的响应图称为阵列的自然指向性图，其反映了基阵对周遭各方向信号的自然响应归一化大小。实际中并不能保证信号都位于阵列自然指向性响应最大的方向，因此需要通过一定的时延或者相移处理将阵列的指向性指向特定的角度。对声压阵而言，其自然指向性是指对来自不同方向的信号将阵列各阵元等权相加（直接相加）的输出响应。对矢量阵而言，其自然指向性函数为声压阵自然指向性函数与一个角度指向因子的乘积。

3.1.2　阵列波束形成的作用

如图 3-3 所示，声信号处理的三个基本要素为 S（源）、H（信道）和 R（接收系统）。其中，源是声波产生的源头，被动声呐系统中源为目标的辐射声信号，主动声呐系统中源由发射系统产生。水声信道是声信号从发射端到接收端所经历的无线传输环境，其特征及参数包括声速剖面、海底参数等有关的海洋传播特性。接收系统用来接收声波信号，对海洋中的声场分布进行采样，经过特定的处理来实现对目标的探测、定位和识别等功能。

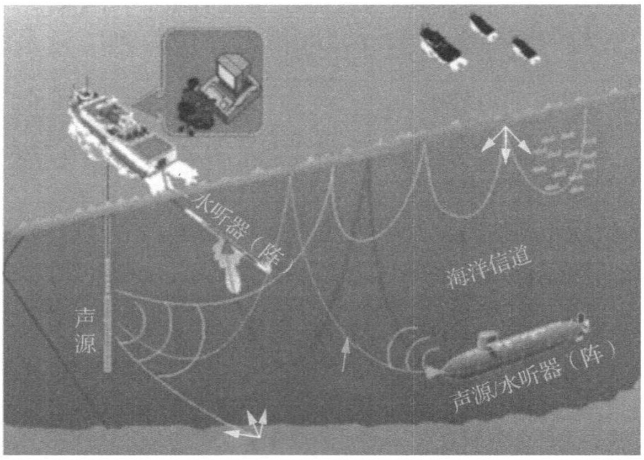

图 3-3　水声探测过程

发射阵和接收阵都可以形成波束，但是二者的意义和作用不同，发射波束是利用先验信息，通过对阵元激励和阵元位置等优化来形成设定性能的发射指向性，其主要功能是使发射声能集中在某一方向，从而在该方向获得更高的发射源级，如图 3-4 所示。

相比于无指向性发射器，指向性发射器的能量集中在某一方向。根据声源级表达式 $\mathrm{SL}=10\log\eta P_a+170.77+\mathrm{DI}$，指向性发射器由于空间指向性 DI 的作用，可以用较小的发射功率在某一方向获得更高的声源级。根据主动声呐方程，在其他参数不变的情况下，有指向性发射器的作用距离更远。

接收系统波束形成通过特定的处理使阵列形成对某一方向的指向性接收，使该方向的信号无失真地通过，其他方向的信号被截止，如图 3-5 所示。

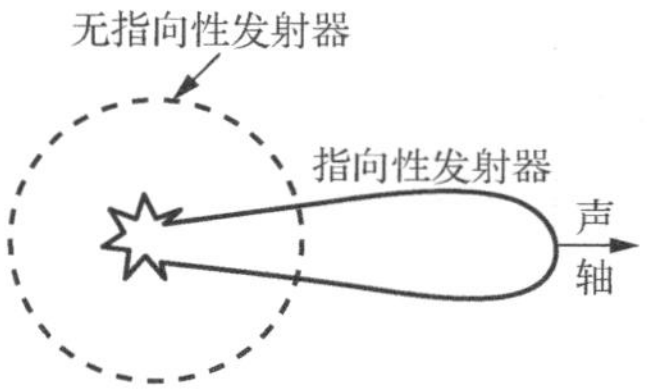

图 3-4　发射系统波束形成

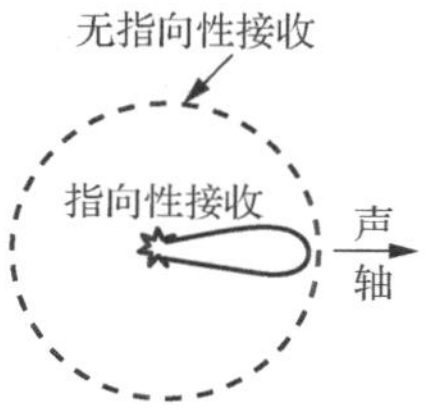

图 3-5　接收系统波束形成

由图 3-5 可知，当接收系统具有指向性时，其意义在于定向接收，抑制其他方向的信号和干扰，从而提高作用距离。除此之外，接收系统波束形成也可用于对目标进行测向。

3.1.3　阵列信号模型

（1）窄带假设。阵列信号处理中的窄带信号和时域信号的窄带定义有所不同。阵列信号处理中窄带信号的含义是指空间信号带宽的倒数（即空间信号的等效时宽）远大于信号波阵面跨越阵列最大孔径所需要的时间，以保证阵列所有阵元“几乎同时”接收到该信号波阵面。由此得到窄带条件：

$$\frac{L}{c} \ll \frac{1}{B} \tag{3-4}$$

式中，L 为阵列的最大孔径；c 为水下声速；B 为信号带宽。

（2）远场假设。假设阵列处于辐射源的远场区，即辐射源到阵列的距离远大于阵列的最大孔径。从而可以近似认为入射到阵列的信号波阵面为平面，有时也称远场假设为平面波假设。满足这一条件使得阵列信号模型与阵列和辐射源的距离无关。

（3）信号假设。假设空间入射的信号统计平稳且各态历经，在一次处理中信号的频率和到达角等参数不发生变化，因此可以用时间平均来代替统计平均。如果没有特殊声明，各入射信号统计独立，即

$$E\left[\boldsymbol{S}(t)\boldsymbol{S}^{\mathrm{H}}(t)\right] = \mathrm{diag}\left[\sigma_1^2, \sigma_2^2, \cdots, \sigma_K^2\right] \tag{3-5}$$

（4）噪声假设。理想条件下，常假设各阵元接收到的背景噪声为高斯白噪声，并且假定信号和噪声是互相独立的，噪声满足空间独立条件，即各阵元接收到的背景噪声也是相互独立的。然而实际中只有当满足半波间距情况下，各阵元对应半波间距的频率相关性才为零，大多数情况下各阵元的噪声是具有空间相关性的，因此阵列的空间增益并不取决于实际阵元数，而是取决于半波间距的独立阵元数。

任意阵的几何结构如图 3-6 所示，假定阵列的第 m 个阵元的位置为 $\boldsymbol{p}_m = [x_m, y_m, z_m]$。设 K 个空间信号入射到由 M 个阵元组成的阵列，K 个入射信号角度为 $\boldsymbol{\Omega}_k = (\theta_k, \phi_k)$，$k = 1, 2, \cdots, K$。

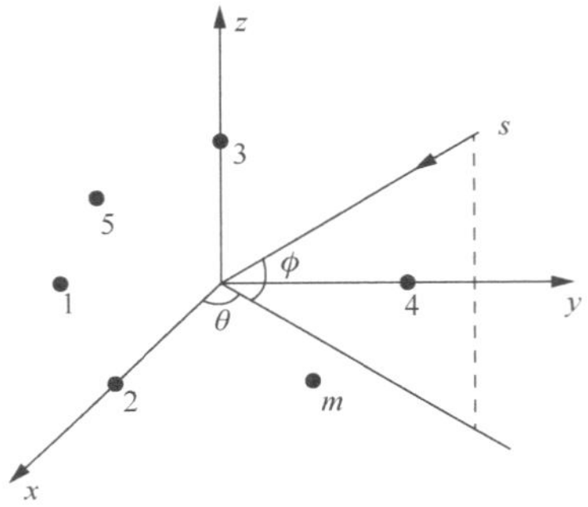

图 3-6　任意阵几何结构示意图

第 k 个信号入射方向单位向量 $\boldsymbol{u}_k$ 可以写为

$$\boldsymbol{u}_k = -\left[\cos\phi_k \cos\theta_k, \cos\phi_k \sin\theta_k, \sin\phi_k\right]^{\mathrm{T}} \tag{3-6}$$

各个阵元与信号源之间的距离不同，则不同阵元接收信号的时延也不同，因此信号是在经过不同的传播时延后到达接收阵元。第 m 个阵元接收到信号时相比参考位置处的时延可以表示为

$$\tau_{km} = \frac{\boldsymbol{u}_k^{\mathrm{T}} \boldsymbol{p}_m}{c}, \quad m = 1, 2, \cdots, M \tag{3-7}$$

式中，c 为水下声信号的传播速度。假设第 m 个阵元接收到的环境噪声为 $n_m(t)$，则接收到的信号可表示为

$$x_m(t) = \sum_{k=1}^{K} s_k\left(t + \tau_{km}\right) + n_m(t) \tag{3-8}$$

定义

$$\begin{aligned}
& a_m(\Omega_k) = \mathrm{e}^{-\mathrm{j}\omega\tau_{km}} \\
& \boldsymbol{a}(\Omega_k) = [a_1(\Omega_k), a_2(\Omega_k), \cdots, a_M(\Omega_k)]^{\mathrm{T}} \\
& \boldsymbol{A} = [\boldsymbol{a}(\Omega_1), \boldsymbol{a}(\Omega_2), \cdots, \boldsymbol{a}(\Omega_K)] \\
& \boldsymbol{S}(t) = [s_1(t), s_2(t), \cdots, s_K(t)]^{\mathrm{T}} \\
& \boldsymbol{N}(t) = [n_1(t), n_2(t), \cdots, n_M(t)]^{\mathrm{T}} \\
& \boldsymbol{X}(t) = [x_1(t), x_2(t), \cdots, x_M(t)]^{\mathrm{T}}
\end{aligned} \tag{3-9}$$

则式（3-8）可进一步表示为

$$\boldsymbol{X}(t) = \boldsymbol{A}\boldsymbol{S}(t) + \boldsymbol{N}(t) \tag{3-10}$$

其中，$\boldsymbol{A}$ 为阵列的信号方向矩阵；$\boldsymbol{a}(\Omega_k)$ 为第 k 个源信号的导向矢量；$\boldsymbol{X}(t)$ 为 M 元阵列信号矢量；$\boldsymbol{N}(t)$ 为阵列干扰噪声矢量。

当阵列信号为宽带信号时，上述关于窄带信号的假设条件不再满足，此时可在频域上描述阵列模型。虽然阵列接收到的是一个宽带信号，但可以通过傅里叶变换等方式将宽带信号划分为若干个子带，组成宽带信号的各子带频率分量仍然满足窄带信号假设条件。这时阵列信号方向矩阵是频率和方位的函数。设阵列信号在频域上可以分成 J 个窄带信号，则阵列信号在频域的第 j 个频率接收信号模型可以表示为

$$\boldsymbol{X}(f_j)=\boldsymbol{A}(f_j)\boldsymbol{S}(f_j)+\boldsymbol{N}(f_j),\quad j=1,2,\cdots,J \tag{3-11}$$

式中，

$$\begin{aligned}
&a_m(f_j,\Omega_k)=\mathrm{e}^{-\mathrm{j}2\pi f_j\tau_{km}}\\
&\boldsymbol{a}(f_j,\Omega_k)=[a_1(f_j,\Omega_k),a_2(f_j,\Omega_k),\cdots,a_M(f_j,\Omega_k)]^{\mathrm{T}}\\
&\boldsymbol{A}(f_j)=[\boldsymbol{a}(f_j,\Omega_1),\boldsymbol{a}(f_j,\Omega_2),\cdots,\boldsymbol{a}(f_j,\Omega_K)]\\
&\boldsymbol{S}(f_j)=[S_1(f_j),S_2(f_j),\cdots,S_K(f_j)]^{\mathrm{T}}\\
&\boldsymbol{N}(f_j)=[N_1(f_j),N_2(f_j),\cdots,N_M(f_j)]^{\mathrm{T}}\\
&\boldsymbol{X}(f_j)=[X_1(f_j),X_2(f_j),\cdots,X_M(f_j)]^{\mathrm{T}}
\end{aligned} \tag{3-12}$$

$\boldsymbol{A}(f_j)$ 为频率 f_j 对应的阵列信号方向矩阵；$\boldsymbol{a}(f_j,\Omega_k)$ 为频率 f_j 对应的第 k 个源信号的导向矢量；$\boldsymbol{X}(f_j)$ 为频率 f_j 对应的 M 元阵列接收的频域信号矢量；$\boldsymbol{N}(f_j)$ 为频率 f_j 对应的频域阵列干扰噪声矢量。

3.2　常规时延、相移波束形成方法原理

3.2.1　线阵时延波束形成方法原理

上文已经提到自然指向性是所有阵元信号相加得到的结果，并且给出了简单二元阵的指向性图。如图 3-7 所示，假设有一个由 M 元无指向性水听器组成的直线阵列，有一远场平面波入射到这一基阵上，它的输出幅度将随着平面波入射角的变化而变化。

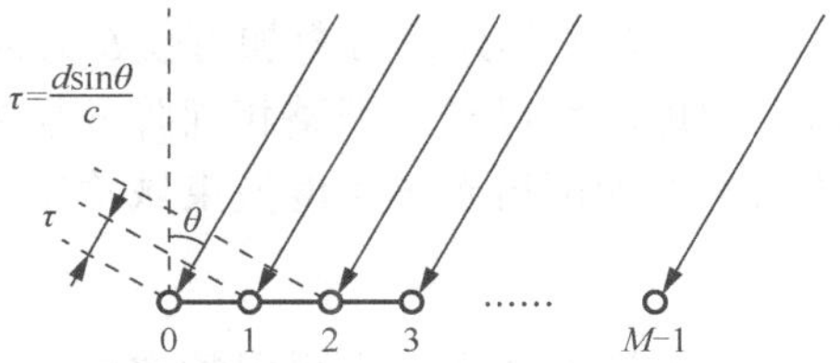

图 3-7　各阵元接收信号时延

为了更好地说明这一点，将第 0 号参考阵元接收信号简化假定为 $F_0(t)=A\cos(\omega t)$，式中 ω 为信号的角频率，A 为信号幅度，该阵元的接收信号初相位为零，称为零相位参考信号。由图 3-7 可以得到两个阵元之间信号到达的时延差 τ（d 为两阵元之间的间隔，θ 代表信号的入射角度，c 为声速），各个阵元的接收信号分别为

$$\begin{aligned}
F_0(t)&=A\cos(\omega t)\\
F_1(t)&=A\cos(\omega t+\omega\tau)\\
&\ \ \vdots\\
F_m(t)&=A\cos(\omega t+m\omega\tau)
\end{aligned} \tag{3-13}$$

为了方便推导，将其表示为复解析式，则第 m 个阵元接收信号可表示为

$$F_m(t)=A\,\mathrm{Re}[\mathrm{e}^{\mathrm{j}\omega t+\mathrm{j}m\omega\tau}] \tag{3-14}$$

将所有阵元接收信号相加

$$S(\theta,t)=\sum_{m=0}^{M-1}F_m(t)=A\bullet\mathrm{Re}\left[\mathrm{e}^{\mathrm{j}\omega t}\sum_{m=0}^{M-1}\mathrm{e}^{\mathrm{j}m\omega\tau}\right] \tag{3-15}$$

根据等比数列求和公式，可以得到

$$\sum_{m=0}^{M-1}\mathrm{e}^{\mathrm{j}m\omega\tau}=\frac{1-\mathrm{e}^{\mathrm{j}M\omega\tau}}{1-\mathrm{e}^{\mathrm{j}\omega\tau}}=\mathrm{e}^{\mathrm{j}(M-1)\omega\tau/2}\frac{\sin(M\omega\tau/2)}{\sin(\omega\tau/2)} \tag{3-16}$$

所以

$$S(\theta,t)=A\frac{\sin(M\omega\tau/2)}{\sin(\omega\tau/2)}\cos[\omega t+(M-1)\omega\tau/2] \tag{3-17}$$

此时阵列输出波束信号幅度变为 $A\sin(M\omega\tau/2)/\sin(\omega\tau/2)$，对其进行归一化处理，可以得到线阵对各不同方向信号的空间幅度响应，即线阵的自然指向性函数

$$R(\theta)=\left|\frac{\sin(M\omega\tau/2)}{M\sin(\omega\tau/2)}\right|=\left|\frac{\sin(M\omega d\sin\theta/c)}{M\sin(\omega d\sin\theta/c)}\right| \tag{3-18}$$

从上式可见，当 θ 为 0 时，输出幅度最大，$R(\theta)$ 为 1。对于等间距直线阵，当信号在 0°方向入射时，各路信号同相相加得到最大输出。但是实际中，目标并不一定在 0°方向，对于其他方向入射的信号，直接采用自然指向性输出能量是有损失的，需要经过适当处理，才能使目标所在方向上同相相加，得到最大的输出。其中一种方法是时延波束形成，该方法对信号形式没有特殊要求，既适用于宽带信号，又适用于窄带信号。对于 θ 方向的目标，第 m 个阵元的接收信号为 $A\cos(\omega t+m\omega\tau)$，此时为了使该方向入射的信号能够得到同相叠加，只需要对各个阵元接收信号进行延时处理，取时延为 $m\tau$，则延时后的第 m 个阵元信号为

$$F_m'(\theta,t)=F_m(\theta,t-m\tau)=A\cos(\omega t) \tag{3-19}$$

对 M 个阵元信号叠加可使 θ 方向入射信号同相位叠加，获得在该方向上的指向性极大值，同理，可以通过调整相邻阵元插入时延差 τ 得到指向不同方向的阵列指向性。将时延后的信号相加可得到该角度波束域输出信号。时延差跟波束形成指向方位角的关系为

$$\tau=d\sin\theta/c \tag{3-20}$$

需要注意的是，当采用数字信号处理方法实现波束形成时，由于时域采样的影响，插入的时延差只能是采样周期的整数，即 $\tau=N\tau_s=N/f_s$，N 为整数使得常规时延波束形成方法只能在有限的角度上获得精确的波束预成效果。

3.2.2　线阵相移波束形成方法原理

上文介绍了关于时延波束形成的具体方法，由于该方法是对信号进行时间上的延迟处理，对宽带和窄带信号同样有效。时延波束形成方法的缺点是会受到采样量化误差的影响。对于窄带信号而言，可以通过移相的方法进行波束形成。对于第 m 个阵元的接收信号，

$$F_m(\theta,t)=A\cos(\omega t+m\omega\tau)=A\cos(\omega t+m\varphi) \tag{3-21}$$

$$\varphi=\omega\tau=\omega d\sin\theta/c \tag{3-22}$$

不对接收信号进行延时，而是通过改变相位的方式来使得阵元信号同相：

$$F'_m(\theta,t) = A\,\mathrm{Re}[\mathrm{e}^{\mathrm{j}\omega t+\mathrm{j}m\varphi}\bullet\mathrm{e}^{-\mathrm{j}m\varphi}] = A\cos(\omega t) \tag{3-23}$$

移相处理可以在频域简便地实现。首先对接收信号进行傅里叶变换，再进行相位上的补偿，然后叠加，即可获得频域的波束输出，再经过傅里叶逆变换处理即可得到时域输出信号。具体步骤如下所述。

（1）先将时域信号转换为频域信号：

$$\begin{aligned} &F_1(\theta,t) \xleftrightarrow{f} Y(\mathrm{j}\omega) \\ &F_m(\theta,t) \xleftrightarrow{f} Y_m(\mathrm{j}\omega) = Y(\mathrm{j}\omega)\mathrm{e}^{\mathrm{j}m\varphi} \end{aligned} \tag{3-24}$$

（2）对各个阵元频域信号进行相位上的补偿：

$$Y'_m(\mathrm{j}\omega) = Y_m(\mathrm{j}\omega)\mathrm{e}^{-\mathrm{j}m\varphi} \tag{3-25}$$

（3）将相位补偿得到的频域信号进行傅里叶逆变换使其变回时域信号然后相加，或者先将补偿后的频域信号直接相加然后进行傅里叶逆变换使其变回时域信号。

移相和时延方法实际上是在频域和时域中两种等价的操作，根据傅里叶变换原理，

$$x(t-t_0) \xleftrightarrow{f} \mathrm{e}^{-\mathrm{j}\omega t_0} X(\mathrm{j}\omega) \tag{3-26}$$

虽然在理论上两者是一样的，但是在实际应用中两种方法各有侧重，相移波束形成方法常用于窄带信号波束形成，宽带信号的相移补偿量与频率有关，不同频率的相移补偿量不同，需要针对不同频率分别进行相移补偿。时延波束形成则对信号形式没有特殊要求，对于所有频率信号时延补偿量都相同，但是其受时延量化误差的影响，要想获得更好的效果，需要高采样率，计算量大。

3.2.3　线阵波束形成中汲及的基础概念定义

由式（3-18）可知，一个 M 元等间距线阵的归一化自然指向性函数为

$$R(\theta) = \left|\frac{\sin(M\varphi/2)}{M\sin(\varphi/2)}\right| = \left|\frac{\sin(M\omega\tau/2)}{M\sin(\omega\tau/2)}\right| = \left|\frac{\sin(M\pi d\sin\theta/\lambda)}{M\sin(\pi d\sin\theta/\lambda)}\right| \tag{3-27}$$

式中，$\lambda = c/f$ 为信号的波长。通过上式可以得到，当 $(\pi d\sin\theta/\lambda) = \pm k\pi$（$k$ 为整数）时，等式的分子和分母同时取到 0，$R(\theta)$ 取到极大值，极大值在角度上的坐标为

$$\sin\theta = \pm k\frac{\lambda}{d} \tag{3-28}$$

当 $k=0$ 时 $R(\theta)$ 取到主极大值，或者称为主瓣，其他整数对应的值称为副极大值或者栅瓣，而当 $k=\pm1$ 时 $R(\theta)$ 取到主瓣左右两边的第一副极大值，或者称为栅瓣。

当 $(M\pi d\sin\theta/\lambda) = \pm k\pi$ 时，即

$$\sin\theta = \pm k\frac{\lambda}{Md} \tag{3-29}$$

k 为非零整数，且非 M 的整数倍时，式（3-27）的分子为 0，但分母不为 0，$R(\theta)$ 取到零点。显然，在两个极大值之间存在 $M-1$ 个零点，零点间隔为 $\lambda/(Md)$。

除了主瓣、栅瓣之外，还存在若干旁瓣或称次极大值，使式（3-27）分子为极大值的位置会出现旁瓣，由图 3-8 可知，在 $\sin\theta$ 轴上的旁瓣位置为

$$\sin\theta = \pm\left(k\frac{\lambda}{Md} + \frac{\lambda}{2Md}\right),\quad k = 1,2,\cdots \tag{3-30}$$

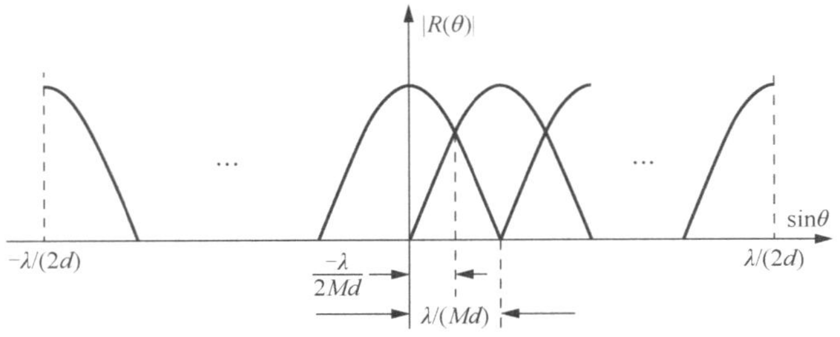

图 3-8　自然指向性主瓣、旁瓣和栅瓣示意图

两个极大值之间共有 $M-2$ 个旁瓣。注意上述值均需满足 $|\sin\theta|$ 小于 1，这是由三角函数本身特性决定的。

上文讨论了线阵的自然指向性，即波束形成指定方向为 0°时的情况。当希望得到其他方向上的波束形成指向性时，按照前面介绍的可以通过移相的方法在阵元上补偿相位。假设相邻阵元之间补偿的相位为 β，如图 3-9 所示。

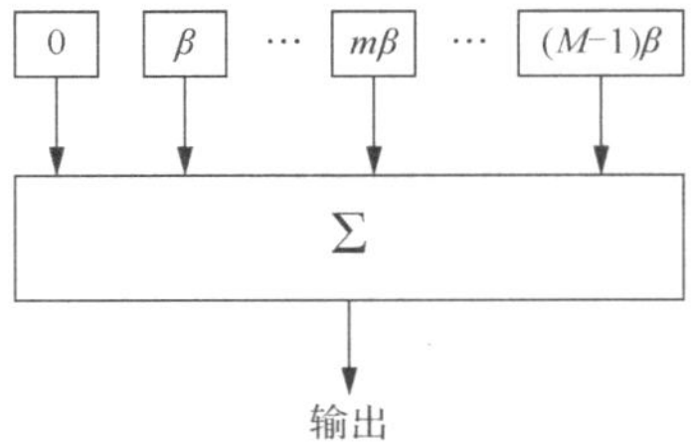

图 3-9　相移波束形成示意图

那么式（3-27）对应的归一化指向性函数为

$$R(\theta) = \left|\frac{\sin[M(\omega\tau - \beta)/2]}{M\sin[(\omega\tau - \beta)/2]}\right| \tag{3-31}$$

此时主瓣方向变为满足

$$\frac{2\pi d}{\lambda}\sin\theta - \beta = 0 \tag{3-32}$$

即

$$\sin\theta = \frac{\beta\lambda}{2\pi d} \tag{3-33}$$

左右的第一零点满足

$$\frac{M}{2}\left(\frac{2\pi d}{\lambda}\sin\theta-\beta\right)=\pm\pi \tag{3-34}$$

即

$$\sin\theta=\frac{\beta\lambda}{2\pi d}\pm\frac{\lambda}{Md} \tag{3-35}$$

主瓣宽度Θ定义为主波束值为零时两个零点对应间隔。从上面的式子里可以看出，主瓣方向的改变不会影响$\sin\theta$轴上的主瓣宽度，但是以θ为坐标轴时主瓣宽度会随着波束形成指定方向而改变。

$$\frac{\Theta}{2}=\arcsin\left(\frac{\beta\lambda}{2\pi d}+\frac{\lambda}{Md}\right)-\arcsin\left(\frac{\beta\lambda}{2\pi d}\right) \tag{3-36}$$

上式在$(0,\pi/2)$范围内是关于β的单调递增函数，因此在以θ为坐标轴时主瓣宽度随着$|\beta|$的增大而增大。这一现象也可以从物理上进行解释，当主瓣方向偏离阵列法线方向时，基阵的有效长度减小，从而导致主瓣宽度变大。表 3-1 列出了插入相移前后的线阵归一化指向性函数。

表 3-1　线阵自然归一化指向性函数与插入相移后线阵归一化指向性函数比较

项目	线阵自然归一化指向性函数	插入相移后线阵归一化指向性函数
指向性函数公式	$R(\theta)=\left\lvert\dfrac{\sin\left(M\dfrac{\varphi}{2}\right)}{M\sin\left(\dfrac{\varphi}{2}\right)}\right\rvert$	$R(\theta)=\left\lvert\dfrac{\sin\left[\dfrac{M}{2}(\varphi-\beta)\right]}{M\sin\left[\dfrac{1}{2}(\varphi-\beta)\right]}\right\rvert$
极大值位置满足的条件	$\frac{\varphi}{2}=\pm k\pi$ $k=0,1,\cdots$ 或 $\sin\theta=\pm k\frac{\lambda}{d}$	$\frac{\varphi-\beta}{2}=\pm k\pi$ $k=0,1,\cdots$ 或 $\sin\theta=\pm k\frac{\lambda}{d}$
主瓣	$\sin\theta_0=0$	$\sin\theta_0=\frac{\beta\lambda}{2\pi d}$
第一栅瓣	$\sin\theta_1=\frac{\lambda}{d}$ $(-1\leqslant\sin\theta\leqslant1)$	$\sin\theta_1=\frac{\beta\lambda}{2\pi d}+\frac{\lambda}{d}$
零点位置满足的条件	$\frac{M}{2}\varphi=\pm k\pi$ 或 $\sin\theta=\pm k\frac{\lambda}{Md}$ $k=1,2,\cdots,M-1$	$\frac{M}{2}(\varphi-\beta)=\pm k\pi$ 或 $\sin\theta=\frac{\beta\lambda}{2\pi d}\pm k\frac{\lambda}{Md}$ $k=1,2,\cdots,M-1$

例 3-1　图 3-10 是 10 元等间距线阵的自然指向性图，主瓣方向为零度，分别在正弦域和角度域绘图。

现在更换波束形成指向，使得此阵的指向性在 30°方向上，得到新的指向性图，如图 3-11 所示。

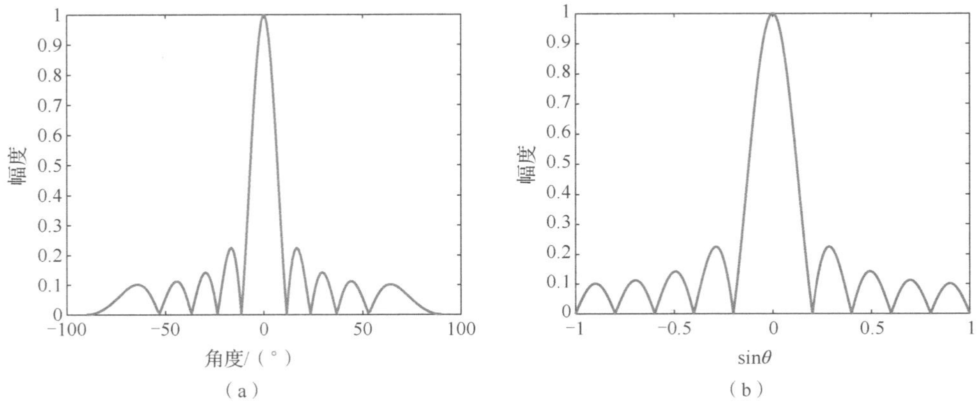

图 3-10　等间距线阵的自然指向性图

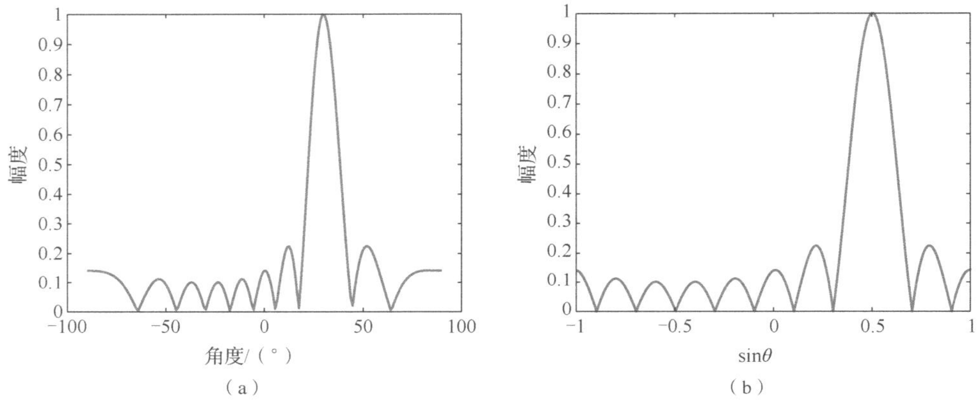

图 3-11　偏离法线方向的指向性图

可以看到在偏离法线方向后，主瓣宽度在角度域上有一定程度上的变宽，而在正弦域则没有明显的变化。和上文得出的结论一致。

3.3　典型加权波束形成处理方法

上一节以线阵为例介绍了利用时域或者相移进行波束角度预成的波束形成处理方法，并介绍了阵列波束形成主瓣、旁瓣等。经典时延和相移波束形成对阵元采用的都是等强度加权方式，实际处理中为了获得更窄的主瓣宽度、更低的旁瓣级，或者其他方向干扰零陷的处理效果，可以对各个阵元信号采用非等强度加权处理。本节介绍典型幅度加权处理方法，以及一些基于不同准则获得的波束形成权值。加权波束形成处理是指对各阵元乘上不同的权值，以获得特定波束响应的波束形成处理方法。

3.3.1　阵列空间处理增益

获得阵列空间处理增益是波束形成的主要目的，阵列的空间处理增益既与阵列形状参数有关，又与具体的处理方法有关，但本质上取决于阵列的空间指向性特性。阵列形态不同和加权处理方法不同都会改变阵列空间指向性特性。此外阵列的空间增益还与噪声的空间分布特性有关。下面按照典型阵列信号模型，给出任意阵列空间增益的理论计算方法。假设目标以第 0 个阵元为参考点，则第 m 个阵元的位置坐标为$(md,0,0)$。M 元阵列信号矢量 $\boldsymbol{X}(t)=[X_0(t),X_1(t),\cdots,X_{M-1}(t)]^{\mathrm{T}}$ 为

$$\boldsymbol{X}(t)=\sum_{k}\boldsymbol{a}(\theta_k)S_k(t)+\boldsymbol{N}(t) \tag{3-37}$$

式中，$S_k(t)$ 为沿 θ_k 方向入射的目标辐射信号；$\boldsymbol{N}(t)$ 为阵列干扰噪声矢量，$\boldsymbol{N}(t)=[N_0(t),N_1(t),\cdots,N_{M-1}(t)]^{\mathrm{T}}$。阵列对 θ_k 方向目标的导向矢量为

$$\boldsymbol{a}(\theta_k)=\left[1,\mathrm{e}^{-\mathrm{j}\omega\tau_{k1}},\cdots,\mathrm{e}^{-\mathrm{j}\omega\tau_{k(M-1)}}\right]^{\mathrm{T}} \tag{3-38}$$

τ_{km} 可以根据 3.1.3 节任意阵接收信号模型，通过阵列的参数以及 θ 角度进行推算。此时，指向角度 θ 的阵列波束形成输出信号可以表示为

$$y(t)=\boldsymbol{W}^{\mathrm{H}}(\theta)\boldsymbol{X}(t) \tag{3-39}$$

式中，$\boldsymbol{W}(\theta)=[W_0(\theta),W_1(\theta),\cdots,W_M(\theta)]^{\mathrm{T}}$ 称为波束形成权矢量，θ 是波束的指向角。其中每个元素都是一个复数，其模表示对各个阵元信号的幅度加权，相位表示对各个阵元信号的相位补偿。注意，在 θ 方向的波束输出 $y(t)$ 是通过改变权值方向使阵列指向固定的 θ 方向获得的。为了说明波束形成器的性能，定义波束响应为波束形成器对各个方向上单位功率平面波信号的响应，可以写成

$$R(\Omega\mid\theta)=\boldsymbol{W}^{\mathrm{H}}(\theta)\boldsymbol{a}(\Omega) \tag{3-40}$$

上式代表 Ω 方向上单位功率平面波信号在 θ 方向的波束响应，也可以称为指向性函数，代表了波束形成的指向性特性。在 3.2 节中得到了等间距线阵常规时延和相移方法的指向性图，事实上它与常规波束形成的波束响应是等价的。对于直线阵，当上式中权值指向的方向 θ 为 0 时即为阵列的自然指向性。通过上式也可以得到任意阵型、任意波束形成权对应的指向性。

评价阵处理方法的性能主要有以下几个指标：分辨力、阵增益、稳健性等。其中分辨力代表的瑞利限近似为阵列指向性函数的第一零点宽度，是零点波束宽度的一半，描述的是角度分辨力，这与上文提到的主瓣的宽度相关。基阵孔径的限制导致波束宽度有限，一个主瓣波束内的两个目标无法分辨。瑞利限跟阵列孔径成反比。分辨力能够突破瑞利限的处理方法被称为高分辨处理方法。

获得阵增益是波束形成的主要目的之一。阵增益定义为阵列信号处理输出信干噪比与输入信干噪比的比值（用 dB 表示）：

$$\mathrm{AG}=10\lg\frac{\mathrm{SINR}_{\mathrm{out}}}{\mathrm{SINR}_{\mathrm{in}}} \tag{3-41}$$

阵增益反映了波束形成算法对噪声和干扰的抑制能力，是一个二阶统计量。

不存在干扰时任意噪声场下阵增益标准计算公式如下：

$$\mathrm{AG}=10\lg\frac{\int_{4\pi}S(\Omega)R(\Omega|\theta)\mathrm{d}\Omega\Big/\int_{4\pi}N(\Omega)R(\Omega|\theta)\mathrm{d}\Omega}{\int_{4\pi}S(\Omega)\mathrm{d}\Omega\Big/\int_{4\pi}N(\Omega)\mathrm{d}\Omega} \tag{3-42}$$

式中，$S(\Omega)$为信号功率空间分布函数；$R(\Omega|\theta)$为波束形成指向θ方向的指向性函数，其意义与前面 3.1 节和 3.2 节描述的指向性函数相同，区别在于前面所述的大多数指向性函数是阵列的自然指向性，即不进行时延或相移补偿，默认指向 0° 方向的阵列指向性；$N(\Omega)$为噪声空间功率分布函数。可见，处理增益除了与阵列指向性函数有关还与信号和噪声场的空间分布有关。实际使用时Ω代表目标方向，θ代表权值指向的方向。相同权值对不同方向目标增益不同。式（3-42）给出的是窄带信号和噪声的阵处理增益计算公式，若处理宽带信号和噪声，对式（3-42）对数中的项进行频率积分即可。利用式（3-42），在给定权值情况下可以获得阵列的空间指向性函数$R(\Omega|\theta)$，在已知噪声空间分布的情况下可以计算任意阵的理论处理增益，阵列形式不同，加权方式不同，则$R(\Omega|\theta)$不同。

基于平面波点源假设，即$S(\Omega)=\sigma_{\mathrm{s}}^{2}\delta(\theta)$，经过常规波束形成处理后的阵增益可化简：

$$\begin{aligned}\mathrm{AG}&=10\lg\frac{\dfrac{\int_{4\pi}\sigma_{\mathrm{s}}^{2}\delta(\theta)\boldsymbol{W}(\theta)^{\mathrm{H}}\boldsymbol{a}(\Omega)\boldsymbol{a}(\Omega)^{\mathrm{H}}\boldsymbol{W}(\theta)\mathrm{d}\Omega}{\int_{4\pi}N(\Omega)\boldsymbol{W}(\theta)^{\mathrm{H}}\boldsymbol{a}(\Omega)\boldsymbol{a}(\Omega)^{\mathrm{H}}\boldsymbol{W}(\theta)\mathrm{d}\Omega}}{\dfrac{\int_{4\pi}\sigma_{\mathrm{s}}^{2}\delta(\theta)\mathrm{d}\Omega}{\int_{4\pi}N(\Omega)\mathrm{d}\Omega}}\\&=10\lg\frac{\int_{4\pi}N(\Omega)\mathrm{d}\Omega}{\boldsymbol{W}(\theta)^{\mathrm{H}}\left(\int_{4\pi}N(\Omega)\boldsymbol{a}(\Omega)\boldsymbol{a}(\Omega)^{\mathrm{H}}\mathrm{d}\Omega\right)\boldsymbol{W}(\theta)}\\&=10\lg\frac{\int_{4\pi}N(\Omega)\mathrm{d}\Omega}{\boldsymbol{W}(\theta)^{\mathrm{H}}C_{\mathrm{n}}\boldsymbol{W}(\theta)}\end{aligned} \tag{3-43}$$

式中，$C_{\mathrm{n}}=\int_{4\pi}N(\Omega)\boldsymbol{a}(\Omega)\boldsymbol{a}(\Omega)^{\mathrm{H}}\mathrm{d}\Omega$为阵列接收噪声协方差矩阵，矩阵第$i$行$j$列元素为第$i$个阵元与第$j$个阵元接收噪声的协方差：

$$\begin{aligned}C_{\mathrm{n}}(i,j)&=\int_{4\pi}N(\Omega)\boldsymbol{a}_{i}(\Omega)\boldsymbol{a}_{j}(\Omega)^{*}\mathrm{d}\Omega\\&=\int_{4\pi}N(\Omega)\mathrm{e}^{-\mathrm{j}\omega\boldsymbol{u}(\Omega)^{\mathrm{T}}(\boldsymbol{p}_{i}-\boldsymbol{p}_{j})/c}\mathrm{d}\Omega\end{aligned} \tag{3-44}$$

从上式可知，任意两阵元接收噪声的互相关与噪声空间分布和阵元相对位置有关。在噪声统计独立情况下，噪声的协方差为单位阵，此时阵处理增益为$10\log N$。

稳健性代表波束形成器在阵列出现误差时波束输出的准确性和有效性，波束形成的稳健性与权向量范数有关，权向量范数越小，稳健性越高。

3.3.2　幅度加权波束形成

阵列波束形成通过幅度加权可以调整波束主瓣宽度或者降低波束旁瓣级。下面以等间距线阵为例介绍几种常用的幅度加权法，参考《优化阵列信号处理（上册）：波束优化理论与方法》（鄢社锋，2018）。

1. 均匀加权

常规波束形成器的权向量为均匀加权，即每个阵元幅度加权值相等

$$w_m = 1/M, \quad m = 1, 2, \cdots, M \tag{3-45}$$

M 为总阵元数，如果把波束主瓣右边第一次出现零点的位置记作 θ_{NN}，当阵列满足半波间距布阵时，常规波束形成器的第一零点满足 $\sin\theta_{NN} = 2/M$，即波束两零点间波束宽度 $\mathrm{BW}_{NN} = 2\arcsin(2/M)$。

2. 余弦 q 次方加权

余弦 q 次方加权中，各阵元加权值为

$$w_m(q) = \alpha(q)\cos^q\left[\pi\frac{m-(M+1)/2}{M}\right], \quad m = 1, 2, \cdots, M \tag{3-46}$$

式中，$\alpha(q)$ 将波束最大响应归一化为 1。若 $q=1$，上式所示权向量称为余弦窗加权；若 $q=2$，称为汉宁窗加权。余弦 q 次方加权中，第一零点满足 $\sin\theta_{NN} = (q+2)/M$，即在余弦窗加权中，$\sin\theta_{NN} = 3/M$，在汉宁窗加权中 $\sin\theta_{NN} = 4/M$。余弦窗与汉宁窗得到的波束图的两个零点之间的波束主瓣宽度都比均匀加权下得到的更宽。

3. 升余弦窗 q 次方加权

升余弦窗 q 次方加权中，各阵元加权值为

$$w_m(p,q) = \alpha(p,q)\left\{p + (1-p)\cos^q\left[\pi\frac{m-(M+1)/2}{M}\right]\right\}, \quad m = 1, 2, \cdots, M \tag{3-47}$$

式中，$\alpha(p,q)$ 是为了将波束最大响应归一化为 1。$q=1$，上式所示权向量称为升余弦窗加权。若 $q=2$，代入式（3-47），结合二倍角公式，上式成为

$$w_m(p) = \frac{\alpha(p)}{2}\left\{(1+p) + (1-p)\cos\left[2\pi\frac{m-(M+1)/2}{M}\right]\right\}, \quad m = 1, 2, \cdots, M \tag{3-48}$$

若 $p = 0.08$，称为汉明窗加权。在汉明窗加权中，第一零点满足 $\sin\theta_{NN} = 4/M$。可以看出汉明窗加权波束图两零点间波束宽度与汉宁窗相同。

4. Dolph-Chebyshev 加权

Dolph（1946）提出了一种切比雪夫（Chebyshev）加权方法，该方法常称作 Dolph-Chebyshev 加权方法。它可在要求的主旁瓣比下，获得相等的旁瓣级。这一方法利用了 Chebyshev 多项式的特有性质。下面不作推导，给出可用于权值计算的计算公式：

$$x_0=\cosh\left(\frac{1}{n}\operatorname{arcosh}A\right)=\cosh\left[\frac{\ln\left(A+\sqrt{A^2-1}\right)}{n}\right]=\frac{1}{2}\left[\left(A+\sqrt{A^2-1}\right)^{\frac{1}{n}}+\left(A-\sqrt{A^2-1}\right)^{\frac{1}{n}}\right] \tag{3-49}$$

式中，A 为主旁瓣比；n 为 Chebyshev 多项式阶数。记

$$\alpha=\tanh^2\left[\frac{\ln\left(A+\sqrt{A^2-1}\right)}{n}\right] \tag{3-50}$$

则

$$x_0=\frac{1}{\sqrt{1-\alpha}} \tag{3-51}$$

从而得到

$$\alpha=1-\frac{1}{x_0^2} \tag{3-52}$$

权值的计算公式为

$$W_k=I_M^k=\frac{M-1}{M-k}\sum_s\binom{k-2}{s}\binom{M-k}{s+1}\alpha^{s+1},\quad M\geqslant k>1, s=0,1,\cdots \tag{3-53}$$

式中，M 为阵元数，n 的取值为 $M-1$，

$$\binom{p}{q}=\frac{p!}{q!(p-q)!},\quad q\leqslant p \tag{3-54}$$

且有 $I_M^1=1$。I_M^1 为从端元算起的阵元的相对权值。计算步骤如下。

（1）由给定的 A 利用式（3-49）计算 x_0。

（2）由 x_0 利用式（3-52）计算参数 α。

（3）利用式（3-53）计算相对于 α 的权系数，最后代入 α 值得到各个权值 W_k。

例 3-2　现有一个 6 元线阵，要求主旁瓣比为30dB，求各权值。

解：此例中 $M=6, n=5$。

由 $20\log A=30\text{dB}$ 得 $A=31.6$。根据式（3-49），当 $A\gg 1$ 时，有 $\sqrt{A^2-1}\approx A-\frac{1}{2A}$，从而式（3-49）可近似为

$$x_0\approx\frac{1}{2}\left[(2A)^{\frac{1}{n}}-\left(\frac{1}{2A}\right)^{\frac{1}{n}}\right]=1.36$$

由式（3-52）得

$$\alpha = 1 - \frac{1}{x_0^2} = 0.459$$

求出相对权系数

$$I_M^1 = 1$$

$$I_M^2 = \frac{5}{4}\binom{0}{0}\binom{4}{1}\alpha = \frac{5}{4}\cdot 4 \cdot \alpha = 5\alpha$$

$$I_M^3 = \frac{5}{3}\left[\binom{1}{0}\binom{3}{1}\alpha^1 + \binom{1}{1}\binom{3}{2}\alpha^2\right] = \frac{5}{3}\left[3\alpha + 1\cdot 3\cdot \alpha^2\right] = 5\alpha + 5\alpha^2$$

因此相对权系数为

$$1, 5\alpha, 5\alpha + 5\alpha^2, 5\alpha + 5\alpha^2, 5\alpha, 1$$

代入计算得到的 α 值后，权值为

$$1, 2.295, 3.348, 3.348, 2.29, 1$$

当 $\alpha = 1$ 时，各系数正好为二项式展开式的系数，可依次用于检查计算是否正确。

鄢社锋（2018）给出了更适用于计算机编程的 Dolph-Chebyshev 加权值计算公式：

$$w_m = \begin{cases} z^{M-1}/2, \quad m = 1 \\ \displaystyle\sum_{i=1}^{m-1} \frac{0.5(M-1)(m-2)!(M-i-1)!}{(m-i)!(i-1)!(m-i-1)!(M-m)!} z^{M-2m+1}(z^2-1)^{m-i}, \quad 2 \leqslant m < M/2+1 \\ w_{M+1-m}, \quad m \geqslant M/2+1 \end{cases} \tag{3-55}$$

式中，

$$z = \begin{cases} \dfrac{\cos\left[\dfrac{\pi}{2(M-1)}\right]}{\cos\left(\pi \dfrac{d}{\lambda}\sin\theta_{NN}\right)}, \quad \text{指定}\sin\theta_{NN} \\ \cosh\left[\dfrac{\operatorname{arcosh}(\sqrt{10^{-\mathrm{SLL}/10}})}{M-1}\right], \quad \text{指定SLL} \end{cases} \tag{3-56}$$

式中，d 与 λ 分别是阵元间隔与信号波长；SLL 是波束旁瓣级，单位是 dB，通常为负数。

Dolph-Chebyshev 加权设计分为指定主瓣宽度与指定旁瓣级两种。对于半波长均匀间隔线阵，在所有波束形成加权方法中，Dolph-Chebyshev 加权在给定主瓣宽度时可以获得最低的均匀旁瓣级，或者在给定旁瓣级时能获得最窄的波束主瓣宽度。

下面通过仿真比较这几种幅度加权法对应的波束图。考虑一个 8 元标准线阵，分别采用均匀加权、余弦窗加权、汉宁窗加权与汉明窗加权，这几种窗函数如图 3-12 所示，对应的波束图如图 3-13 所示。从图中可以看出，后三种窗加权方法的波束图旁瓣级都比均匀加权低，但同时主瓣宽度变宽。比较汉宁窗与汉明窗加权，两种方法的零点间波束宽度 $\mathrm{BW_{NN}}$ 相同，但后者的半功率波束宽度（$\mathrm{BW_{-3dB}}$）比前者窄，且最高旁瓣级比前者低。

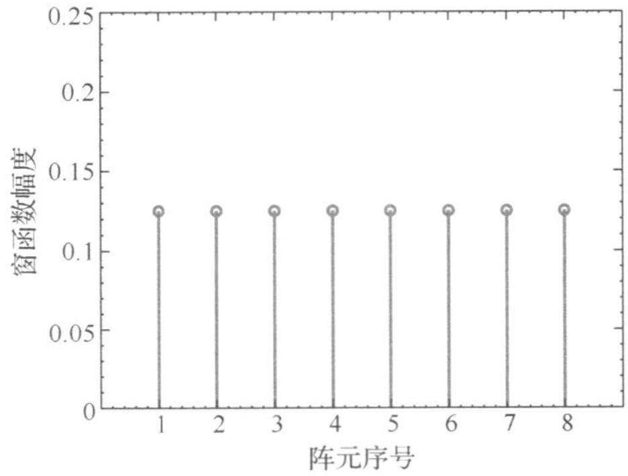

（a）均匀加权

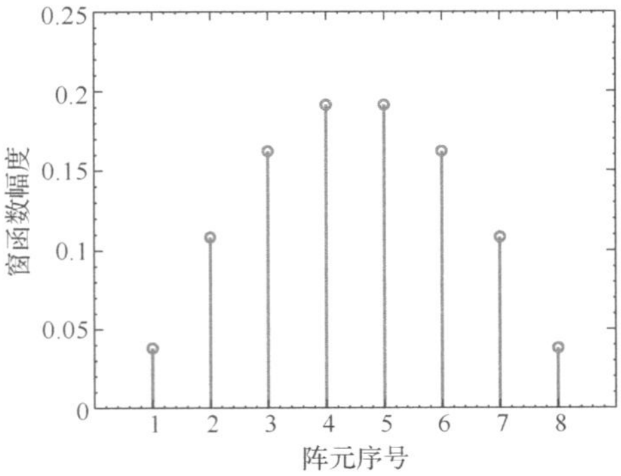

（b）余弦窗加权

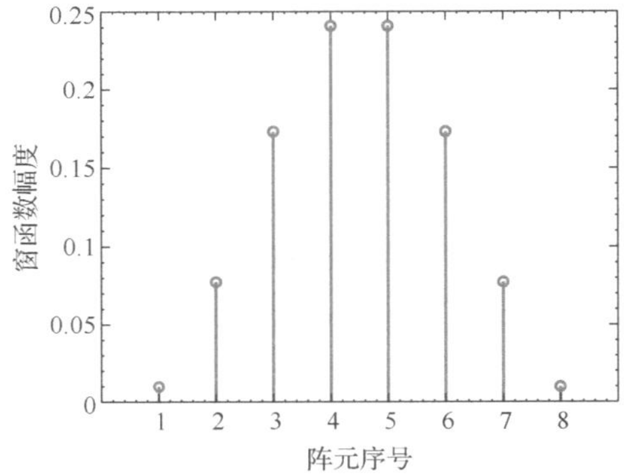

（c）汉宁窗加权

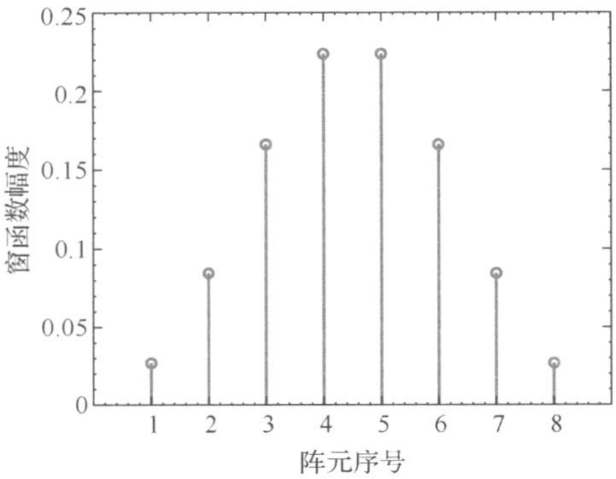

（d）汉明窗加权

图 3-12　加权窗函数幅度大小

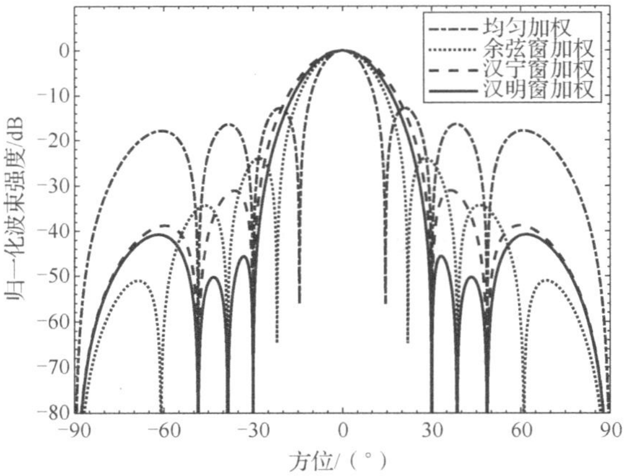

图 3-13　几种窗函数对应的波束图

采用 Dolph-Chebyshev 加权法，分别指定波束主瓣宽度 $\sin\theta_{NN} = 2/M, 3/M, 4/M$，得到的波束如图 3-14（a）所示；指定旁瓣级 $\text{SLL} = -20\text{dB}, -30\text{dB}, -40\text{dB}$，得到的波束如图 3-14（b）所示。从图中可以看出，Dolph-Chebyshev 加权波束图具有均匀的旁瓣，随着主瓣宽度增大，旁瓣级逐渐降低，在同等主瓣宽度（BW_{NN}）下，Dolph-Chebyshev 加权波束图具有更低的旁瓣级。

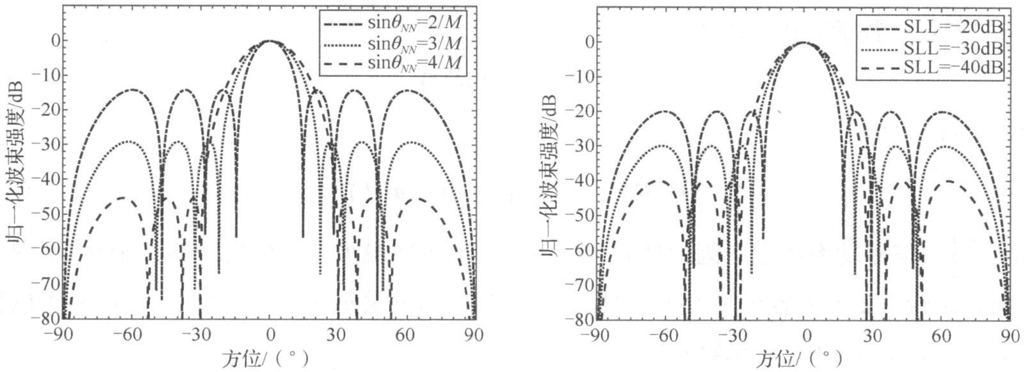

（a）指定波束宽度　　（b）指定旁瓣级

图 3-14　Dolph-Chebyshev 加权波束图

Dolph-Chebyshev 加权的优点是能够得到指定的主瓣宽度或指定的旁瓣级。并且对于半波长间隔均匀线阵，Dolph-Chebyshev 方法能得到主瓣宽度与旁瓣级之间的最佳折中。因此 Dolph-Chebyshev 波束形成器常作为参考波束来考察其他旁瓣控制波束形成器的波束宽度与旁瓣性能。由于该窗函数推导过程中运用了均匀线阵的特性，Dolph-Chebyshev 波束形成器只适用于均匀线阵，这是它的主要缺点。

需要指出的是，Chebyshev 加权方法并不仅限于 Dolph-Chebyshev 一种，当均匀线阵的阵元间距小于半波长时，Dolph-Chebyshev 加权并不能得到主瓣宽度与旁瓣级之间的最佳折中。需要利用其他 Chebyshev 加权方法，例如 Riblet（里布莱）-Chebyshev 加权，可查阅相关文献获得具体的使用方法。

3.3.3　常用准则下的多种加权波束形成方法

上文提到的窗函数加权是在常规波束形成的基础上进行不同的幅度加权设计，从而得到期望的波束图。除了幅度加权方法，基于不同准则获得的最优解权值也是常用的加权方式，准则不同，得到的最优解不同，适用的环境也不同。典型的加权方法包括常规波束形成、最小方差无失真响应波束形成、波束零陷波束形成等。

1. 常规波束形成

在 3.2 节中已经提到阵列自然指向性的形成，里面用到的波束形成方法即为常规波束形成（conventional beamforming，CBF），它将各个阵元接收的信号经过时延补偿或者相位补偿，使得各个阵元接收的信号以相同相位叠加，而噪声和干扰则是非相同相位叠加，以此来提高输出信噪比。CBF 方法是基于最大输出功率/信噪比准则下得到的最优解，波束输出的期望信号功率为

$$E[\boldsymbol{W}^{\mathrm{H}}(\theta)\boldsymbol{X}_{\mathrm{s}}(t)\boldsymbol{X}_{\mathrm{s}}^{\mathrm{H}}(t)\boldsymbol{W}(\theta)]=\boldsymbol{W}^{\mathrm{H}}\boldsymbol{R}_{\mathrm{s}}\boldsymbol{W} \tag{3-57}$$

式中，$\boldsymbol{R}_{\mathrm{s}}=E[\boldsymbol{X}_{\mathrm{s}}(t)\boldsymbol{X}_{\mathrm{s}}^{H}(t)]$ 为阵列期望信号的协方差矩阵；$\boldsymbol{X}_{\mathrm{s}}(t)$ 为各阵元接收的期望信号矢

量；$E[\cdot]$表示求数学期望。由式（3-37）得

$$\boldsymbol{X}_\mathrm{s}(t)=\boldsymbol{a}(\theta_\mathrm{s})S(t) \tag{3-58}$$

将式（3-57）写为

$$\boldsymbol{W}^\mathrm{H}\boldsymbol{R}_\mathrm{s}\boldsymbol{W}=E\left[\left|S(t)\right|^2\right]\left|\boldsymbol{W}^\mathrm{H}\boldsymbol{a}(\theta_\mathrm{s})\right|^2 \tag{3-59}$$

$E\left[\left|S(t)\right|^2\right]$由信号功率决定，因此使式（3-59）功率实现最大化的权值能够使$\boldsymbol{a}\left(\theta_\mathrm{s}\right)$实现同相位补偿，结合 3.2 节内容可知 CBF 的权向量就是导向矢量$\boldsymbol{a}\left(\theta_\mathrm{s}\right)$，将其归一化而后可以得到在目标方向$\theta$上的 CBF 权向量为

$$\boldsymbol{W}\left(\theta\right)=\frac{\boldsymbol{a}\left(\theta\right)}{\sqrt{\boldsymbol{a}^\mathrm{H}\left(\theta\right)\boldsymbol{a}\left(\theta\right)}} \tag{3-60}$$

也称巴特利特（Bartlett）权，CBF 也是幅度加权中最基本的形式，均匀加权，即各个阵元幅度恒定。θ表示波束权值指向的方向，该角度的波束输出可以表示为

$$y(\theta,t)=\boldsymbol{W}^\mathrm{H}\left(\theta\right)\boldsymbol{X}(t) \tag{3-61}$$

采用任何一种权值都可以获得其对应的指向性函数，也就是波束响应，人们常将波束响应的图像称为波束图。一般的波束形成器的波束响应可以表示为

$$B(\Omega)=\boldsymbol{W}^\mathrm{H}(\theta)\boldsymbol{a}(\Omega) \tag{3-62}$$

即波束指向θ方向时，阵列对来自不同角度Ω方向源信号的响应能力。CBF 有一定的局限性，它分不开两个在方位上靠得比较近的目标，无法准确估计各个目标的方位。仅当它们之间的夹角大于一半波束主瓣宽度（主瓣强度下降 3dB 时左右两个点对应的间隔）时，这两个目标才能够被分辨，即 CBF 分辨力受瑞利限限制，无法突破瑞利限。

2. 最小方差无失真响应波束形成

最小方差无失真响应（minimum variance distortion-less response，MVDR）波束形成是一种在方位估计中较常用的高分辨处理方法。它可以用于在方位估计过程中提高分辨力，基于 MVDR 波束形成权值也可以获得波束域信号。CBF 是基于最大信噪比准则得出的最优权值，而 MVDR 波束形成器旨在使噪声以及来自非观测方向上的任何干扰贡献的功率最小，同时又保持观测方向上的信号功率不变。基于该准则推导其权值。波束输出噪声的方差为

$$E[\boldsymbol{W}^\mathrm{H}(\theta)\boldsymbol{X}_\mathrm{n}(t)\boldsymbol{X}_\mathrm{n}^\mathrm{H}(t)\boldsymbol{W}(\theta)]=\boldsymbol{W}^\mathrm{H}\boldsymbol{R}_\mathrm{n}\boldsymbol{W} \tag{3-63}$$

式中，$\boldsymbol{R}_\mathrm{n}=E[\boldsymbol{X}_\mathrm{n}(t)\boldsymbol{X}_\mathrm{n}^\mathrm{H}(t)]$为阵列干扰和噪声的协方差矩阵；$\boldsymbol{X}_\mathrm{n}(t)$为各阵元接收的除了期望信号以外的信号矢量。对于不同的波束形成来说就是找到满足不同条件的权向量，通过不同的加权来得到满足条件的波束输出。对于窄带信号，MVDR 波束形成器求解的优化问题可以表述为

$$\min_{\boldsymbol{W}}\boldsymbol{W}^\mathrm{H}\boldsymbol{R}_\mathrm{n}\boldsymbol{W},\quad \boldsymbol{W}^\mathrm{H}\boldsymbol{a}=1 \tag{3-64}$$

式中，$a(\theta)=[1,\mathrm{e}^{-\mathrm{j}2\pi f\tau},\cdots,\mathrm{e}^{-\mathrm{j}2\pi f(M-1)\tau}]^{\mathrm{T}}$ 为导向矢量，$\tau=d\sin\theta/c$，最优权向量可以用拉格朗日乘子法求解。令代价函数为

$$L(\boldsymbol{W})=\boldsymbol{W}^{\mathrm{H}}\boldsymbol{R}_{\mathrm{n}}\boldsymbol{W}+\zeta\left[\boldsymbol{W}^{\mathrm{H}}\boldsymbol{a}(\theta)-1\right] \tag{3-65}$$

式中，ζ 为待定常数。式（3-65）对 $\boldsymbol{W}$ 求偏导的结果为 $2\boldsymbol{R}_{\mathrm{n}}\boldsymbol{W}+\zeta\boldsymbol{a}(\theta)=0$。于是，接收来自 θ 方向的期望信号的波束形成器最优权向量为

$$\boldsymbol{W}(\theta)=\mu\boldsymbol{R}_{\mathrm{n}}^{-1}\boldsymbol{a}(\theta) \tag{3-66}$$

代入 $\boldsymbol{W}^{\mathrm{H}}\boldsymbol{a}=1$，求得的权向量为

$$\boldsymbol{W}_{\mathrm{mvdr}}(\theta)=\frac{\boldsymbol{R}_{\mathrm{n}}^{-1}\boldsymbol{a}(\theta)}{\boldsymbol{a}^{\mathrm{H}}(\theta)\boldsymbol{R}_{\mathrm{n}}^{-1}\boldsymbol{a}(\theta)} \tag{3-67}$$

在雷达和主动声呐信号处理中可以获得噪声的协方差矩阵，但是被动信号处理中信号的噪声在时间上是混叠的，往往无法获得噪声协方差矩阵。为了解决被动信号处理中的应用问题，常使用阵列接收数据的协方差矩阵 $\boldsymbol{R}=E[\boldsymbol{X}(t)\boldsymbol{X}^{\mathrm{H}}(t)]$ 来代替。

$$\boldsymbol{W}_{\mathrm{mvdr}}(\theta)=\frac{\boldsymbol{R}^{-1}\boldsymbol{a}(\theta)}{\boldsymbol{a}^{\mathrm{H}}(\theta)\boldsymbol{R}^{-1}\boldsymbol{a}(\theta)} \tag{3-68}$$

阵列接收数据的协方差矩阵可以通过有限长度的时间信号来进行估计，最为简单的方法是样本矩阵求逆（sample matrix inversion，SMI）法。

$$\hat{\boldsymbol{R}}_x=\frac{1}{N}\sum_{n=1}^{N}[x(n)x^{\mathrm{H}}(n)] \tag{3-69}$$

式中，N 为快拍数，它对 MVDR 的实际性能影响较大。当快拍数较小时，MVDR 算法的性能下降较大。此外，MVDR 的实际性能与理论设计预测的性能之间常有较大差异，主要原因在于自适应类算法对于任何的不匹配、扰动、数据错误都十分敏感。实际系统中的误差形式复杂多变，必须用尽可能符合实际的模型去描述它。分析的误差主要包括阵元位置误差、幅相误差、信号方向估计误差、权向量量化误差、有限采样（小快拍）误差等。MVDR 不稳定、旁瓣抬高的主要原因是对阵列噪声估计不足，造成协方差矩阵特征值分散。对角加载（diagonal loading）是一种有效的稳健波束形成方法，通常将对角加载的样本协方差矩阵求逆方法简称为加载样本矩阵求逆（loaded sample matrix inversion，LSMI）。通过对角加载，选择合适的加载量，则对应于强干扰的大特征值不会受到很大影响，而与噪声相对应的小特征值被加大并压缩在加载量附近，于是可以得到很好的旁瓣抑制效果。原理上对数据协方差矩阵对角加载后的矩阵的特征向量不变，但是特征值都增大。加载量的大小会影响处理的效果。加载值太小，不能有效控制自适应波束的副瓣高度；加载值过大，会影响对干扰的抑制，降低干扰抑制灵敏度。因此，合理选取加载量尤为重要。常用的对角加载量的确定方法包括 LSMI、权向量范数约束卡彭波束形成（norm constrained Capon beamformer，NCCB）、最差性能最佳化法（worst-case performance optimization，WCPO）、鲁棒卡彭波束形成（robust Capon beamformer，RCB，也称为协方差矩阵拟合法）、双约束鲁棒卡彭波束形成（doubly constrained robust Capon beamformer，DCRCB，简称为双约束法）等，需要根据实际使用环境和计算需

求等合理选择对角加载方法以确定加载量。

例 3-3　下面考虑一个 16 元半波长间距的均匀线阵，首先考虑此线阵权值指向 0°时对数坐标下的波束图，如图 3-15 所示。其中 MVDR 在 55°方向上设置了干扰。由图 3-15（b）可见，MVDR 波束形成器会自动在干扰方向形成指向性零点，从而抑制其他方向对主波束方向的干扰，零点的位置是根据干扰方向自动生成的，因此其也被称为自适应波束形成器。

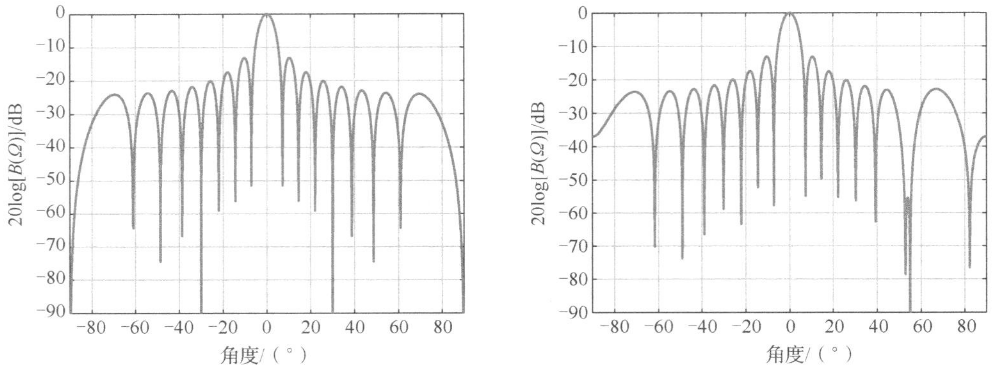

（a）CBF波束图　　（b）MVDR波束图（55°方向零陷）

图 3-15　CBF 和 MVDR 波束图

由上述仿真示例可见，CBF 的波束图是与目标和干扰无关的，只与预设方向有关，而 MVDR 波束形成会对指向目标方位的其他方向干扰源自适应地形成零陷，抑制干扰对主波束的影响，这也是 MVDR 波束形成器被称为自适应波束形成器的原因。其干扰零陷的深度与干扰的强度有关，干扰越强零陷越深。

3. 波束零陷波束形成

MVDR 波束形成器可以在干扰方向自适应地形成波束零陷，还有一类特殊的权值可以在固定干扰方位形成指向性零点，即波束零陷（beam null-forming，BNF）权。当测量范围内存在多个源时，它们互为各自检测的干扰。希望可以找到一种权，它能使目标方位上波束形成功率输出最大（这一点与 Bartlett 波束形成器相同），而使干扰方位波束输出为零。设目标方位为θ，干扰方位为θ_1，基于上述准则推导最优权。对于 BNF 波束形成器，最优化求解的问题可以表述为

$$\begin{aligned}\max\left(P_1\right) &= \max\left\{E\left[\left|y_1(t)\right|^2\right]\right\} = \max\left\{\boldsymbol{W}^{\mathrm{H}} E\left[\boldsymbol{X}_1(t)\boldsymbol{X}_1^{\mathrm{H}}(t)\right]\boldsymbol{W}\right\} \\ &= \max\left\{E\left|s_1(t)\right|^2\left[\boldsymbol{W}^{\mathrm{H}}\boldsymbol{a}(\theta)\boldsymbol{a}^{\mathrm{H}}(\theta)\boldsymbol{W}\right] + \sigma^2\left\|\boldsymbol{W}\right\|^2\right\}\end{aligned} \tag{3-70}$$

在下述条件下的解：

$$\boldsymbol{W}^{\mathrm{H}}\boldsymbol{a}\left(\theta_1\right) = 0 \tag{3-71}$$

$$\left\|\boldsymbol{W}\right\| = \boldsymbol{W}^{\mathrm{H}}\boldsymbol{W} = 1 \tag{3-72}$$

式(3-70)中，max 表示取最大值，使波束形成输出功率相对于目标信号输出最大，$E\left|s_1(t)\right|^2$

为信号能量，σ^2 为白噪声方差，为一个常数。式（3-71）表示使干扰处波束输出置零，或者说在干扰方位形成零点。式（3-72）指权系数的范数为 1，目的是使权系数不影响输出信噪比。由约束条件式（3-71）可知，权向量 $\boldsymbol{W}$ 与干扰的导向矢量 $\boldsymbol{a}(\theta_1)$ 正交，解这个齐次方程组，由矩阵的广义逆求解可得到 $\boldsymbol{W}$ 的一个通解形式如下：

$$\boldsymbol{W}=\left\{\boldsymbol{I}-\boldsymbol{a}(\theta_1)\left[\boldsymbol{a}^{\mathrm{H}}(\theta_1)\boldsymbol{a}(\theta_1)\right]^{-1}\boldsymbol{a}^{\mathrm{H}}(\theta_1)\right\}\boldsymbol{\omega}=\boldsymbol{A}\boldsymbol{\omega} \tag{3-73}$$

式中，$\boldsymbol{I}$ 为 $M\times M$ 的单位阵；$\boldsymbol{A}=\{\boldsymbol{I}-\boldsymbol{a}(\theta_1)[\boldsymbol{a}^{\mathrm{H}}(\theta_1)\boldsymbol{a}(\theta_1)]^{-1}\boldsymbol{a}^{\mathrm{H}}(\theta_1)\}$，满足 $\boldsymbol{A}=\boldsymbol{A}^{\mathrm{H}}$，$\boldsymbol{A}^{\mathrm{H}}\boldsymbol{A}=\boldsymbol{A}$；$\boldsymbol{\omega}$ 是一个新的 N 维向量，求得满足式（3-70）和式（3-72）条件的 $\boldsymbol{\omega}$ 即可获得满足全部条件方程组的特解形式。对于式（3-70）的条件，由于其他各项都为常数，可简化为 $\max\left[\boldsymbol{W}^{\mathrm{H}}\boldsymbol{a}(\theta)\boldsymbol{a}^{\mathrm{H}}(\theta)\boldsymbol{W}\right]$，将式（3-73）代入其中，求其在约束条件式（3-72）情况下的特解，则原方程可化为

$$\max_{\boldsymbol{W}}\left[\boldsymbol{W}^{\mathrm{H}}\boldsymbol{a}(\theta)\boldsymbol{a}^{\mathrm{H}}(\theta)\boldsymbol{W}\right]=\max_{\boldsymbol{\omega}}\left[\boldsymbol{\omega}^{\mathrm{H}}\boldsymbol{A}\boldsymbol{a}(\theta)\boldsymbol{a}^{\mathrm{H}}(\theta)\boldsymbol{A}\boldsymbol{\omega}\right] \tag{3-74}$$

在条件 $\boldsymbol{\omega}^{\mathrm{H}}\boldsymbol{A}^{\mathrm{H}}\boldsymbol{A}\boldsymbol{\omega}=\boldsymbol{\omega}^{\mathrm{H}}\boldsymbol{A}\boldsymbol{\omega}=1$ 下的解。最优权向量可以用拉格朗日乘子法求解。令代价函数为

$$L(\boldsymbol{\omega})=\left[\boldsymbol{\omega}^{\mathrm{H}}\boldsymbol{A}\boldsymbol{a}(\theta)\boldsymbol{a}^{\mathrm{H}}(\theta)\boldsymbol{A}\boldsymbol{\omega}\right]+\zeta(1-\boldsymbol{\omega}^{\mathrm{H}}\boldsymbol{A}\boldsymbol{\omega}) \tag{3-75}$$

式（3-75）对 $\boldsymbol{\omega}$ 求偏导，解得

$$\boldsymbol{\omega}(\theta)=\frac{\boldsymbol{a}(\theta)}{\sqrt{\boldsymbol{a}^{\mathrm{H}}(\theta)\boldsymbol{A}\boldsymbol{a}(\theta)}} \tag{3-76}$$

将式（3-76）代入式（3-73）得到 BNF 的最优权向量为

$$\boldsymbol{W}_{\mathrm{opt}}(\theta)=\frac{\boldsymbol{A}\boldsymbol{a}(\theta)}{\sqrt{\boldsymbol{a}^{\mathrm{H}}(\theta)\boldsymbol{A}\boldsymbol{a}(\theta)}} \tag{3-77}$$

式中，$\boldsymbol{A}=\left\{\boldsymbol{I}-\boldsymbol{a}(\theta_1)\left[\boldsymbol{a}^{\mathrm{H}}(\theta_1)\boldsymbol{a}(\theta_1)\right]^{-1}\boldsymbol{a}^{\mathrm{H}}(\theta_1)\right\}$。式中目标的方位是可以扫描的，干扰方向是确定的，也就是说对给定的方位形成 BNF。从物理上来说，这是一个 $M\times1$ 的矢量，它与干扰信号导向矢量正交，使干扰波束输出为零，而与信号导向矢量互补，使目标方位功率输出最大的权。当存在多个目标时权矢量要做相应的扩展，新的权矢量要与各个干扰的导向矢量正交。设有 N 个相关干扰，则其新的约束条件为 $\boldsymbol{W}^{\mathrm{H}}\boldsymbol{a}(\theta_1)=0$，$\boldsymbol{W}^{\mathrm{H}}\boldsymbol{a}(\theta_2)=0,\cdots,\boldsymbol{W}^{\mathrm{H}}\boldsymbol{a}(\theta_N)=0$，$\boldsymbol{a}(\theta_i)$ 为第 i 个干扰导向矢量。由此可以推得最优波束形成权向量为

$$\boldsymbol{W}_{\mathrm{opt}}(\theta)=\frac{\boldsymbol{B}\boldsymbol{a}(\theta)}{\sqrt{\boldsymbol{a}^{\mathrm{H}}(\theta)\boldsymbol{B}\boldsymbol{a}(\theta)}} \tag{3-78}$$

式中，$\boldsymbol{B}=\boldsymbol{I}-\boldsymbol{H}\left(\boldsymbol{H}^{\mathrm{H}}\boldsymbol{H}\right)^{-1}\boldsymbol{H}^{\mathrm{H}}$，在 $\boldsymbol{B}$ 中 $\boldsymbol{H}=\left[\boldsymbol{a}(\theta_1),\boldsymbol{a}(\theta_2),\cdots,\boldsymbol{a}(\theta_N)\right]$。

下面对远场情况下的 Bartlett BNF 进行仿真。仿真条件：16 元半波长间距均匀线阵。仿真波束图如图 3-16 所示，单干扰目标时干扰方向为 55°，多干扰目标时干扰方向为–45°、55°、80°。

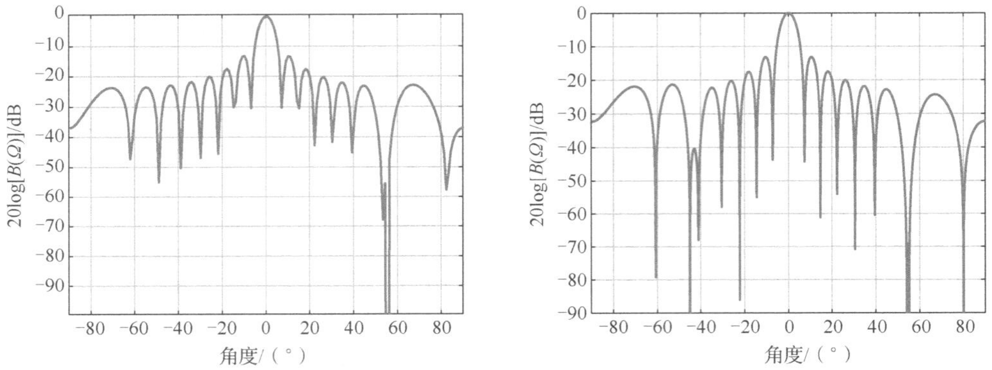

（a）BNF波束图（55°方向零陷）　　（b）BNF波束图（-45°、55°、80°方向零陷）

图 3-16　BNF 波束图

3.4　宽带波束形成处理实现方法

前面的大多数加权模型都是基于窄带信号假设获得的，实际中宽带信号也常见于阵列信号处理中。空域的窄带信号定义与时频域不同，根据 3.1 节内容，空域的窄带条件定义为

$$\frac{L}{c} \ll \frac{1}{B} \tag{3-79}$$

式中，L 为阵列的最大孔径；c 为水下声速；B 为信号带宽。当信号带宽不满足上述条件时即为空域宽带信号。对应信号的宽带和窄带，波束形成方法也被分为宽带处理与窄带处理。对于时延宽带处理方法，宽窄带处理并无差别，但需考虑采样量化误差导致的有限角度预成影响问题，如果要获得更为精细的波束扫描角度，需要采用升采样的方法或者小数时延处理方法。对于频域宽带处理方法，相比于窄带信号，宽带信号处理时对于各个阵元接收的加权处理需要考虑频率问题。常用的宽带处理方法是将宽带信号划分为若干窄带，分别对子带进行处理，再综合获得宽带输出效果，例如基于快速傅里叶变换的处理方法将信号在频域划分为窄带信号，再进行处理。二者各有千秋，适用于不同的场景。当需要获得波束域时域波形输出以便于后续特征分析处理时，时延宽带处理方法可以直接获得波形信号，因此更有优势。单纯用于方位估计时频域处理则更为便捷，频域处理方法想要获得波束域波形信号还需经过快速傅里叶逆变换处理，在逆处理过程中需要注意各处理批次间的信号衔接问题。

3.4.1　频域宽带波束形成

基于离散傅里叶变换（discrete Fourier transform，DFT）的频域宽带波束形成是采用分频形式实现的，即将接收到的数据通过快速傅里叶变换（DFT 的快速算法）变换到频域不同的子带，每个频点对应一个频带，相邻频点间的频率间隔对应划分的每个窄带带宽，DFT 的频率分辨力与时间窗长有关，是窗长的倒数，例如快速傅里叶变换时间为 0.1s，则频率分辨力为 10Hz，需要划分的带宽则取决于空间窄带条件，即公式（3-79）中的 B，划分的窄带宽度要小于 B。之后再对每个频点/子带数据进行窄带波束形成，最后将所有频带所得的结果相加，综合起来即得到宽带波束指向性输出。但是要想得到波束对准方向的时域波形，则不能将结果相加，需要利用所有频率的频域输出进行离散傅里叶逆变换（inverse DFT，IDFT）才能得到。它的实现框图如图 3-17 所示。

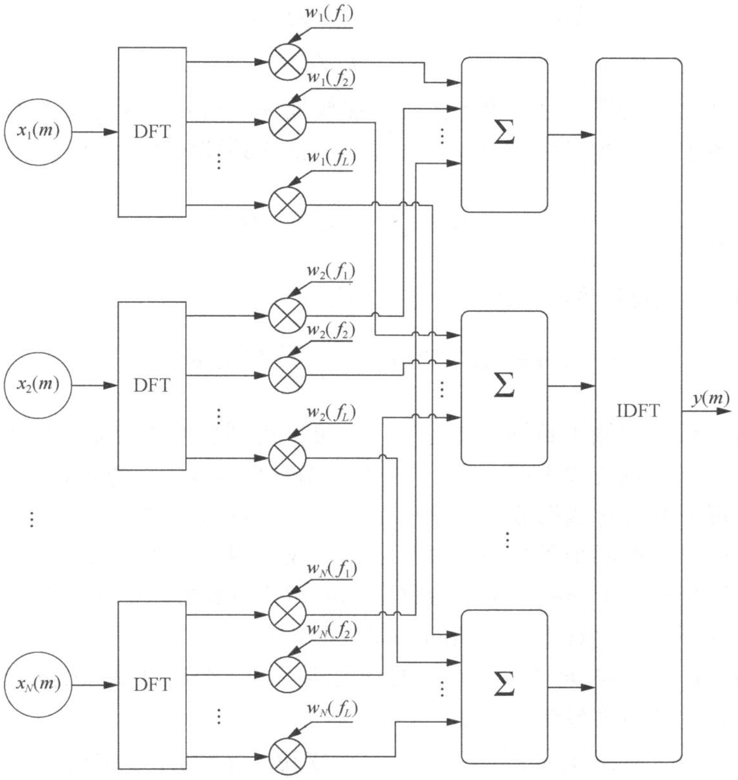

图 3-17　DFT 宽度波束形成实现框图

图 3-17 中，L 为划分的子带个数，N 为阵元数，$x_n(m)$，$m=1,2,3\cdots$ 为采样后的阵元接收数据，$w_n(f_l)$ 为第 n 个阵元接收数据的第 l 个子带对应的加权值。整个频域宽带波束形成可以归纳为以下步骤。

（1）对接收到的阵元原始信号进行采样处理，得到数字信号

$$x_n(m)=x_n(t)\big|_{t=mT},\quad m=1,2,3,\cdots \tag{3-80}$$

式中，T 为信号采样的周期，它与采样率 f_s 对应，$T=1/f_s$。

（2）将序列分成等长多段（多块拍）样本数据，然后分别进行处理。在划分时间段时，需要注意的是时间长度必须保证任意方向上的信号能够传播过每个阵元，即每段数据长度代表的时间长度 ΔT 要远大于阵列阵元之间的最大时延。假设划分的数据长度为 M，分为 Z 段，其中第 z 段的序列可表示为 $x_n^{(z)}(m),m=0,1,\cdots,M-1$。

（3）将第 z 段的数据取出，进行 DFT，得到阵元的频域数据

$$X_n^{(z)}(l)=\sum_{m=0}^{M-1}x_n^{(z)}(m)\cdot \mathrm{e}^{-\mathrm{j}2\pi lm/M},\quad l=0,1,\cdots,M-1 \tag{3-81}$$

l 对应的是 DFT 后的子带顺序，它代表着子带信号的频率

$$f_l=f_s l/L \tag{3-82}$$

（4）对各个阵元接收信号的各个子带进行加权处理，第 n 个阵元频率为 f_l 的子带对应的权值为 $w_n(f_l)$，各个阵元加权后相加即得到各个子带的频域波束输出结果：

$$Y^{(z)}(l)=\sum_{n=1}^{N}w_n(f_l)X_n^{(z)}(l) \tag{3-83}$$

然后对其进行 IDFT 就可以得到离散的时域输出波形：

$$y^{(z)}(m)=\mathrm{IDFT}[Y^{(z)}(l)]=\frac{1}{L}\sum_{l=0}^{L-1}Y^{(z)}(l)\mathrm{e}^{\mathrm{j}2\pi lm/M} \tag{3-84}$$

（5）最后将 Z 段波束输出数据连接起来，就可以得到总的宽带波束形成输出信号序列。

处理过程中，频域宽带波束形成是用 DFT 和 IDFT 得到的，每段数据 DFT 之前都经过了时域加窗（矩形窗）来对数据截断，理论上加窗处理后的有限长数据对应的频谱宽度是无限的。然而实际中只在有限个子带做了窄带波束形成，相当于在频域做了加窗处理，必然造成 IDFT 后时域信号相位不连续，每段数据之间的相位没有办法衔接起来，所以频域上宽带波束形成的方法并不能给出真正的连续的时间波形。

例 3-4　下面是一个 16 元半波长间距的均匀线阵，一个线性调频信号从 30°方向入射到阵列上，噪声不计。参考信号如下所示：

$$s(t)=\cos\{2\pi[f_\mathrm{L}+(f_\mathrm{H}-f_\mathrm{L})t/(2T)]t\},\quad t\in[0,T],\quad T=2\mathrm{s} \tag{3-85}$$

信号的采样率为 5kHz，最低频率 f_L 为 1400Hz，最高频率 f_H 为 1600Hz，可得到第一个阵元接收信号，如图 3-18 所示。

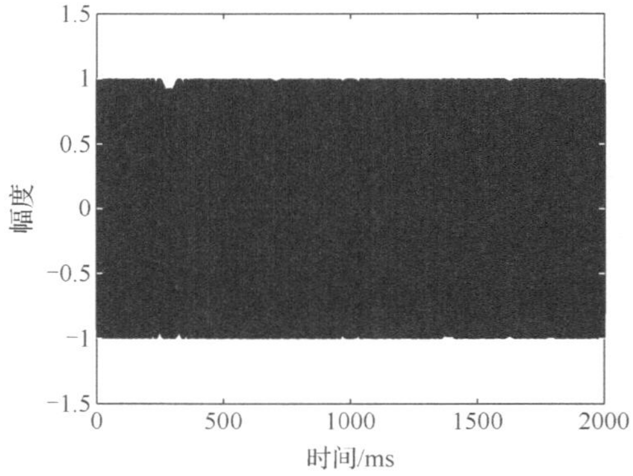

（a）时域

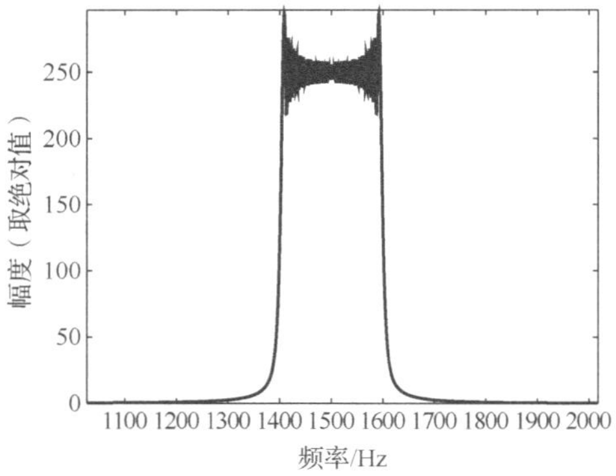

（b）频域

图 3-18　参考信号时域和频域波形

进行频域宽带波束形成，假设每段快速傅里叶变换时间长度为 1s，信号被划分为 1～5000 点和 5001～10000 点两段，对每一段序列进行 DFT，频域波形如图 3-19 所示。

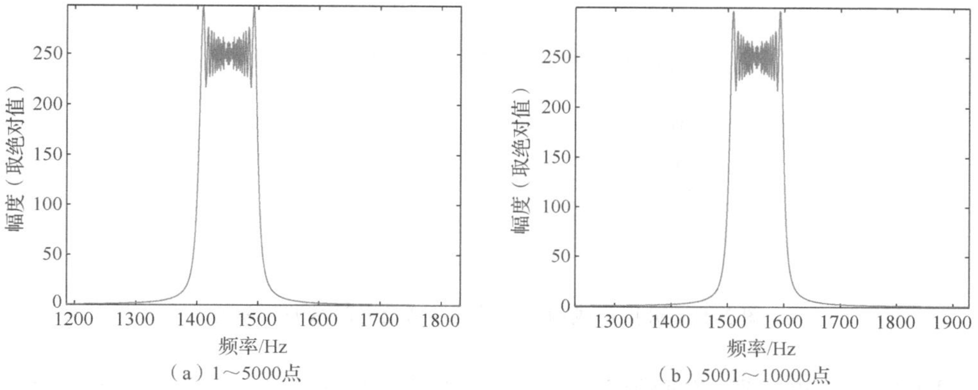

图 3-19　时域分段信号的频域波形

将所有阵元上的数据全部进行 DFT 之后，先计算波束形成的频域权向量 $\boldsymbol{w}_n(f)=\mathrm{e}^{\mathrm{j}2\pi f\tau_n}$，式中 τ_n 表示信号入射到 n 个阵元相对于参考阵元的时延，观察图 3-19 可以得知，此段信号的长度为 2s，且信号为线性调频信号，因此信号频率随时间而变化，前 5000 点（1s）信号的频带为 1400～1500Hz，后 5000 点（1s）信号的频带为 1500～1600Hz。由于滤波器的边缘效应，为了防止信号截止处能量流失，因此选取相较原信号更宽的频带进行处理，需对 1200～1800Hz 的频点进行波束形成处理，然后将所有子带相加后进行 IDFT。按照前面的参数，每 1s 进行一次波束形成，得到 1s 波束域输出信号，将两个频域快拍共计 2s 的输出结果拼接则得到波束形成输出时域波形，归一化后波形如图 3-20 所示。

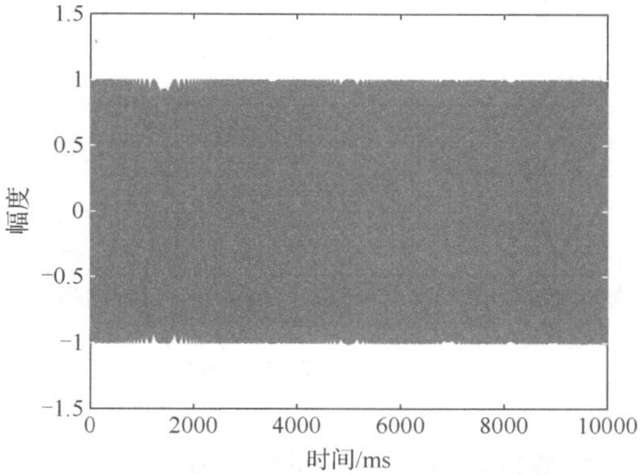

图 3-20　波束形成输出时域波形

为了验证波束形成输出信号是否失真，将输出信号与参考信号相减，如图 3-21 所示。

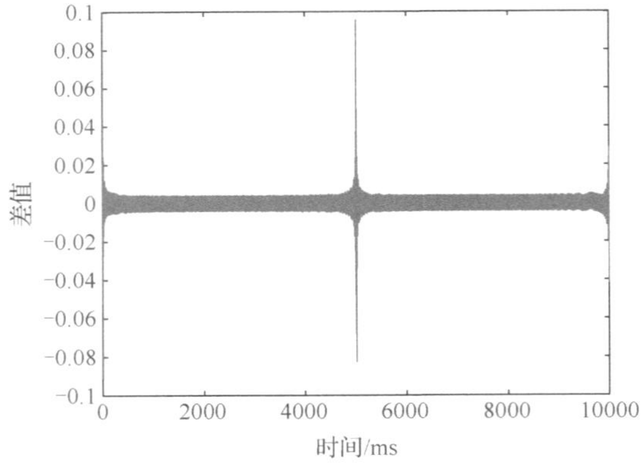

图 3-21　波束形成输出信号与参考信号时域波形差值

从图 3-21 中可以看到，在两段不同时间的信号交接部分存在较大的误差量，可能是时间段之间没有联系导致连接处有一定的误差量。根据上述对宽带频域波束形成过程的描述，频域波束形成需要一段时间的接收信号，是块处理。在频域上对有效频段的截取相当于加窗，频域加窗对应时域卷积，可等效于时域波形通过滤波器，滤波器建立时间使输出时域信号两端产生不连续。使用滑窗-重叠的方法可以解决这个问题，如图 3-22 所示，具体步骤如下。

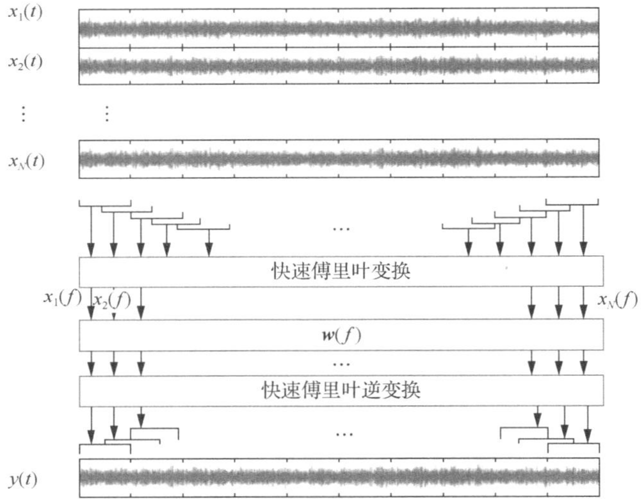

图 3-22　滑窗-重叠波束形成

（1）对接收数据滑窗截取数据，窗长 M，重叠率 α。

（2）对截取的长度为 M 点的数据进行 M 点快速傅里叶变换，得到频域快拍数据。

（3）对各子带频域快拍加权后综合各子带信息进行快速傅里叶变换得到 M 点时域波形。

（4）重叠各组快拍数据，合成长数据输出，数据第一组快拍保留 $1\sim(1-\alpha/2)M$ 段采样，从第二组快拍开始保留 $\alpha M/2+1\sim(1-\alpha/2)M$ 段采样点，数据最后一组快拍保留 $\alpha M/2+1\sim M$ 段采样点。

现在考虑将2s的信号分成3段，选取窗长M为5000，重叠率α为0.5，第一段为0～1s，第二段为0.5～1.5s，第三段为1～2s，每段之间存在0.5s的时间重叠。获得各分段时域波形后，第一段数据取1～3750序列，第二段取1251～3750序列，第三段取1251～5000序列，得到完整的重叠分段波束形成输出，图3-23为滑窗-重叠波束输出信号及其与参考信号差值。

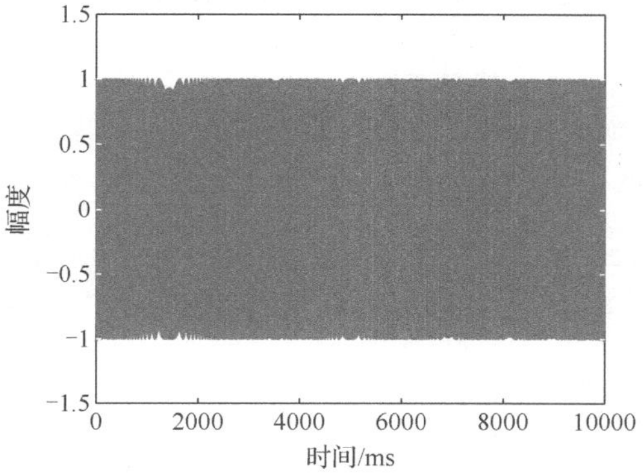

（a）波束输出

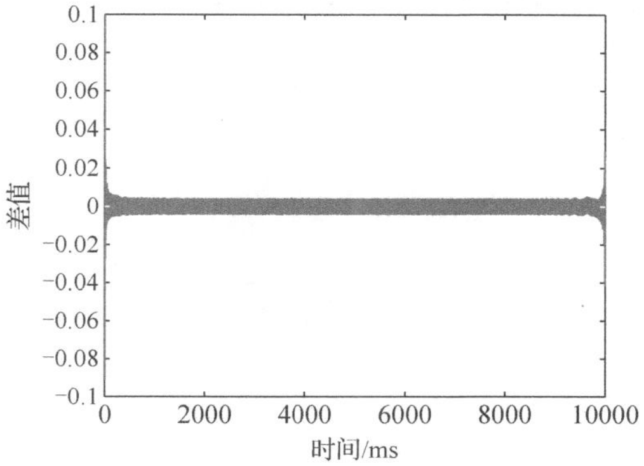

（b）波束输出差值

图3-23　滑窗-重叠波束输出信号及其与参考信号差值

除了上述的失真原因之外，信号从其他方向入射，导致各个阵元接收信号之间存在延迟，信号存在一定的时域变化，波束形成最后在非信号交合处存在一定误差。图3-24是入射角为80°（信号延迟时间加长，时域变化加剧）时的波束形成输出信号与参考信号的差值，可以明显看到误差量变大了。

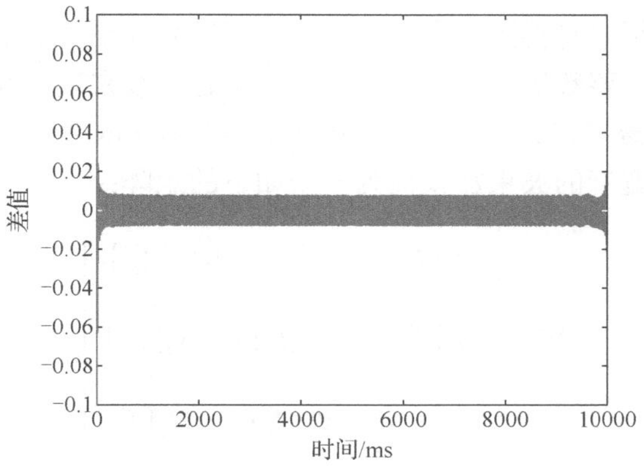

图3-24　入射角为80°时波束输出与参考信号差值

3.4.2　宽带小数时延波束形成

根据3.2.1节中时延波束形成方法可知，对于数字信号处理的波束形成方法，由于时域采样量化误差的影响，时延补偿值只能是采样周期的整数倍，这使得宽带时延波束形成仅能指向有限的角度，其他方向对应的时延不是采样周期的整数倍，延时过程中存在量化误差，指向角度并不准确。在实际处理中可以通过小数时延的方法来改善量化误差的影响。经典的小数时延时域宽带波束形成原理框图如图 3-25 所示。首先对每个阵元接收到的信号进行幅度加权，加权后的信号通过一个时延滤波器，用来补偿各个阵元之间的时延。然后将各个阵元时延滤波器的输出进行相加，得到宽带波束形成器的波束输出。经典时域宽带波束形成方法的波束方向图形状主要是由幅度加权系数确定的，这里的幅度加权系数为实数。

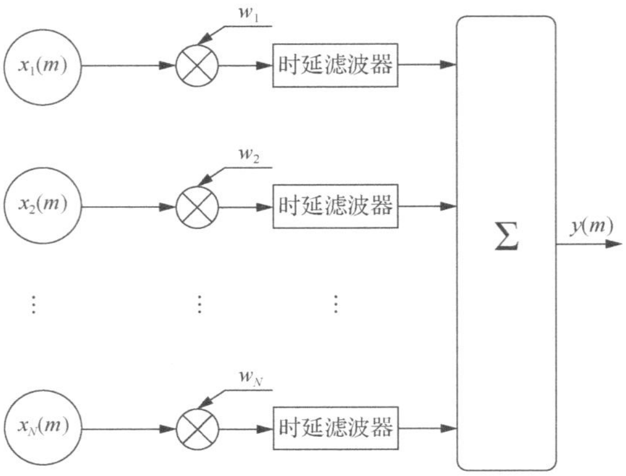

图 3-25　小数时延时域宽带波束形成原理框图

对于采样后的数字信号来说，时延滤波器通常情况下可以采用有限冲激响应（finite impulse response，FIR）滤波器或者数字延迟线来补偿宽带波束主瓣指向期望信号方向的时间延迟。这里要特别强调的是，当采用数字延迟线作为时延滤波器时，必须对阵元幅相加权后的输出进行整数倍采样延迟。如果无法精确地获得补偿时间，或者采样率过低，造成最小采样时间间隔过长，都很容易得到畸变的波束图，而过高的采样率必然会增加实现的难度。对于时延波束形成来说，整数倍 T_s 的时延可以用数字延迟线来进行补偿，小数倍的时延可以通过小数时延 FIR 滤波器来完成。下面主要论述小数时延 FIR 滤波器的原理。

假设频域恒定波束宽度的波束加权值为一个如下的矩阵：

$$\boldsymbol{W}=\begin{bmatrix} w_1[f_1],\cdots,w_1[f_k],\cdots,w_1[f_K] \\ \vdots \qquad \vdots \qquad \vdots \\ w_n[f_1],\cdots,w_n[f_k],\cdots,w_n[f_K] \\ \vdots \qquad \vdots \qquad \vdots \\ w_N[f_1],\cdots,w_N[f_k],\cdots,w_N[f_K] \end{bmatrix} \tag{3-86}$$

矩阵的列向量表示一个频点上不同阵元的波束加权值。矩阵的行向量表示一个阵元的不同频点的加权值。在进行时域波束形成时，需要对每个阵元接收到的数据进行处理。如果取出波束加权值矩阵中的任意一行，就可以针对对应阵元的数据进行加权处理，此时需要设计出具有期望响应的滤波器来对各阵元的接收信号进行处理。滤波器的设计也可以转换成二阶锥规划（second order cone program，SOCP）的形式进行求解。

对于一个长度为 L 的 FIR 滤波器来说，其冲激响应可表示为

$$\boldsymbol{h}=[h(1),\cdots,h(l),\cdots,h(L)]^{\mathrm{T}} \tag{3-87}$$

FIR 滤波器在频率 f 处的频率响应为

$$H(f)=\sum_{l=1}^{L}h(l)\mathrm{e}^{-\mathrm{j}2\pi(l-1)f/f_s}=\boldsymbol{e}^{\mathrm{T}}(f)\boldsymbol{h}=\boldsymbol{h}^{\mathrm{T}}\boldsymbol{e}(f) \tag{3-88}$$

式中，f_s 为采样率，$T_s=1/f_s$ 为采样周期；$\boldsymbol{e}(f)$ 可表示为

$$\boldsymbol{e}(f)=[1,\mathrm{e}^{-\mathrm{j}2\pi f/f_s},\cdots,\mathrm{e}^{-\mathrm{j}2\pi(L-1)f/f_s}]^{\mathrm{T}} \tag{3-89}$$

波束加权值矩阵 $\boldsymbol{W}$ 中对应阵元的行向量可以作为 $H(f)$ 的期望响应值，约束频率响应的期望值与设计值之间的均方误差最小，待求解的 FIR 滤波器的冲激响应需要满足式（3-90）。其中 F 表示全频带 $[0,0.5)$，λ_k 表示每一个频点的误差加权值：

$$\begin{aligned}&\min\mu\\&\text{s.t.}\ \sum_{k=1}^{K}\lambda_k\left[\left|\boldsymbol{e}^{\mathrm{T}}(f_k)\boldsymbol{h}-H_{\mathrm{d}}(f_k)\right|^2\right]\leqslant\mu,\quad f_k\in F\end{aligned} \tag{3-90}$$

考虑到 FIR 滤波器具有固有群时延，将小数时延 FIR 滤波器的期望响应 H_{d} 表示为

$$H_{\mathrm{d}}(f_{\mathrm{d}})=\mathrm{e}^{-\mathrm{j}2\pi f(DT_s+\tau)}=\mathrm{e}^{-\mathrm{j}2\pi f_{\mathrm{d}}(D+\tau/f_s)},\quad f_{\mathrm{d}}\in F_{\mathrm{PB}} \tag{3-91}$$

式中，τ 为小数时延量，$\tau\in[-0.5T_s,0.5T_s)$；f_{d} 为数字化频率，$f_{\mathrm{d}}=f/f_s$；D 为滤波器的固有群时延，对于长度为 L 的滤波器，D 可以表示为

$$D=\begin{cases}(L-1)/2, & L\text{为奇数}, & \tau\in[-0.5T_s,0.5T_s)\\ L/2-1, & L\text{为偶数}, & \tau\in[0,0.5T_s)\\ L/2+1, & L\text{为偶数}, & \tau\in[-0.5T_s,0)\end{cases} \tag{3-92}$$

在期望频率响应已知的情况下，可以利用式（3-90）求出滤波器的冲激响应。从式（3-91）可以得到 FIR 滤波器的实际时延是 $DT_s+\tau$，还需要补偿 D 个整数采样周期才能得到小数时延 τ。

小数时延 FIR 滤波器主要适用于采样率 f_s 较低的情况，以此弥补被忽略的小数时延所带来的时延误差。当采样率较高时，时延精度较高，此时采用小数时延滤波器所带来的收益会降低，即可以不采用小数时延 FIR 滤波器。

3.5　直线阵预成多波束问题

3.5.1　独立波束数概念

早期的声呐只有一个波束，这种声呐一般只采用阵的极大值方向（$\theta=0$ 方向）或补偿到某一方向（$\theta=\theta_0$ 方向）上实现对目标的定向。由于单波束声呐在一次收发过程中只能观察一个波束所覆盖的波束空间，若要观察一个大的扇面，就必须用机械或电子的方法来转动这个波束，使其逐步搜索并覆盖该扇面。这种步距搜索方式在跟踪观察一个目标时，不可能再搜索和观察其他方位的目标，因而观察搜索速率低，不能适应海上作战要求。设有一个波束

主瓣宽度为Θ的单波束声呐，通过旋转基阵搜索一个扇面θ_s，要观察扇面内直到距离R的所有目标，需要的最短时间为

$$T_{\min}=\frac{2R}{c}\cdot\frac{\theta_s}{\Theta} \tag{3-93}$$

式中，$2R/c$为信号从基阵到达最大距离R的目标往返时间，在这一时间内波束不能旋转大于一个波束的角度，否则就会失去目标。例如当$R=15\text{km}$、$\theta_s=360°$、$\Theta=10°$时，$T_{\min}\geqslant(2\times15/1.5)\times(360/10)=720\text{s}$。又如用于对海底目标近距离定位的声呐，$R=150\text{m}$、$\theta_s=60°$、$\Theta=1.5°$，则最短观察时间为$T_{\min}\geqslant(2\times150/1500)\times(60/1.5)=8\text{s}$。如果目标和声呐皆运动，则易失去目标，必须提高接收数据速率方能提高搜索效率。多波束系统显然可以提高搜索速度，而且利用预先形成的多个波束（称为预成多波束），使各个波束输出具有各自独立的信号处理通道，可以保证时间处理增益不受损失。

1. 直线阵扫描角度的限制——中心非模糊扇面的概念

利用相移补偿或时延补偿，使主波束（主瓣）在空间一个扇面内转动指向（或称扫描）时，这一扇面的允许宽度实际上不是任意的，存在一个极限值。当扇面宽度超过这个极限时，将会出现方位模糊。

为了说明这一点，首先比较线阵自然指向性函数与插入相移后的指向性函数。图 3-26 示出了线阵未经相移补偿（自然指向性）和经相移补偿后的指向性，设有一扇面要搜索或扫描，如果第一对栅瓣离所需搜索扇面边沿太近，则主波束转动角度时，它们会落入扇面内，从而造成方位模糊或混淆。由图 3-26 可知，由于右边第一栅瓣位置为λ/d，因此控制波束A向右时，左边栅瓣B也向右移动。表 3-1 列出了比较的细节。由表 3-1 可知，当利用相控的手段使主波束指向在$\sin\theta$上平移一个数时，所有其他栅瓣、旁瓣以及零点也移动同一数值。

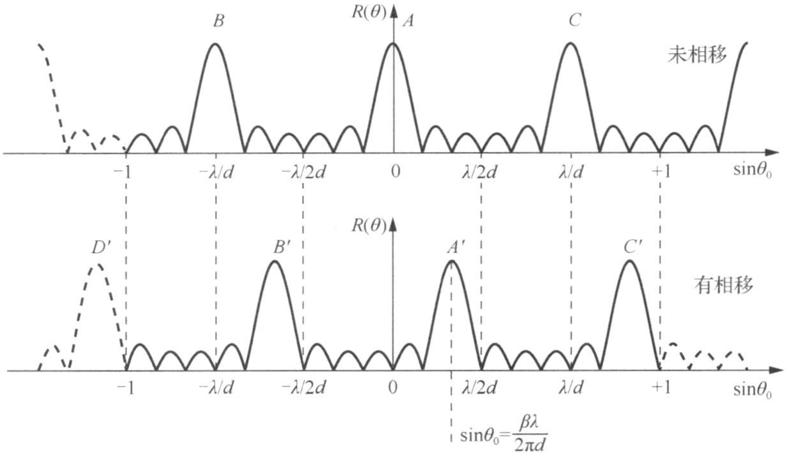

图 3-26　线阵未经相移补偿和经相移补偿后的指向性图

若扫描的扇面半宽度为θ_s，则只需要满足

$$2\sin\theta_s \leqslant \frac{\lambda}{d} \tag{3-94}$$

或

$$\sin\theta_s \leqslant \frac{\lambda}{2d} \tag{3-95}$$

即可做到在这个扇面内扫描，不会在其中出现栅瓣。式（3-95）取等号时，第一栅瓣正好在所要扫描的扇面的边缘。由此可定义中心非模糊扇面为：当波束扫描（或控制波束转动方位）时，不会在其中出现栅瓣的中心扇面。当扫描扇面大于式（3-95）所给值时，会在显示器上出现模糊或混淆。

若要求中心非模糊扇面为$-90°\leqslant\theta_s\leqslant 90°$，即$-1\leqslant\sin\theta_s\leqslant 1$，则由式（3-95）可知，此时要求$d/\lambda\leqslant 1/2$。换言之，在±90°角度内扫描不出现模糊的条件为阵元间隔与波长之比小于$1/2$。当阵长一定时，这将会导致阵元数增大，有时是不必要的。在设计时应根据所要求的有限搜索扇面，适当选择d/λ，使栅瓣远离扇面边缘即可。

除了适当选择接收基阵的d/λ之外，使接收阵元具有一定的指向性或严格限制发射波束在发射扇面外的旁瓣级，也可避免栅瓣在扫描扇面内的影响。

2. 中心非模糊扇面内的独立波束数

由式（3-36）可知，均匀加权等间隔M元线阵波束主瓣宽度为

$$\Theta = 2\arcsin\left(\frac{\lambda}{Md}\right) \approx 2\frac{\lambda}{Md} \tag{3-96}$$

在采用不同组的相移补偿获得不同指向的多个波束时，各波束间应有一定的覆盖，否则会造成漏目标。当以波束主瓣宽度一半处为覆盖点（图 3-27）时，以$\sin\theta = 1/(2Md)$代入式（3-27），可以得到覆盖点的$R(\theta)$值为

$$R(\theta) = \frac{\sin\left(M\dfrac{\pi d}{\lambda}\cdot\dfrac{1}{2}\cdot\dfrac{\lambda}{Md}\right)}{M\sin\left(\dfrac{\pi d}{\lambda}\cdot\dfrac{\lambda}{2Md}\right)} = \frac{\sin\dfrac{\pi}{2}}{M\sin\left(\dfrac{\pi}{2M}\right)} \approx \frac{2}{\pi} \tag{3-97}$$

于是可得$20\lg R(\theta)$为-3.92dB，亦即当目标在θ_0方向时，指向为θ_0的波束有最大输出，当目标在$\sin\theta = \sin\theta_0 \pm \lambda/(2Md)$时，指向$\theta_0$的波束与其相邻波束的输出均下降$-3.92\text{dB}$。此时，两个相邻波束中一个波束的最大值对应另一个波束的零点。这两个波束通常称为相互独立的波束。一个中心非模糊扇面的独立波束数为

$$\left[\frac{\lambda}{2d} - \left(-\frac{\lambda}{2d}\right)\right] \Big/ \left(\frac{\lambda}{Md}\right) = M \tag{3-98}$$

M个阵元只有M个独立波束。这意味着在这个扇面内，除这M个波束外，增加其他波

束，则其输出必能从这些波束输出通过运算（如内插）而得到。

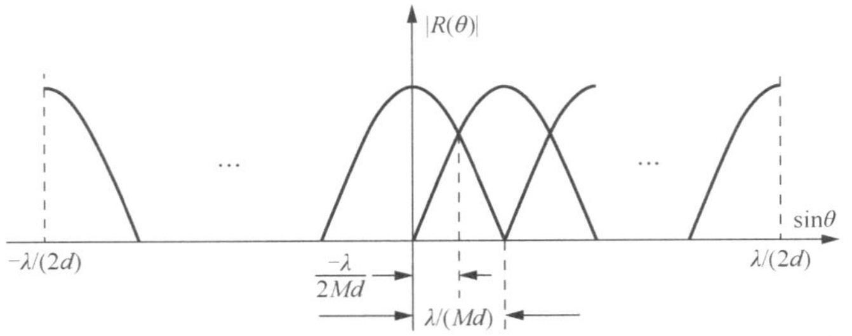

图 3-27　多波束间的覆盖

3.5.2　时延预成多波束方位与采样率及阵间距的关系

时延预成多波束实际上相当于形成了一个指向特定角度的空域滤波器，以获得空间增益。当采用时延波束形成时，由于采样量化的影响，插入到两个相邻阵元信号的时延差只能是采样周期的整数倍，这使得实际能够准确预成的波束角度是有限的。精确预成角度与采样周期有关，二者关系式为

$$
\begin{aligned}
N^* \tau_s^* &= \frac{d \sin\theta}{c} \\
\sin\theta &= \frac{N^* \tau_s^* c}{d}
\end{aligned}
\tag{3-99}
$$

式中，τ_s^* 是波束形成的采样周期；N^* 是时延点数，是整数；θ 是在相邻阵元间插入 N^* 点时延时对应的预成波束角度。由于 $|\sin\theta| \leqslant 1$，根据该性质可以确定能够插入的最大时延整数

$$
N_{\max}^* \leqslant \frac{d}{c\tau_s^*} \tag{3-100}
$$

一组 17 个波束搭接的宽带信号波束覆盖图如图 3-28 所示。

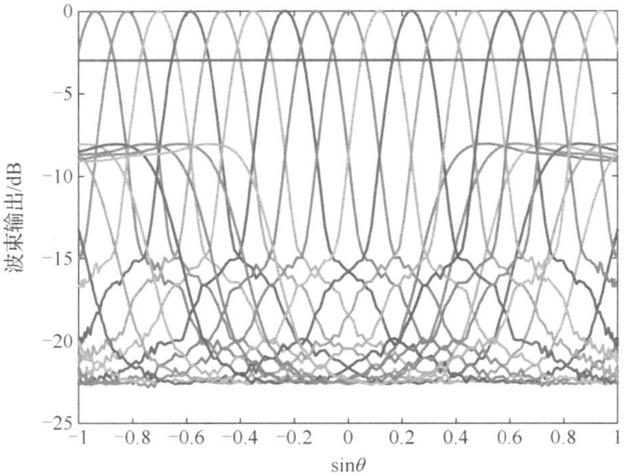

图 3-28　17 个波束搭接的预成多波束覆盖图

实际中当采样率较高时，可以预成的波束数多，波束搭接更密集，但计算量也更大，可以通过波束抽取降低计算的复杂度。选取波束的数量与波束搭接处的增益要求有关，例如图 3-28 中波束交接处相对于最大值位置下降了约 2dB，这意味着当目标刚好位于两个波束中间的角度时，其空间增益将下降 2dB。通常情况下至少要满足 –3dB 搭接条件。等间距线阵波束搭接处的增益下降值可由下式获得：

$$R(\theta_d)=\left|\frac{\sin(M\pi d\sin\theta_d/\lambda)}{M\sin(\pi d\sin\theta_d/\lambda)}\right| \tag{3-101}$$

式中，$\sin\theta_d$ 为相邻预成角度的中间点正弦值，该值对应的角度为搭接角度，这个正弦值在各个搭接处相同，因此可以选择任意一个角度计算，每一个搭接处对应值为 $\sin\theta_d=\tau_s^* c/(2d)$。

3.6　波达方位估计技术

波达方位（direction of arrival，DOA）估计是除了波束形成外阵列信号处理领域的另一重要分支，通过估计信号在空间中的方向，可以确定目标信号的方向。这些方向估计的结果可以用于指导波束形成或空间滤波器的设计，以提取特定方向上的信号。波达方位同样也可以通过波束形成结果得到，利用各个角度上的波束形成输出功率可以得到各个方向上的来波功率大小，比如 CBF、MVDR、BNF 等，凡是有明确波束形成权值形式的都可以利用权值直接获得空间谱结果。如图 3-29 是一组典型的 CBF 空间谱历程，也可以称为方位历程，横轴是方位，纵轴是时间。方位历程图可以帮助人们分辨目标个数、每个目标的方位随时间的变化特性，并且可以基于方位谱通过跟踪滤波等处理进一步提取各个目标的其他参数信息。

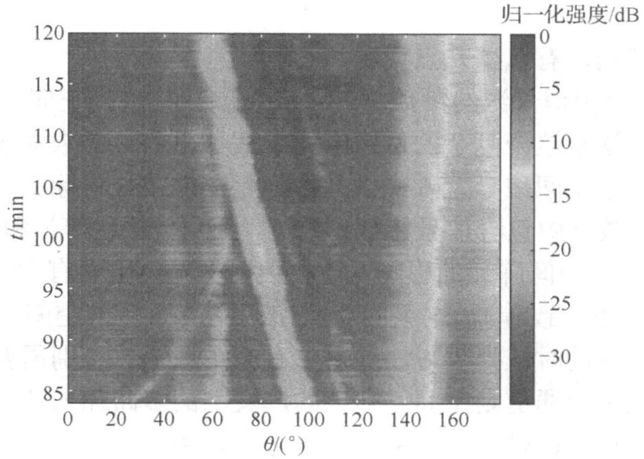

图 3-29　方位历程图

多重信号分类（multiple signal classification, MUSIC）算法与基于旋转不变性技术的信号参数估计（estimation of signal parameters via rotational invariance techniques, ESPRIT）算法的分辨力高，能够突破瑞利限，因此在阵处理中作为经典空间谱估计方法也常被使用。其主要问题是对多种误差敏感，稳健性相对较差，适用于阵列条件相对理想的情况。

3.6.1 空间谱概念定义

空间谱是阵列信号处理中的重要概念。信号的频谱表示信号在各个频率上的能量分布，与之类似，空间谱表示信号在空间各个方向上的能量分布。在信号处理和阵列处理领域，空间谱用于分析和表示信号在空间各个方向上的强度和相位分布。可以由 3.3 节加权波束形成的输出 $y(t)=\boldsymbol{W}^{\mathrm{H}}(\theta)\boldsymbol{X}(t)$ 得到一般权向量空间谱的计算式：

$$P(\theta)=E[y(t)y^{\mathrm{H}}(t)]=\boldsymbol{W}^{\mathrm{H}}(\theta)E[\boldsymbol{X}(t)\boldsymbol{X}^{\mathrm{H}}(t)]\boldsymbol{W}(\theta) \tag{3-102}$$

式中，$E[\boldsymbol{X}(t)\boldsymbol{X}^{\mathrm{H}}(t)]$为阵列的协方差矩阵。在计算空间谱时，由于目标方位未知，需要通过扫描权值方位获得全空间的空间谱结果，这与波束图不同，波束图权值指向的方位是固定的，而源的方位可能改变，反映的是固定方位权值对不同方向源的响应。

空间谱估计是利用空间阵列实现空间信号的参数估计的一种信号处理方法。王永良等（2004）认为空间谱估计系统框架由三部分组成：目标空间、观察空间及估计空间。空间谱估计系统框架见图 3-30。

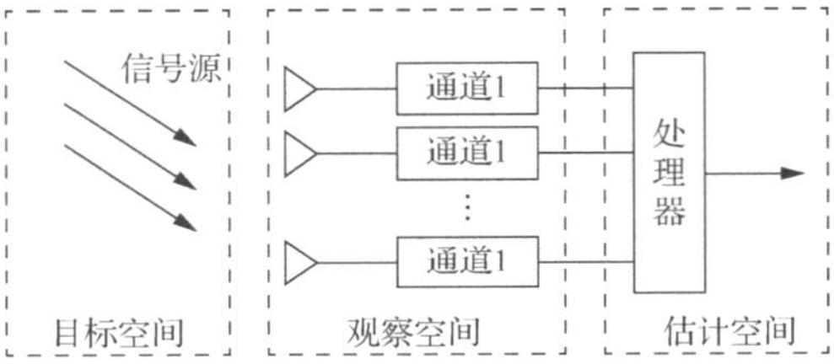

图 3-30　空间谱估计系统框架

对于上述的系统结构，有以下几点说明。

（1）目标空间是一个由信号源的参数与复杂环境参数张成的空间。对于空间谱估计系统，就是利用特定的一些方法从这个复杂的目标空间中估计出信号的未知参数。

（2）观察空间是利用空间按一定方式排列的阵元，来接收目标空间的辐射信号。由于环境的复杂性，所以接收数据中包含信号特征（方位、距离、极化等）和空间环境特征（噪声、杂波、干扰等）。另外由于空间阵元的影响，接收数据中同样也含有空间阵列的某些特征（互耦、通道不一致、频带不一致等）。这里的观察空间是一个多维空间，即系统的接收数据是由多个通道组成，而传统的时域处理方法通常只有一个通道。特别需要指出的是通道与阵元并不一定一一对应。这里的通道是空间谱估计的广义上的多路输入信号，既可以是单个基元构成的阵列输入信号，也可以是子阵波束输出信号等，例如波束域处理中输入信号是将波束域输入作为通道输入再进行空间谱估计处理。

（3）估计空间是利用空间谱估计技术（包括阵列信号处理中的一些技术，如阵列校正、空域滤波等技术）从复杂的观察数据中提取信号的特征参数。

从系统构成中可以看出，估计空间是对目标空间的一个重构过程，重构的精度与环境的复杂性、空间阵元间的互耦、通道不一致、频带不一致等众多因素有关。

3.6.2　空间谱与波束图的联系和差异

空间谱和波束图均广泛应用于阵列信号处理，如天线阵列、声呐阵列和麦克风阵列等，都是利用阵列接收到的信号来进行分析和处理。空间谱和波束图都用于分析信号在空间不同方向上的强度分布，能够展示信号的指向性特征，帮助人们确定信号源的方向和位置。但是二者的物理意义并不相同。

波束图是指波束形成器对各个方向上来波信号的响应，计算指向性图时权值指向方向不变，通过改变导向矢量方向（改变源的方向）获得，体现了其他方向干扰或噪声在固定权值情况下，对感兴趣方向信号产生的影响。当波束形成权值固定时，阵列对各个方向来波信号的输出幅度大小由波束图决定。

空间谱反映了阵列数据中各个方位的信号功率大小，可以用于信号到达方向的估计，是扫描权值得到的，体现的是某一信号源对其他方位波束输出功率的影响。此外，有些空间谱估计方法不需要进行权值计算，但其本质上仍然反映各方位信号功率分布情况。

以 MVDR 波束形成器为例说明两者的区别，如图 3-31 所示，分别仿真了单目标和双目标两种情况。其中单目标波束图指向方向为–10°，空间谱目标在–10°方向上，双目标波束图指向方向为–10°，干扰方向为 60°，空间谱两个等强度目标分别在–10°和 60°方向上。

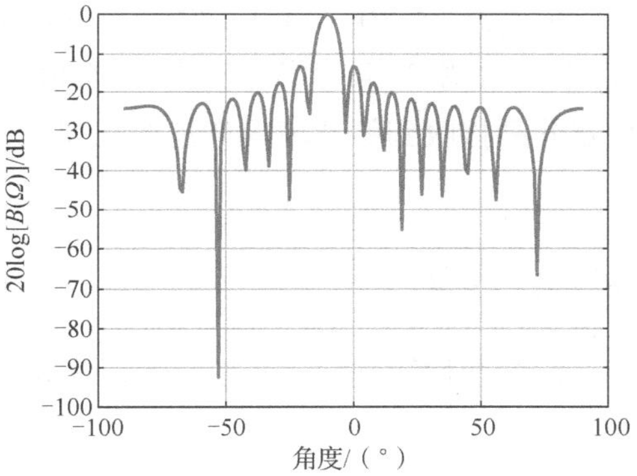

（a）单目标波束图

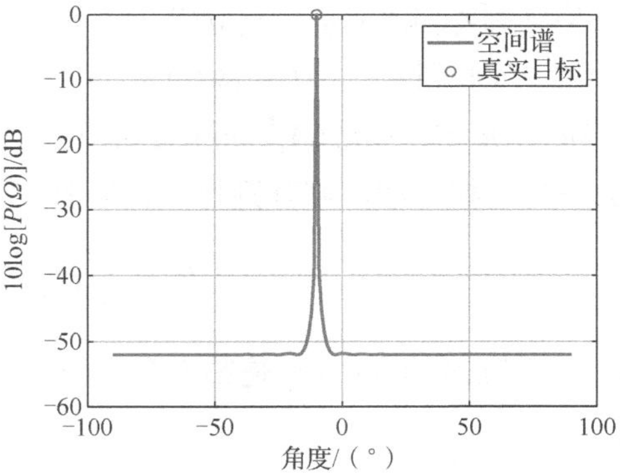

（b）单目标空间谱图

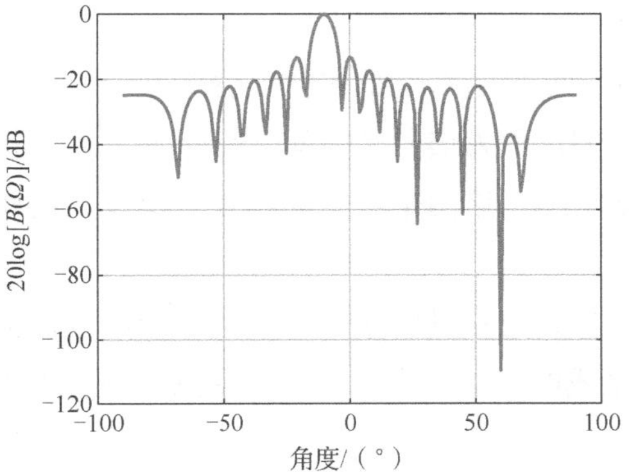

（c）双目标波束图

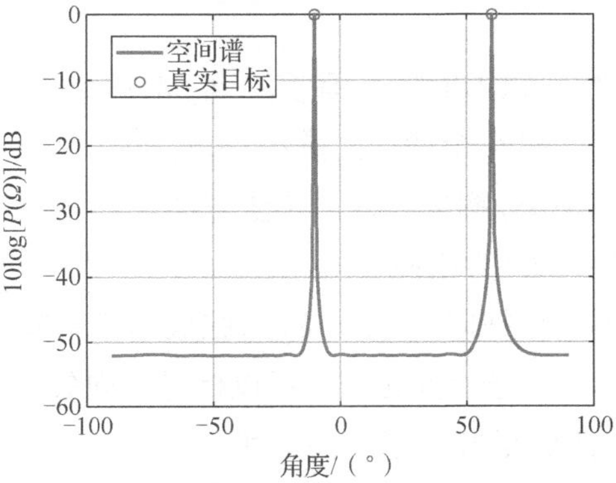

（d）双目标空间谱图

图 3-31　波束形成的波束图与空间谱对比

由图 3-31 可见，MVDR 处理得到的波束图和空间谱完全不同，空间谱反映空间目标分布特性，可以用于多目标估计，具有高分辨效果。波束图则反映其他方向源对指向方向波束输出产生的响应大小，根据前面波束形成权求解准则可知其对非指向方向目标和干扰具有最小功率输出响应，因此当指向一个目标方位时会自适应地对其他干扰方向形成强零陷。

3.6.3 经典波达方位估计方法

1. MUSIC

基于阵列协方差矩阵分解的高分辨方位算法在 20 世纪 70 年代末期开始被广泛研究。其代表性算法是 Schmidt 等（1986）提出的著名的 MUSIC 算法，他们把阵列协方差矩阵的特征值分成两部分，即信号子空间和噪声子空间，利用信号子空间和噪声子空间的正交特性来估计信号的方位。经典 MUSIC 算法的数学推导如下。

设 M 个相互独立的窄带空间信号入射到由 M 个水听器组成的阵列，则阵列输出向量可以表示为

$$\boldsymbol{X}(t)=\sum_{k=1}^{K}\boldsymbol{a}(\Theta_k)s_k(t)+\boldsymbol{N}(t)=\boldsymbol{A}(\Theta)\boldsymbol{S}(t)+\boldsymbol{N}(t) \tag{3-103}$$

式中，$\boldsymbol{X}(t)=[x_1(t),x_2(t),\cdots,x_M(t)]^{\mathrm{T}}$ 为 t 时刻阵列输出矢量；$\boldsymbol{A}(\Theta)=[a(\Theta_1),a(\Theta_2),\cdots,a(\Theta_K)]^{\mathrm{T}}$ 为阵列信号方向矩阵；$\boldsymbol{S}(t)=[s_1(t),s_2(t),\cdots,s_K(t)]^{\mathrm{T}}$ 为信号源矢量或者入射信号波前矢量；$\boldsymbol{N}(t)=[n_1(t),n_2(t),\cdots,n_M(t)]^{\mathrm{T}}$ 为阵列噪声矢量。假定阵列接收到的环境噪声是相互独立、均值为零的平稳高斯过程，则阵列协方差矩阵为

$$\boldsymbol{R}_p=\sum_{k=1}^{K}\sigma_{sk}^2\boldsymbol{a}(\Theta_k)\boldsymbol{a}^{\mathrm{H}}(\Theta_k)+\sigma_n^2\boldsymbol{I} \tag{3-104}$$

式中，σ_n^2 是噪声功率；σ_{sk}^2 是第 k 个源的功率。对 $\boldsymbol{R}_p$ 进行特征分解，并按照特征值大小降序排列，得到

$$\boldsymbol{R}_p=\boldsymbol{U}_s\boldsymbol{\Sigma}_s\boldsymbol{U}_s^{\mathrm{H}}+\boldsymbol{U}_n\boldsymbol{\Sigma}_n\boldsymbol{U}_n^{\mathrm{H}}=\sum_{m=1}^{K}\zeta_m\boldsymbol{e}_m\boldsymbol{e}_m^{\mathrm{H}}+\sigma_n^2\sum_{m=K+1}^{M}\boldsymbol{e}_m\boldsymbol{e}_m^{\mathrm{H}} \tag{3-105}$$

$\boldsymbol{R}_p$ 中较大的特征值 $\zeta_1,\cdots,\zeta_K$ 对应于信号项，而 $M-K$ 个小的特征值对应于噪声项。因此，可以将 K 个特征向量 $\boldsymbol{e}_1,\cdots,\boldsymbol{e}_K$ 构成一个子空间，称为信号子空间，另外 $M-K$ 个特征向量 $\boldsymbol{e}_{K+1},\cdots,\boldsymbol{e}_M$ 构成另外一个子空间，称为噪声子空间。这两个子空间相互正交且共同构成协方差矩阵 $\boldsymbol{R}_p$ 的完整空间。

由于特征向量 $\boldsymbol{e}_1,\cdots,\boldsymbol{e}_K$ 所张成的子空间和信号导向矢量所张成的子空间相同，而信号子空间和噪声子空间正交，所以信号导向矢量所张成的子空间也和噪声子空间正交。若用矩阵 $\boldsymbol{U}_n$ 表示 $\boldsymbol{R}_p$ 的噪声子空间，即

$$\boldsymbol{U}_n=\sum_{k=K+1}^{M}\boldsymbol{e}_k\boldsymbol{e}_k^{\mathrm{H}} \tag{3-106}$$

根据信号导向矢量和噪声子空间的正交特性，有

$$\boldsymbol{a}^{\mathrm{H}}(\Theta)\boldsymbol{U}_n\boldsymbol{U}_n^{\mathrm{H}}\boldsymbol{a}(\Theta)=0 \tag{3-107}$$

定义空间谱函数为

$$P_{p\mathrm{music}}(\Theta)=\frac{1}{\boldsymbol{a}^{\mathrm{H}}(\Theta)\boldsymbol{U}_n\boldsymbol{U}_n^{\mathrm{H}}\boldsymbol{a}(\Theta)} \tag{3-108}$$

根据上式，MUSIC 算法通过谱峰进行波达方位估计，入射信号角度可表示为

$$\Theta=\arg\min_{\Theta}\boldsymbol{a}^{\mathrm{H}}(\Theta)\boldsymbol{U}_n\boldsymbol{U}_n^{\mathrm{H}}\boldsymbol{a}(\Theta)=\arg\min_{\Theta}(\boldsymbol{P}_a\boldsymbol{U}_n\boldsymbol{U}_n^{\mathrm{H}}) \tag{3-109}$$

式中，$\boldsymbol{P}_a=\boldsymbol{a}(\Theta)[\boldsymbol{a}^{\mathrm{H}}(\Theta)\boldsymbol{U}_n\boldsymbol{U}_n^{\mathrm{H}}\boldsymbol{a}(\Theta)]^{-1}\boldsymbol{a}^{\mathrm{H}}(\Theta)$ 为 $\boldsymbol{a}(\Theta)$ 的投影矩阵。

总结声压阵 MUSIC 算法计算步骤如下。

（1）根据阵列输出计算协方差矩阵 $\boldsymbol{R}_p$。

（2）对协方差矩阵 $\boldsymbol{R}_p$ 进行特征分解并将特征向量按照特征值的大小排序。

（3）根据信号源的个数将特征向量分成信号子空间和噪声子空间。

（4）使 Θ 变化，利用式（3-108）计算空间谱函数，通过寻求谱峰得到波达方位的估计值。

假设空间内存在 20 阵元均匀线阵，快拍数为 50。有 3 个独立窄带远场信号，信号方向分别为 90°、130°、135°。基阵接收噪声是功率为 0dB 的高斯白噪声。图 3-32（a）是阵元间距为 $d=\lambda/2$ 情况下估计谱与信噪比之间的关系 $P(\theta,\mathrm{SNR})$。图 3-32（b）是估计谱与归一化阵元间距的关系 $P(\theta,d/\lambda)$。仿真中固定信噪比为 10dB。

由图 3-32（a）可知：当信噪比达到−10dB 时，MUSIC 算法不能精准估计 130°、135°的相邻信号。并且随着信噪比的增大，角度分辨力相应提高。图 3-32（b）说明对于均匀线阵而言，MUSIC 算法角度分辨力随着阵元间距的加大相应提高，但当阵元间距大于 $\lambda/2$ 时，空间谱在除了信号源方向外的其他方位出现模糊。

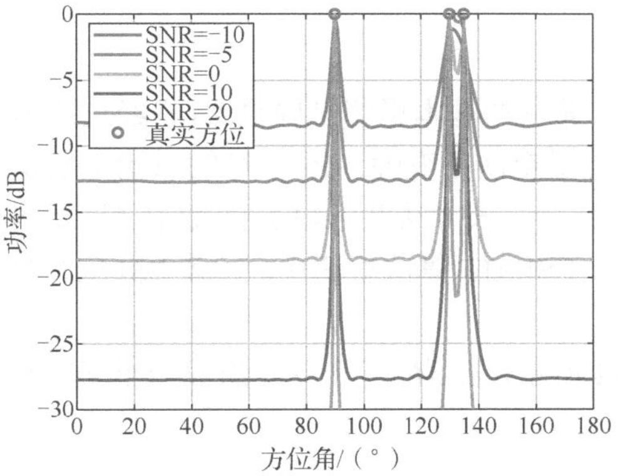

（a）估计谱与信噪比

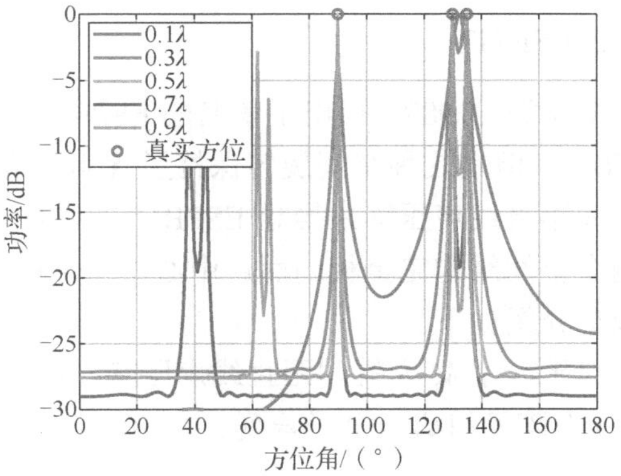

（b）估计谱与阵元间距

图 3-32 MUSIC 估计谱与信噪比和阵元间距的关系

由于传播环境的复杂性，入射到阵列的信号中有相干信号存在，包括同频干扰和由于背景物体反射所导致的多径传播信号。相干信号会导致波达方位估计算法的角度估计精度及角

度分辨力下降。MUSIC 算法在处理相干信号时，相干信号会导致信源协方差矩阵的秩亏缺，不能以较小的误差对噪声子空间和信号子空间进行划分，导致算法性能大幅度下降。需要进行去相关预处理才能实现对相干源的方位估计，去相关预处理大致可分为两大类：一类是降维处理，采取牺牲有效阵列孔径来实现信号源的去相关，如平滑技术、前后向预测投影矩阵法、数据矩阵分解法；另一类是不损失阵元数，利用移动阵列的方法或频率平滑的方法处理相干信号，如频率平滑算法、旋转子空间不变和加权子空间拟合技术。可参考相关文献，文中不再赘述。

例 3-5　假设空间内存在 20 阵元均匀线阵，对 3 个窄带远场相干信号（方向分别为 90°、130°、135°），利用 MUSIC 算法和空间平滑 MUSIC 算法进行方位估计。假设快拍数为 50，平滑 MUSIC 算法每个子阵长度为 10。

由图 3-33 可知，平滑 MUSIC 算法通过构建子阵，建立前、后向平滑的协方差矩阵，克服了相干信号引起的秩亏损的问题，所以能够实现对相干源目标方位估计。

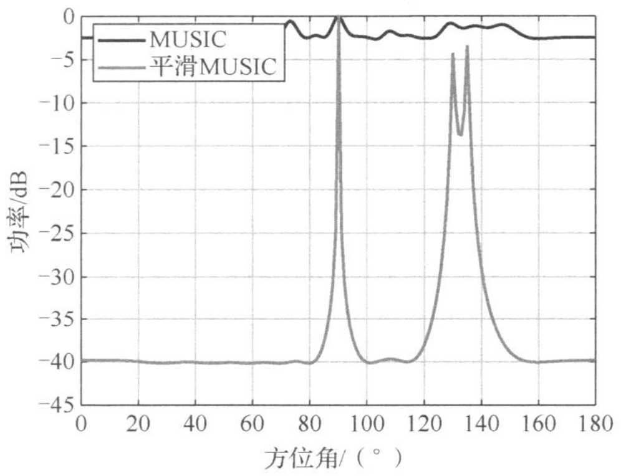

图 3-33　平滑前后的波达方位估计对比

2. ESPRIT

Roy 等（1989）提出了著名的 ESPRIT 算法。算法的基本思想是向量 $\boldsymbol{X}(n)$ 经过旋转后变成 $\boldsymbol{Y}(n)$，但是这种空间旋转保持了 $\boldsymbol{X}$ 和 $\boldsymbol{Y}$ 的信号子空间不变性。Roy 等的原始文献是用均匀等间距直线声压阵来推导 ESPRIT 算法的。实际上，该方法并不限于直线阵，只要基阵具有两个空间结构完全相同而声中心不重合的子阵，ESPRIT 算法就适用。经典 ESPRIT 算法数学模型介绍如下。

对于一个 M 元等间距直线声压阵，如图 3-34 所示，前 $M-1$ 个阵元组成一个子阵列，后 $M-1$ 个阵元组成一个子阵列。

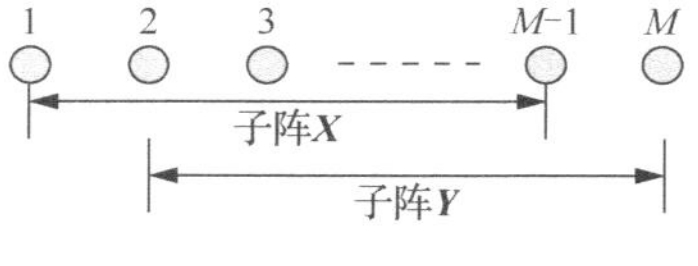

图 3-34　ESPRIT 算法子阵示意图

如果把子阵 $\boldsymbol{X}$ 的输出记为 $\boldsymbol{X}(t)$，把子阵 $\boldsymbol{Y}$ 的输出记为 $\boldsymbol{Y}(t)$，则有

$$\boldsymbol{X}(t)=[x_1(t),x_2(t),\cdots,x_{M-1}(t)]^{\mathrm{T}}=\boldsymbol{A}_x(\theta)S(t)+\boldsymbol{N}_{px}(t) \tag{3-110}$$

$$\boldsymbol{Y}(t)=[x_2(t),x_3(t),\cdots,x_M(t)]^{\mathrm{T}}=\boldsymbol{A}_x(\theta)\boldsymbol{\varGamma}S(t)+\boldsymbol{N}_{py}(t) \tag{3-111}$$

$$\boldsymbol{\varGamma}=\mathrm{diag}[\mathrm{e}^{\mathrm{j}\frac{2\pi d\sin\theta_1}{\lambda}},\mathrm{e}^{\mathrm{j}\frac{2\pi d\sin\theta_2}{\lambda}},\cdots,\mathrm{e}^{\mathrm{j}\frac{2\pi d\sin\theta_K}{\lambda}}] \tag{3-112}$$

矩阵 $\boldsymbol{\varGamma}$ 称为旋转矩阵，其对角线上的元素为相位旋转因子 $\mathrm{e}^{\mathrm{j}2\pi d\sin\theta_K/\lambda}$，它和待估计的波达方位直接相关。方向矩阵 $\boldsymbol{A}_x(\theta)$ 是由 $\boldsymbol{A}(\theta)$ 的 1 至 $M-1$ 个行向量构成，是一个 $(M-1)\times K$ 的矩阵。$\boldsymbol{N}_{px}(t)=[n_1(t),n_2(t),\cdots,n_{M-1}(t)]^{\mathrm{T}}$、$\boldsymbol{N}_{py}(t)=[n_2(t),n_3(t),\cdots,n_M(t)]^{\mathrm{T}}$ 分别是两个子阵的噪声向量。则观测向量 $\boldsymbol{X}(t)$ 的协方差矩阵为

$$\boldsymbol{R}_{xx}=E\left[\boldsymbol{X}(t)\boldsymbol{X}^{\mathrm{H}}(t)\right]=\boldsymbol{A}_x(\theta)\boldsymbol{R}_s\boldsymbol{A}_x^{\mathrm{H}}(\theta)+\sigma^2\boldsymbol{I} \tag{3-113}$$

仿照协方差矩阵的定义方式，定义观测向量 $\boldsymbol{X}(t)$ 和 $\boldsymbol{Y}(t)$ 的互协方差矩阵为

$$\boldsymbol{R}_{xy}=E\left[\boldsymbol{X}(t)\boldsymbol{Y}^{\mathrm{H}}(t)\right]=\boldsymbol{A}_x(\theta)\boldsymbol{R}_s\boldsymbol{\varGamma}^{\mathrm{H}}\boldsymbol{A}_x^{\mathrm{H}}(\theta)+\sigma^2\boldsymbol{\varOmega} \tag{3-114}$$

式中，

$$\boldsymbol{\varOmega}=\begin{bmatrix}0 & 0 & \cdots & 0\\ 1 & 0 & \cdots & 0\\ \vdots & \ddots & \ddots & \vdots\\ 0 & \cdots & 1 & 0\end{bmatrix} \tag{3-115}$$

协方差矩阵 $\boldsymbol{R}_{xx}$ 的最小特征值为 σ^2，从而有

$$\boldsymbol{C}_{xx}=\boldsymbol{R}_{xx}-\sigma^2\boldsymbol{I}=\boldsymbol{A}_x(\theta)\boldsymbol{R}_s\boldsymbol{A}_x^{\mathrm{H}}(\theta) \tag{3-116}$$

$$\boldsymbol{C}_{xy}=\boldsymbol{R}_{xy}-\sigma^2\boldsymbol{\varOmega}=\boldsymbol{A}_x(\theta)\boldsymbol{R}_s\boldsymbol{\varGamma}^{\mathrm{H}}\boldsymbol{A}_x^{\mathrm{H}}(\theta) \tag{3-117}$$

可以证明，若信号协方差矩阵 $\boldsymbol{R}_s$ 非奇异，则矩阵束 $\left[\boldsymbol{C}_{xx},\boldsymbol{C}_{xy}\right]$ 的广义特征值由 0 和矩阵 $\boldsymbol{\varGamma}$ 的对角线上的元素组成，因此只要计算出矩阵束 $\left[\boldsymbol{C}_{xx},\boldsymbol{C}_{xy}\right]$ 的广义特征值也就得到了矩阵 $\boldsymbol{\varGamma}$ 的一个估计，从而利用式（3-112）就可以计算出目标的波达方位。这就是声压阵的基本 ESPRIT 算法，步骤总结如下：

（1）计算子阵列 $\boldsymbol{X}$ 的协方差矩阵 $\boldsymbol{R}_{xx}$。

（2）对协方差矩阵 $\boldsymbol{R}_{xx}$ 进行特征值分解，用 $M-K$ 个小特征值平均估计 σ^2。

（3）利用最小特征值 σ^2 计算 $\boldsymbol{C}_{xx}=\boldsymbol{R}_{xx}-\sigma^2\boldsymbol{I}$ 和 $\boldsymbol{C}_{xy}=\boldsymbol{R}_{xy}-\sigma^2\boldsymbol{\varOmega}$。

（4）计算矩阵束 $\left[\boldsymbol{C}_{xx},\boldsymbol{C}_{xy}\right]$ 的广义特征分解，得到矩阵 $\boldsymbol{\varGamma}$ 的估计。利用 $\boldsymbol{\varGamma}$ 的对角线上的元素计算目标的波达方位。

3. MVDR

MVDR 波束形成器是一种在方位估计中较常用的高分辨处理方法，它可以明显降低波束的旁瓣级，提高分辨力，相较于一些子空间类处理方法又具有运算量小的特点。前文已经介

绍了如何得到它的权，可以根据一般加权波束形成的空间谱计算式得到它的空间谱估计表达式：

$$P(\theta)=\frac{1}{\boldsymbol{a}^{\mathrm{H}}(\theta)\boldsymbol{R}^{-1}\boldsymbol{a}(\theta)} \tag{3-118}$$

功率最大值角度被认为是入射信号的波达方位估计角度，值得注意的是，当导向矢量存在误差时，MVDR 波束形成器把期望误认为是干扰进行抑制，造成输出信干噪比急剧下降。

在实际应用中，难以获得真实的噪声协方差矩阵，通常采用数据协方差矩阵近似替代。但是数据快拍数较少会引起协方差矩阵误差而造成 MVDR 波束形成器性能下降。输入信噪比越高，性能下降越严重。

基于此，本节从 MVDR 波束形成器稳健性分析入手，介绍一种经典的稳健波束形成方法——NCCB，其约束表达式如下：

$$\min_{w}\boldsymbol{W}^{\mathrm{H}}\boldsymbol{R}\boldsymbol{W}\quad \text{s. t. } \boldsymbol{W}^{\mathrm{H}}\overline{\boldsymbol{a}}_s=1,\ \ \|\boldsymbol{W}\|^2\leqslant\zeta_0 \tag{3-119}$$

式中，$\overline{\boldsymbol{a}}_s$ 代表期望方向的导向矢量的归一化结果 $\boldsymbol{a}(\theta_s)/M$；$\zeta_0$ 按照经验进行取值。ζ_0 越小，波束形成器的稳健性越高。但 ζ_0 不可能无限小，必须满足

$$\zeta_0\geqslant 1/M \tag{3-120}$$

当且仅当 $\zeta_0=1/M$，对应于 CBF，式（3-119）是一个经典的凸优化问题，可以通过二阶锥方法求解，也可以利用牛顿迭代法进行求解，具体可参考相关文献。

提高 MVDR 波束形成器的稳健性还有更简单方便的方法，有研究人员提出了对角加载波束形成方法，在样本协方差矩阵的对角元素上加上一个量，对角加载波束形成的权向量为

$$\boldsymbol{W}(\theta)=\mu(\boldsymbol{R}+\lambda\boldsymbol{I})^{-1}\boldsymbol{a}(\theta) \tag{3-121}$$

式中，λ 是加载量。即使在 $\boldsymbol{R}$ 不可逆时，通过对角加载也可以保证矩阵 $\boldsymbol{R}+\lambda\boldsymbol{I}$ 可逆。观察上式可以看出，当对角加载量 $\lambda=0$ 时，LSMI 方法蜕化成 SMI 方法，当对角加载量 $\lambda\to\infty$ 时，它蜕化成 CBF。因此，可以通过调节对角加载量 λ 的大小，在 SMI 波束形成和 CBF 之间进行折中。事实上，前文提到的 NCCB 在理论上与对角加载方法是等价的，可以通过计算得出 NCCB 方法的对角加载量。

例 3-6　下面考虑一个 16 元均匀半波长间距的线阵，三个信号源入射角度分别为–10°、0°、45°，信噪比分别为 0dB、10dB、15dB，噪声为高斯白噪声。取不同的 ζ_0 时得到的空间谱估计结果见图 3-35。

可以看到当 ζ_0 取最小值 1/16 时，NCCB 的谱估计和 CBF 一样，随着 ζ_0 逐渐增大，NCCB 谱估计的结果逐渐向 MVDR 转换。由于 CBF 的稳健性高，因此，ζ_0 的值越小，波束形成越稳定。

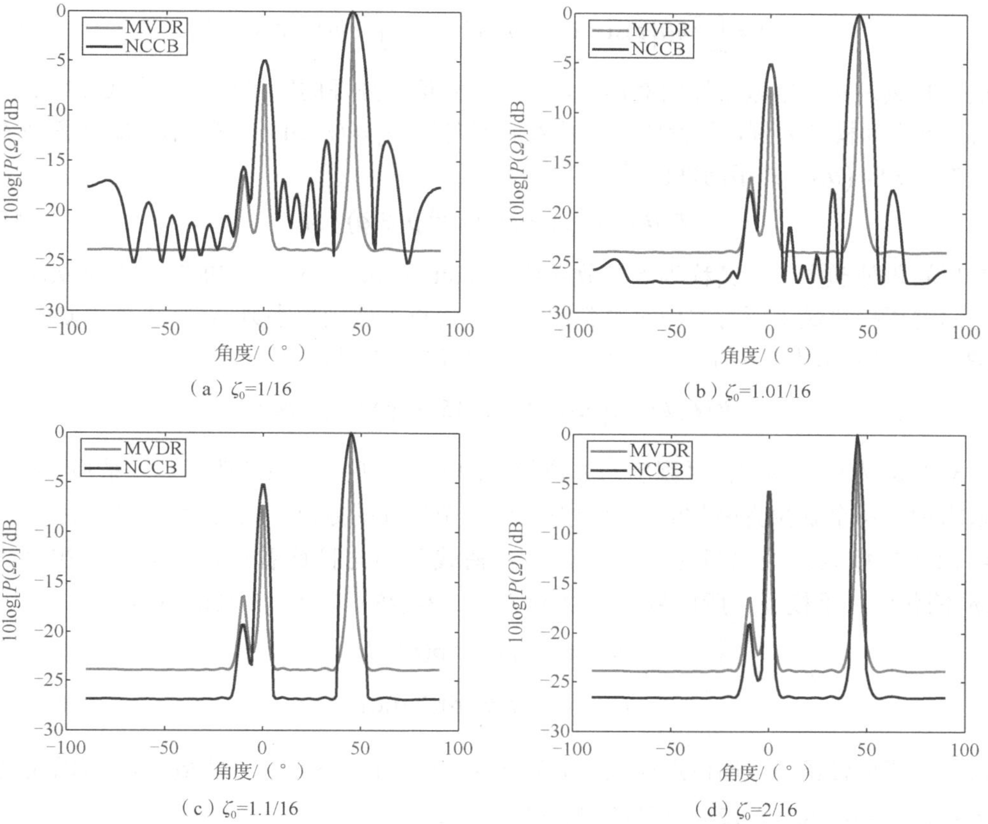

（a）ζ_0=1/16　（b）ζ_0=1.01/16　（c）ζ_0=1.1/16　（d）ζ_0=2/16

图 3-35　NCCB 选取不同 ζ_0 值时的空间谱估计

3.6.4　新型波达方位估计方法

1. 反卷积方位估计

进行阵列空间谱估计时，CBF 的输出可以被视为目标函数的阵列空间指向性函数的卷积。利用反卷积求解方法可以获得目标函数，其代表了空间中目标源的分布情况，理想条件下近似为狄拉克函数，因此反卷积方位估计具有高分辨效果。

在时域线性系统中由系统输入与脉冲响应函数可以得到系统的输出 $x(t)$：

$$x(t)=\int_{-\infty}^{+\infty}h(t|\tau)s(\tau)\mathrm{d}\tau \tag{3-122}$$

式中，$s(\tau)$ 为系统输入；$h(t|\tau)$ 为 τ 时刻单位脉冲响应函数（可以是时变的）。输出信号是输入信号与系统函数的叠加积分。当系统为时不变系统时，$h(t|\tau)$ 可以视为 $h(t)$ 平移 τ 时刻得到，即

$$h(t\,|\,\tau)=h(t-\tau) \tag{3-123}$$

所以式（3-122）可以表示成卷积运算：

$$x(t)=\int_{-\infty}^{+\infty}h(t|\tau)s(\tau)\mathrm{d}\tau=h(t)*s(t)=\int_{-\infty}^{+\infty}h(t-\tau)s(\tau)\mathrm{d}\tau \tag{3-124}$$

根据时域采样和空域采样的对偶性，空域阵列信号处理的输出也可写成式（3-122）的形式。以三维空间模型为例，假设期望信号入射方向为 $\boldsymbol{\Omega}_0=(\vartheta,\varphi)$，阵列指向 $\boldsymbol{\Omega}_0$ 时阵列在扫描域中某方向 $\boldsymbol{\Omega}=(\theta,\phi)$ 的指向性函数为

$$\boldsymbol{R}(\theta,\phi\mid\vartheta,\varphi)=\boldsymbol{p}(\vartheta,\varphi)^{\mathrm{H}}\boldsymbol{p}(\theta,\phi)/M \tag{3-125}$$

在反卷积处理中常将其称为点扩散函数（point spread function, PSF）。当 $\boldsymbol{R}(\theta,\phi\mid\vartheta,\varphi)$ 中目标方向遍历扫描域中所有方向时得到的矩阵称为点扩散函数字典。在阵处理中 CBF 方位谱图 $\boldsymbol{P}(\theta,\phi)$ 可以表示为阵列指向性函数和目标函数的叠加积分：

$$\boldsymbol{P}(\theta,\phi)=\iint\boldsymbol{R}(\theta,\phi\mid\vartheta,\varphi)\boldsymbol{S}(\vartheta,\varphi)\sin\varphi\mathrm{d}\varphi\mathrm{d}\vartheta \tag{3-126}$$

式中，$\boldsymbol{S}(\vartheta,\varphi)$ 为包含期望信号强度与方位信息的分布函数，理想条件下是一系列狄拉克函数的加权求和，每个狄拉克函数的峰值位置对应一个目标的方位，幅度代表目标的强度。

当探测目标为远距离目标时可以将平台搭载阵列与目标看作位于同一水平面内，将 $\boldsymbol{P}(\theta,\phi)$ 简化为一维模型，所以将 $\varphi=90°$ 代入式（3-125）与式（3-126）可得

$$\boldsymbol{R}(\theta\mid\vartheta)=\boldsymbol{p}(\vartheta)^{\mathrm{H}}\boldsymbol{p}(\theta)/M \tag{3-127}$$

$$\boldsymbol{P}(\theta)=\int\boldsymbol{R}(\theta\mid\vartheta)\boldsymbol{S}(\vartheta)\mathrm{d}\vartheta \tag{3-128}$$

若阵列指向性函数（也称点扩散函数）$\boldsymbol{R}(\theta\mid\vartheta)$ 具有移不变性，即 $\boldsymbol{R}(\theta\mid\vartheta)$ 可以通过 $\boldsymbol{R}(\theta)$ 的简单移位得到，式（3-128）可以写为卷积的形式：

$$\boldsymbol{P}(\theta)=\int\boldsymbol{R}(\theta\mid\vartheta)\boldsymbol{S}(\vartheta)\mathrm{d}\vartheta=\boldsymbol{R}(\theta)*\boldsymbol{S}(\theta)=\int\boldsymbol{R}(\theta-\vartheta)\boldsymbol{S}(\vartheta)\mathrm{d}\vartheta \tag{3-129}$$

所以将 CBF 方位谱 $\boldsymbol{P}(\theta)$ 与点扩散函数字典 $\boldsymbol{R}(\theta)$ 进行反卷积计算，即可得到信号的分布函数 $\boldsymbol{S}(\theta)$。反卷积求解方法并不唯一，这里介绍在水声信号处理中较为常用的两种方法。

（1）非负最小二乘（non negative least squares, NNLS）算法。这是一种广泛应用的求解线性方程组的方法。Ehrenfried 等（2007）利用非负最小二乘算法来求解反卷积波束问题，其原理是根据点扩散函数、声源分布函数与信号的方位谱输出建立差函数，以最小化方程组的原则来求解线性方程组，获得声源分布，其差函数可以写作

$$\Delta\psi=\left\|\boldsymbol{RS}-\boldsymbol{P}\right\|_2 \tag{3-130}$$

式中，$\boldsymbol{R}$ 为各个方向上的指向性函数，若采样方向点数共有 N 个，则 $\boldsymbol{R}$ 是一个 $N\times N$ 的矩阵；$\boldsymbol{S}$ 为声源分布函数，是 N 元列向量；$\boldsymbol{P}$ 为波束形成的输出方位谱，也是 N 元列向量；$\|\cdot\|_2$ 表示 L_2 范数。使用梯度投影法求解上述方程组，主要思想是负梯度方向指向标量场下降最快的方向，在负梯度方向上搜索使差函数最小化的目标函数 $\boldsymbol{S}$ 的解，可以推导得到非负最小二乘算法从第 $i-1$ 次迭代解到第 i 次解的迭代公式。

第 $i-1$ 次迭代解为 $\boldsymbol{S}^{i-1}$，计算得到残差向量为

$$\boldsymbol{r}^{i-1}=\boldsymbol{RS}^{i-1}-\boldsymbol{P} \tag{3-131}$$

在 $\boldsymbol{S}$ 空间中计算 $\Delta\psi$ 的负梯度向量

$$\boldsymbol{w}^{i-1} = -\boldsymbol{R}^{\mathrm{T}}\boldsymbol{r}^{i-1} \tag{3-132}$$

定义搜索路径为

$$\overline{\boldsymbol{w}}^{i-1} = \begin{cases} 0, & \boldsymbol{w}^{i-1}<0,\quad \boldsymbol{S}^{i-1}=0 \\ \boldsymbol{w}^{i-1}, & \text{其他} \end{cases} \tag{3-133}$$

计算辅助向量

$$\boldsymbol{g}^{i-1} = \boldsymbol{R}\overline{\boldsymbol{w}}^{i-1} \tag{3-134}$$

进一步可以获得最优搜索步长为

$$\lambda = -\frac{\boldsymbol{g}^{i-1}\cdot\boldsymbol{r}^{i-1}}{\boldsymbol{g}^{i-1}\cdot\boldsymbol{g}^{i-1}} \tag{3-135}$$

得到最优搜索步长之后，就可以计算出第 i 次的迭代解 $\boldsymbol{S}^i$

$$\boldsymbol{S}^i = \max(\boldsymbol{S}^{i-1} + \lambda\overline{\boldsymbol{w}}^{i-1}, 0) \tag{3-136}$$

与其他梯度型算法一样，给定的梯度型算法具有只需要矩阵向量乘法而不需要矩阵分解的优点。由上式的求解条件可知，非负最小二乘算法并没有对阵列的移不变性质有所要求，而是以阵列的指向性函数作为求解条件，只需要知道在各个方向上的指向性函数以及波束方位谱输出就可以求出声源分布的反卷积解。

（2）理查森-露西（Richardson-Lucy）反卷积算法，简称 R-L 反卷积算法。这是一种基于贝叶斯准则的迭代反卷积算法。此算法具有良好的稳定性与收敛性。其迭代求解过程可由相对熵的概念导出。相对熵是一种信息熵，其描述的是两个概率密度分布在空间中的差异，即

$$L(\delta(x),\eta(x)) = \int_{-\infty}^{+\infty}\delta(x)\log\frac{\delta(x)}{\eta(x)}\mathrm{d}x \tag{3-137}$$

其中，$\delta(x)$ 和 $\eta(x)$ 为概率密度函数，当 $\delta(x)=\eta(x)$ 时，二者相对熵的值为 1。

对于移不变阵列，将式（3-129）写成一般形式，即

$$\hat{\boldsymbol{P}}(x) = \int\boldsymbol{R}(x\mid y)\boldsymbol{S}(y)\mathrm{d}y = \boldsymbol{R}(x)*\boldsymbol{S}(x) \tag{3-138}$$

其中，变量 x 与变量 y 相互独立，且有

$$\int_{-\infty}^{+\infty}\boldsymbol{P}(x)\mathrm{d}x = 1 \tag{3-139}$$

$$\int_{-\infty}^{+\infty}\boldsymbol{R}(x\mid y)\mathrm{d}x = 1 \tag{3-140}$$

将 $\hat{\boldsymbol{P}}(x)$ 与 $\boldsymbol{P}(x)$ 代入式（3-137），得到

$$\begin{aligned} L(\boldsymbol{P}(x),\hat{\boldsymbol{P}}(x)) &= L\left(\boldsymbol{P}(x),\int_{-\infty}^{+\infty}\boldsymbol{R}(x\mid y)\boldsymbol{S}(y)\mathrm{d}y\right) \\ &= \int_{-\infty}^{+\infty}\boldsymbol{P}(x)\log\frac{\boldsymbol{P}(x)}{\int_{-\infty}^{+\infty}\boldsymbol{R}(x\mid y)\boldsymbol{S}(y)\mathrm{d}y}\mathrm{d}x \end{aligned} \tag{3-141}$$

求解目标分布函数 $S(\theta)$ 的问题可以等价于式（3-141）的最小值求解问题，即

$$\hat{\boldsymbol{S}}(y)=\arg\min_{S(y)}\int_{-\infty}^{+\infty}\boldsymbol{P}(x)\log\frac{\boldsymbol{P}(x)}{\int_{-\infty}^{+\infty}\boldsymbol{R}(x\mid y)\boldsymbol{S}(y)\mathrm{d}y}\mathrm{d}x \tag{3-142}$$

利用拉格朗日乘数法对式（3-142）进行求解，其中约束条件为 $\int_{-\infty}^{+\infty}\boldsymbol{S}(y)\mathrm{d}y=1$，即

$$\int_{-\infty}^{+\infty}\boldsymbol{P}(x)\log\frac{\boldsymbol{P}(x)}{\int_{-\infty}^{+\infty}\boldsymbol{R}(x\mid y)\boldsymbol{S}(y)\mathrm{d}y}\mathrm{d}x+\left[\lambda\int_{-\infty}^{+\infty}\boldsymbol{S}(y)\mathrm{d}y-1\right] \tag{3-143}$$

由于在实际物理环境下，声源的分布函数 $\boldsymbol{S}(y)$ 是任意的，所以用 $\boldsymbol{S}(y)+\varepsilon\boldsymbol{v}(y)$ 代替，其中 ε 是任意标量参数，$\boldsymbol{v}(y)$ 是任意函数，将此任意函数代替式 $\boldsymbol{S}(y)+\varepsilon\boldsymbol{v}(y)$ 代入式（3-143）后对 ε 求导，并令导数为 0，即

$$\frac{\partial}{\partial\varepsilon}\left\{\int_{-\infty}^{+\infty}\boldsymbol{P}(x)\log\frac{\boldsymbol{P}(x)}{\int_{-\infty}^{+\infty}\boldsymbol{R}(x\mid y)[\boldsymbol{S}(y)+\varepsilon\boldsymbol{v}(y)]\mathrm{d}y}\mathrm{d}x+\left\{\lambda\int_{-\infty}^{+\infty}[\boldsymbol{S}(y)+\varepsilon\boldsymbol{v}(y)]\mathrm{d}y-1\right\}\right\}_{\varepsilon=0}=0 \tag{3-144}$$

通过计算可得

$$\int_{-\infty}^{+\infty}\boldsymbol{P}(x)\frac{\int_{-\infty}^{+\infty}\boldsymbol{R}(x\mid y)\boldsymbol{v}(y)\mathrm{d}y}{\int_{-\infty}^{+\infty}\boldsymbol{R}(x\mid y)\boldsymbol{S}(y)\mathrm{d}y}\mathrm{d}x-\lambda\int_{-\infty}^{+\infty}\boldsymbol{v}(y)\mathrm{d}y=0 \tag{3-145}$$

由于 $v(y)$ 是任意函数，式（3-145）可写为

$$\int_{-\infty}^{+\infty}\left[\int_{-\infty}^{+\infty}\frac{\boldsymbol{R}(x\mid y)}{\int_{-\infty}^{+\infty}\boldsymbol{R}(x\mid y)\boldsymbol{S}(y)\mathrm{d}y}\boldsymbol{P}(x)\mathrm{d}x-\lambda\right]\boldsymbol{v}(y)\mathrm{d}y=0 \tag{3-146}$$

由于式（3-146）恒成立，当 $v(y)=\pm1$ 时，则有

$$\int_{-\infty}^{+\infty}\frac{\boldsymbol{R}(x\mid y)}{\int_{-\infty}^{+\infty}\boldsymbol{R}(x\mid y)\boldsymbol{S}(y)\mathrm{d}y}\boldsymbol{P}(x)\mathrm{d}x=\lambda \tag{3-147}$$

将式（3-147）等号两边同时乘以 $\boldsymbol{S}(y)$，再对 y 进行积分，可得

$$\int_{-\infty}^{+\infty}\frac{\boldsymbol{R}(x\mid y)}{\int_{-\infty}^{+\infty}\boldsymbol{R}(x\mid y)\boldsymbol{S}(y)\mathrm{d}y}\boldsymbol{P}(x)\mathrm{d}x=1 \tag{3-148}$$

将式（3-148）等号两边同时乘以 $\boldsymbol{S}(y)$，可得

$$\boldsymbol{S}(y)=\boldsymbol{S}(y)\int_{-\infty}^{+\infty}\frac{\boldsymbol{R}(x\mid y)}{\int_{-\infty}^{+\infty}\boldsymbol{R}(x\mid y)\boldsymbol{S}(y)\mathrm{d}y}\boldsymbol{P}(x)\mathrm{d}x \tag{3-149}$$

即为 R-L 反卷积算法，对其加入迭代过程即可得到 R-L 反卷积算法的迭代公式：

$$S^{(n+1)}(y)=S^{(n)}(y)\int_{-\infty}^{+\infty}\frac{R(x\mid y)}{\int_{-\infty}^{+\infty}R(x\mid y)S(y)\mathrm{d}y}P(x)\mathrm{d}x \tag{3-150}$$

式（3-150）中，第 n 次迭代 CBF 空间谱估计结果为 $\hat{P}^{(n)}=\int_{-\infty}^{+\infty}R(x\mid y)S(y)\mathrm{d}y$。

R-L 反卷积算法中，随着迭代 CBF 空间谱估计值 $\hat{P}^{(n)}$ 收敛于真实值 P，$S^{(n)}$ 收敛于真实声源分布。当 CBF 空间谱估计值 $\hat{P}^{(n)}$ 与真实值 P 差值达到极小值时停止迭代。关于迭代算法的结束条件可以根据经验选取一个足够大值作为最高迭代次数，也可以设一个 $\hat{P}^{(n)}$ 与 P 均方误差的门限值 ℓ，此判断条件可以写为

$$\begin{aligned}S(y)&=\arg\min_h L\left(P(y),\hat{P}^{(n)}(y)\right)\\&=\arg\min_h L\left(P(y),\int_{-\infty}^{+\infty}R(y-x)S^{(n)}(x)\right)\leqslant\ell\end{aligned} \tag{3-151}$$

R-L 反卷积算法有其限制条件，要求点扩散函数是移不变的，但是在均匀线阵中，点扩散函数在角度空间是移变的，因此需要将其转化。在 3.2 节中已经推导过目标的自然指向性，可以得到

$$R(\theta)=\left|\frac{\sin(N\psi/2)}{N\sin(\psi/2)}\right|=\left|\frac{\sin\left(\dfrac{N\pi d}{\lambda}\sin\theta\right)}{N\sin\left(\dfrac{\pi d}{\lambda}\sin\theta\right)}\right| \tag{3-152}$$

为了与功率谱对应，将其取平方：

$$R(\theta)=\left|\frac{\sin(N\psi/2)}{N\sin(\psi/2)}\right|^2=\left|\frac{\sin\left(\dfrac{N\pi d}{\lambda}\sin\theta\right)}{N\sin\left(\dfrac{\pi d}{\lambda}\sin\theta\right)}\right|^2 \tag{3-153}$$

目标指向 ϑ 时的指向性函数可以写作

$$R(\theta\mid\vartheta)=\left|\frac{\sin\left[\dfrac{N\pi d}{\lambda}(\sin\theta-\sin\vartheta)\right]}{N\sin\left[\dfrac{\pi d}{\lambda}(\sin\theta-\sin\vartheta)\right]}\right|^2 \tag{3-154}$$

可以看到 $R(\theta\mid\vartheta)$ 随着角度改变不满足 $R(\theta\mid\vartheta)=R(\theta-\vartheta)$，即 $R(\theta\mid\vartheta)$ 为非移不变函数，因此无法写成指向性函数与目标函数卷积的形式，但是观察上式可以得到 $R(\sin\theta\mid\sin\vartheta)=R(\sin\theta-\sin\vartheta)$，均匀线阵在正弦域上是移不变函数，因此可以将式（3-138）写作

$$P(\sin\theta)=R(\sin\theta)*S(\sin\theta) \tag{3-155}$$

上述结果中方位角 θ 是相对于阵列法线的角度，如果将方位角定位为水平掠射角，即与 x 正半轴夹角，则有

$$P(\cos\theta)=R(\cos\theta)*S(\cos\theta) \tag{3-156}$$

$\boldsymbol{R}(\sin\theta)$ 和 $\boldsymbol{R}(\cos\theta)$ 均表示按照正余弦分布的阵列自然指向性函数，只是角度定义不同，其具有空间移不变性，且波束形成的输出通过指向性函数和目标的分布函数卷积得到。

由上文可知，在正弦域或余弦域中，均匀线阵的点扩散函数是移不变的，因此 R-L 反卷积算法可以用于均匀线阵的求解。目前已有文献针对阵列指向性空间移变情况提出了修正处理算法，已取得良好效果。

2. 稀疏贝叶斯学习方位估计

稀疏贝叶斯学习（sparse Bayesian learning，SBL）算法是一种压缩感知稀疏重构方法。用于获取可以压缩信号的稀疏解，阵列信号处理中源的空间分布是具有稀疏性的，因此可以利用该方法进行源的空间分布求解，即可以获得空间谱进而用于目标的波达方位估计。根据奈奎斯特（Nyquist）定理，当采样率 f_s 大于信号中最高频率 f_{H} 的 2 倍时，采样后的数字信号完整保留了原始信号的信息，即

$$f_s \geqslant 2f_{\mathrm{H}} \tag{3-157}$$

所以传统的数据采样与传输带宽受 Nyquist 定理的限制，当原始信号带宽较大时对硬件的要求过高。且对于稀疏信号而言，其中存在大量非必要信号，使用传统数据传输技术会浪费大量传输资源。压缩感知技术可对信号同时进行压缩处理与采样，解决了上述传统采样的问题，大大节省了传输资源。图 3-36 对比了传统数据传输与压缩感知技术信号采样流程的区别。

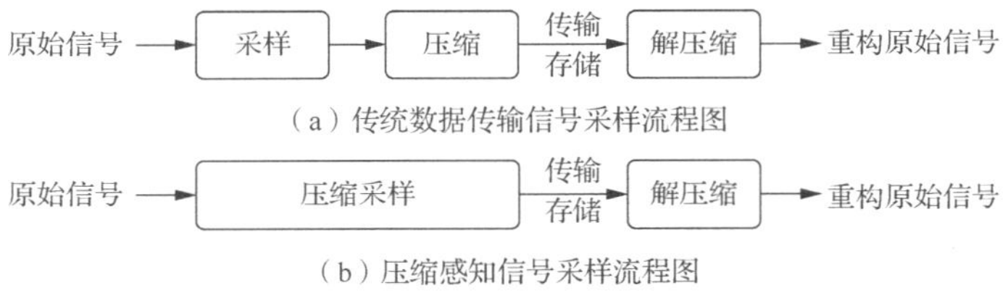

图 3-36　信号采样流程图

压缩感知包括三部分：可被稀疏表示的原始信号、观测向量、利用重构算法恢复得到的原始信号。信号压缩感知重构流程图如图 3-37 所示。

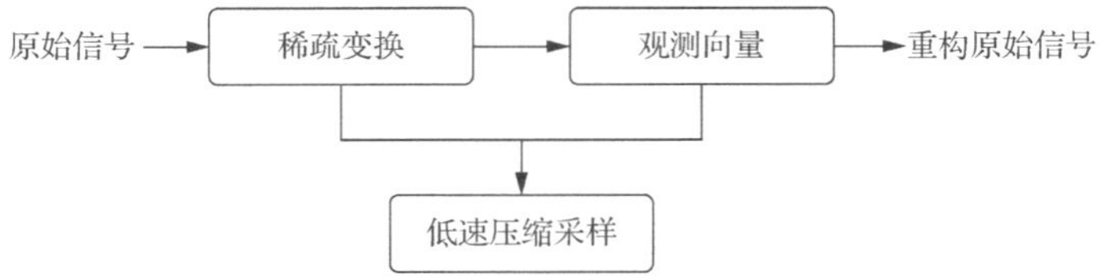

图 3-37　信号压缩感知重构流程图

假设 $\boldsymbol{x} \in \mathbb{C}^J$ 为 $J \times 1$ 的列向量，其中仅有 K 个元素不为 0，且 $K \ll J$，则 $\boldsymbol{x}$ 称为 K-稀疏的。若存在由基向量构成的 $J \times J$ 的稀疏矩阵 $\boldsymbol{\psi}$，则信号 $\boldsymbol{s}$ 可表示为

$$\boldsymbol{s} = \boldsymbol{\psi}\boldsymbol{x} \tag{3-158}$$

式中，$\boldsymbol{s}$ 即为可压缩信号。

压缩信号的压缩采样过程即利用 $M \times J$ 的矩阵 $\boldsymbol{\Phi} \in \mathbb{C}^{M \times J}$（其中 $M \ll J$），将信号 $\boldsymbol{s}$ 映射在低维空间得到观测向量 $\boldsymbol{y} \in \mathbb{C}^{M}$：

$$\boldsymbol{y} = \boldsymbol{\Phi s} \tag{3-159}$$

将式（3-158）代入式（3-159）可得

$$\boldsymbol{y} = \boldsymbol{\Phi s} = \boldsymbol{\Phi \Psi x} = \boldsymbol{Ax} \tag{3-160}$$

式中，$\boldsymbol{A}$ 即为观测矩阵。由于 $\boldsymbol{y}$ 经过传输后需要恢复为原始信号 $\boldsymbol{s}$，但是其维度要远远低于原始信号 $\boldsymbol{s}$，这使得式（3-160）欠定。对于此类问题可使用 L_0 范数来求解：

$$\hat{\boldsymbol{x}} = \arg\min_{\boldsymbol{x} \in \mathbb{C}^N} \|\boldsymbol{x}\|_0, \quad \text{s.t.}\ \boldsymbol{y} = \boldsymbol{Ax} \tag{3-161}$$

当观测矩阵满足限制等距性（restricted isometry propert，RIP）时，式（3-161）可等价替换为

$$\hat{\boldsymbol{x}} = \arg\min_{\boldsymbol{x} \in \mathbb{C}^N} \|\boldsymbol{x}\|_1, \quad \text{s.t.}\ \boldsymbol{y} = \boldsymbol{Ax} \tag{3-162}$$

上式即为凸优化问题，可利用内点法或线性规划方法求解。虽然此类方法得到的重构信号的精度高，但 L_p 范数的求解对初始值的准确性依赖性强。在阵列信号处理中，信号噪声功率估计值为信号重构所需初始值之一。如果此值的准确性难以保证就会影响重构信号的性能，且此算法运算量大。所以研究人员将 SBL 算法应用于压缩感知问题中，此算法可将待估计参数（超参数）的先验概率通过贝叶斯公式转换为后验概率，并根据在迭代过程中超参数的后验概率与先验概率信息，观察迭代前后的超参数估计值的差异，对超参数不断进行“学习”更新。当满足迭代收敛条件时，停止迭代，得到超参数估计值。由于此算法综合了概率信息，避免了初始值准确性带来的影响。

已知窄带远场信号的时域快拍数学模型为

$$\boldsymbol{X}(n) = \boldsymbol{AS}(n) + \boldsymbol{N}(n) \tag{3-163}$$

目标个数远小于扫描角度的个数，假设扫描角度为 $(\theta_1,\phi_1),(\theta_2,\phi_2),\cdots,(\theta_J,\phi_J)$，由于目标是稀疏分布的，$\boldsymbol{s} \in \mathbb{C}^J$ 对应于第 K 个扫描方向的位置处的非零项，即目标源幅值。由于 $K \ll J$，所以可以将目标方位估计看为一个稀疏问题，则式（3-162）为一个不确定系统，可使用压缩感知方法求解。下面是 SBL 方位估计算法推导过程。在方位估计处理中会使用多个快拍进行计算，将上式简写为

$$\boldsymbol{X} = \boldsymbol{AS} + \boldsymbol{N} \tag{3-164}$$

式中，$\boldsymbol{A} = \left[\boldsymbol{a}(\Omega_1), \boldsymbol{a}(\Omega_2), \cdots, \boldsymbol{a}(\Omega_J)\right]$ 为目标导向矢量字典，仅考虑一维模型情况，$\boldsymbol{\Omega} = \boldsymbol{\Theta}$；噪声为 $\boldsymbol{N} = [n_1, \cdots, n_L]$，是均值为 0、方差为 σ^2 的复高斯分布，可表示为 $n_l \sim \mathcal{CN}(n_l; 0, \sigma^2 I)$。如果在所取快拍的时间范围内目标源的方位是固定的，那么 $\boldsymbol{S}$ 中的每个快拍都具有相同的稀疏性。假设观测值的每个快拍之间是独立的，则多快拍似然函数可以列为

$$p(\boldsymbol{X} | \boldsymbol{S}) = \prod_{l=1}^{L} p(x_l | s_l) = \prod_{l=1}^{L} \mathcal{CN}(x_l; \boldsymbol{A}s_l, \sigma^2 \boldsymbol{I}) \tag{3-165}$$

在 SBL 中，目标源的振幅可以看作具有对角协方差 $\boldsymbol{\Gamma}=\mathrm{diag}(\gamma_1,\cdots,\gamma_M)=\mathrm{diag}(\gamma)$ 的零均值复高斯随机向量，则按照优先级分配，信号 $\boldsymbol{S}$ 的概率密度函数 $p(\boldsymbol{S})$ 可以写为

$$p(\boldsymbol{S})=\prod_{l=1}^{L}p(x_l)=\prod_{l=1}^{L}\mathcal{CN}(x_l;0,\boldsymbol{\Gamma}) \tag{3-166}$$

根据高斯先验公式（3-165）和式（3-166）的概率关系，可得 $p(\boldsymbol{X})$ 也是复高斯分布的，可以表示为下式：

$$p(\boldsymbol{X})=\int p(\boldsymbol{S})p(\boldsymbol{X}|\boldsymbol{S})\mathrm{d}\boldsymbol{S}=\prod_{l=1}^{L}\mathcal{CN}(x_l;0,\boldsymbol{\Sigma}_x) \tag{3-167}$$

式中，$\boldsymbol{\Sigma}_x=\sigma^2\boldsymbol{I}+\boldsymbol{A}\boldsymbol{\Gamma}\boldsymbol{A}^{\mathrm{H}}$。SBL 是通过对数 $\log p(\boldsymbol{X})$ 最大化来估计 $\boldsymbol{\Gamma}$ 的对角线项，即

$$(\hat{\gamma}_1,\cdots,\hat{\gamma}_M)=\arg\max_{\gamma}\left[-\sum_{l=1}^{L}\left(x_l^{\mathrm{H}}\boldsymbol{\Sigma}_x^{-1}x_l+\log|\boldsymbol{\Sigma}_x|\right)\right] \tag{3-168}$$

对角线协方差的估计值超参数 $\hat{\gamma}=(\hat{\gamma}_1,\cdots,\hat{\gamma}_M)$ 即为方位估计结果，这里给出了 $\hat{\gamma}_m$ 的迭代规则：

$$\hat{\gamma}_m^{\mathrm{new}}=\hat{\gamma}_m^{\mathrm{old}}\frac{\mathrm{Tr}\left(\boldsymbol{S}_x\boldsymbol{\Sigma}_x^{-1}\boldsymbol{a}_m\boldsymbol{a}_m^{\mathrm{H}}\boldsymbol{\Sigma}_x^{-1}\right)}{\boldsymbol{a}_m^{\mathrm{H}}\boldsymbol{\Sigma}_x^{-1}\boldsymbol{a}_m} \tag{3-169}$$

式中，$\boldsymbol{S}_x=\frac{1}{L}\boldsymbol{X}\boldsymbol{X}^{\mathrm{H}}$ 是观测样本的协方差矩阵，L 为快拍数。

噪声方差的估计值超参数 $\hat{\sigma}^2$ 对于 SBL 算法也十分重要，此估计值决定了方位谱的主瓣的尖锐程度。在 SBL 中往往采用基于随机极大似然的渐近有效估计方法估计 $\hat{\sigma}^2$，即计算对应 γ_m 峰值 γ_{mp} 的导向矢量矩阵和协方差矩阵，令观测向量的对数概率值达到最大。其中，对应 γ_{mp} 的观测信号的协方差矩阵 $\boldsymbol{\Sigma}_{xp}$ 可以表示为

$$\boldsymbol{\Sigma}_{xp}=\sigma^2\boldsymbol{I}+\boldsymbol{A}_{xp}\boldsymbol{\Gamma}_{xp}\boldsymbol{A}_{xp}^{\mathrm{H}} \tag{3-170}$$

式中，$\boldsymbol{\Gamma}_{xp}$ 为 γ_m 峰值 γ_{mp} 生成的对角线矩阵，即 $\boldsymbol{\Gamma}_{xp}=\mathrm{diag}(\gamma_{mp})$；$\boldsymbol{A}_{xp}$ 为 γ_{mp} 对应角度的导向矢量组成的矩阵，即 $\boldsymbol{A}_{xp}=[\boldsymbol{a}_{xp}]$。最优解需满足下述公式：

$$\boldsymbol{A}_{xp}^{\mathrm{H}}(\boldsymbol{S}_x-\boldsymbol{\Sigma}_{xp})\boldsymbol{A}_{xp}=0 \tag{3-171}$$

将式（3-171）代入式（3-170）可得

$$\boldsymbol{A}_{xp}^{\mathrm{H}}(\boldsymbol{S}_x-\boldsymbol{\Sigma}_{xp})\boldsymbol{A}_{xp}=\boldsymbol{A}_{xp}^{\mathrm{H}}\boldsymbol{A}_{xp}\boldsymbol{\Gamma}_{xp}\boldsymbol{A}_{xp}^{\mathrm{H}}\boldsymbol{A}_{xp} \tag{3-172}$$

上式分别在左右两侧乘 $\boldsymbol{A}_{xp}^{+}$，$\boldsymbol{A}_{xp}^{+}$ 为 $\boldsymbol{A}_{xp}$ 的伪逆矩阵，再分别对等式的左右两侧减去 S_x 可以得到噪声功率估计值的迭代公式：

$$\hat{\sigma}^2=\frac{\mathrm{Tr}\left[(\boldsymbol{I}-\boldsymbol{A}_{xp}^{+}\boldsymbol{A}_{xp})\boldsymbol{S}_x\right]}{J-K} \tag{3-173}$$

需要注意的是，此式只适用于 $K\ll J$ 的情况，而且仅适用于快拍数较大的情况。当快拍

数过少时，$\hat{\sigma}^2$ 值会低于实际值。

当迭代次数 n_t 足够大或者当误差 ε_t 足够小的时候停止迭代，输出结果 γ，其中误差 ε_t 的公式为

$$\varepsilon_t = \frac{\left\| \gamma_m^{\text{new}} - \gamma_m^{\text{old}} \right\|_1}{\left\| \gamma_m^{\text{old}} \right\|_1} \tag{3-174}$$

基于上述推导，算法 3-1 给出了 SBL 方位估计算法的伪代码。

算法 3-1　SBL 方位估计算法伪代码

已知参数	输入参数：$\boldsymbol{X}$，$\boldsymbol{A}$ 循环参数：$\varepsilon = 10^{-3}$，$N_t = 500$ 初始参数：$\sigma^2 = 0.1$，$n_t = 0$，$\varepsilon_t = 1$，$\gamma_{\text{new}} = \text{ones}(1, J)$
算法循环	1. 当迭代参数 $n_t > N_t$ 或 $\varepsilon_t < \varepsilon$，停止循环 2. 更新循环量，$n_t = n_t + 1$，$\gamma = \gamma_{\text{new}}$，$\boldsymbol{\Gamma} = \text{diag}(\gamma)$ 3. 计算 $\boldsymbol{\Sigma}_x$，如式 $\boldsymbol{\Sigma}_x = \sigma^2 \boldsymbol{I} + \boldsymbol{A\Gamma A}^{\text{H}}$ 4. 更新超参数 $\hat{\gamma}_{\text{new}}$，$\hat{\gamma}_j^{\text{new}} = \hat{\gamma}_j^{\text{old}} \dfrac{\text{Tr}\left[\boldsymbol{S}_x \boldsymbol{\Sigma}_x^{-1} \boldsymbol{a}_m \boldsymbol{a}_m^{\text{H}} \boldsymbol{\Sigma}_x^{-1}\right]}{\boldsymbol{a}_m^{\text{H}} \boldsymbol{\Sigma}_x^{-1} \boldsymbol{a}_m}$ 5. 找到信号稀疏的有效集 $\kappa = \{k \in N \mid K \text{ lagest peaks in } \gamma_{\text{new}}\}$ 以及 $\boldsymbol{A}_{\text{xp}}$ 6. 估计超参数 $\hat{\sigma}^2 = \dfrac{\text{Tr}\left[(\boldsymbol{I} - \boldsymbol{A}_{\text{xp}}^{+} \boldsymbol{A}_{\text{xp}}) \boldsymbol{S}_x\right]}{J - K}$ 7. 计算误差 $\varepsilon_t = \dfrac{\left\| \gamma_m^{\text{new}} - \gamma_m^{\text{old}} \right\|_1}{\left\| \gamma_m^{\text{old}} \right\|_1}$ 8. 回到第一步判断循环是否结束
输出参数	$\hat{\gamma}_{\text{new}}$

宽带信号处理常对于信号的频域信息进行 SBL 方位估计处理。基于随机极大似然估计准则得到的噪声参数在快拍数较小时估计值会偏低，这样会影响最后 SBL 输出的旁瓣高度，影响 SBL 的高分辨性能，基于此，一种基于固定噪声功率估计的 SBL 方位估计（Ex_SBL）方法被提出。已知 CBF 的空间谱的计算公式为

$$P_c(\Omega) = E\left[|y(n, \Omega)|^2\right] = \boldsymbol{W}^{\text{H}}(\Omega) \hat{\boldsymbol{R}}_x \boldsymbol{W}(\Omega), \quad \Omega = \Theta \tag{3-175}$$

$P_c(\Omega)$ 的极大值即为实际的输入信噪比 SNR_{in}，即

$$P_{c\max} = \text{SNR}_{\text{in}} = \frac{\sigma_s^2}{\sigma_n^2} \tag{3-176}$$

式中，σ_s^2 为信号功率；σ_n^2 为噪声功率。然而在实际情况下，无法获取纯信号的信息，只能得到信号与噪声混合的功率值 σ_{s+n}^2。由于信号与噪声是相互独立的，所以有

$$\sigma_{s+n}^2 = \sigma_s^2 + \sigma_n^2 \tag{3-177}$$

将上式代入式（3-176），可以得到

$$P_{c\max} = \frac{\sigma_s^2}{\sigma_n^2} = \frac{\sigma_{s+n}^2 - \sigma_n^2}{\sigma_n^2} \tag{3-178}$$

可以得到噪声功率估计值为

$$\sigma_n^2 = \frac{\sigma_{s+n}^2}{P_{c\max} + 1} \tag{3-179}$$

利用这种方法不用对 σ_n^2 的估计进行迭代计算，从而减小了运算量。对于多目标情况，仅需将各个目标所在方位的峰值相加，即 $P_{c\max} = P_1 + P_2 + \cdots + P_Q$，再将 $P_{c\max}$ 代入式（3-179）进行计算。利用这种方法不仅不需要进行迭代，在固定迭代次数时减小了运算量，而且可以实时准确估计 σ_n^2。伪代码如算法 3-2 所示。

算法 3-2　基于固定噪声功率估计的 SBL 方位估计算法伪代码

已知参数	输入参数：$\boldsymbol{X}$，$\boldsymbol{A}$，σ^2 循环参数：$\varepsilon = 10^{-3}$，$N_t = 500$ 初始参数：$\sigma^2 = 0.1$，$n_t = 0$，$\varepsilon_t = 1$，$\gamma_{\text{new}} = \text{ones}(1, J)$
算法循环	1. 当迭代参数 $n_t > N_t$ 或 $\varepsilon_t < \varepsilon$，停止循环 2. 更新循环量，$n_t = n_t + 1$，$\gamma = \gamma_{\text{new}}$，$\boldsymbol{\Gamma} = \text{diag}(\gamma)$ 3. 计算 $\boldsymbol{\Sigma}_x$，如式 $\boldsymbol{\Sigma}_x = \sigma^2 \boldsymbol{I} + \boldsymbol{A\Gamma A}^{\text{H}}$ 4. 更新超参数 $\hat{\gamma}_{\text{new}}$，$\hat{\gamma}_j^{\text{new}} = \hat{\gamma}_j^{\text{old}} \dfrac{\text{Tr}\left[\boldsymbol{S}_x \boldsymbol{\Sigma}_x^{-1} \boldsymbol{a}_m \boldsymbol{a}_m^{\text{H}} \boldsymbol{\Sigma}_x^{-1}\right]}{\boldsymbol{a}_m^{\text{H}} \boldsymbol{\Sigma}_x^{-1} \boldsymbol{a}_m}$ 5. 计算误差 $\varepsilon_t = \dfrac{\left\Vert \gamma_m^{\text{new}} - \gamma_m^{\text{old}} \right\Vert_1}{\left\Vert \gamma_m^{\text{old}} \right\Vert_1}$ 6. 回到第一步判断循环是否结束
输出参数	$\hat{\gamma}_{\text{new}}$

3.6.5　波达方位估计方法的性能对比

例 3-7　不同波达方位估计方法仿真对比示例。仿真条件：25 阵元的均匀线阵，假设在远距离处有一静止目标，目标位于 0° 处，发出连续规律的窄带正弦信号，信号频率为 1000Hz，带内信噪比为 10dB，信号长度为 10s，时域处理取时域快拍数 30000，为保证归一化幅度正确计算，对每种方位估计的输出加上同一个小值 10^{-4}。两种 SBL 算法的收敛门限设为误差 0.001 或最大迭代次数 500 次。R-L 反卷积的收敛门限设为误差 0.001 或最大迭代次数 150 次。在此条件下分别使用 CBF、MVDR、MUSIC、R-L 反卷积、SBL 及 Ex_SBL 等算法进行分析，图 3-38 为窄带单目标的时域处理结果。

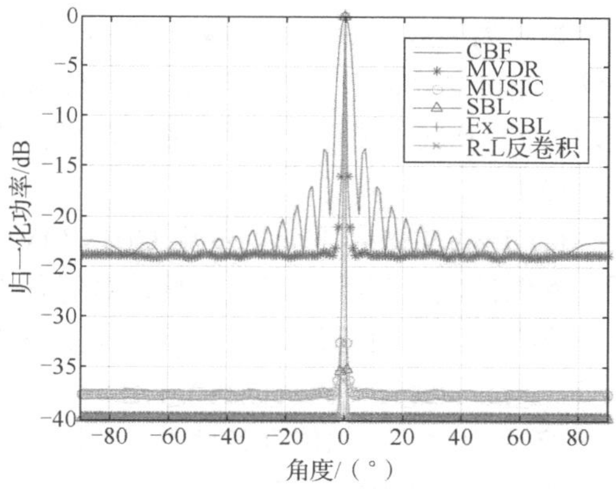

（a）单目标空间谱图

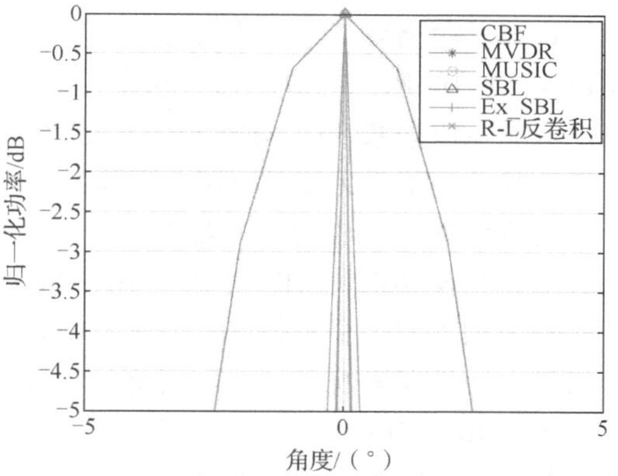

（b）单目标空间谱局部放大图

图 3-38　不同方位估计算法窄带单目标时域处理结果（扫封底二维码可见彩图）

从图 3-38 中可以看到，除 CBF 外其他算法都对远场窄带单目标具有高分辨力，其中两种 SBL 算法与 R-L 反卷积算法在窄带信号处理中性能基本一致，而此三者比 MVDR、MUSIC 主瓣更窄，旁瓣级更低。

接下来对窄带相干双目标源的线阵方位估计进行仿真。仿真条件：假设在远距离处有两个静止的相干目标源，目标分别位于–5°处与 5°处，发出连续规律的窄带正弦信号，信号频率均为 1000Hz，带内信噪比均为 10dB，信号长度为 10s，其他条件与窄带单目标仿真条件相同。在此条件下分别使用 CBF、MVDR、MUSIC、R-L 反卷积、SBL 及 Ex_SBL 进行分析，图 3-39 为窄带相干双目标时域的处理结果。从图 3-39 中可以看出，传统的 MVDR 与 MUSIC 均不能有效处理相干目标源，需要进行算法改进，这里不再讨论。CBF、两种 SBL 算法与 R-L 反卷积算法均能处理相干目标源，且两种 SBL 算法与 R-L 反卷积算法仍具有高分辨性能。

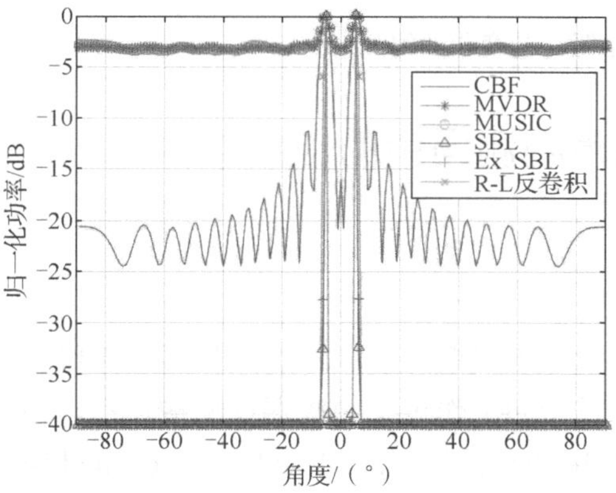

（a）单目标空间谱图

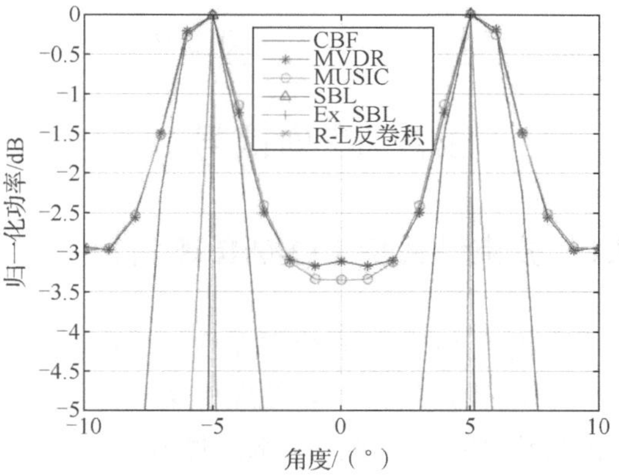

（b）单目标空间谱局部放大图

图 3-39　不同方位估计算法窄带相干双目标时域处理结果（扫封底二维码可见彩图）

假设在远距离处有一静止目标位于 0°处，发出频率为 500～1000Hz 的辐射噪声，变化信噪比范围在[−10dB, −30dB]，信号长度为 10s，频域处理将信号截取为 0.5s 一段进行频域快拍计算，取频域快拍数 39。两种 SBL 的收敛门限设为误差 0.001 或最大迭代次数 500 次。R-L 反卷积的收敛门限设为误差 0.001 或最大迭代次数 150 次。

不同方位估计算法的主旁瓣比性能分析如下。在上述实验条件下分别使用 CBF、MVDR、MUSIC、R-L 反卷积、SBL 及 Ex_SBL 进行分析，为保证归一化幅度正确计算，对每种方位估计的输出加上同一个小值10^{-4}。本节中讨论的旁瓣级为主瓣附近最高的旁瓣级与主瓣相差的分贝值，此性能影响算法对弱目标的检验。

从图 3-40 可以看到，主旁瓣比随着信噪比的升高而增大。在此仿真条件下，对比不同方位估计算法，CBF 受到分辨力限制，不具有高分辨性能，其旁瓣级最高，在 10dB 时达到稳定。MVDR、MUSIC 与 SBL 的主旁瓣比变化趋势基本一致，R-L 反卷积、Ex_SBL 二者旁瓣级随信噪比的增大迅速降低，对比 CBF 均具有高分辨性能。

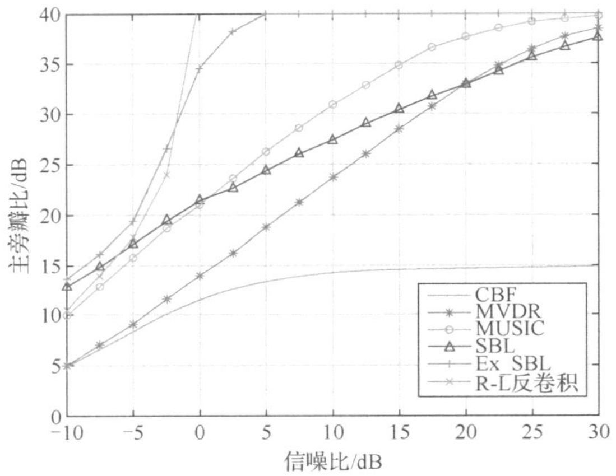

图 3-40　主旁瓣比随信噪比的变化曲线

3.7　阵列信号处理在被动声呐测向中的应用实例

3.7.1　波束域目标 LOFAR 谱特征提取

船舶辐射噪声由连续谱和线谱构成。船舶辐射噪声线谱声源有：船舶机械噪声线谱、船舶结构振动噪声线谱、船舶螺旋桨噪声线谱，以及船舶工作过程中周期性机械运动、往复运动、齿轮运作产生的线谱。水声信号处理中通常使用低频分析记录（low frequency analysis and recording, LOFAR）谱、噪声包络调制检测（detection of envelope modulation on noise, DEMON）谱分析船舶辐射噪声。LOFAR 谱分析是被动声呐信号处理方法中近几年来常用的方法之一。目前 LOFAR 谱分析方法的研究已经应用于船舶噪声特性分析、被动声呐信号自动识别、图像处理等领域。辐射噪声的线谱是变化的，很多线谱与工况有很大关系，其中结构振动线谱具有一定的稳定性，舰船目标常常具有非常典型的低频强线谱特征，可以利用其进行目标识别。连续谱随着目标到接收距离的变化在声场的作用下会产生明显的干涉现象，可以利用 LOFAR 谱中的干涉谱特征获得运动目标的通过时间、航向等运动参数。得到 LOFAR 谱图的具体步骤如下。

（1）将采样得到的长度为 L 的信号数据 $s(n)$ 分成 M 段，每段的长度为 K，可以根据需要的时间分辨率选择数据滑窗，截取间隔与重叠率，故而有 $L \leqslant KM$。

（2）利用维纳-欣钦定理对每段数据采取自相关法求取功率谱，也可以直接进行短时傅里叶变换，再通过频率分辨率加窗平均实现直接法求功率谱。

（3）将 K 段数据的功率谱按时间拼接，可得到 LOFAR 谱图。

直接对单水听器接收数据做 LOFAR 谱分析来获取低信噪比目标的谱特征往往是比较困难的，一是没有空间处理增益，信噪比低，效果差，二是无法区分多目标。经过波束形成预处理，得到期望方向上的波束形成输出，可以获得阵列的空间增益，抑制非观测方位的其他干扰和噪声。利用波束输出的波束域数据进行 LOFAR 谱分析会明显改善频谱特征显示效果，可以区分多目标特征。

例 3-8　CBF 和 BNF 波束域目标 LOFAR 谱特征提取对比实验。利用一组 64 元等间距线阵数据对基于 CBF 和 BNF 的目标波束域特征提取效果进行对比分析来说明波束形成在波束域目标特征提取中的作用。首先利用两种加权方法获得方位历程。由图 3-41 可见，在 160°（定义为目标 1）附近和 60°～80°（定义为目标 2）附近存在两个较为明显的目标，右侧目标较强，利用 BNF 对强目标方向进行抑制，可以发现在图 3-41（b）中强目标附近明显还存在一个运动的弱目标，该组对比图说明 BNF 在强干扰方面具有良好的性能，同时对强目标 1 进行抑制后再对目标 2 进行波束域 LOFAR 谱分析也会改善频谱特征显示效果。

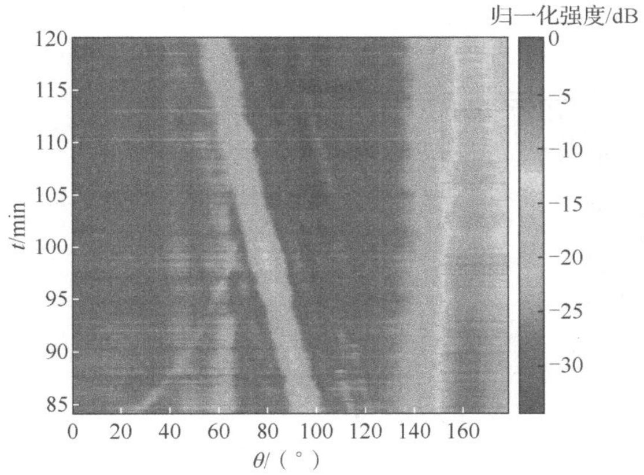

（a）CBF方位历程图

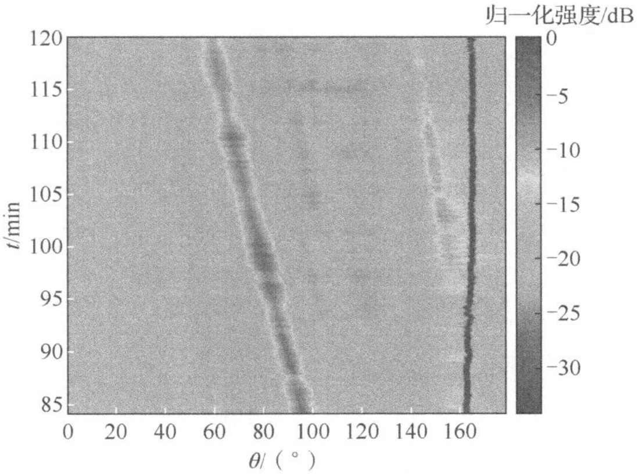

（b）BNF方位历程图

图 3-41　CBF 和 BNF 方位历程图

如图 3-42 所示，分别利用 CBF 和 BNF 的跟踪波束对目标 1 和目标 2 的波束域 LOFAR 谱进行提取，由图可见，基于波束域 LOFAR 谱分析的方法得到的 LOFAR 谱明显不同，通过波束形成处理在空间上的多目标区分和干扰抑制能力获取两个目标各自的谱特征。

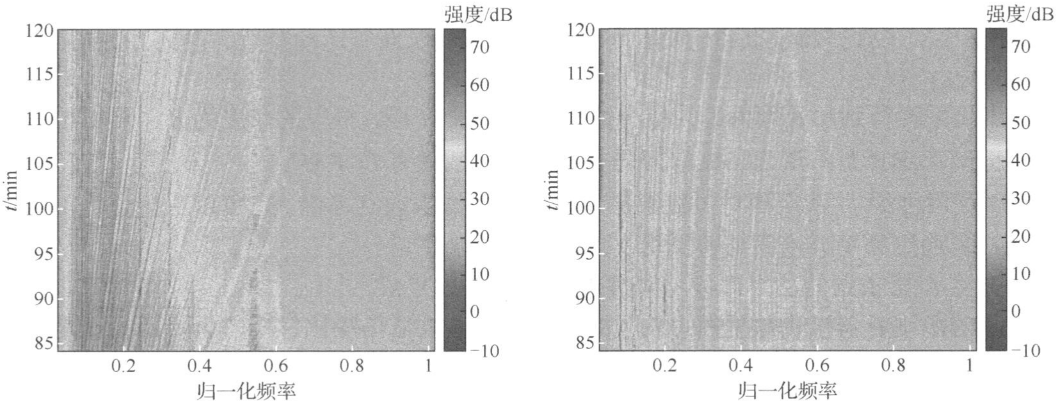

（a）目标1的CBF波束域LOFAR谱历程　　（b）目标2的BNF波束域LOFAR谱历程

图 3-42　波束域 LOFAR 谱历程图

LOFAR 谱分析的目的之一是后续目标特征提取，图 3-43 是对 LOFAR 谱历程叠加处理以获得谱特征的处理结果。图 3-43 中蓝色曲线是目标 1 的 CBF 波束域谱特征提取结果，在归一化频率 0.55 附近该目标有明显强窄带谱特征。绿色曲线是目标 2 的 CBF 波束域谱特征提取结果，可以发现其连续谱趋势和线谱特征都与目标 1 有所不同，在一定程度上实现了对两个目标谱特征的分离，但是在 0.55 附近明显存在目标 1 的谱特征残留，是虚假特征。红色曲线是基于 BNF 得到的目标 2 波束域谱特征提取结果。由图可见红色曲线很好地去除了在 0.55 处的目标 1 特征残留，同时很好地保留了其他特征谱线，获得了更为纯净的目标 2 谱特征。

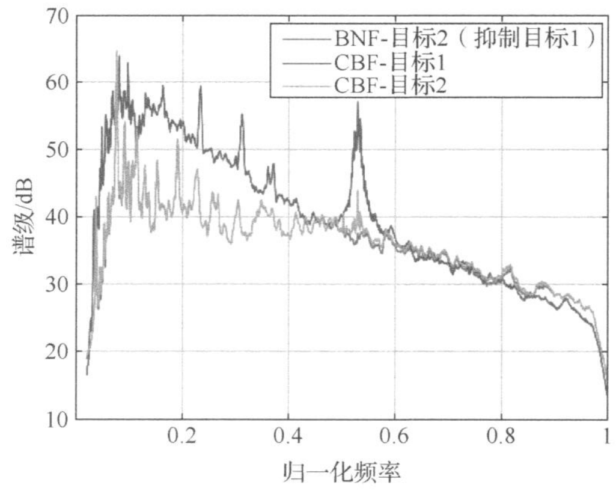

图 3-43　波束形成谱特征提取结果对比（扫封底二维码可见彩图）

3.7.2　舷侧阵声呐预成多波束互相关处理

互相关法时延估计是二元系统方位估计的经典算法，由于其能够获得时间带宽积处理增益而被广泛应用，但单纯的时间带宽处理增益仍不能满足对弱目标的探测和方位估计需求。

基于分裂子阵系统，通过预成多波束互相关的空时联合处理是实现对弱目标探测的有效技术手段。

如图 3-44 所示，两个子阵为水平线阵，两个子阵之间的间距为 D，每个子阵有 N 个阵元，子阵阵元间距为 d。针对中高频宽带连续谱信号，采用两级处理的方式，获得时空处理增益。采用子阵预成多波束来获得空间处理增益，采用两个子阵对应波束互相关来获得时间处理增益。

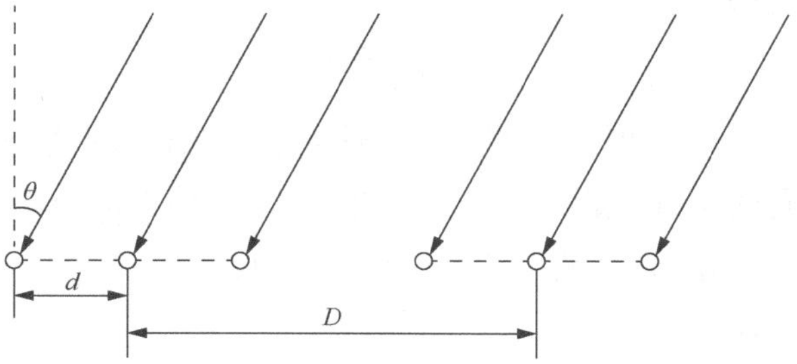

图 3-44　双子阵水平线阵

多波束互相关时延角度估计流程如图 3-45 所示。

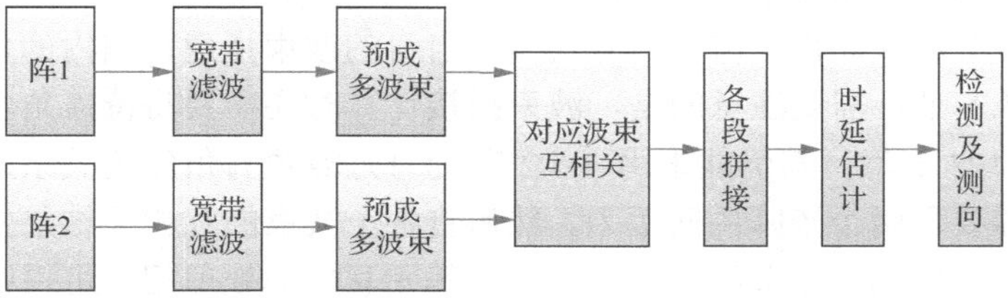

图 3-45　多波束互相关时延角度估计流程图

预成多波束在 3.5 节已有说明，利用时延波束形成方法，通过在各个子阵相邻阵元中插入不同的时延量，获得指向多个不同角度的多波束域输出信号，将两个子阵各自对应角度预成的波束做互相关处理，每个波束覆盖角度按照 3.5.2 节的波束搭接关系进行计算，然后将所有波束的互相关结果按照角度进行拼接则可得到多波束互相关结果。预成多波束方法的具体过程参见 3.5 节，下面介绍子阵的互相关处理。互相关法的使用基于信号与噪声相关性的差异性来获得时间处理增益。假设存在两组空间独立的接收器，接收来自远场的同一辐射源信号，因为角度不同，存在一定的时延，同时环境中存在各向同性噪声，则两组接收器接收信号分别为

$$\begin{cases} x_1(t) = s(t) + n_1(t) \\ x_2(t) = s(t-\tau_0) + n_2(t) \end{cases} \tag{3-180}$$

式中，$x_1(t)$ 与 $x_2(t)$ 分别为两组水听器接收信号；τ_0 为因角度差产生的时延；$n_1(t)$ 和 $n_2(t)$ 为两组噪声，互不相关，且与 $s(t)$ 均为平稳随机过程。

互相关算法通过互相关运算对时延差 τ 进行估计，具体方法是对两组水听器接收到的信

号 $x_1(t)$ 与 $x_2(t)$ 进行互相关：

$$R_{12}(\tau)=E[x_1(t)x_2(t+\tau)] \tag{3-181}$$

式中，E 为期望。设积分时间为 T，则互相关函数表示为

$$R_{12}(\tau)=\frac{1}{T}\int_0^T x_1(t)x_2(t+\tau)\mathrm{d}t \tag{3-182}$$

对于任意自相关函数 $R_{ss}(\cdot)$，满足

$$|R_{ss}(\tau)|\leqslant|R_{ss}(0)| \tag{3-183}$$

由相关函数特性可知，当 $\tau=\tau_0$ 时，两信号相关性最强，互相关系数最大，此时信号 $x_1(t)$ 与 $x_2(t)$ 相似性最大。故通过互相关函数最大值得到时延 τ_0，使 $R_{12}(\tau_0)=\max[R_{12}(\tau)]$，则此时延为两组信号时延估计值。此方法即为互相关时延估计算法。

当采用数字处理方法时，式（3-182）可表示为

$$R_{12}(n)=\sum_{m=0}^{M-1}x_1(m)x_2(m+n) \tag{3-184}$$

通过计算观察，找到上式取得最大值的时延点即可获得目标方位。预成多波束互相关首先按照波束搭接关系预成指向多个角度的波束，以获得空间处理增益，然后，将两个子阵对应波束的信号两两互相关，每个波束信号仅覆盖自身的波束搭建范围内的角度，波束搭建范围计算方法见 3.5.2 节，需要注意的是，波束搭接计算时还需要将覆盖角度转换为互相关时延点数，即上式中的 n 值，其仍能采用 3.5.2 节的时延点数与角度的关系进行计算，不同的是这里的阵间距需要取两个子阵的间距 D。然后将各个波束的互相关结果按照覆盖角度进行拼接处理则可获得完整的互相关结果，与两个单基元互相关处理相比可以明显获得空间处理增益，改善探测性能。

图 3-46 是一组两个 11 元子阵预成多波束互相关和两个单基元直接互相关的归一化相关系数谱级对比结果，频段为 2～4kHz，预成波束数为 17 个。

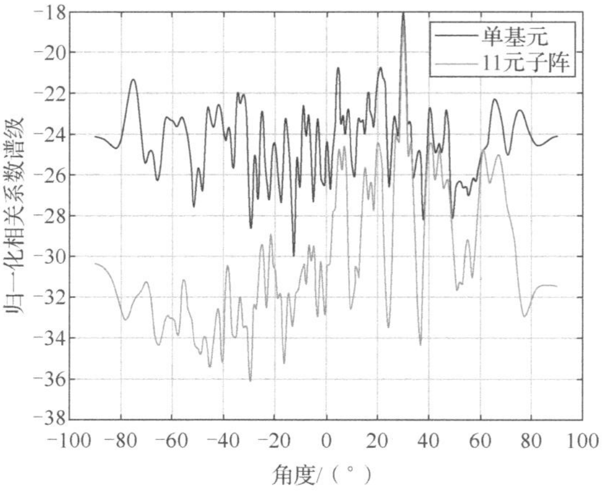

图 3-46　预成多波束进行方位估计的拼接结果

由图 3-46 可见，11 元子阵曲线由于充分利用了空间波束处理增益，与单基元互相关处理结果相比背景明显更低，更有利于对弱目标的检测。

3.8 本 章 小 结

本章主要介绍了信号空域处理的基本概念、原理和处理方法。从波束形成和波达方位估计两个角度整理了阵处理的相关基础知识。波束形成和波达方位估计是阵处理中两个重要研究方向，二者既有关联又有差异，初学者容易将二者混淆。本章从基本理论讲起，力求明晰二者的关系和差异。

阵列的波束形成的主要目的是获得对指向方位目标信号的空间处理增益，抑制其他方向的噪声和干扰，尽可能得到完整无干扰的期望信号。波束形成也是一种让主波束所指向方位的信号通过，其他方向的干扰和噪声截止的空间处理方法，可以视为空间上的滤波器，与时频域滤波处理类似，可以通过不同的加权方式获得不同的空间滤波效果。波束形成权的形式多种多样，幅度权可以用于调整阵列的指向性特性，获得相应的主瓣宽度和旁瓣级，即控制空间滤波器的滤波特性，而相位或时延的调整则可改变阵列主波束的方向，二者可以联合使用。此外，也可以根据具体的使用条件设计不同准则，求解在相应准则下的最优权值。本章介绍了典型的幅度加权方法、时延和相移波束形成技术、常用准则下的最优权，给出了波束形成主瓣、栅瓣、旁瓣、中心非模糊扇面、预成多波束等涉及波束形成的基本概念定义，旨在辅助初学者建立波束形成概念体系，掌握基本方法。

波达方位估计是阵列信号处理的重要目的之一。前文所述的波束形成主要是为了提取某个期望方向上的信号，获得空间处理增益。波达方位估计则是利用波束形成扫描或空间谱估计技术获得源的空间分布特性，从而实现对多个目标的方位估计。波达方位既可以通过各种波束形成权扫描的方式获得，经典的方法如 CBF、MVDR 等，也可以通过 MUSIC、ESPRIT 等本身不需要权值的直接空间谱获取方法获得。近年来还涌现出如反卷积处理、SBL 等新型稳健高分辨处理方法。本章介绍了空间谱的概念、波束图与空间谱的差异、经典波达方位估计方法，以及作者团队近年来在稳健高分辨处理方面研究的若干处理方法，旨在帮助学生建立波达方位估计基本概念，掌握波达方位处理方法。

习　　题

1. 简述波束形成的定义。

2. 推导下列条件下 8 元等间距线阵的自然指向性函数，各阵元间距为半波长。

（1）假设各个阵元灵敏度相同。

（2）假设各个阵元灵敏度分别是−200dB、−190dB、−188dB、−188dB、−188dB、−188dB、−190dB、−200dB。（提示：20lg3=10dB，20lg4=12dB）

（3）仿真绘制出（1）、（2）对应的指向性图，分析并比较性能。

3. 简述时延和相移波束形成原理。仿真以下内容。

（1）假设采样率为 100kHz，信号频率为 3kHz，分别利用时延和相移波束形成方法绘制指向 0°方向的 10 元等间距半波线阵波束图，对比二者差异。

（2）如果信号是带宽 2～4kHz 的宽带信号，其他参数同上，绘制时延和相移（利用中心频率绘制）波束形成结果。

4. 仿真计算 4 元、8 元、16 元等间距半波线阵波束图，观察分析阵元数对波束图主瓣宽度、旁瓣级和零点位置有哪些影响。

5. 仿真计算 12 元等间距线阵波束图，阵元间距分别为 0.5 倍、1 倍、2 倍、4 倍波长，观察分析阵元间距对波束图主瓣宽度、栅瓣位置、旁瓣级和零点位置有哪些影响。

6. 一个阵元间距为 2.5 倍波长的 N 元等间距线阵，试求出其自然指向性在[−90°,90°]范围内栅瓣、旁瓣及零点的位置。

7. 简述波束图与方位谱图的定义，试描述二者的区别和联系。

8. 描述 MVDR 波束形成器的设计原理，假设入射信号方向为 30°（与 x 正半轴夹角），干扰方向为 100°，仿真得到 16 元半波间距线阵的 MVDR 波束形成器波束图和空间谱，分析导致 MVDR 波束形成器性能下降的可能因素。

9. 假设入射信号方向为 30°（与 x 正半轴夹角），干扰方向为 100°，仿真得到波束指向 30°目标方向的 CBF、MVDR、BNF 波束图，并进行对比分析。

10. 现有 11 元等间距半波阵，问：

（1）该阵可以预成的独立波束数是多少？

（2）假设阵元间距 0.05m，采用数字处理的方式，采样率为 200kHz，声源与线阵法线夹角为 30°，试求将主波束对准声源时相邻阵元间需要插入的时延差和相移值，计算相邻阵元需要插入的时延点数。

（3）利用上述条件在相邻阵元插入整数时延进行波束预成，可以预成多少个波束？波束搭接处增益下降多少？

11. 分析比较 MUSIC、ESPRIT、MVDR 三种空间谱估计方法各自的优缺点，相比于 CBF 方位估计方法它们有哪些优势和问题。

12. 分析可能影响波束域 LOFAR 谱性能的因素，并比较不同波束形成方法对波束域 LOFAR 谱分析性能的影响。

参 考 文 献

程玉胜, 李智忠, 邱家兴, 等, 2018.水声目标识别[M]. 北京：科学出版社.

崔文婷, 2023. 三维运动平台搭载阵列的高分辨方位估计算法研究[D]. 哈尔滨：哈尔滨工程大学.

何心怡，蒋兴舟，李启虎，2004. 基于子带分解的宽带波束域最小方差无畸变响应高分辨方位估计方法研究[J]. 声学学报, 29(6):533- 538.

胡谨贤, 张英波, 2012. 频域宽带波束形成器优化设计[J]. 现代电子技术, 35(15):15-18.

李思纯, 2008. 基于矢量水听器的目标特征提取与识别技术研究[D]. 哈尔滨：哈尔滨工程大学.

马超, 2021. 空域移变反卷积波束形成方法研究[D]. 哈尔滨：哈尔滨工程大学.

孙大军，马超，梅继丹，等, 2019. 基于非负最小二乘的矢量阵反卷积波束形成方法[J]. 哈尔滨工程大学学报, 40(7): 1217-1223.

孙英棣, 2018. 基于三元阵的被动测向方法研究[D]. 哈尔滨：哈尔滨工程大学.

田坦, 2010. 声呐技术[M]. 2 版. 哈尔滨：哈尔滨工程大学出版社.

田野, 2017. 宽带波束形成方法及优化研究[D]. 哈尔滨：哈尔滨工程大学.

王永良，陈辉，彭应宁，等, 2004. 空间谱估计理论与算法[M]. 北京：清华大学出版社.

魏秋雨, 2020. 两种类型线阵在声场环境下的探测和测向性能仿真研究[D]. 哈尔滨: 哈尔滨工程大学.

徐海东, 2004. 基于声矢量阵的高分辨方位估计技术研究[D]. 哈尔滨: 哈尔滨工程大学.

鄢社锋, 2018. 优化阵列信号处理(上册): 波束优化理论与方法[M]. 北京: 科学出版社.

杨益新, 孙超, 2001. 任意结构阵列宽带恒定束宽波束形成新方法[J]. 声学学报, 26(1): 55-58.

张小飞, 李建峰, 徐大专, 等, 2020. 阵列信号处理及 MATLAB 实现[M]. 北京: 电子工业出版社.

Dolph C L, 1946. A current distribution for broadside array which optimizes the relationship between beam width and side-lobe level[J]. Proceedings of the IRE, 34(6): 335-348.

Ehrenfried K, Koop L, 2007. Comparison of iterative deconvolution algorithms for the mapping of acoustic sources[J]. AIAA Journal, 45(7): 1584-1595.

Godara L C, 1995. Application of the fast Fourier-transform to broad-band beamforming[J]. The Journal of the Acoustical Society of America, 98(1): 230-240.

Kim B C, Lu I T, 2000. High resolution broadband beamforming based on the MVDR method [C]. Oceans Conference Record (IEEE): 1673-1676.

King W F, Bechert D, 1979. On the sources of wayside noise generated by high-speed trains[J]. Journal of Sound and Vibration, 66(3): 311-332.

Li J, Stoica P, Wang Z,2004. Doubly constrained robust Capon beamformer[J]. IEEE Transactions on Signal Processing, 52(9): 2407-2423.

Richardson W H , 1972. Bayesian-based iterative method of image restoration[J]. Journal of the Optical Society of America, 62(1): 55-59.

Roy R, Kailath T, 1989. ESPRIT-Estimation of signal parameters via rotational invariance techniques[J]. IEEE Transactions on Acoustics, Speech, and Signal Processing, 37(7): 984-995.

Schmidt R, Schmidt R O, 1986. Multiple emitter location and signal parameters estimation[J]. IEEE Transactions on Antennas & Propagation, 34(3): 276-280.

Urick R J,1983. Principles of underwater sound[M]. 3rd ed. New York: Peninsula Publishing.

Xu M, Cui W T, Mei J D, 2022. SBL based on fixed noise power estimation applying to conformal array beamforming[C]. 2022 IEEE International Conference on Signal Processing, Communications and Computing (ICSPCC).

Yan S F, Ma Y L, 2004. A unified framework for designing FIR filters with arbitrary magnitude and phase response[J]. Digital Signal Processing, 14(6): 510-522.

Yan S F, Ma Y L, 2005. Robust supergain beamforming for circular array via second-order cone programming[J]. Applied Acoustics, 66(9): 1018-1032.

第 4 章　信号参数估计理论

信号参数估计理论是现代信号处理系统设计的重要数学基础，广泛应用于声呐、雷达、通信、导航等各个领域，主要解决在获得接收信号后，对信号参量进行提取或对信号波形进行恢复等问题。由于接收信号不可避免地混杂噪声，而噪声是随机过程，因此信号估计理论依赖于概率统计和随机过程等相关基础知识。

本章对信号参数估计理论进行总结，共分为 8 节。4.1 节介绍信号参数估计的基本概念；4.2 节介绍估计量的主要性质，并给出了无偏估计的均方误差理论下界，即克拉默-拉奥下界；4.3 节至 4.6 节分别介绍贝叶斯估计、最大似然估计、线性最小均方误差估计、最小二乘估计四类估计算法，这四类算法对统计信息的依赖程度不同；4.7 节结合超短基线水声定位系统的应用实例，介绍相位估计方法和时延估计方法，并分析估计精度对超短基线定位精度的影响；4.8 节对本章内容进行总结。

4.1　信号参数估计的基本概念

4.1.1　信号处理中的估计问题

信号处理中的估计，是在受随机噪声等影响的接收信号中，对原始信号的参量（如幅度、时延、频率、相位等）进行提取，或者对原始信号的波形进行恢复的过程。

例如，在水声定位中，水下合作目标发送正弦波信号为 $A\cos(\omega t+\phi)$，经过水声信道传播后，接收信号为 $x(t)=A\cos[\omega(t-\tau)+\phi]+v(t)$，其中 τ 为传播时延，$v(t)$ 为观测噪声。信号估计就是指从有噪接收信号 $x(t)$ 中提取正弦波信号时延参量 τ 的过程。

针对估计对象的不同，估计问题主要分为两类，一类是参量估计（也被称作参数估计），另一类是波形估计。前者可视作静态参量估计，后者可视作动态参量估计。

参量估计是对描述信号特性的物理参量取值进行估计。一般可从两种不同的角度来看这些待估计的信号参量。一是将其看作未知的确定量，此时称估计为未知确定参量估计；二是将其看作随机变量，此时称估计为随机参量估计。无论如何看待，都假定在观测时间内，参量为时不变的，故属于静态估计。如果待估计的参量个数为 1，则称为单参量估计，待估计量用 θ 表示；如果待估计的参量个数为 $N>1$，则称为矢量估计，待估计量用 $\boldsymbol{\theta}=[\theta_1,\theta_2,\cdots,\theta_N]^{\mathrm{T}}$ 表示。

波形估计是对随时间变化的波形或者参量进行估计，故属于动态估计，也被称作状态估计或滤波技术。

例如，如果已知接收信号 $x(t)=s(t-\tau)+v(t)$，那么通过 $x(t)$ 对时延参量 τ 进行估计，则称为参量估计，通过 $x(t)$ 对信号波形 $s(t-\tau)$ 进行估计，则称为波形估计。

4.1.2　估计问题的数学建模及性能评估

1. 参量估计的数学建模

在参量估计中，观测方程（也称为量测方程）通常建模为

$$x(t)=s(t;\boldsymbol{\theta})+v(t) \tag{4-1}$$

式中，$s(t;\boldsymbol{\theta})$ 表示含有待估计量 $\boldsymbol{\theta}$ 的原始信号，$\boldsymbol{\theta}$ 是未知的且时不变的，可能是确定的或者随机的，在本书中主要假设 $\boldsymbol{\theta}$ 为未知确定参量，当未知参量个数为 1 时，矢量 $\boldsymbol{\theta}$ 可用标量 θ 代替；$v(t)$ 为观测噪声（也称为量测噪声），是由观测器件或信道环境不理想等引起的，通常建模成服从高斯分布的随机过程，根据噪声的谱特性，又可分为白噪声或有色噪声；$x(t)$ 是已知的接收信号，称为观测量（也称为量测量），受随机噪声 $v(t)$ 的影响，$x(t)$ 也为一个随机过程。

假设对接收信号的观测时间为 $(0,T)$。在数字信号处理中，通常对信号进行离散采样，假设 $(0,T)$ 时间段内进行 K 点采样（通常情况下是等间隔采样），采样时刻为 $0<t_1<t_2<\cdots<t_K<T$，则 $x_i\triangleq x(t_i)=s(t_i;\boldsymbol{\theta})+v(t_i)$ 被称为一个观测样本，$i=1,2,\cdots,K$，K 被称为观测长度。所有观测样本构成随机的观测矢量 $\boldsymbol{x}=[x_1,x_2,\cdots,x_K]^{\mathrm{T}}$。

如图 4-1 所示，根据观测矢量 $\boldsymbol{x}$ 和待估计量 $\boldsymbol{\theta}$ 的统计特性，按照一定的最佳准则构造出某个关于 $\boldsymbol{\theta}$ 的函数（自变量为 $\boldsymbol{x}$），该准则被称为估计准则或估计函数。根据估计准则及观测矢量得到的估计结果被称为估计量，记作 $\hat{\boldsymbol{\theta}}(\boldsymbol{x})$，或简写作 $\hat{\boldsymbol{\theta}}$。因为 $\boldsymbol{x}$ 为一随机矢量，所以估计量 $\hat{\boldsymbol{\theta}}(\boldsymbol{x})$ 也为随机矢量。

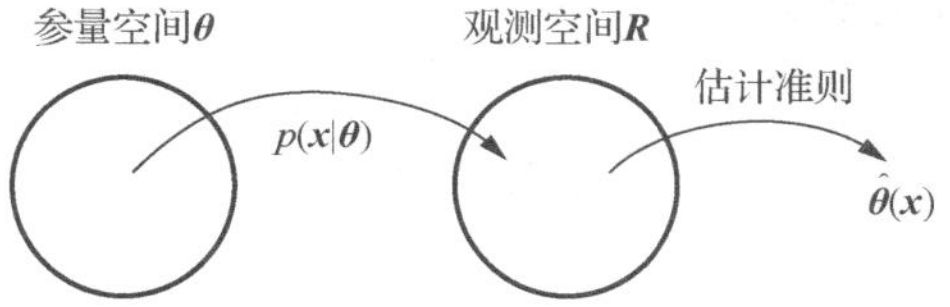

图 4-1　信号参数估计数学模型

当观测矢量 $\boldsymbol{x}$ 和待估计量 $\boldsymbol{\theta}$ 呈线性映射关系时，公式（4-1）可写作

$$\boldsymbol{x}=\boldsymbol{H}\boldsymbol{\theta}+\boldsymbol{v} \tag{4-2}$$

式中，$\boldsymbol{H}$ 是一个确知的观测矩阵，维度为 $K\times N$；$\boldsymbol{v}=[v_1,v_2,\cdots,v_K]^{\mathrm{T}}$ 为噪声列矢量。

2. 波形估计的数学建模

在波形估计中，观测方程通常建模为

$$x(t)=s(t)+v(t) \tag{4-3}$$

式中，原始信号 $s(t)$、观测噪声 $v(t)$、观测量 $x(t)$ 的定义同参量估计中一致。

信号波形估计可以理解为，将接收信号 $x(t)$ 进行一定的运算，从而得到原始信号波形估

计 $\hat{s}(t)$ 的过程。波形估计就是从有噪声干扰的接收信号中，尽可能滤除噪声影响，恢复原始波形 $s(t)$ 的过程。

按照不同的要求，信号波形估计可以分为滤波、预测和平滑三种基本波形估计。

（1）如果由 $x(t)$ 得到当前时刻 $s(t)$ 的估计 $\hat{s}(t)$，则称这种估计为滤波。

（2）如果由 $x(t)$ 得到未来时刻 $s(t+\alpha)$ 的估计 $\hat{s}(t+\alpha)$，其中 $\alpha>0$，则称这种估计为预测（或外推）。

（3）如果由 $x(t)$ 得到过去时刻 $s(t-\alpha)$ 的估计 $\hat{s}(t-\alpha)$，其中 $\alpha>0$，则称这种估计为平滑（或内插）。

当需要通过观测量 $x(t)$ 对原始信号中随时间变化的参量 $\boldsymbol{\theta}(n)$ 进行估计时，波形估计又被称为状态估计或者动态参量估计。当观测量和动态参量呈线性映射关系时，考虑离散信号情况，式（4-3）可写作

$$\boldsymbol{x}(n)=\boldsymbol{H}(n)\boldsymbol{\theta}(n)+\boldsymbol{v}(n) \tag{4-4}$$

式中，$n=1,2,\cdots$ 代表离散采样时刻。式（4-4）与静态参量估计表达式（4-2）的不同在于，变量均可随 n 动态变化。

待估计参量随时间的变化规律可视情况进一步建模成马尔可夫（Markov）过程：

$$\boldsymbol{\theta}(n+1)=\boldsymbol{F}(n)\boldsymbol{\theta}(n)+\boldsymbol{w}(n+1) \tag{4-5}$$

式中，$\boldsymbol{F}(n)$ 为 n 时刻的状态转移矩阵；$\boldsymbol{w}(n+1)$ 为 $(n+1)$ 时刻的过程噪声列向量。

3. 性能评估

无论是参量估计还是波形估计，其估计量 $\hat{\boldsymbol{\theta}}$ 均为随机变量，主要通过统计特性来定量评估性能，下面以单参量估计为例。

估计量的均值：

$$\mu_{\hat{\theta}} \triangleq E(\hat{\theta}) \tag{4-6}$$

估计量的方差：

$$\sigma_{\hat{\theta}}^2 = E[(\hat{\theta}-\mu_{\hat{\theta}})^2] \tag{4-7}$$

估计量的均方误差：

$$\epsilon_{\hat{\theta}}^2 \triangleq E[(\hat{\theta}-\theta)^2] \tag{4-8}$$

估计量的方差和均方误差的差别在于，前者被减项为均值 $\mu_{\hat{\theta}}$，后者被减项为真值 θ。

例 4-1　以一个简单的未知确定单参量 θ 估计为例，假设其观测方程为

$$x_k=\theta+v_k,\ k=1,2,\cdots,K$$

式中，x_k 是第 k 次观测获得的观测样本；θ 是待估计参量；v_k 是第 k 次观测噪声，假设为加性高斯白噪声（additive white Gaussian noise，AWGN），即 $E(v_k)=0$ 且 $E(v_jv_k)=\sigma_v^2\delta_{jk}$。求利用观测样本的均值对 θ 的估计。

解：如果利用观测样本 x_k 的平均值来构造估计量，则有

$$\hat{\theta} \triangleq \hat{\theta}(\boldsymbol{x}) = \frac{1}{K}\sum_{k=1}^{K} x_k$$

显然，估计量 $\hat{\theta}(\boldsymbol{x})$ 是随机获得的观测矢量 $\boldsymbol{x} = [x_1, x_2, \cdots, x_K]^{\mathrm{T}}$ 的函数，因此也为随机变量。

此例中，估计量的均值为

$$\mu_{\hat{\theta}} = E\left[\frac{1}{K}\sum_{k=1}^{K}(\theta + v_k)\right] = \theta$$

即估计量的均值等于待估计量的真值。

估计量的方差为

$$\sigma_{\hat{\theta}}^2 = E\left\{\left[\theta - \frac{1}{K}\sum_{k=1}^{K}(\theta + v_k)\right]^2\right\} = \frac{1}{K}\sigma_v^2$$

在本例中，因为 $\mu_{\hat{\theta}} = \theta$，所以估计量的方差和估计量的均方误差相等。

4.2　估计量性质及误差分析

4.2.1　估计量的主要性质

根据不同的估计准则可以得到不同的估计量。估计量的主要性质有无偏性、有效性和一致性等。本部分以未知确定的单参量估计为例，对估计量的主要性质加以介绍。

1. 无偏性

当待估计量 θ 是一个未知常量时，如果估计量的均值等于待估计量的真值，即 $\mu_{\hat{\theta}} \triangleq E[\hat{\theta}] = \theta$，则称 $\hat{\theta}$ 为无偏估计，否则称为有偏估计。

对于有偏估计，$b \triangleq E[\hat{\theta}] - \theta$ 被称为估计的偏差量。

估计量 $\hat{\theta}(\boldsymbol{x})$ 是观测量 $\boldsymbol{x} = [x_1, x_2, \cdots, x_K]^{\mathrm{T}}$ 的函数，如果随着观测长度 $K \to \infty$，有 $\mu_{\hat{\theta}} \to \theta$，则称其为渐近无偏估计。

2. 有效性

估计量的无偏性并不能充分地表征估计量的性质，还需要估计量的取值集中在真值附近，即估计的均方误差 $\epsilon_{\hat{\theta}}^2 \triangleq E[(\hat{\theta} - \theta)^2]$ 尽可能地小。在无偏估计中，均方误差最小的估计被称为有效估计。

3. 一致性

估计量 $\hat{\theta}(\boldsymbol{x})$ 是观测矢量 $\boldsymbol{x}=[x_1,x_2,\cdots,x_K]^{\mathrm{T}}$ 的函数，我们往往希望随着观测长度 K 的增加，估计量趋近于真值，或者估计的均方误差逐步减小。

对于任意小的正数 $\epsilon \to 0^+$，如果

$$\lim_{K\to\infty} P\left[\left|\theta-\hat{\theta}(\boldsymbol{x})\right|>\epsilon\right]=0 \tag{4-9}$$

则称估计量是一致估计。

如果

$$\lim_{K\to\infty} E\left\{\left[\theta-\hat{\theta}(\boldsymbol{x})\right]^2\right\}=0 \tag{4-10}$$

则称估计量是均方一致估计。

回顾例 4-1，其中估计为无偏估计、均方一致估计。对于无偏估计，估计量的方差和估计量的均方误差是相等的。

4.2.2　无偏估计的均方误差下界

在得到一个估计量以后，估计的性能是否已经达到最佳？是否还有更好的估计量？克拉默-拉奥下界（Cramer-Rao lower bound，CRLB）从理论上给出了无偏估计量的均方误差最小值。本部分以未知确定的单参量估计为例来介绍 CRLB。

设 $\hat{\theta}$ 是未知确定单参量 θ 的任意无偏估计量，则估计的均方误差满足

$$E\left[\left(\theta-\hat{\theta}\right)^2\right]\geqslant J^{-1} \tag{4-11}$$

式中

$$J=E\left\{\left[\frac{\partial \ln p(\boldsymbol{x}\,|\,\theta)}{\partial\theta}\right]^2\right\}=-E\left[\frac{\partial^2 \ln p(\boldsymbol{x}\,|\,\theta)}{\partial\theta^2}\right] \tag{4-12}$$

此外，$p(\boldsymbol{x}\,|\,\theta)$ 为参量 θ 给定时观测矢量 $\boldsymbol{x}$ 的概率密度函数，被称作**似然概率**。

当且仅当对于所有的 $\boldsymbol{x}$ 和 θ 都满足

$$\frac{\partial \ln p(\boldsymbol{x}\,|\,\theta)}{\partial\theta}=(\theta-\hat{\theta})k(\theta) \tag{4-13}$$

时，估计的均方误差取到最小值 J^{-1}，其中 $k(\theta)$ 可以是 θ 的函数或者是任意非零常数 k，但不能是 $\boldsymbol{x}$ 的函数。以上就是未知确定单参量估计的 CRLB，详细证明过程请参考相关书籍。

CRLB 的用途在于，可以检验任意无偏估计 $\hat{\theta}$ 是否为有效估计，如果其估计均方误差达到理论下界 J^{-1}，则为有效估计，否则为无效估计，即其估计均方误差大于理论下界 J^{-1}。

4.3　贝叶斯估计

本节首先介绍三种代价函数（平方代价函数、绝对值代价函数、均匀代价函数），在此基础上引入三种贝叶斯估计（最小均方误差估计、条件中值估计、最大后验概率估计），这三种估计均依赖后验概率的计算，最后介绍一种递归的贝叶斯估计方法，该方法是贝叶斯滤波的基础。

4.3.1　基本原理

在估计某个量时，由于随机噪声等的影响会产生误差。衡量这种误差的函数被称为代价函数。本部分以未知确定的单参量估计为例，介绍三种常见的代价函数 $c(\boldsymbol{\theta},\hat{\boldsymbol{\theta}})$，如图 4-2 所示。

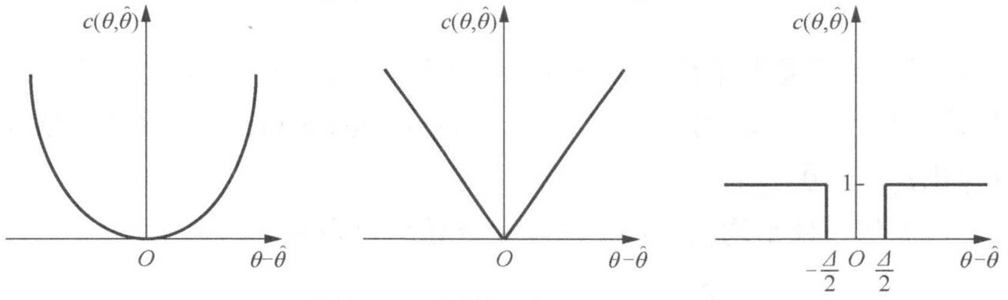

（1）平方代价函数　　（2）绝对值代价函数　　（3）均匀代价函数

图 4-2　三种代价函数

（1）平方代价函数：

$$c(\boldsymbol{\theta},\hat{\boldsymbol{\theta}})=(\boldsymbol{\theta}-\hat{\boldsymbol{\theta}})^2 \tag{4-14}$$

（2）绝对值代价函数：

$$c(\boldsymbol{\theta},\hat{\boldsymbol{\theta}})=|\boldsymbol{\theta}-\hat{\boldsymbol{\theta}}| \tag{4-15}$$

（3）均匀代价函数：

$$c(\boldsymbol{\theta},\hat{\boldsymbol{\theta}})=\begin{cases}1, & |\boldsymbol{\theta}-\hat{\boldsymbol{\theta}}|\geqslant\Delta/2\\0, & |\boldsymbol{\theta}-\hat{\boldsymbol{\theta}}|<\Delta/2\end{cases} \tag{4-16}$$

代价函数确定后，可以计算平均代价 C，即

$$C=\int_{-\infty}^{+\infty}\int_{-\infty}^{+\infty}c(\boldsymbol{\theta},\hat{\boldsymbol{\theta}})p(\boldsymbol{x},\boldsymbol{\theta})\mathrm{d}\boldsymbol{x}\mathrm{d}\boldsymbol{\theta}=\int_{-\infty}^{+\infty}p(\boldsymbol{x})\left[\int_{-\infty}^{+\infty}c(\boldsymbol{\theta},\hat{\boldsymbol{\theta}})p(\boldsymbol{\theta}\mid\boldsymbol{x})\mathrm{d}\boldsymbol{\theta}\right]\mathrm{d}\boldsymbol{x} \tag{4-17}$$

式中，$p(\boldsymbol{x},\boldsymbol{\theta})$ 为观测矢量 $\boldsymbol{x}$ 和待估计参量 $\boldsymbol{\theta}$ 的联合概率密度函数；$p(\boldsymbol{\theta}\mid\boldsymbol{x})$ 为随机矢量 $\boldsymbol{x}$ 给定时，关于 $\boldsymbol{\theta}$ 的概率密度函数，被称为后验概率。使得平均代价 C 最小的估计被统称为贝叶斯估计（Bayesian estimation）。

由于上式中的 $p(\boldsymbol{x})$ 和内积分都是非负的，因此想要使平均代价 C 最小，就等价于使内积分

$$C(\theta \mid \boldsymbol{x}) \triangleq \int_{-\infty}^{+\infty} c(\theta,\hat{\theta}) p(\theta \mid \boldsymbol{x}) \mathrm{d}\boldsymbol{x} \tag{4-18}$$

最小，其中内积分 $C(\theta \mid \boldsymbol{x})$ 也被称为条件平均代价。

后续均以条件平均代价最小化准则代替平均代价最小化准则。

4.3.2　贝叶斯估计量的构造

下面根据不同的代价函数，构造不同的估计函数，从而使得条件平均代价最小。

1. 最小均方误差估计

将平方代价函数代入式（4-18），可得到条件平均代价为

$$C(\theta \mid \boldsymbol{x}) = \int_{-\infty}^{+\infty} (\theta - \hat{\theta})^2 p(\theta \mid \boldsymbol{x}) \mathrm{d}\boldsymbol{x} \tag{4-19}$$

上式右侧是对平方误差取平均，想要使条件平均代价最小，就是要上式右侧最小，因此对应的估计量 $\hat{\theta}$ 被称作最小均方误差（minimize mean square error，MMSE）估计，本书中记作 $\hat{\theta}_{\mathrm{ms}}$（也可写作 $\hat{\theta}_{\mathrm{mse}}$ 或 $\hat{\theta}_{\mathrm{mmse}}$）。

为求得 $\hat{\theta}_{\mathrm{ms}}$，需将条件平均代价对 $\hat{\theta}$ 求导并令导函数为零，则可得

$$\hat{\theta}_{\mathrm{ms}} = \int_{-\infty}^{+\infty} \theta p(\theta \mid \boldsymbol{x}) \mathrm{d}\theta = E(\theta \mid \boldsymbol{x}) \tag{4-20}$$

因为条件平均代价对 $\hat{\theta}$ 的二阶导函数为正，所以上式为条件平均代价的最小值。

2. 条件中值估计

将绝对值代价函数代入式（4-18），可得到条件平均代价

$$\begin{aligned} C(\theta \mid \boldsymbol{x}) &= \int_{-\infty}^{+\infty} \left|\theta - \hat{\theta}\right| p(\theta \mid \boldsymbol{x}) \mathrm{d}\boldsymbol{x} \\ &= \int_{-\infty}^{\hat{\theta}} \left(\hat{\theta} - \theta\right) p(\theta \mid \boldsymbol{x}) \mathrm{d}\theta + \int_{\hat{\theta}}^{+\infty} \left(\theta - \hat{\theta}\right) p(\theta \mid \boldsymbol{x}) \mathrm{d}\theta \end{aligned} \tag{4-21}$$

想求使条件平均代价最小的 $\hat{\theta}$，则将上式对 $\hat{\theta}$ 求导并令导函数为零，可得

$$\int_{-\infty}^{\hat{\theta}} p(\theta \mid \boldsymbol{x}) \mathrm{d}\theta = \int_{\hat{\theta}}^{+\infty} p(\theta \mid \boldsymbol{x}) \mathrm{d}\theta \tag{4-22}$$

上式表明，$\hat{\theta}$ 是一个分界点，其两侧的条件概率相等。因此，根据随机变量中值的定义，满足上式的估计量 $\hat{\theta}$ 称为条件中值（conditional median，CM）估计，本书中记作 $\hat{\theta}_{\mathrm{cm}}$。

3. 最大后验概率估计

将均匀代价函数（4-16）代入式（4-18），可得条件平均代价

$$C(\theta \mid \boldsymbol{x})=\int_{-\infty}^{\hat{\theta}-\frac{\Delta}{2}} p(\theta \mid \boldsymbol{x}) \mathrm{d} \theta+\int_{\hat{\theta}+\frac{\Delta}{2}}^{+\infty} p(\theta \mid \boldsymbol{x}) \mathrm{d} \theta=1-\int_{\hat{\theta}-\frac{\Delta}{2}}^{\hat{\theta}+\frac{\Delta}{2}} p(\theta \mid \boldsymbol{x}) \mathrm{d} \theta \tag{4-23}$$

要使条件平均代价最小，则要使积分式

$$\int_{\hat{\theta}-\frac{\Delta}{2}}^{\hat{\theta}+\frac{\Delta}{2}} p(\theta \mid \boldsymbol{x}) \mathrm{d} \theta \tag{4-24}$$

最大。通常情况下，$\Delta \to 0^{+}$，因此为使得上述积分式最大，应当选择 $\hat{\theta}$ 使得后验概率 $p(\theta \mid \boldsymbol{x})$ 最大，此时 $\hat{\theta}$ 被称作最大后验（maximum a posteriori，MAP）概率估计，记作 $\hat{\theta}_{\mathrm{map}}$，即

$$\hat{\theta}_{\mathrm{map}}=\arg \max_{\theta} p(\theta \mid \boldsymbol{x}) \tag{4-25}$$

如图 4-3 所示，当给定后验概率时，可以通过取最大值、中值和均值，分别得到 $\hat{\theta}_{\mathrm{map}}$、$\hat{\theta}_{\mathrm{cm}}$ 和 $\hat{\theta}_{\mathrm{ms}}$。这三者均是使得平均代价最小的贝叶斯估计，差别仅在于代价函数不同。

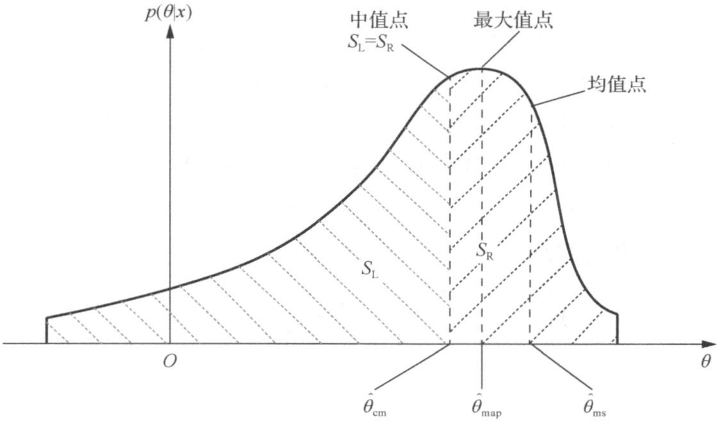

图 4-3　三种贝叶斯估计示意图

4.3.3　递归贝叶斯估计

1. 批量估计和递归估计

一次性获得所有观测量 $\boldsymbol{x}=[x_1, x_2, \cdots, x_K]^{\mathrm{T}}$ 后，对参数 θ 进行估计，被称为批量估计；每获得一次新观测量（如 x_k），利用之前的观测量（即 $x_1, x_2, \cdots, x_{k-1}$）对参数 θ 进行重新估计，被称为递归估计。

递归估计相比于批量估计的优势在于：通常情况下具有更低的复杂度，且可以在线更新，即每收到一次观测量，重新调整对参数的估计，并可适用于待估计参量动态变化的情况。

例 4-2　回到例 4-1，对于 θ 的估计函数为

$$\hat{\theta}(\boldsymbol{x}_K) = \frac{1}{K}\sum_{k=1}^{K} x_k$$

式中，$\boldsymbol{x}_k = [x_1, \cdots, x_K]^{\mathrm{T}}$，这个函数表示批量估计，即收到所有 K 个观测量后对 θ 进行估计。

经过简单的变换，上述估计函数还可以通过递归的方式求得：

$$\hat{\theta}(\boldsymbol{x}_k) = \frac{k-1}{k}\hat{\theta}(\boldsymbol{x}_{k-1}) + \frac{1}{k}x_k$$

上式建立起已收到 $(k-1)$ 个观测量后的估计 $\hat{\theta}(\boldsymbol{x}_{k-1})$ 与收到第 k 个观测量 x_k 后的估计 $\hat{\theta}(\boldsymbol{x}_k)$ 之间的递归关系。据此，在收到 x_1 时，可以对 θ 进行估计，得到 $\hat{\theta}(\boldsymbol{x}_1)$；在收到 x_2 时，根据上式可以从 $\hat{\theta}(\boldsymbol{x}_1)$ 得到 $\hat{\theta}(\boldsymbol{x}_2)$，通过新观测量 x_2 实现对 θ 的更新估计。依此类推，直到收到所有观测量为止，此时递归估计结果和批量估计结果相同。

2. 递归贝叶斯估计的过程

介绍完递归估计之后，再以递归的方式求解贝叶斯估计。如前所示，贝叶斯估计的核心在于通过 K 维观测矢量 $\boldsymbol{x} = [x_1, x_2, \cdots, x_K]^{\mathrm{T}}$ 推断未知参量 θ，即求解后验概率 $p(\theta \mid \boldsymbol{x})$。递归贝叶斯估计就是以递归的方式求解后验概率，即建立 $p(\theta \mid \boldsymbol{x}_k)$ 和 $p(\theta \mid \boldsymbol{x}_{k-1})$ 之间的关系，其中 $\boldsymbol{x}_i = [x_1, x_2, \cdots, x_i]^{\mathrm{T}}$ 表示第 i 个观测量及之前所有的观测量构成的列向量。

通常假设当参量 θ 给定时，不同时刻观测量 x_i 和 x_j 是独立的（被称作条件独立），这是因为不同时刻的观测噪声通常是独立的（回顾例 4-1），因此有

$$\begin{aligned} p(\theta \mid \boldsymbol{x}_k) &= \frac{p(\boldsymbol{x}_k, \theta)}{p(\boldsymbol{x}_k)} = \frac{p(\boldsymbol{x}_k, \theta)}{\int p(\boldsymbol{x}_k, \theta)\mathrm{d}\theta} \\ &= \frac{p(\theta)p(\boldsymbol{x}_k \mid \theta)}{\int p(\theta)p(\boldsymbol{x}_k \mid \theta)\mathrm{d}\theta} = \frac{p(\theta)\prod_{i=1}^{k} p(x_i \mid \theta)}{\int p(\theta)\prod_{i=1}^{k} p(x_i \mid \theta)\mathrm{d}\theta} \end{aligned} \tag{4-26}$$

上式中分母简记作 $Z_k \triangleq \int p(\theta)\prod_{i=1}^{k} p(x_i \mid \theta)\mathrm{d}\theta$，$Z_k$ 被称作归一化常数。因此有递归关系

$$p(\theta \mid \boldsymbol{x}_k) = \frac{Z_{k-1}}{Z_k} p(x_k \mid \theta) p(\theta \mid \boldsymbol{x}_{k-1}) \tag{4-27}$$

根据上式就可以完成递归估计，递归初始值为参量 θ 的先验信息 $p(\theta)$。对于未知确定参量，通常假定 $p(\theta)$ 在取值范围内均匀分布。以上就是递归贝叶斯估计的全部过程。

如果待估计参量 θ 是随时刻 n 动态变化，记作 $\theta(n)$，则以递归方式求解后验概率的过程被称为贝叶斯滤波。贝叶斯估计可以看作贝叶斯滤波的特例，即待估计参量时不变 $\theta = \theta(n)$。关于贝叶斯滤波的相关知识详见 5.3 节，贝叶斯滤波是卡尔曼滤波、粒子滤波等滤波技术的重要基础。

4.4　最大似然估计

本节首先介绍最大似然估计（或最大对数似然估计）的基本原理；其次介绍一种针对复杂最大似然估计问题的迭代算法，即期望最大化算法，该方法常用于具有隐变量问题的求解；最后根据最大似然准则，简要介绍最大似然序列估计方法，该方法是信号经过有限记忆系统后的最优估计方法。

4.4.1　基本原理

$p(\boldsymbol{x}\mid\boldsymbol{\theta})$ 被称为似然概率（likelihood probability），使得似然概率最大的估计被称作最大似然（maximum likelihood，ML）估计，记作 $\hat{\boldsymbol{\theta}}_{\mathrm{ml}}$，因此有

$$\hat{\boldsymbol{\theta}}_{\mathrm{ml}}=\arg\max_{\boldsymbol{\theta}} p(\boldsymbol{x}\mid\boldsymbol{\theta}) \tag{4-28}$$

最大似然估计常用于未知确定参量 $\boldsymbol{\theta}$ 的估计，或者随机参量 $\boldsymbol{\theta}$ 的概率分布未知场景，此时通常假设 $\boldsymbol{\theta}$ 服从均匀分布。

根据贝叶斯公式

$$p(\boldsymbol{\theta}\mid\boldsymbol{x})=\frac{p(\boldsymbol{x}\mid\boldsymbol{\theta})p(\boldsymbol{\theta})}{p(\boldsymbol{x})} \tag{4-29}$$

可知，当 $\boldsymbol{\theta}$ 满足均匀分布时，$p(\boldsymbol{\theta})$ 为常数，最大似然估计和最大后验概率估计等价。显然，最大似然估计比最大后验概率估计更容易计算。

最大似然估计可以通过最大似然方程求得

$$\frac{\partial p(\boldsymbol{x}\mid\boldsymbol{\theta})}{\partial\boldsymbol{\theta}}\Big|_{\boldsymbol{\theta}=\hat{\boldsymbol{\theta}}_{\mathrm{ml}}}=0 \tag{4-30}$$

由于函数 $\ln(\cdot)$ 为单调递增函数，因此将似然函数进行对数运算后，上式等价于

$$\frac{\partial \ln p(\boldsymbol{x}\mid\boldsymbol{\theta})}{\partial\boldsymbol{\theta}}\Big|_{\boldsymbol{\theta}=\hat{\boldsymbol{\theta}}_{\mathrm{ml}}}=0 \tag{4-31}$$

上式被称为最大对数似然方程，最大似然估计也等价于最大对数似然估计。由于很多时候似然函数含有指数函数（如高斯分布），因此求解最大对数似然方程更方便。

例 4-3　下面考虑一个未知确定矢量估计的例子。假设观测方程为

$$\boldsymbol{x}=\boldsymbol{H}\boldsymbol{\theta}+\boldsymbol{v}$$

式中，$\boldsymbol{x}=[x_1,x_2,\cdots,x_K]^{\mathrm{T}}$ 为 K 维观测矢量；$\boldsymbol{\theta}=[\theta_1,\theta_2,\cdots,\theta_N]^{\mathrm{T}}$ 为 N 维未知确定的待估计矢量；$\boldsymbol{v}=[v_1,v_2,\cdots,v_K]^{\mathrm{T}}$ 为 K 维随机观测噪声矢量，服从 K 元联合高斯分布，其均值为 $\boldsymbol{0}^{\mathrm{T}}$，协方差矩阵为 $\boldsymbol{C}$；$\boldsymbol{H}$ 为一个确定的矩阵，表示从 $\boldsymbol{\theta}$ 到 $\boldsymbol{x}$ 的线性变换。求最大似然估计 $\hat{\boldsymbol{\theta}}_{\mathrm{ml}}$。

解：当 $\boldsymbol{\theta}$ 给定时，$\boldsymbol{x}$ 服从均值为 $\boldsymbol{H}\boldsymbol{\theta}$、协方差矩阵为 $\boldsymbol{C}$ 的 K 元联合高斯分布，因此对数似然函数为

$$\ln p(\boldsymbol{x}\,|\,\boldsymbol{\theta}) = -\frac{K}{2}\ln(2\pi) - \frac{1}{2}\ln|\boldsymbol{C}| - \frac{1}{2}(\boldsymbol{x}-\boldsymbol{H\theta})^{\mathrm{T}}\boldsymbol{C}^{-1}(\boldsymbol{x}-\boldsymbol{H\theta})$$

上式右侧前两项均为常数。因此，要想使得对数似然函数最大，应使得

$$\left(\boldsymbol{x}-\boldsymbol{H\theta}\right)^{\mathrm{T}}\boldsymbol{C}^{-1}\left(\boldsymbol{x}-\boldsymbol{H\theta}\right)$$

最小。将该式对 $\boldsymbol{\theta}$ 进行求导，并令导函数等于零，则有

$$2\boldsymbol{H}^{\mathrm{T}}\boldsymbol{C}^{-1}(\boldsymbol{x}-\boldsymbol{H\theta}) = \boldsymbol{0}^{\mathrm{T}}$$

可得

$$\hat{\boldsymbol{\theta}}_{\mathrm{ml}} = \left(\boldsymbol{H}^{\mathrm{T}}\boldsymbol{C}^{-1}\boldsymbol{H}\right)^{-1}\boldsymbol{H}^{\mathrm{T}}\boldsymbol{C}^{-1}\boldsymbol{x}$$

如果噪声是独立同分布的，即 $\boldsymbol{C} = \sigma_v^2\boldsymbol{I}$，则上式可写作

$$\hat{\boldsymbol{\theta}}_{\mathrm{ml}} = \left(\boldsymbol{H}^{\mathrm{T}}\boldsymbol{H}\right)^{-1}\boldsymbol{H}^{\mathrm{T}}\boldsymbol{x}$$

4.4.2　期望最大化算法

在许多实际问题中，求解最大似然方程可能需要解复杂的非线性方程组，因此采用牛顿法、拟牛顿法等传统的数值算法求解。

本部分主要介绍另一种迭代方法——期望最大化算法（又称最大期望算法，expectation maximization，EM），它是对包含不完整数据概率模型或隐变量概率模型的最大似然估计。

将观测数据集（或观测矢量）记作 $\boldsymbol{x}$，这个观测数据集可能是不完整的，另有一个完整数据集 $\boldsymbol{z}$。从 $\boldsymbol{z}$ 到 $\boldsymbol{x}$ 是一个多对一的映射，观测数据集可被直接观测，但完整数据集只能被间接观测。下面通过一个实际例子进行阐述。

例 4-4　考虑一个舰船目标线谱频率估计的例子。观测信号包含多个频率分量和观测噪声，即 $x(n) = \sum_{i=1}^{p}\cos\omega_i n + v(n), n = 0,1,\cdots,N-1$，已知 $v(n)$ 是均值为零、方差为 σ_v^2 的加性高斯白噪声，利用最大似然估计求解各角频率 ω_i。

解：这个示例是对 p 个未知参数 $\{\omega_i, i=1,\cdots,p\}$ 的最大似然估计，求解复杂度较高。

可以定义完整数据集

$$z_i(n) = \cos\omega_i n + v_i(n),\quad i = 1,2,\cdots,p$$

式中，$v(n) = \sum_{i=1}^{p} v_i(n)$。

完整数据集 $\left\{z_i(n), i=1,2,\cdots,p\right\}$ 和观测数据集 $x(n)$ 之间存在一个多对一的映射函数

$$x(n) = \sum_{i=1}^{p} z_i(n)$$

完整数据集中的 $z_i(n)$ 是关于 ω_i 的一维参量估计，观测数据集是 p 维参量估计，故利用完整数据集求解更简单。

传统最大似然算法是使得对数似然函数 $\ln p(\boldsymbol{x}\,|\,\boldsymbol{\theta})$ 最大，而期望最大化算法是使得

$\ln p(\boldsymbol{z}\,|\,\boldsymbol{\theta})$ 最大。但由于完整数据集并不能直接得到，因此在利用观测数据的条件下，将求解对数似然函数 $\ln p(\boldsymbol{z}\,|\,\boldsymbol{\theta})$ 的最大值，替换为求解对数似然函数的条件期望最大值，即使得

$$E[\ln p(\boldsymbol{z}\,|\,\boldsymbol{\theta})]=\int[\ln p(\boldsymbol{z}\,|\,\boldsymbol{\theta})]p(\boldsymbol{z}\,|\,\boldsymbol{x},\boldsymbol{\theta})\mathrm{d}\boldsymbol{z}$$

最大。在上式中，条件概率 $p(\boldsymbol{z}\,|\,\boldsymbol{x},\boldsymbol{\theta})$ 中的 $\boldsymbol{x}$ 是已知的观测数据，但 $\boldsymbol{\theta}$ 是未知的，故可以通过迭代算法求解。

假设第 m 次迭代之后的估计值为 $\boldsymbol{\theta}^{(m)}$。上述积分结果是 $\boldsymbol{\theta}$ 和 $\boldsymbol{\theta}^{(m)}$ 的函数，称作 Q 函数：

$$Q(\boldsymbol{\theta}\,|\,\boldsymbol{\theta}^{(m)})\triangleq\int[\ln p(\boldsymbol{z}\,|\,\boldsymbol{\theta})]p(\boldsymbol{z}\,|\,\boldsymbol{x},\boldsymbol{\theta}^{(m)})\mathrm{d}\boldsymbol{z}$$

求 $\boldsymbol{\theta}$ 的估计值就要使得 $Q(\boldsymbol{\theta}\,|\,\boldsymbol{\theta}^{(m)})$ 最大，从而得到第 $m+1$ 次迭代估计结果 $\boldsymbol{\theta}^{(m+1)}$，以上就完成了一次迭代过程。在假定初始值 $\boldsymbol{\theta}^{(0)}$ 后，重复上述过程直到收敛，即可得到最终估计。

以上就是期望最大化算法的全部过程，现将期望最大化算法总结如下。

第 1 步：对待估计参量进行初始化，即 $\boldsymbol{\theta}=\boldsymbol{\theta}^{(0)}$，令迭代次数 $m=0$。

第 2 步：E 步，第 m 次迭代时，根据观测数据 $\boldsymbol{x}$ 和 $\boldsymbol{\theta}^{(m)}$，计算对数似然函数的条件期望，即 Q 函数

$$Q(\boldsymbol{\theta}\,|\,\boldsymbol{\theta}^{(m)})\triangleq\int[\ln p(\boldsymbol{z}\,|\,\boldsymbol{\theta})]p(\boldsymbol{z}\,|\,\boldsymbol{x},\boldsymbol{\theta}^{(m)})\mathrm{d}\boldsymbol{z}$$

第 3 步：M 步，求解使条件期望最大的 $\boldsymbol{\theta}$，作为下一次迭代的输入，即

$$\boldsymbol{\theta}^{(m+1)}=\arg\max_{\boldsymbol{\theta}}\left\{Q(\boldsymbol{\theta}\,|\,\boldsymbol{\theta}^{(m)})\right\}$$

第 4 步：当两次迭代增益足够小时，即 $\left|\boldsymbol{\theta}^{(m+1)}-\boldsymbol{\theta}^{(m)}\right|<\epsilon$，$\epsilon\to 0^{+}$，迭代终止，得到最终估计结果；否则，$m\leftarrow m+1$，重复第 2 步。

期望最大化算法在某些适当的条件下，可以保证至少收敛到一个局部最大值，但不能保证收敛到全局最大值。因此，可结合其他的估计方法进行初值估计后，再采用期望最大化算法，从而促使收敛到全局最大值。

4.4.3　最大似然序列估计

最大似然序列估计（maximum likelihood sequence estimation，MLSE）是一种基于最大似然估计准则的矢量估计技术，该方法是信号经过有限记忆系统后的最优估计方法，可用于水声通信中的信道均衡技术、卷积码译码等领域。本部分结合信道均衡技术，对此进行简要介绍。

在水声通信中，矢量 $\boldsymbol{\theta}=[\theta_1,\theta_2,\cdots,\theta_N]^{\mathrm{T}}$ 表示一串长度为 N 的发射序列，因为数字调制的原因，θ_n 的取值范围为有限值，本节中假设 $\theta_n\in\{-1,1\}$。水声信道的时域离散冲激响应为 $\boldsymbol{h}=[h_0,h_1,\cdots,h_{M-1}]^{\mathrm{T}}$，则发射序列经过水声信道并叠加噪声后，在接收端得到观测量为

$$x_n=\sum_{m=0}^{M-1}\theta_{n-m}h_m+v_n \tag{4-32}$$

式中，v_n 是均值为 0、方差为 σ_v^2 的白噪声，即 $E(n_i n_j)=\sigma_v^2\delta_{ij}$；所有的观测量 x_n 构成观测矢量 $\boldsymbol{x}=[x_1,x_2,\cdots,x_N]^{\mathrm{T}}$。

水声信道均衡的本质，就是在信道和噪声的影响下，根据观测矢量 $\boldsymbol{x}$ 估计发射序列 $\boldsymbol{\theta}$ 的过程。当 $\boldsymbol{\theta}$ 和 $\boldsymbol{h}$ 给定的情况下，x_n 服从均值为 $\sum_{m=0}^{M-1}\theta_{k-m}h_m$ 、方差为 σ_v^2 的高斯分布，且不同时刻的 x_n 是相互独立的。为求最大似然序列估计，需要求得对数似然函数

$$\ln p(\boldsymbol{x}\,|\,\boldsymbol{\theta},\boldsymbol{h})=-\frac{N}{2}\ln(2\pi\sigma_v^2)-\frac{1}{2\sigma_v^2}\sum_{n=1}^{N}\left|x_n-\sum_{m=0}^{M-1}\theta_{n-m}h_m\right|^2 \tag{4-33}$$

因此最大化对数似然函数，就等价于使得

$$\sum_{n=1}^{N}\left|x_n-\sum_{m=0}^{M-1}\theta_{n-m}h_m\right|^2 \tag{4-34}$$

最小。

式（4-34）的求解有两种方法。

第一种方法：可以将式（4-34）对所有 θ_n 进行求导，令导函数为零，即可得到最大似然估计结果，具体步骤同例 4-3 类似，差别仅在于例 4-3 是矩阵形式，本部分是离散卷积形式。由于本节中 $\theta_n\in\{-1,+1\}$，因此根据例 4-3 得到最大似然估计后，再根据最小欧几里得距离准则进行量化，即可求解。

第二种方法：最大似然序列估计和例 4-3 的关键不同在于，例 4-3 中的参量 θ_n 取值可为任意值，而最大似然序列估计中参量 θ_n 为有限值。当 θ_n 有两种取值时，无噪声接收信号 $x_n=\sum_{m=0}^{M-1}\theta_{k-m}h_m$ 有 2^M 种可能取值（或称状态），因此可构建状态转移图，并通过维特比算法等动态规划算法进行求解，估计效果比第一种更好。

4.5　线性最小均方误差估计

本节首先介绍线性最小均方误差估计的基本原理；其次介绍维纳滤波算法，该算法是将线性最小均方误差估计拓展到状态估计或动态参量估计上；最后介绍最小均方算法这一自适应算法，可以将其看作维纳滤波算法的递归方式。

4.5.1　基本原理

4.3 节介绍的最小均方误差估计，是一种贝叶斯估计，需要在已知后验概率的情况下，求解其期望值。一般情况下，后验概率很难求得，且求解过程较复杂。为解决这一问题，本节介绍线性最小均方误差（linear minimize mean square error，LMMSE）估计或线性最小均方估计，简记作 $\hat{\boldsymbol{\theta}}_{\mathrm{lmmse}}$，其中线性是指对观测矢量进行线性变换，从而完成对未知参量的估计，该估计方法具有较低复杂度，且仅依赖一阶和二阶统计信息。

本部分以未知确定的矢量估计为例，阐述线性最小均方误差估计。待估计的 N 维矢量为

$\boldsymbol{\theta}=[\theta_1,\theta_2,\cdots,\theta_N]^{\mathrm{T}}$，观测矢量为 $\boldsymbol{x}=[x_1,x_2,\cdots,x_K]^{\mathrm{T}}$，线性估计可以表示为

$$\hat{\boldsymbol{\theta}}=\boldsymbol{A}\boldsymbol{x}+\boldsymbol{b} \tag{4-35}$$

式中，系数 $\boldsymbol{b}$ 是列向量；系数 $\boldsymbol{A}$ 是维度为 $N\times K$ 的变换矩阵。

因此，估计误差的协方差矩阵为

$$\boldsymbol{Q}_{\tilde{\theta}}\triangleq E[\tilde{\boldsymbol{\theta}}\tilde{\boldsymbol{\theta}}^{\mathrm{T}}]=E[(\boldsymbol{\theta}-\boldsymbol{A}\boldsymbol{x})^{\mathrm{T}}(\boldsymbol{\theta}-\boldsymbol{A}\boldsymbol{x})] \tag{4-36}$$

式中，$\tilde{\boldsymbol{\theta}}=\boldsymbol{\theta}-\hat{\boldsymbol{\theta}}$ 为估计误差列向量。

为实现线性最小均方误差估计，需要将上式对系数 $\boldsymbol{b}$ 和 $\boldsymbol{A}$ 进行求导，并令导函数为零，因此有

$$\frac{\boldsymbol{Q}_{\tilde{\theta}}}{\partial\boldsymbol{b}}=-2E(\boldsymbol{\theta}-\boldsymbol{A}\boldsymbol{x}-\boldsymbol{b})=\boldsymbol{0}^{\mathrm{T}} \tag{4-37}$$

$$\frac{\boldsymbol{Q}_{\tilde{\theta}}}{\partial\boldsymbol{A}}=-2E[(\boldsymbol{\theta}-\boldsymbol{A}\boldsymbol{x}-\boldsymbol{b})\boldsymbol{x}^{\mathrm{T}}]=\boldsymbol{0}^{\mathrm{T}} \tag{4-38}$$

式（4-38）是线性最小均方误差估计的重要条件，被称作正交条件（又称正交原理），即估计误差与所有观测数据均是正交的，在统计学中正交定义为 $E(\boldsymbol{x}\boldsymbol{y}^{\mathrm{T}})=0$，如图 4-4 所示。

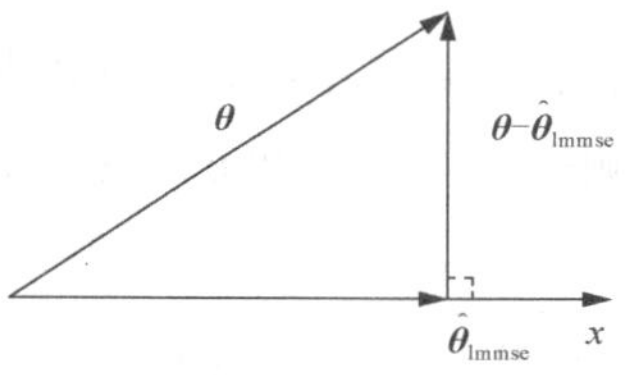

图 4-4　正交原理图示

由式（4-38）可得

$$\boldsymbol{b}=E(\boldsymbol{\theta})-\boldsymbol{A}E(\boldsymbol{x}) \tag{4-39}$$

$$\boldsymbol{A}=\boldsymbol{Q}_{\theta x}\boldsymbol{Q}_x^{-1} \tag{4-40}$$

式中，

$$\boldsymbol{Q}_{\theta x}=E\left\{[\boldsymbol{\theta}-E(\boldsymbol{\theta})][\boldsymbol{x}-E(\boldsymbol{x})]^{\mathrm{T}}\right\} \tag{4-41}$$

$$\boldsymbol{Q}_x=E\left\{[\boldsymbol{x}-E(\boldsymbol{x})][\boldsymbol{x}-E(\boldsymbol{x})]^{\mathrm{T}}\right\} \tag{4-42}$$

因此，有线性最小均方误差估计

$$\hat{\boldsymbol{\theta}}_{\mathrm{lmmse}}=E(\boldsymbol{\theta})+\boldsymbol{Q}_{\theta x}\boldsymbol{Q}_x^{-1}\left[\boldsymbol{x}-E(\boldsymbol{x})\right] \tag{4-43}$$

由上式可知，线性最小均方误差估计的求解，仅需要 $\boldsymbol{\theta}$ 和 $\boldsymbol{x}$ 的一阶、二阶统计特性，而不需要后验概率 $p(\boldsymbol{\theta}\,|\,\boldsymbol{x})$，这是它与最小均方误差估计的主要区别。

可进一步证明，线性最小均方误差估计是无偏估计，其估计的均方误差矩阵为

$$\boldsymbol{Q}_{\tilde{\theta}} \triangleq E[\tilde{\boldsymbol{\theta}}^{\mathrm{T}}\tilde{\boldsymbol{\theta}}] = \boldsymbol{Q}_{\theta} - \boldsymbol{Q}_{\theta x}\boldsymbol{Q}_{x}^{-1}\boldsymbol{Q}_{x\theta} \tag{4-44}$$

式中，$\boldsymbol{Q}_{\theta x}$ 和 $\boldsymbol{Q}_{x}$ 的定义如前所示；$\boldsymbol{Q}_{\theta}$ 为 $\boldsymbol{\theta}$ 的自协方差矩阵；$\boldsymbol{Q}_{x\theta}$ 为 $\boldsymbol{x}$ 和 $\boldsymbol{\theta}$ 的互协方差矩阵，形式同前，不做赘述。

4.5.2　维纳滤波算法

4.5.1 节介绍的是参量估计技术，本节介绍的是波形估计技术，也被称作滤波技术，即用观测数据去估计波形，或者估计随时间变化的参量。维纳滤波算法就是将 4.5.1 节介绍的线性最小均方误差估计准则拓展到波形估计上。

本节考虑的是离散信号处理，待估计波形 $s(t)$ 经过离散采样后的信号记作 $s(n)$，观测波形为 $x(t)$ 经过离散采样后的信号，记作 $x(n)$。维纳滤波算法中，需要设计一个离散的 FIR 滤波器，其系数为一个长度为 N 的有限长序列，记作 $\boldsymbol{w}(n)=[w_0(n),w_1(n),\cdots,w_{N-1}(n)]^{\mathrm{T}}$，其滤波器系数是随着时间 n 而调整的，$n=1,2,\cdots$。

将 $\boldsymbol{x}(n)$ 经过 $\boldsymbol{w}(n)$ 之后的输出作为估计结果 $\hat{s}(n)$，因此有

$$\hat{s}(n)=\sum_{l=0}^{N-1}x(n-l)\boldsymbol{w}(n)=\boldsymbol{w}^{\mathrm{T}}(n)\boldsymbol{x}(n) \tag{4-45}$$

式中，$\boldsymbol{x}(n)=[x(n),\cdots,x(n-N+1)]^{\mathrm{T}}$。需要指出的是，在参量估计中的观测矢量为 $\boldsymbol{x}$，在波形估计中的观测矢量为 $\boldsymbol{x}(n)$，即观测矢量随着时间 n 而变化。

因此，估计误差为

$$e(n)=s(n)-\boldsymbol{w}^{\mathrm{T}}(n)\boldsymbol{x}(n) \tag{4-46}$$

假设 $x(n)$ 和 $s(n)$ 为联合平稳信号，则有标量代价函数

$$J(n)=E\,|\,e(n)\,|^2=\sigma_s^2-\boldsymbol{w}^{\mathrm{T}}(n)\boldsymbol{r}_{xs}-\boldsymbol{r}_{xs}^{\mathrm{T}}\boldsymbol{w}(n)+\boldsymbol{w}^{\mathrm{T}}(n)\boldsymbol{R}_x\boldsymbol{w}(n) \tag{4-47}$$

式中，σ_s^2 为信号方差；互相关列向量为

$$\boldsymbol{r}_{xs}=[r_{xs}(0),r_{xs}(1),\cdots,r_{xs}(N-1)]^{\mathrm{T}} \tag{4-48}$$

其元素为 $r_{xs}(m)=E[x(n)s(n+m)]$。

自相关矩阵

$$\boldsymbol{R}_x=\begin{bmatrix} r_x(0) & r_x(1) & \cdots & r_x(N-1) \\ r_x(1) & r_x(0) & \cdots & r_x(N-2) \\ \vdots & \vdots & \ddots & \vdots \\ r_x(N-1) & r_x(N-2) & \cdots & r_x(0) \end{bmatrix} \tag{4-49}$$

式中的元素为 $r_x(m)=E[x(n)x(n+m)]$。

维纳滤波是根据线性最小均方误差准则设计的估计器，即使得代价函数 $J(n)=E\,|\,e(n)\,|^2$ 最小，因此需将 $J(n)$ 对 $\boldsymbol{w}(n)$ 进行求导，其导函数为

$$\nabla J(n) \triangleq \frac{\partial J(n)}{\partial \boldsymbol{w}(n)} = -2\boldsymbol{r}_{xs} + 2\boldsymbol{R}_x \boldsymbol{w}(n) \tag{4-50}$$

令导函数为零，即可得维纳-霍普夫方程。

维纳-霍普夫方程的解为维纳滤波的最优估计结果，即 $\boldsymbol{w}(n) = \boldsymbol{w}_{\text{opt}}$，满足

$$\boldsymbol{w}_{\text{opt}} = \boldsymbol{R}_x^{-1} \boldsymbol{r}_{xs} \tag{4-51}$$

将上式代入公式（4-45）中，可得维纳滤波的输出结果。此时代价函数达到最小值，即

$$J_{\min} = \sigma_s^2 - \boldsymbol{r}_{xs}^{\mathrm{T}} \boldsymbol{R}_x^{-1} \boldsymbol{r}_{xs} = \sigma_s^2 - \boldsymbol{r}_{xs}^{\mathrm{T}} \boldsymbol{w}_{\text{opt}} \tag{4-52}$$

维纳滤波在理论上解决了平稳过程的最优线性滤波的问题，得到了广泛使用，但其求解过程需要已知观测信号的自相关矩阵，以及观测信号和待估计信号的互相关列向量。

4.5.3　最小均方算法

为获得维纳滤波解，需要获得先验的自相关矩阵和互相关矢量，并且进行矩阵求逆操作，算法较为复杂。为解决这一问题，通常假定信号序列是平稳且各态历经的，因此其统计平均与时间平均一致，可以利用时间平均（或者说利用观测样本序列）设计维纳滤波器。这一类根据滤波器输入的样本序列，计算滤波器实际输出与期望输出之间误差，并利用误差驱动滤波器系数进行迭代更新，进而实现系数收敛的方法，被称作自适应滤波算法。本节介绍的最小均方算法、4.6.2 节介绍的递归最小二乘算法、4.6.3 节介绍的卡尔曼滤波算法均属于自适应滤波算法范畴。

下面介绍最小均方算法：假设滤波器系数初始值为 $\boldsymbol{w}(0)$，通过递归算法逐步获得最优的滤波器系数，系数更新方程为

$$\boldsymbol{w}(n+1) = \boldsymbol{w}(n) + \frac{1}{2}\mu[-\nabla J(n)] \tag{4-53}$$

上式中 $\mu > 0$ 为迭代步长参数。根据公式（4-50），代价函数的导函数为

$$\nabla J(n) \triangleq \frac{\partial J(n)}{\partial \boldsymbol{w}(n)} = -2\boldsymbol{r}_{xs} + 2\boldsymbol{R}_x \boldsymbol{w}(n) \tag{4-54}$$

与前一节不同的是，在最小均方算法中，上式中的自相关矩阵和互相关矢量需由观测数据 $\boldsymbol{x}(n)$ 和期望输出 $\tilde{s}(n)$ 进行实时估计。一个简单的估计方法为

$$\widehat{\boldsymbol{R}}_x(n) = \boldsymbol{x}(n)\boldsymbol{x}^{\mathrm{T}}(n) \tag{4-55}$$

和

$$\hat{\boldsymbol{r}}_{xs}(n) = \boldsymbol{x}(n)\tilde{s}(n) \tag{4-56}$$

需要指出 $\tilde{s}(n)$ 和 $s(n)$ 的区别：在自适应算法中，为获得 $\boldsymbol{w}(n)$ 的收敛结果，通常需要预先发一段已知序列 $\{\tilde{s}(n), n = 0, \cdots, N-1\}$，该序列又被称为**训练序列**；待系数收敛到最优后，可以用该滤波器对未知序列 $s(n), n = N+1, \cdots$ 进行滤波。

将估计值代入代价函数的导函数，则有

$$\begin{aligned}\hat{\nabla}J(n) &= -2\boldsymbol{x}(n)\tilde{s}(n) + 2\boldsymbol{x}(n)\boldsymbol{x}^{\mathrm{T}}(n)\boldsymbol{w}(n) \\ &= -2\boldsymbol{x}(n)[\tilde{s}(n) - \boldsymbol{x}^{\mathrm{T}}(n)\boldsymbol{w}(n)] \\ &= -2\boldsymbol{x}(n)e(n)\end{aligned} \tag{4-57}$$

因此，滤波器系数的更新为

$$\boldsymbol{w}(n+1) = \boldsymbol{w}(n) + \mu\boldsymbol{x}(n)e(n) \tag{4-58}$$

这种迭代更新滤波器系数的方法，被称为最小均方（least mean square，LMS）算法。最小均方算法是一种通过 LMMSE 准则得到的自适应滤波方法。

以上就是最小均方算法的全部过程，现将最小均方算法总结如下。

第 1 步：初始化抽头权矢量 $\boldsymbol{w}(0)$，并初始化接收符号的序号，即 $n=0$。

第 2 步：误差估计

$$e(n) = \tilde{s}(n) - \boldsymbol{w}^{\mathrm{T}}(n)\boldsymbol{x}(n) \tag{4-59}$$

第 3 步：抽头权矢量更新

$$\boldsymbol{w}(n+1) = \boldsymbol{w}(n) + \mu\boldsymbol{x}(n)e(n) \tag{4-60}$$

第 4 步：如果满足收敛条件（如接收完所有期望信号或者权矢量更新增益足够小），则抽头更新结束；否则，$n \leftarrow n+1$，重复第 2 步。

4.6　最小二乘估计

和之前的估计方法不同，最小二乘估计是一种不依赖任何统计特性的估计方法。

4.6.1 节～4.6.3 节主要针对线性最小二乘估计进行介绍：首先，介绍线性最小二乘估计的基本原理；其次，介绍一种递归最小二乘算法，它同最小均方算法一样是一种自适应滤波算法，通过递归的方式求解线性最小二乘估计；最后，介绍标准卡尔曼滤波技术，通过建立线性观测方程和线性状态方程，完成动态参量估计。4.6.4 节主要针对非线性最小二乘估计，介绍高斯-牛顿法这一迭代求解算法。

4.6.1　基本原理

4.3 节至 4.5 节所示的各种估计，均需要知道观测矢量和待估计的参量矢量之间的统计特性。在某些情况下，当这种统计特性不可知的时候，则需要采用加权最小二乘（weighted least square，WLS）估计。本部分以未知确定的矢量估计为例，阐述线性的加权最小二乘估计，记作 $\hat{\boldsymbol{\theta}}_{\mathrm{wls}}$。

假设待估计的 N 维参量 $\boldsymbol{\theta} = [\theta_1, \theta_2, \cdots, \theta_N]^{\mathrm{T}}$ 和观测矢量 $\boldsymbol{x} = [x_1, x_2, \cdots, x_K]^{\mathrm{T}}$ 之间满足线性观测方程

$$\boldsymbol{x} = \boldsymbol{H}\boldsymbol{\theta} + \boldsymbol{v} \tag{4-61}$$

式中，$\boldsymbol{H}$ 为维度为$K\times N$的已知线性映射矩阵，其元素记作h_{ij}；$\boldsymbol{v}=[v_1,v_2,\cdots,v_K]^{\mathrm{T}}$为观测噪声列向量，服从联合高斯分布，其均值向量为$\boldsymbol{0}^{\mathrm{T}}$，协方差矩阵为$\sigma_v^2\boldsymbol{I}$。

线性加权最小二乘估计是使得观测与估计偏差的加权平方和最小，即代价函数

$$J(\hat{\boldsymbol{\theta}})=[\boldsymbol{x}-\boldsymbol{H}\hat{\boldsymbol{\theta}}]^{\mathrm{T}}\boldsymbol{\Lambda}[\boldsymbol{x}-\boldsymbol{H}\hat{\boldsymbol{\theta}}]=\sum_{i=1}^{K}\lambda_i\left[x_i-\sum_{j=1}^{N}h_{ij}\hat{\boldsymbol{\theta}}_j\right]^2 \tag{4-62}$$

最小化。其中权重矩阵$\boldsymbol{\Lambda}=\mathrm{diag}\{\lambda_1,\lambda_2,\cdots,\lambda_K\}$是一个对角阵，且对角元素非负，表示估计误差的权重。当权重矩阵为单位阵时，即$\boldsymbol{\Lambda}=\boldsymbol{I}$，加权最小二乘算法就变成常规的最小二乘算法。

将代价函数对$\hat{\boldsymbol{\theta}}$求导，并令导函数为零，得

$$\frac{\partial J(\hat{\boldsymbol{\theta}})}{\partial\hat{\boldsymbol{\theta}}}=-2\boldsymbol{H}^{\mathrm{T}}\boldsymbol{\Lambda}(\boldsymbol{x}-\boldsymbol{H}\hat{\boldsymbol{\theta}})=\boldsymbol{0}^{\mathrm{T}} \tag{4-63}$$

由此可得

$$\hat{\boldsymbol{\theta}}_{\mathrm{wls}}=(\boldsymbol{H}^{\mathrm{T}}\boldsymbol{\Lambda}\boldsymbol{H})^{-1}\boldsymbol{H}^{\mathrm{T}}\boldsymbol{\Lambda}\boldsymbol{x} \tag{4-64}$$

由上式可以看出，求解线性的加权最小二乘，仅需要知道线性映射矩阵$\boldsymbol{H}$和加权矩阵$\boldsymbol{\Lambda}$，而不需要知道任何统计信息，但矩阵求逆操作复杂度很高。

4.6.2　递归最小二乘算法

在 4.6.1 节加权最小二乘的基础上，本节考虑一种特殊情况，即权重矩阵满足

$$\boldsymbol{\Lambda}(n)=\begin{bmatrix}\lambda^{n-1} & 0 & \cdots & 0\\ 0 & \lambda^{n-2} & \cdots & 0\\ \vdots & \vdots & \ddots & \vdots\\ 0 & 0 & \cdots & 1\end{bmatrix} \tag{4-65}$$

式中，$0<\lambda\leqslant 1$，通常λ为接近于 1 的常数，如0.99、0.995或0.999等。

在这种情况下，如果采用 4.6.1 节的方法，一是需要已知线性映射矩阵$\boldsymbol{H}$，二是要进行矩阵求逆的复杂操作。本节介绍一种递归求解最小二乘的方法，称为**递归最小二乘**（recursive least square，RLS）算法。同最小均方算法一样，递归最小二乘算法也是一种自适应滤波技术。

下面介绍递归最小二乘算法。本节考虑的是离散信号处理，离散采样后的待估计波形为$s(n)$，观测波形为$\boldsymbol{x}(n)$。设计一个离散的 FIR 滤波器，其系数$\boldsymbol{w}(n)=[w_0(n),w_1(n),\cdots,w_{N-1}(n)]^{\mathrm{T}}$，其中滤波器系数是随着时间$n$而调整的，$n=1,2,\cdots$。

将$\boldsymbol{x}(n)$经过$\boldsymbol{w}(n)$之后的输出作为估计结果$\hat{s}(n)$，因此有

$$\hat{s}(n)=\sum_{l=0}^{N-1}x(n-l)w(n)=\boldsymbol{x}^{\mathrm{T}}(n)\boldsymbol{w}(n) \tag{4-66}$$

式中，$\boldsymbol{x}(n)=[x(n),\cdots,x(n-N+1)]^{\mathrm{T}}$。

因此，估计误差为

$$e(n)=\tilde{s}(n)-\boldsymbol{w}^{\mathrm{T}}(n)\boldsymbol{x}(n) \tag{4-67}$$

式中，$\tilde{s}(n)$为期望输出。同最小均方算法一致，$\tilde{s}(n)$是为实现滤波器系数收敛的训练序列。

定义如下误差列向量：

$$\boldsymbol{e}(n)=[e(1),e(2),\cdots,e(n)]^{\mathrm{T}} \tag{4-68}$$

定义期望响应列向量

$$\tilde{\boldsymbol{s}}(n)=[\tilde{s}(1),\tilde{s}(2),\cdots,\tilde{s}(n)]^{\mathrm{T}} \tag{4-69}$$

定义维度为$N\times n$的输入观测样本矩阵

$$\boldsymbol{X}(n)=[\boldsymbol{x}(1),\boldsymbol{x}(2),\cdots,\boldsymbol{x}(n)] \tag{4-70}$$

有

$$\boldsymbol{e}(n)=\tilde{\boldsymbol{s}}(n)-\boldsymbol{X}^{\mathrm{T}}(n)\boldsymbol{w}(n) \tag{4-71}$$

因此，最小二乘算法的代价函数为

$$J(n)=\boldsymbol{e}^{\mathrm{T}}(n)\boldsymbol{\Lambda}(n)\boldsymbol{e}(n)=\sum_{i=1}^{n}\lambda^{n-i}[\tilde{s}(i)-\boldsymbol{x}^{\mathrm{T}}(i)\boldsymbol{w}(i)]^2 \tag{4-72}$$

由此可知，当$\lambda=1$时，上式即为常规最小二乘的代价函数；当$0<\lambda<1$时，越靠近当前时刻n的估计误差，对代价函数影响越大，反之，越远离当前时刻n的估计误差，对代价函数的影响越小。因此，该滤波技术能应用于时变系统的滤波。系统时变性越强，则λ越小；反之，系统时不变越强，则λ越接近于 1，从而提升抗噪声能力。代价函数$J(n)$主要受前$1/(1-\lambda)$个时刻的估计误差影响。

将代价函数展开，可以写作

$$J(n)=\tilde{\boldsymbol{s}}^{\mathrm{T}}(n)\tilde{\boldsymbol{s}}(n)-2\boldsymbol{z}^{\mathrm{T}}(n)\boldsymbol{w}(n)+\boldsymbol{w}^{\mathrm{T}}(n)\boldsymbol{\Psi}(n)\boldsymbol{w}(n) \tag{4-73}$$

式中，

$$\boldsymbol{\Psi}(n)=\boldsymbol{X}(n)\boldsymbol{\Lambda}(n)\boldsymbol{X}^{\mathrm{T}}(n) \tag{4-74}$$

$$\boldsymbol{z}(n)=\boldsymbol{X}(n)\boldsymbol{\Lambda}(n)\tilde{\boldsymbol{s}}(n) \tag{4-75}$$

将代价函数对$\boldsymbol{w}(n)$求导，并令导函数为零，得到最小二乘解，即

$$\hat{\boldsymbol{w}}(n)=\boldsymbol{\Psi}^{-1}(n)\boldsymbol{z}(n) \tag{4-76}$$

这个最小二乘解与 4.6.1 节的加权最小二乘解的差别在于：4.6.1 节的最小二乘是已知观测矩阵$\boldsymbol{H}$，本节的最小二乘是未知观测矩阵$\boldsymbol{H}$，是通过观测数据$\boldsymbol{x}(n)$和已知的期望输出$\tilde{\boldsymbol{s}}(n)$获得滤波器系数估计$\hat{\boldsymbol{w}}(n)$。

上述方法虽然解决了观测矩阵$\boldsymbol{H}$未知的问题，但是依然有矩阵求逆操作，复杂度比较高。因此需要采用递归算法降低算法复杂度。

根据$\boldsymbol{\Psi}(n)$和$\boldsymbol{z}(n)$的定义，可以得到递归关系，即

$$\boldsymbol{\Psi}(n)=\lambda\boldsymbol{\Psi}(n-1)+\boldsymbol{x}(n)\boldsymbol{x}^{\mathrm{T}}(n) \tag{4-77}$$

$$\boldsymbol{z}(n)=\lambda\boldsymbol{z}(n-1)+\boldsymbol{x}(n)\tilde{s}(n) \tag{4-78}$$

在这里插入介绍矩阵求逆引理：对于任意 $N\times N$ 的非奇异矩阵 $\boldsymbol{A}$ 、$N\times 1$ 的列向量 $\boldsymbol{\alpha}$ ，以及标量 k ，有

$$(\boldsymbol{A}+k\boldsymbol{\alpha}\boldsymbol{\alpha}^{\mathrm{T}})^{-1}=\boldsymbol{A}^{-1}-\frac{k\boldsymbol{A}^{-1}\boldsymbol{\alpha}\boldsymbol{\alpha}^{\mathrm{T}}\boldsymbol{A}^{-1}}{1+k\boldsymbol{\alpha}^{\mathrm{T}}\boldsymbol{A}^{-1}\boldsymbol{\alpha}} \tag{4-79}$$

由此可知

$$\boldsymbol{\Psi}^{-1}(n)=\lambda^{-1}\boldsymbol{\Psi}^{-1}(n-1)-\frac{\lambda^{-2}\boldsymbol{\Psi}^{-1}(n-1)\boldsymbol{x}(n)\boldsymbol{x}^{\mathrm{T}}(n)\boldsymbol{\Psi}^{-1}(n-1)}{1+\lambda^{-1}\boldsymbol{x}^{\mathrm{T}}(n)\boldsymbol{\Psi}^{-1}(n-1)\boldsymbol{x}(n)} \tag{4-80}$$

为简化后续步骤，定义列向量

$$\boldsymbol{k}(n)\triangleq\frac{\lambda^{-1}\boldsymbol{\Psi}^{-1}(n-1)\boldsymbol{x}(n)}{1+\lambda^{-1}\boldsymbol{x}^{\mathrm{T}}(n)\boldsymbol{\Psi}^{-1}(n-1)\boldsymbol{x}(n)} \tag{4-81}$$

该列向量被称为**增益向量**，将其代入公式（4-80），有

$$\boldsymbol{\Psi}^{-1}(n)=\lambda^{-1}\boldsymbol{\Psi}^{-1}(n-1)-\lambda^{-1}\boldsymbol{k}(n)\boldsymbol{x}^{\mathrm{T}}(n)\boldsymbol{\Psi}^{-1}(n-1) \tag{4-82}$$

重新整理公式（4-81），有

$$\boldsymbol{k}(n)=\left[\lambda^{-1}\boldsymbol{\Psi}^{-1}(n-1)-\boldsymbol{k}(n)\boldsymbol{x}^{\mathrm{T}}(n)\boldsymbol{\Psi}^{-1}(n-1)\right]\boldsymbol{x}(n) \tag{4-83}$$

因此，对比公式（4-82）和公式（4-83），有

$$\boldsymbol{k}(n)=\boldsymbol{\Psi}^{-1}(n)\boldsymbol{x}(n) \tag{4-84}$$

将公式（4-78）、公式（4-82）、公式（4-84）代入公式（4-76），有

$$\begin{aligned}\hat{\boldsymbol{w}}(n)&=\lambda\boldsymbol{\Psi}^{-1}(n)\boldsymbol{z}(n-1)+\boldsymbol{k}(n)\tilde{s}(n)\\&=\boldsymbol{\Psi}^{-1}(n-1)\boldsymbol{z}(n-1)-\boldsymbol{k}(n)\boldsymbol{x}^{\mathrm{T}}(n)\boldsymbol{\Psi}^{-1}(n-1)\boldsymbol{z}(n-1)+\boldsymbol{k}(n)\tilde{\boldsymbol{s}}(n)\\&=\hat{\boldsymbol{w}}(n-1)+\boldsymbol{k}(n)\left[\tilde{\boldsymbol{s}}(n)-\hat{\boldsymbol{w}}^{\mathrm{T}}(n-1)\boldsymbol{x}(n)\right]\\&=\hat{\boldsymbol{w}}(n-1)+\boldsymbol{k}(n)\hat{e}_{n-1}(n)\end{aligned} \tag{4-85}$$

式中，$\hat{e}_{n-1}(n)\triangleq\tilde{s}(n)-\hat{\boldsymbol{w}}^{\mathrm{T}}(n-1)\boldsymbol{x}(n)$ 被称作先验估计误差，因为其利用 $(n-1)$ 时刻的抽头系数 $\hat{\boldsymbol{w}}(n-1)$ 计算误差，有别于之前提到的传统估计误差 $e(n)=\tilde{s}(n)-\boldsymbol{w}^{\mathrm{T}}(n)\boldsymbol{x}(n)$ ，因此传统估计误差又可称为后验估计误差。

以上就是递归最小二乘算法的全部过程，现将递归最小二乘算法总结如下。

第 1 步：抽头权矢量 $\boldsymbol{w}(0)$ 初始化，矩阵 $\boldsymbol{\Psi}^{-1}(0)$ 初始化，接收符号的序号初始化，即 $n=0$ 。

第 2 步：增益向量计算

$$\boldsymbol{k}(n)\triangleq\frac{\boldsymbol{\Psi}^{-1}(n-1)\boldsymbol{x}(n)}{\lambda+\boldsymbol{x}^{\mathrm{T}}(n)\boldsymbol{\Psi}^{-1}(n-1)\boldsymbol{x}(n)} \tag{4-86}$$

第 3 步：先验估计误差计算

$$\hat{e}_{n-1}(n)=\tilde{s}(n)-\hat{\boldsymbol{w}}^{\mathrm{T}}(n-1)\boldsymbol{x}(n) \tag{4-87}$$

第 4 步：抽头权矢量更新

$$\hat{\boldsymbol{w}}(n)=\hat{\boldsymbol{w}}(n-1)+\boldsymbol{k}(n)\hat{e}_{n-1}(n) \tag{4-88}$$

第 5 步：$\boldsymbol{\Psi}^{-1}(n)$ 矩阵更新

$$\boldsymbol{\Psi}^{-1}(n)=\lambda^{-1}\boldsymbol{\Psi}^{-1}(n-1)-\lambda^{-1}\boldsymbol{k}(n)\boldsymbol{x}^{\mathrm{T}}(n)\boldsymbol{\Psi}^{-1}(n-1) \tag{4-89}$$

第 6 步：如果满足收敛条件（如接收完所有期望信号或者权矢量更新增益足够小），则抽头更新结束；否则，$n \leftarrow n+1$，重复第 2 步。

4.6.3　卡尔曼滤波算法

4.5.3 节和 4.6.2 节介绍的最小均方算法和递归最小二乘算法是两种自适应算法，当待估计参量 $\boldsymbol{\theta}$ 随时间发生缓慢变化时，这两种方法依然可以跟踪参量变化；但当参量随时间变化较强时，这两种基于数据的自适应算法难以适用，因此需要采用本节的卡尔曼滤波（Kalman filter，KF）算法。

本节考虑的是离散信号处理，常规的卡尔曼滤波算法的建模包含线性观测方程和线性状态方程。线性观测方程（又称线性量测方程）为

$$\boldsymbol{X}(n+1)=\boldsymbol{H}(n+1)\boldsymbol{\theta}(n+1)+\boldsymbol{v}(n+1) \tag{4-90}$$

式中，$\boldsymbol{X}(n+1)$、$\boldsymbol{H}(n+1)$、$\boldsymbol{\theta}(n+1)$、$\boldsymbol{v}(n+1)$ 分别为 $(n+1)$ 时刻的观测列向量、已知观测矩阵、待估计参量列向量（或称待估计状态）、观测噪声列向量。假设观测噪声列向量服从联合高斯分布，其均值为 $\boldsymbol{0}^{\mathrm{T}}$、协方差矩阵为 $\boldsymbol{Q}_v$。这个观测方程和我们之前的线性观测方程基本一致，差别仅在于所有参数均受时间 $(n+1)$ 的影响。

线性状态方程为

$$\boldsymbol{\theta}(n+1)=\boldsymbol{F}(n)\boldsymbol{\theta}(n)+\boldsymbol{w}(n+1) \tag{4-91}$$

式中，$\boldsymbol{F}(n)$ 为 n 时刻的已知状态转移矩阵；$\boldsymbol{w}(n+1)$ 为 $(n+1)$ 时刻的过程噪声列向量。假设过程噪声列向量服从联合高斯分布，其均值为 $\boldsymbol{0}^{\mathrm{T}}$、协方差矩阵为 $\boldsymbol{Q}_w$。

离散卡尔曼滤波模型如图 4-5 所示，其中状态方程和观测方程均需要根据实际场景进行推导。对比之前的最小均方算法和递归最小二乘等自适应算法，并没有状态方程建模，因为假设 $\boldsymbol{\theta}$ 是时不变的。卡尔曼滤波算法是基于模型的滤波手段，即需要预先获得 $\boldsymbol{\theta}$ 随时间变化的模型，并建立状态方程。例如，当 $\boldsymbol{\theta}$ 表示水声探测中目标位置估计值时，通常利用匀速（constant velocity，CV）直线运动模型或匀加速（constant acceleration，CA）直线运动模型等建模，可据此建立状态方程。

卡尔曼滤波算法有很多种求解方法，例如可以基于 4.6.2 节的递归最小二乘算法求解等。本节是以 4.5.1 节的线性最小均方误差估计准则对卡尔曼滤波算法进行求解，主要分为预测和更新两个步骤。

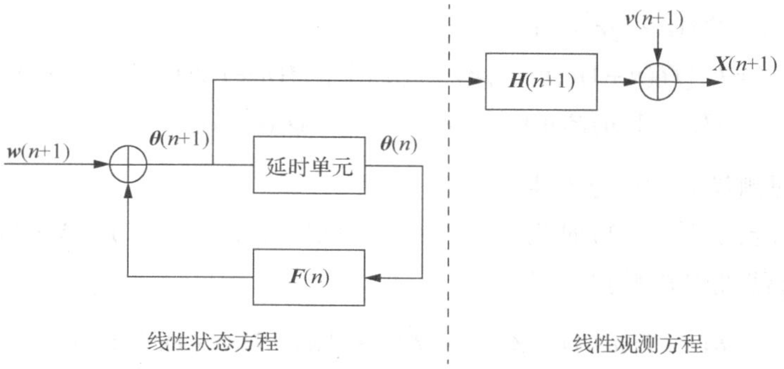

图 4-5 离散卡尔曼滤波模型

1. 预测步骤

首先根据状态方程，通过当前时刻的状态得到下一时刻的状态估计，即

$$\hat{\boldsymbol{\theta}}(n+1|n)=\boldsymbol{F}(n)\hat{\boldsymbol{\theta}}(n|n) \tag{4-92}$$

式中，$\hat{\boldsymbol{\theta}}(n|n)$ 表示通过第 n 时刻的观测，得到的第 n 时刻状态估计结果；$\hat{\boldsymbol{\theta}}(n+1|n)$ 表示通过第 n 时刻的状态，得到的第 $(n+1)$ 时刻状态预测。相应的预测误差为

$$\begin{aligned}\boldsymbol{e}(n+1|n)&=\boldsymbol{\theta}(n+1)-\hat{\boldsymbol{\theta}}(n+1|n)\\&=\boldsymbol{F}(n)\boldsymbol{\theta}(n)+\boldsymbol{w}(n+1)-\boldsymbol{F}(n)\hat{\boldsymbol{\theta}}(n|n)\\&=\boldsymbol{F}(n)\left[\boldsymbol{\theta}(n)-\hat{\boldsymbol{\theta}}(n|n)\right]+\boldsymbol{w}(n+1)\end{aligned} \tag{4-93}$$

式中，定义 n 时刻滤波误差为 $\boldsymbol{e}(n|n)\triangleq\boldsymbol{\theta}(n)-\hat{\boldsymbol{\theta}}(n|n)$ 。假设 $\hat{\boldsymbol{\theta}}(n|n)$ 是无偏估计，则 $E[\boldsymbol{e}(n|n)]=0$ 。所以，预测误差的协方差矩阵为

$$\begin{aligned}\boldsymbol{P}(n+1|n)&=E[\boldsymbol{e}(n+1|n)\boldsymbol{e}^{\mathrm{T}}(n+1|n)]\\&=\boldsymbol{F}(n)\boldsymbol{P}(n|n)\boldsymbol{F}^{\mathrm{T}}(n)+\boldsymbol{Q}_w(n)\end{aligned} \tag{4-94}$$

式中，$\boldsymbol{Q}_w(n)$ 是过程噪声的协方差矩阵；$\boldsymbol{P}(n|n)$ 是 n 时刻预测误差的协方差矩阵。

通过观测方程，可获得下一时刻观测结果的预测，即

$$\widehat{\boldsymbol{X}}(n+1|n)=\boldsymbol{H}(n+1)\hat{\boldsymbol{\theta}}(n+1|n) \tag{4-95}$$

2. 更新步骤

新息 $\boldsymbol{r}(n+1)$ 是指 $(n+1)$ 时刻获得的观测和 n 时刻一步预测结果的差值，即观测超出预测部分，这部分对滤波器更新至关重要：

$$\boldsymbol{r}(n+1)=\boldsymbol{X}(n+1)-\widehat{\boldsymbol{X}}(n+1|n) \tag{4-96}$$

因此，新息的协方差矩阵为

$$\begin{aligned}\boldsymbol{S}(n+1)&=E[\boldsymbol{r}(n+1)\boldsymbol{r}^{\mathrm{T}}(n+1)]\\&=E\{[\boldsymbol{H}(n+1)\boldsymbol{e}(n+1|n)+\boldsymbol{v}(n+1)][\boldsymbol{H}(n+1)\boldsymbol{e}(n+1|n)+\boldsymbol{v}(n+1)]^{\mathrm{T}}\}\\&=\boldsymbol{H}(n+1|n)\boldsymbol{P}(n+1|n)\boldsymbol{H}^{\mathrm{T}}(n+1)+\boldsymbol{Q}_v(n+1)\end{aligned}\tag{4-97}$$

式中，$\boldsymbol{Q}_v(n)$ 为观测噪声的协方差矩阵。

$\hat{\boldsymbol{\theta}}(n+1|n+1)$ 表示对 $(n+1)$ 时刻状态的估计，该估计是由 $(n+1)$ 时刻的观测 $\boldsymbol{X}(n+1)$ 与一步预测 $\hat{\boldsymbol{\theta}}(n+1|n)$ 线性组合得到，即

$$\hat{\boldsymbol{\theta}}(n+1|n+1)=\boldsymbol{K}'(n+1)\hat{\boldsymbol{\theta}}(n+1|n)+\boldsymbol{K}(n+1)\boldsymbol{X}(n+1)\tag{4-98}$$

式中，$\boldsymbol{K}'(n+1)$ 和 $\boldsymbol{K}(n+1)$ 是两个加权系数矩阵。其估计误差为

$$\begin{aligned}\boldsymbol{e}(n+1|n+1)&=\boldsymbol{\theta}(n+1)-\hat{\boldsymbol{\theta}}(n+1|n+1)\\&=\boldsymbol{\theta}(n+1)-\boldsymbol{K}'(n+1)\hat{\boldsymbol{\theta}}(n+1|n)-\boldsymbol{K}(n+1)\boldsymbol{X}(n+1)\\&=\left[\boldsymbol{I}-\boldsymbol{K}'(n+1)-\boldsymbol{K}(n+1)\boldsymbol{H}(n+1)\right]\boldsymbol{\theta}(n+1)\\&\quad+\boldsymbol{K}'(n+1)\boldsymbol{e}(n+1|n)+\boldsymbol{K}(n+1)\boldsymbol{v}(n+1)\end{aligned}\tag{4-99}$$

其中，估计量 $\hat{\boldsymbol{\theta}}(n+1|n+1)$ 应该是无偏且最小均方误差的。

首先，根据无偏性 $E[\boldsymbol{e}(n+1|n+1)]=\boldsymbol{0}^{\mathrm{T}}$ ，有

$$\boldsymbol{K}'(n+1)=\boldsymbol{I}-\boldsymbol{K}(n+1)\boldsymbol{H}(n+1)\tag{4-100}$$

上式分别代入公式（4-98）和公式（4-99），有

$$\hat{\boldsymbol{\theta}}(n+1|n+1)=\hat{\boldsymbol{\theta}}(n+1|n)+\boldsymbol{K}(n+1)\left[\boldsymbol{X}(n+1)-\boldsymbol{H}(n+1)\hat{\boldsymbol{\theta}}(n+1|n)\right]\tag{4-101}$$

和

$$\boldsymbol{e}(n+1|n+1)=\left[\boldsymbol{I}-\boldsymbol{K}(n+1)\boldsymbol{H}(n+1)\right]\boldsymbol{e}(n+1|n)-\boldsymbol{K}(n+1)\boldsymbol{v}(n+1)\tag{4-102}$$

其次，求估计误差的协方差矩阵，即

$$\begin{aligned}\boldsymbol{P}(n+1|n+1)&=E\left[\boldsymbol{e}(n+1|n+1)\boldsymbol{e}^{\mathrm{T}}(n+1|n+1)\right]\\&=\left[\boldsymbol{I}-\boldsymbol{K}(n+1)\boldsymbol{H}(n+1)\right]\boldsymbol{P}(n+1|n)\left[\boldsymbol{I}-\boldsymbol{K}(n+1)\boldsymbol{H}(n+1)\right]^{\mathrm{T}}\\&\quad+\boldsymbol{K}(n+1)\boldsymbol{Q}_v(n)\boldsymbol{K}^{\mathrm{T}}(n+1)\end{aligned}\tag{4-103}$$

要想使均方误差最小，则求下面的导函数：

$$\begin{aligned}\frac{\partial\mathrm{Tr}\left[\boldsymbol{P}(n+1|n+1)\right]}{\partial\boldsymbol{K}(n+1)}&=-2\left[\boldsymbol{I}-\boldsymbol{K}(n+1)\boldsymbol{H}(n+1)\right]\boldsymbol{P}(n+1|n)\boldsymbol{H}^{\mathrm{T}}(n+1)\\&\quad+2\boldsymbol{K}(n+1)\boldsymbol{Q}_v(n+1)\end{aligned}\tag{4-104}$$

并令导函数为零，则有

$$\begin{aligned}\boldsymbol{K}(n+1)&=\boldsymbol{P}(n+1|n)\boldsymbol{H}^{\mathrm{T}}(n+1)\left[\boldsymbol{H}(n+1)\boldsymbol{P}(n+1|n)\boldsymbol{H}^{\mathrm{T}}(n+1)+\boldsymbol{Q}_v(n+1)\right]^{-1}\\&=\boldsymbol{P}(n+1|n)\boldsymbol{H}^{\mathrm{T}}(n+1)\boldsymbol{S}^{-1}(n+1)\end{aligned}\tag{4-105}$$

式中，$\boldsymbol{K}(n+1)$ 又被称为**卡尔曼滤波增益**，将其代入公式（4-103），有

$$\boldsymbol{P}(n+1|n+1)=\left[\boldsymbol{I}-\boldsymbol{K}(n+1)\boldsymbol{H}(n+1)\right]\boldsymbol{P}(n+1|n) \tag{4-106}$$

以上就是卡尔曼滤波算法的全部过程，现将卡尔曼滤波算法总结如下。

第 1 步：建模线性观测方程 $\boldsymbol{X}(n+1)=\boldsymbol{H}(n+1)\boldsymbol{\theta}(n+1)+\boldsymbol{v}(n+1)$ 和线性状态方程 $\boldsymbol{\theta}(n+1)=\boldsymbol{F}(n)\boldsymbol{\theta}(n)+\boldsymbol{w}(n+1)$。

第 2 步：初始化 $\hat{\boldsymbol{\theta}}(0|0)=E[\boldsymbol{\theta}(0)]$ 和 $\boldsymbol{P}(0|0)=E[\boldsymbol{\theta}(0)\boldsymbol{\theta}^{\mathrm{T}}(0)]$，并初始化接收符号序号，即 $n=0$。

第 3 步：状态预测计算

$$\hat{\boldsymbol{\theta}}(n+1|n)=\boldsymbol{F}(n)\hat{\boldsymbol{\theta}}(n|n) \tag{4-107}$$

第 4 步：状态预测协方差计算

$$\boldsymbol{P}(n+1|n)=\boldsymbol{F}(n)\boldsymbol{P}(n|n)\boldsymbol{F}^{\mathrm{T}}(n)+\boldsymbol{Q}_w(n) \tag{4-108}$$

第 5 步：观测预测计算

$$\hat{\boldsymbol{X}}(n+1|n)=\boldsymbol{H}(n+1)\hat{\boldsymbol{X}}(n+1|n) \tag{4-109}$$

第 6 步：新息计算

$$\boldsymbol{r}(n+1)=\boldsymbol{X}(n+1)-\hat{\boldsymbol{X}}(n+1|n) \tag{4-110}$$

第 7 步：新息协方差计算

$$\boldsymbol{S}(n+1)=\boldsymbol{H}(n+1|n)\boldsymbol{P}(k+1|k)\boldsymbol{H}(n+1)+\boldsymbol{Q}_v(n) \tag{4-111}$$

第 8 步：卡尔曼滤波增益计算

$$\boldsymbol{K}(n+1)=\boldsymbol{P}(n+1|n)\boldsymbol{H}^{\mathrm{T}}(n+1)\boldsymbol{S}^{-1}(n+1) \tag{4-112}$$

第 9 步：状态更新

$$\hat{\boldsymbol{\theta}}(n+1|n+1)=\hat{\boldsymbol{\theta}}(n+1|n)+\boldsymbol{K}(n+1)\boldsymbol{r}(n+1) \tag{4-113}$$

第 10 步：状态协方差更新

$$\boldsymbol{P}(n+1|n+1)=\left[\boldsymbol{I}-\boldsymbol{K}(n+1)\boldsymbol{H}(n+1)\right]\boldsymbol{P}(n+1|n) \tag{4-114}$$

第 11 步：如果接收完所有观测数据，则卡尔曼滤波结束；否则，$n\leftarrow n+1$，重复第 3 步。

离散卡尔曼状态滤波与一步预测如图 4-6 所示。

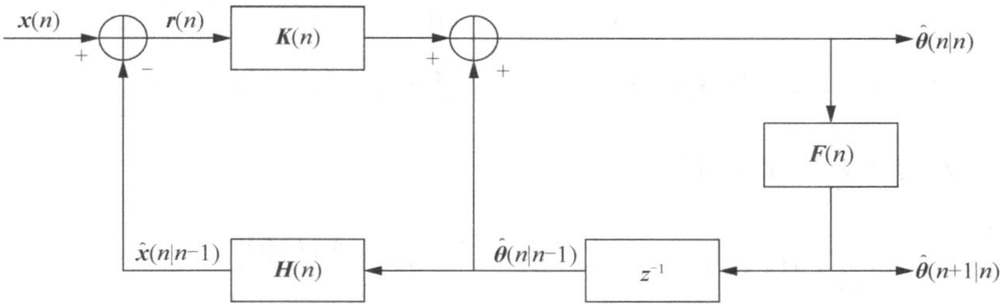

图 4-6　离散卡尔曼状态滤波与一步预测

可以证明：

（1）对于信号和噪声均平稳的情况，稳态时的卡尔曼滤波器等价于因果的无限长度维纳滤波器，但维纳滤波器仅适合平稳环境，卡尔曼滤波器可适应非平稳环境，适用范围更广。

（2）当状态矩阵 $\boldsymbol{F}(k)=\boldsymbol{I}$ 且观测矩阵 $\boldsymbol{H}(k)=\boldsymbol{H}$ 时，卡尔曼滤波器等价于 $\lambda=1$ 的递归最小二乘滤波器。因此，递归最小二乘滤波器可视作卡尔曼滤波器应用在静态参量估计时的特例。

以上是常规卡尔曼滤波的推导过程，即要求状态方程是线性的，并且观测方程是线性的，但实际情况中可能难以满足。对于更一般场景下（如非线性、非高斯等）的卡尔曼滤波，可参考第 5 章。

4.6.4 非线性最小二乘算法

4.6.1 节～4.6.3 节介绍的都是线性最小二乘算法，观测数据和待估计参量间是线性关系（即可以用矩阵的形式表示）。但实际信号估计中，往往存在非线性关系，例如接收的观测信号为

$$x(t)=A\sin(2\pi ft+\phi)+v(t) \tag{4-115}$$

式中，观测信号和信号幅度 A 之间是线性关系，可以用之前的线性最小二乘算法估计；然而，观测信号和信号频率 f 是非线性关系，这就需要采用非线性最小二乘算法估计。

考虑一个未知确定单参量的估计问题，离散观测模型为

$$x(k)=s(k;\boldsymbol{\theta})+v(k),\quad k=0,1,\cdots,K-1 \tag{4-116}$$

则代价函数（即观测与估计偏差的平方和）为

$$J(\boldsymbol{\theta})=\sum_{k=0}^{K-1}[x(k)-s(k;\boldsymbol{\theta})]^2 \tag{4-117}$$

最小二乘算法就是使得上述代价函数最小。如果 $s(\cdot)$ 是 $\boldsymbol{\theta}$ 的线性映射，则可根据线性最小二乘算法求解；如果 $s(\cdot)$ 是 $\boldsymbol{\theta}$ 的非线性映射，则根据非线性最小二乘算法，一般采用高斯-牛顿法进行迭代。

下面介绍高斯-牛顿法。

先考虑未知确定的单参量估计，高斯-牛顿法是在 $\theta=\theta_0$ 附近进行线性化，即

$$s(k;\theta)\approx s(k;\theta_0)+\left.\frac{\partial s(k;\theta)}{\partial\theta}\right|_{\theta=\theta_0}(\theta-\theta_0) \tag{4-118}$$

因此，代入 $J(\theta)$ 后，可将非线性最小二乘近似为线性最小二乘，即

$$\begin{aligned}J(\theta)&=\sum_{k=0}^{K-1}[x(k)-s(k;\theta)]^2\\&\approx\sum_{k=0}^{K-1}\left[x(k)-s(k;\theta_0)+\left.\frac{\partial s(k;\theta)}{\partial\theta}\right|_{\theta=\theta_0}\theta_0-\left.\frac{\partial s(k;\theta)}{\partial\theta}\right|_{\theta=\theta_0}\theta\right]\\&=[\boldsymbol{x}-\boldsymbol{s}(\theta_0)+\boldsymbol{H}(\theta_0)\theta_0-\boldsymbol{H}(\theta_0)\theta]^{\mathrm{T}}[\boldsymbol{x}-\boldsymbol{s}(\theta_0)+\boldsymbol{H}(\theta_0)\theta_0-\boldsymbol{H}(\theta_0)\theta]\end{aligned} \tag{4-119}$$

式中，$\boldsymbol{x}=[x(0),\cdots,x(K-1)]^{\mathrm{T}}$；$\boldsymbol{s}(\theta_0)=[s(0;\theta_0),\cdots,s(K-1;\theta_0)]^{\mathrm{T}}$；$\boldsymbol{H}(\theta_0)=\left[\left.\frac{\partial s(0;\theta)}{\partial\theta}\right|_{\theta=\theta_0},\cdots,\left.\frac{\partial s(K-1;\theta)}{\partial\theta}\right|_{\theta=\theta_0}\right]^{\mathrm{T}}$。

此外，$\boldsymbol{x}-\boldsymbol{s}(\theta_0)+\boldsymbol{H}(\theta_0)\theta_0$ 是已知的，因此有

$$\begin{aligned}\hat{\theta}&=[\boldsymbol{H}^{\mathrm{T}}(\theta_0)\boldsymbol{H}(\theta_0)]^{-1}\boldsymbol{H}^{\mathrm{T}}(\theta_0)[\boldsymbol{x}-\boldsymbol{s}(\theta_0)+\boldsymbol{H}(\theta_0)\theta_0]\\&=\theta_0+[\boldsymbol{H}^{\mathrm{T}}(\theta_0)\boldsymbol{H}(\theta_0)]^{-1}\boldsymbol{H}^{\mathrm{T}}(\theta_0)[\boldsymbol{x}-\boldsymbol{s}(\theta_0)]\end{aligned}\tag{4-120}$$

根据上式，可建立递归关系

$$\theta_{l+1}=\theta_l+[\boldsymbol{H}^{\mathrm{T}}(\theta_l)\boldsymbol{H}(\theta_l)]^{-1}\boldsymbol{H}^{\mathrm{T}}(\theta_l)[\boldsymbol{x}-\boldsymbol{s}(\theta_l)]\tag{4-121}$$

在给定初始 θ_0 之后，可以根据上式进行迭代求解，直到 $|\theta_{l+1}-\theta_l|<\epsilon$ 为止，$\epsilon\to 0^+$。以上即为高斯-牛顿法求解非线性最小二乘的全部步骤。

当待估计参量多于一个时，可以将上式迭代过程中的标量 θ 替换为矢量 $\boldsymbol{\theta}$，其他不变，即

$$\boldsymbol{\theta}_{l+1}=\boldsymbol{\theta}_l+[\boldsymbol{H}^{\mathrm{T}}(\boldsymbol{\theta}_l)\boldsymbol{H}(\boldsymbol{\theta}_l)]^{-1}\boldsymbol{H}^{\mathrm{T}}(\boldsymbol{\theta}_l)[\boldsymbol{x}-\boldsymbol{s}(\boldsymbol{\theta}_l)]\tag{4-122}$$

式中，$\boldsymbol{H}(\boldsymbol{\theta})$ 为雅可比矩阵，其第 i 行、第 j 列元素满足

$$[\boldsymbol{H}(\boldsymbol{\theta})]_{i,j}=\frac{\partial s(i;\boldsymbol{\theta})}{\partial\boldsymbol{\theta}_j}\tag{4-123}$$

例 4-5　考虑一个二维平面上的长基线定位例子。已知三个定位信标的位置分别是 $(x_1,y_1)=(-1,0)$、$(x_2,y_2)=(1,1/2)$、$(x_3,y_3)=(1,-1/2)$，被定位目标分别和三个信标进行测距，测量结果分别为 $R_1=1$、$R_2=1/2$、$R_3=1/2$，求被定位目标的位置 (x,y)。

解：定义测距误差

$$r_1(x,y)=\sqrt{(x-x_1)^2+(y-y_1)^2}-R_1$$

$$r_2(x,y)=\sqrt{(x-x_2)^2+(y-y_2)^2}-R_2$$

$$r_3(x,y)=\sqrt{(x-x_3)^2+(y-y_3)^2}-R_3$$

根据最小二乘准则，需要使得代价函数

$$J(x,y)=r_1^2(x,y)+r_2^2(x,y)+r_3^2(x,y)$$

最小。显然，这是一个非线性最小二乘问题，因此可以采用高斯-牛顿法，其关键在于计算雅可比矩阵

$$\begin{bmatrix}\dfrac{\partial r_1}{\partial x}&\dfrac{\partial r_1}{\partial y}\\[2mm]\dfrac{\partial r_2}{\partial x}&\dfrac{\partial r_2}{\partial y}\\[2mm]\dfrac{\partial r_3}{\partial x}&\dfrac{\partial r_3}{\partial y}\end{bmatrix}=\begin{bmatrix}\dfrac{x-x_1}{S_1}&\dfrac{y-y_1}{S_1}\\[2mm]\dfrac{x-x_2}{S_2}&\dfrac{y-y_2}{S_2}\\[2mm]\dfrac{x-x_3}{S_3}&\dfrac{y-y_3}{S_3}\end{bmatrix}$$

式中，$S_i=\sqrt{(x-x_i)^2+(y-y_i)^2}, i=1,2,3$。$(x,y)$ 的初值为 $(0,0)$，则采用高斯-牛顿法进行迭代，第 7 次迭代后收敛到 $(x,y)=(0.412891,0)$。

4.7　参数估计理论在水声定位中的应用实例

前面介绍了信号估计理论的基础知识。本节结合水声超短基线定位系统的应用实例，重点分析加性高斯白噪声信道下相位估计方法及时延估计方法，并据此分析水声超短基线定位精度。

4.7.1　超短基线定位原理

超短基线（ultra-short baseline，USBL）水声定位系统由两部分组成：水面船装备由发射换能器和接收水听器阵列构成的超短基线阵，其特点是基阵尺寸特别小，只有几厘米至几十厘米；水下合作目标装有声信标或应答器，可发射声信号，或者应答水面船信号。

超短基线水声定位方法主要有两种：第一种是同步式的，即水面船和水下合作目标间是时间同步的，水下目标定期发送定位信号，从而实现定位；第二种是应答式的，即水面船发送询问信号，水下目标发送应答信号，从而实现定位。两种定位方法的差别在于对时间同步要求不同、测距方式不同。但无论哪种方式，都需要水面船通过超短基线阵对各基元接收到的水下目标发送信号以进行时延或相位等参量估计，进而实现对水下目标的定位。

下面结合图 4-7 阐述超短基线水声定位原理，即超短基线阵在获得水下目标信号的相位信息或时延信息之后，如何完成水下目标位置的解算。

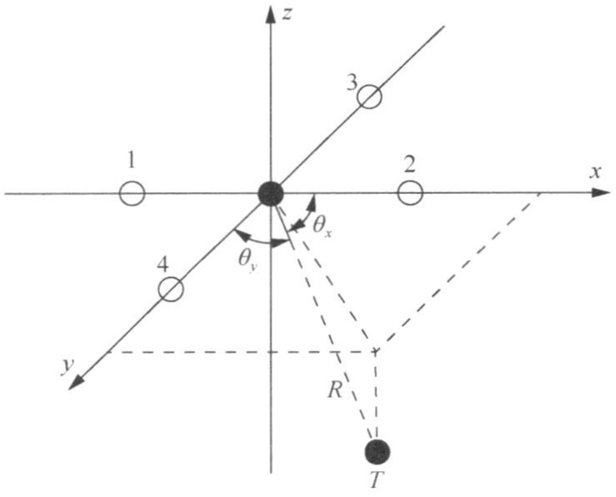

图 4-7　超短基线水声定位原理

假设超短基线阵由 1 个发射基元和 4 个接收基元构成，以发射基元为原点建立基阵坐标系，4 个接收基元分别位于如图 4-7 所示的坐标轴，且与原点距离均为 $d/2$。水下合作目标位于 T 点处，其坐标为 (x, y, z)。根据球坐标和直角坐标的关系，水下目标在基阵坐标系下的坐标可表示为

$$x = R\cos\theta_x \tag{4-124}$$

$$y = R\cos\theta_y \tag{4-125}$$

$$z = -\sqrt{R^2 - x^2 - y^2} = -R\sqrt{1-\cos\theta_x^2 - \cos\theta_y^2} \tag{4-126}$$

式中，θ_x 和 θ_y 分别为水下目标到基阵中心连线与 x 轴和 y 轴的夹角；R 为水下目标到基阵中心的斜距。斜距 R 可以通过

$$R = \frac{1}{4}\sum_{i=1}^{4} c\cdot\tau_i \tag{4-127}$$

求得。式中，c 为水中声速；$\tau_i, i=1,2,\cdots,4$ 表示目标到第 i 号基元间的传播时延。在同步式定位中，τ_i 由水面接收基元接收信号时刻减去水下目标发送信号时刻求得；在应答式定位中，τ_i 由水面接收基元接收信号时刻减去水面发射基元发送询问信号时刻之后除以 2 求得。

与 x 轴和 y 轴的夹角 θ_x 和 θ_y 可以通过各基元接收信号的时延估计求得，也可以通过相位估计求得。如图 4-8 所示，以 x 轴上两个接收基元 1 和基元 2 进行测向为例，基元间距为 d，由于 $d \ll R$，因此可认为是远程接收情况，即入射到所有基元的声线平行，因而目标到两个接收基元之间的声程差为 $d\cos\theta_x$。

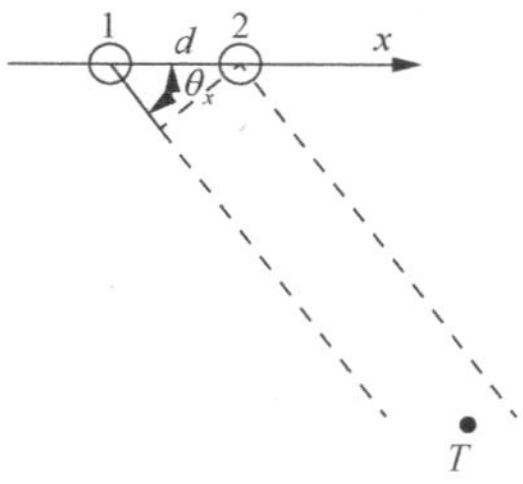

图 4-8　超短基线定位远场假设

声程差会导致两个基元信号的传播时延差，即

$$\tau_x = \tau_1 - \tau_2 = \frac{d}{c}\cos\theta_x \tag{4-128}$$

式中，τ_1 和 τ_2 分别是目标信号到基元 1 和基元 2 的传播时延。

声程差同样会导致两个基元信号的接收相位差，即

$$\phi_x = \phi_1 - \phi_2 = \frac{2\pi d}{\lambda}\cos\theta_x \tag{4-129}$$

式中，ϕ_1 和 ϕ_2 分别是基元 1 和基元 2 处的接收信号相位。相位测量具有 2π 模糊度，使用相位估计时，需要满足基元间距 $d < \lambda/2$，其中 λ 是信号波长。

由时延差或相位差估计结果可获得 $\cos\theta_x$，从而获得坐标 x 值，同理可以获得坐标 y 值，进而得到坐标 z 值，并完成定位。

因此，超短基线水声定位的基础是对接收信号的传播时延 τ 或相位 ϕ 等参量进行估计。

4.7.2　高斯白噪声下信号波形的参量估计

水下目标发送信号记作 $s(t;\theta)$，接收信号记作 $x(t)=s(t;\theta)+n(t)$，其中，$n(t)$ 是均值为 0、功率谱密度为 $P_n(w)=N_0/2$ 的高斯白噪声。

基于随机过程的正交级数展开等知识，观测信号 $x(t)$ 的似然函数表示为

$$p[x(t)\,|\,\theta]=\lim_{N\to\infty}\left(\frac{1}{\pi N_0}\right)^{N/2}\exp\left\{-\frac{1}{N_0}\int_0^T[x(t)-s(t;\theta)]^2\mathrm{d}t\right\} \tag{4-130}$$

将对数似然函数 $\ln p[x(t)\,|\,\theta]$ 求导，并令导函数为零，可得最大对数似然方程

$$\int_0^T[x(t)-s(t;\theta)]\frac{\partial s(t;\theta)}{\partial\theta}\mathrm{d}t\,|_{\theta=\hat{\theta}_{\mathrm{ml}}}=0 \tag{4-131}$$

根据 4.2.2 节中的 CRLB，可以得到无偏估计量的均方误差理论下界

$$\epsilon_{\hat{\theta}}^2=E\left[\left(\theta-\hat{\theta}\right)^2\right]\geqslant\frac{1}{-E\left[\dfrac{\partial^2\ln p[x(t)\,|\,\theta]}{\partial\theta^2}\right]}=\frac{1}{\dfrac{2}{N_0}\displaystyle\int_0^T\left[\frac{\partial s(t;\theta)}{\partial\theta}\right]^2\mathrm{d}t} \tag{4-132}$$

4.7.3　时延估计方法及精度分析

设水面基元接收信号的形式为

$$x(t)=s(t-\tau)+n(t)=a\sin[\omega_0(t-\tau)+\phi_0]+v(t),\ 0\leqslant t\leqslant T \tag{4-133}$$

式中，信号振幅 a、频率 ω_0、相位 ϕ_0 已知；τ 是未知确定的待估计量；$v(t)$ 是均值为 0 的加性高斯白噪声。

根据 4.7.2 节的结论，时延 τ 的最大似然估计方程为

$$\int_0^T[x(t)-s(t-\tau)]\frac{\partial s(t-\tau)}{\partial\tau}\mathrm{d}t\bigg|_{\tau=\hat{\tau}_{\mathrm{ml}}}=0 \tag{4-134}$$

经整理可得

$$\int_0^T x(t)\frac{\partial s(t-\tau)}{\partial\tau}\mathrm{d}t-\frac{1}{2}\frac{\partial}{\partial\tau}\int_0^T s^2(t-\tau)\mathrm{d}t\bigg|_{\tau=\hat{\tau}_{\mathrm{ml}}}=0 \tag{4-135}$$

上式中 $\int_0^T s^2(t-\tau)\mathrm{d}t=E_s$，其中 E_s 为信号能量，因此其导数为 0。所以，时延 τ 的最大似然估计方程为

$$\int_0^T x(t)\frac{\partial s(t-\tau)}{\partial\tau}\mathrm{d}t\bigg|_{\tau=\hat{\tau}_{\mathrm{ml}}}=0 \tag{4-136}$$

根据 4.2.2 节中的 CRLB，可以得到时延估计误差的理论下界为

$$\epsilon_{\hat{\tau}}^2 \geqslant \frac{1}{\frac{2}{N_0}\int_0^T \left[\frac{\partial s(t-\tau)}{\partial \theta}\right]^2 \mathrm{d}t} \tag{4-137}$$

不失一般性，可以令上式中 $\tau=0$ ，所以有

$$\epsilon_{\hat{\tau}}^2 \geqslant \frac{1}{\frac{2}{N_0}\int_0^T \left[\frac{\partial s(t)}{\partial \theta}\right]^2 \mathrm{d}t} \tag{4-138}$$

根据信号与系统中的帕什瓦定理，有

$$\int_0^T \left[\frac{\partial s(t)}{\partial t}\right]^2 \mathrm{d}t = \frac{1}{2\pi}\int_{-\infty}^{+\infty} \omega^2 \,|S(\mathrm{j}\omega)|^2 \,\mathrm{d}\omega \tag{4-139}$$

式中，$S(\mathrm{j}\omega)$ 是 $s(t)$ 的傅里叶变换。

此外，信号的能量为

$$E_s = \frac{1}{2\pi}\int_{-\infty}^{+\infty} \left|S(\mathrm{j}\omega)\right|^2 \mathrm{d}\omega \tag{4-140}$$

因此估计的均方误差满足

$$\epsilon_{\hat{\tau}}^2 \geqslant \frac{N_0}{2E_s}\frac{1}{\beta^2} \tag{4-141}$$

式中，

$$\beta^2 = \frac{\int_{-\infty}^{+\infty} \omega^2 \,|S(\mathrm{j}\omega)|^2 \,\mathrm{d}\omega}{\int_{-\infty}^{+\infty} |S(\mathrm{j}\omega)|^2 \mathrm{d}\omega} \tag{4-142}$$

β 是信号带宽的一种度量，被称为均方带宽。因此，提升信噪比或设计具有更大均方带宽的定位信号，可以提升时延估计精度。

如图 4-9 所示，信号的时延估计可用拷贝相关器来实现，相关器的一个输入是接收信号（即发送信号和噪声的叠加），另一个输入是发送信号本身，在每一采样间隔内，参考信号均与输入信号进行乘加操作。

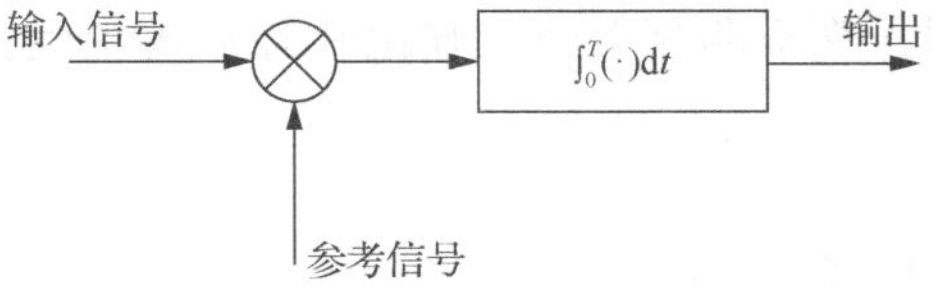

图 4-9　时延估计

以线性调频信号为例来观察拷贝相关器的输出。发送的线性调频信号为

$$s(t) = A\sin(\omega t + \pi\kappa t^2),\ 0\leqslant t\leqslant T \tag{4-143}$$

式中，κ 被称为调频斜率；T 为信号长度。

线性调频信号经过信道传输后的接收信号为

$$x(t) = s(t-\tau) + n(t) \tag{4-144}$$

忽略噪声部分，拷贝相关器的输出为

$$R_{\text{out}}(t) = \frac{A^2 T}{\pi\kappa(t-\tau)} \sin\left[\pi\kappa(t-\tau)\left(1-\frac{|t-\tau|}{T}\right)\right]\cos[\omega(t-\tau)],\quad |t-\tau| \leqslant T \tag{4-145}$$

当 $t = t_0$ 时，拷贝相关器的输出达到最大值。通过对拷贝相关器最大值对应的时延进行估计，便可估计出接收信号的时延差 τ。

4.7.4　相位估计方法及精度分析

设水面基元接收信号的形式为

$$x(t) = a\sin(\omega_0 t + \phi) + v(t),\ 0 \leqslant t \leqslant T \tag{4-146}$$

式中，信号振幅 a 和频率 ω_0 已知；相位 ϕ 是未知确定的待估计量；$v(t)$ 是均值为 0 的加性高斯白噪声。

根据 4.7.2 节的结论，相位 ϕ 的最大似然估计方程为

$$\int_0^T [x(t) - a\sin(\omega_0 t + \phi)] a\cos(\omega_0 t + \phi)\mathrm{d}t \,\big|_{\phi=\hat{\phi}_{\text{ml}}} = 0 \tag{4-147}$$

经整理可得

$$\hat{\phi}_{\text{ml}} = \arctan\left[\frac{\int_0^T x(t)\cos(\omega_0 t)\mathrm{d}t}{\int_0^T x(t)\sin(\omega_0 t)\mathrm{d}t}\right] \tag{4-148}$$

根据 4.2.2 节中的 CRLB，可以得到相位估计误差的理论下界为

$$\epsilon_{\hat{\phi}}^2 \geqslant \frac{1}{\dfrac{2}{N_0}\int_0^T [a\cos(\omega_0 t + \phi)]^2 \mathrm{d}t} = \frac{N_0}{2E_s} \tag{4-149}$$

式中，E_s 为信号能量。所以，提升信噪比可以提升相位估计精度。

信号相位 ϕ 的估计可用正交双路相关器的输出相除后再求反正切函数来实现，如图 4-10 所示。

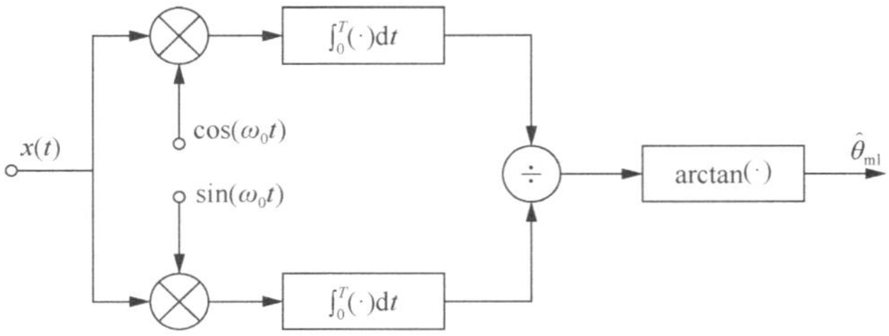

图 4-10　相位估计

4.7.5　超短基线定位精度分析

1. 采用时延估计方法的定位精度分析

以坐标 x 估计为例，可知

$$x = R\cos\theta_x = \frac{R \cdot c \cdot \tau_x}{d} \tag{4-150}$$

为求 x 的估计误差，对上式两端求全微分，因此有

$$\Delta x = \frac{R \cdot \tau_x}{d}\Delta c + \frac{c \cdot \tau}{d}\Delta R + \frac{c \cdot R}{d}\Delta \tau_x - \frac{R \cdot c \cdot \tau_x}{d}\Delta d \tag{4-151}$$

在声学基阵装配过程中精确固定了基阵基元位置，因此 Δd 可忽略；假设声速理想已知，因此 Δc 可忽略。

进一步假设上式中各误差彼此独立，且服从均值为 0 的高斯分布，因此有

$$\sigma_x^2 = \left(\frac{c \cdot \tau_x}{d}\right)^2 \sigma_R^2 + \left(\frac{c \cdot R}{d}\right)^2 \sigma_{\tau_x}^2 \tag{4-152}$$

进而获得 x 轴方向上的相对定位误差结果为

$$\frac{\sigma_x}{R} = \cos\theta_x \sqrt{\left(\frac{\sigma_R}{R}\right)^2 + \left(\frac{\sigma_{\tau_x}}{\tau_x}\right)^2} \tag{4-153}$$

式中，σ_x^2、σ_R^2、$\sigma_{\tau_x}^2$ 分别是 x 坐标、距离、时延差值等估计的均方误差；σ_R^2 和 $\sigma_{\tau_x}^2$ 均和时延估计误差有关。

测距结果和时延估计结果的关系为

$$R = \frac{1}{4}\sum_{i=1}^{4} c \cdot \tau_i \tag{4-154}$$

对等式两端进行全微分可得

$$\Delta R = \frac{1}{4}\sum_{i=1}^{4} \Delta c \cdot \tau_i + \frac{1}{4}\sum_{i=1}^{4} c \cdot \Delta \tau_i \tag{4-155}$$

同样假设声速理想已知，并且上式中各误差值独立且服从均值为 0 的高斯分布，有

$$\sigma_R^2 = \frac{1}{16}\sum_{i=1}^{4} c^2 \sigma_{\tau_i}^2 \tag{4-156}$$

式中，根据 4.7.3 节中时延估计误差的理论下界可知，$\sigma_{\tau_i}^2 \geqslant N_0 / (2\beta^2 E_s)$。

时延差估计结果和时延的关系为

$$\tau_x = \tau_1 - \tau_2 \tag{4-157}$$

对等式两端进行全微分有

$$\Delta\tau_x = \Delta\tau_1 - \Delta\tau_2 \tag{4-158}$$

同样假设上式中各误差独立且服从均值为零的高斯分布，有

$$\sigma_{\tau_x}^2 = \sigma_{\tau_1}^2 + \sigma_{\tau_2}^2 \tag{4-159}$$

式中，$\sigma_{\tau_i}^2 \geqslant N_0 / (2\beta^2 E_s)$。

综上，将公式（4-156）和公式（4-159）代入公式（4-153）中，可得采用时延估计方法时，超短基线相对定位误差σ_x / R的理论下界。

2. 采用相位估计方法的定位精度分析

以坐标x的估计为例，可知

$$x = R\cos\theta_x = \frac{R \cdot \lambda \cdot \phi_x}{2\pi d} \tag{4-160}$$

为求x的估计误差，对上式两端求全微分，因此有

$$\Delta x = \frac{\lambda\phi_x}{2\pi d}\Delta R + \frac{\lambda R}{2\pi d}\Delta\phi_x + \frac{R\phi_x}{2\pi d}\Delta\lambda - R\frac{\lambda\phi_x}{2\pi d^2}\Delta d \tag{4-161}$$

在声学基阵装配过程中精确固定了基阵基元位置，因此Δd可忽略；$\Delta\lambda = \Delta c / f$，其中$f$是信号频率，假设声速理想已知，因此$\Delta\lambda$可以忽略。

进一步假设上式中各误差彼此独立，且服从均值为零的高斯分布，有

$$\sigma_x^2 = \left(\frac{\lambda\phi_x}{2\pi d}\right)^2 \sigma_R^2 + \left(\frac{\lambda R}{2\pi d}\right)^2 \sigma_{\phi_x}^2 \tag{4-162}$$

进而获得x轴方向上的相对定位误差结果为

$$\frac{\sigma_x}{R} = \frac{\lambda\phi_x R}{2\pi d}\sqrt{\left(\frac{\sigma_R}{R}\right)^2 + \left(\frac{\sigma_{\phi_x}}{\phi_x}\right)^2} \tag{4-163}$$

式中，σ_x^2、σ_R^2、$\sigma_{\phi_x}^2$分别是x坐标、距离、相位差等均方误差；σ_R^2和时延估计误差有关，已在前一节说明；$\sigma_{\phi_x}^2$和相位估计有关。

相位差估计结果和相位的关系为

$$\phi_x = \phi_1 - \phi_2 \tag{4-164}$$

对等式两端进行全微分有

$$\Delta\phi_x = \Delta\phi_1 - \Delta\phi_2 \tag{4-165}$$

同样假设上式中各误差独立且服从均值为0的高斯分布，有

$$\sigma_{\phi_x}^2 = \sigma_{\phi_1}^2 + \sigma_{\phi_2}^2 \tag{4-166}$$

式中，根据4.7.4节中相位估计误差的理论下界可知，$\sigma_{\phi_i}^2 \geqslant N_0 / (2E_s)$。

综上，将公式（4-166）和公式（4-156）代入公式（4-163）中，可得采用相位估计方法时，超短基线相对定位误差σ_x / R的理论下界。

4.8　本 章 小 结

本章在介绍了信号估计的基本概念和性质之后，先后讨论了贝叶斯估计、最大似然估计、线性最小均方误差估计、最小二乘估计四类估计方法。

（1）贝叶斯估计中的最小均方误差估计、条件中值估计、最大后验概率估计，都是基于后验概率 $p(\boldsymbol{\theta} \mid \boldsymbol{x})$ 的，所得到的最优估计量分别对应后验概率的期望、中值和最大值。如果后验概率密度函数是单峰对称上凸的（例如，高斯分布），则这三种估计是等价的。

（2）在后验概率未知或者难以求解的情况下，通常采用最大似然估计（或最大对数似然估计），即使得似然概率 $p(\boldsymbol{x} \mid \boldsymbol{\theta})$ 最大。在待估计参量服从均匀分布的情况下，最大后验概率等价于最大似然概率。

（3）求解线性最小均方误差估计，不需要知道后验概率或似然概率，但需要知道一阶或二阶统计特性。

（4）求解最小二乘估计不需要任何统计信息。

各类估计方法的相互关系如图 4-11 所示。这些估计方法中，如果需要统计信息越多，则应用范围受限，求解难度越高，但预期性能越好。当观测样本服从独立同一高斯分布的情况下，四类估计方法是等价的。

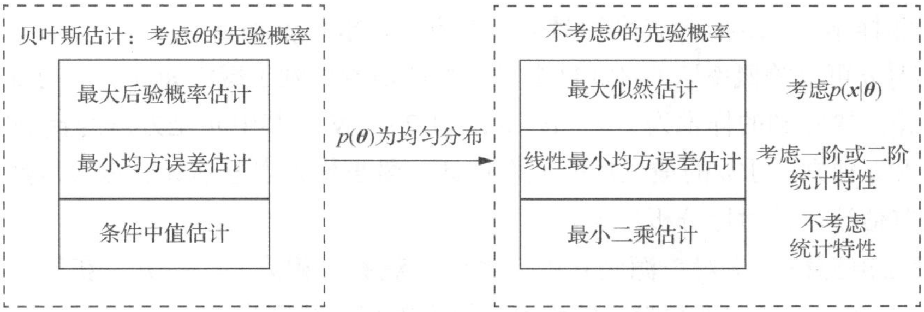

图 4-11　各类估计方法的相互关系

特别需要指出的是，在前面介绍的信号估计算法中，都假定观测量及待估计参量均为实数。但在实际信号处理中，如处理带通信号时，通常进行复数域处理，因此需要求助于复矩阵微分，将相应的估计方法进行复值扩展。

如想进一步深入了解相关知识，可查阅参考文献中相应的内容。

习　　题

1. 自学《统计信号处理基础——估计与检测理论》中的第 15 章“复数据和复参数的扩展”，将本章中的最小均方算法、递归最小二乘算法、卡尔曼滤波算法等进行复值拓展。

2. 利用期望最大化算法，完成例 4-4 中线谱频率估计问题。

3. 假设单径信道 h 的自相关函数为 $R(\tau)=E[h(t)h^*(t+\tau)]=\mathrm{J}_0(2\pi f_d\tau)$，其中 $\mathrm{J}_0(\cdot)$ 为零阶贝塞尔函数，f_d 为径向多普勒常数。写出利用 $t_1,t_2,\cdots,t_N$ 时刻信道，预测 t_{N+1} 时刻信道的维纳-霍普夫方程，并分析增加预测长度 N 对预测误差的影响。

4. 证明未知确定参量的 CRLB。

5. 对于最小均方算法中的参数 μ 和递归最小二乘算法中的参数 λ，请查阅相关文献，阐述如何设置这两个参数。

6. 若观测方程为

$$x_i=n_i+\frac{\theta}{2},\quad i=1,2,\cdots,N$$

式中，各 n_i 是均值为 0、方差为 σ_n^2 的独立同分布高斯白噪声，且与信号 θ 不相关。已知信号 θ 的先验概率密度为

$$p(\theta)=\frac{1}{4}\exp\left(-\frac{\theta}{4}\right),\quad \theta\geqslant 0$$

求 θ 的最大似然估计 $\hat{\theta}_{\mathrm{ml}}$ 和最大后验概率估计 $\hat{\theta}_{\mathrm{map}}$，并考察其无偏性和有效性。

7. 考虑一个高斯混合模型（Gaussian mixture model，GMM）问题，假设观测方程为 $x=\theta+n$，其中 θ 是取值1或−1的随机数，$P\{\theta=1\}=P\{\theta=-1\}=0.5$，噪声 n 服从均值为 μ、方差为 σ^2 的高斯分布。因此当 $\theta=-1$ 时，x 服从均值为 $\mu-1$、方差为 σ^2 的高斯分布。已知获得 N 个观测样本 $x_1,x_2,\cdots,x_N$，利用最大似然方法，求解 μ 和 σ^2。

8. 某信号 a 可以等概率取 $\{-1,0,1\}$ 各值，将此信号调制于载波 $\boldsymbol{w}$ 上，经有加性噪声 $\boldsymbol{n}$ 污染的信道传输，接收到的样本为 $x_i=w_i a+n_i, i=1,2,\cdots,N$，其中 n_i 是方差为 σ_n^2 的零均值高斯白噪声，n_i 和 a 独立。求 a 的最大后验概率估计、最小均方误差估计、最大似然估计和线性最小均方误差估计，并对比分析性能。

9. 假设在声源校准中对声源级 θ 进行测量，观测方程为 $x=\theta+n$，获得两次测量结果 $x_1=216$ 和 $x_2=220$。已知观测噪声的均值和协方差矩阵分别为

$$E(\boldsymbol{n})=\begin{bmatrix}0\\0\end{bmatrix},\quad E(\boldsymbol{n}\boldsymbol{n}^{\mathrm{T}})=\begin{bmatrix}16&0\\0&4\end{bmatrix}$$

（1）求 θ 的最小二乘估计，并计算其均方误差。

（2）求使得 θ 均方误差最小的加权最小二乘估计，并计算其均方误差。

10. 考虑噪声中直流分量的估计问题，设观测方程为 $Y_k=A+N_k$，其中 A 是待估的确定性直流分量，N_k 为均值为 0、方差为 σ_n^2 的高斯白噪声。建立状态转移方程，并利用卡尔曼滤波实现对 A 的估计。

11. 小车在直线上进行匀加速直线运动，加速度近似为 $a=10\mathrm{m/s^2}$，小车的运动可描述为

$$\frac{\mathrm{d}}{\mathrm{d}t}v(t)=a+e(t)$$

式中，$v(t)$ 为小车的运动速度；$e(t)$ 为白噪声，标准差为 $\sigma_e(t)=0.3\mathrm{m/s^2}$。设小车的位移为 $r(t)$，在 t_0 时刻 $[r(0),v(0)]^{\mathrm{T}}=[0,0]^{\mathrm{T}}$，标准差分别为 $\sigma_r(0)=1\mathrm{m}$，$\sigma_v(0)=1\mathrm{m/s}$。在 $\Delta t=1\mathrm{s}$ 后的 t_1 时刻，

观测到小车的位移 $Z(1)=5.7\text{m}$，观测噪声标准差为 $\sigma_\Delta(1)=0.2\text{m}$。用卡尔曼滤波求小车在 t_1 时刻的位移和速度，以及它们的方差。

12. 基于最大似然准则，估计高斯白噪声下正弦波信号 $A\cos(2\pi ft+\phi)$ 中的频率参量 f。

13. 基于最大似然准则，估计高斯白噪声下正弦波信号 $A\cos(2\pi ft+\phi)$ 中的幅度参量 A。

14. 设相关噪声 n_k 是由白噪声 w_k 激励的一节递归滤波器产生的，其自相关函数 $r_{n_jn_k}$ 表示为

$$r_{n_jn_k}=\rho^{|k-j|}\sigma_n^2$$

式中，ρ 是自相关系数且满足 $|\rho|\leqslant 1$；σ_n^2 是相关噪声 $n_k, k=1,2,\cdots,N$ 的方差。如果对 $r_{n_jn_k}, |k-j|=0,1,\cdots,N-1$ 进行了 N 次观测，观测矢量记为 $\boldsymbol{x}$。求 ρ 和 σ_n^2 的最小二乘估计。

15. 考虑在均值为零、方差为 σ_n^2 的加性高斯白噪声 n 中的接收信号 s，已知信号 s 在 $-s_M$ 到 s_M 之间均匀分布。单次观测方程为 $x=s+n$，求信号 s 的三种贝叶斯估计量。

16. 设离散线性滤波器的输入信号序列为 x_k，其中 $x_0=1$，$x_1=-1$，其他为 0；希望该滤波器的输出信号序列为 s_k，其中 $s_0=1$，其他为 0。要求将该滤波器设计成维纳滤波器 h_k。如果滤波器的单位脉冲响应长度为 2，即仅有 h_0 和 h_1 非零，试确定 h_0 和 h_1，以及均方误差。

17. 一个线性自适应均衡器的原理框图如图 4-12 所示，随机数据产生器产生双极性的随机序列 $x(n)$，随机地取 ±1。随机信号通过一个信道传输，信道冲激响应可建模成 FIR 滤波器，系数分别是 0.3、0.9、0.3。在信道输出端加入方差为 σ_n^2 的加性高斯白噪声。设计一个有 11 个权系数的 FIR 结构的自适应均衡器，令均衡器的期望响应为 $x(n-7)$，选择几个合理的白噪声方差值 σ^2（相当于不同信噪比），进行实验。

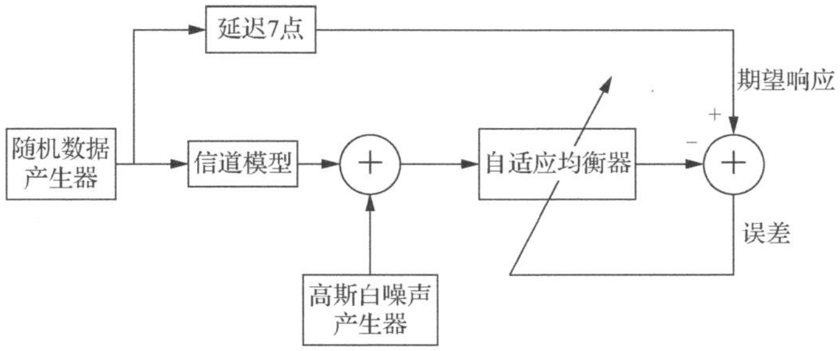

图 4-12　线性自适应均衡器原理框图

（1）用最小均方算法实现这个自适应均衡器，画出一次实验的误差平方的收敛曲线，给出最后设计的滤波器系数。一次实验的训练序列平均长度为 500。进行 20 次独立实验，画出误差平方的平均收敛曲线。并给出不同的三个步长值 μ 进行比较。

（2）用递归最小二乘算法进行（1）的实验，并给出不同的三个遗忘因子 λ 进行比较。

（3）从收敛速率和稳态误差等方面，比较最小均方算法和递归最小二乘算法的均衡结果。

参 考 文 献

法尔航-保罗耶尼, 2018. 自适应滤波器原理及 Matlab 仿真应用(原书第 2 版)[M]. 韩芳明, 译. 北京: 机械工业出版社.
李航, 2022. 机器学习方法[M]. 北京: 清华大学出版社.
罗鹏飞, 张文明, 2021. 随机信号分析与处理[M]. 3 版. 北京: 清华大学出版社.
孙大军, 郑翠娥, 曹忠义, 等, 2023. 深海高精度水声定位与导航技术[M]. 北京: 科学出版社.
田坦, 2007. 水下定位与导航技术[M]. 北京: 国防工业出版社.
王平波, 蔡志明, 代振, 等, 2021. 信号检测与估计: 水声信号处理应用[M]. 北京: 兵器工业出版社.
吴云, 刘万科, 2021. 最优估计基础[M]. 武汉: 武汉大学出版社.
张旭东, 2018. 现代信号分析和处理[M]. 北京: 清华大学出版社.
赵树杰, 赵建勋, 2005. 信号检测与估计理论[M]. 北京: 清华大学出版社.
Chang C B, Dunn K P, 2019. 状态估计和关联的实践应用[M]. 乔向东, 范晋祥, 刘嘉, 译. 北京: 国防工业出版社.
Haykin S, 2016. 自适应滤波器原理(第五版)[M]. 郑宝玉, 等译. 2 版. 北京: 电子工业出版社.
Kay S M, 2006. 统计信号处理基础:估计与检测理论[M]. 罗鹏飞, 张文明, 刘忠, 等译. 北京: 电子工业出版社.
Sauer T, 2014. 数值分析(原书第 2 版)[M]. 裴玉茹, 马赓宇, 译. 北京: 机械工业出版社.
Särkkä S, 2015. 贝叶斯滤波与平滑[M]. 程建华, 陈岱岱, 管冬雪, 等译. 北京: 国防工业出版社.

第 5 章　目标状态估计理论

在海洋信息处理典型应用中，常常通过主动声呐获取目标距离、方位、速度等信息，通过被动声呐获取目标方位、频率特征等信息，再经由信号与信息处理（例如，目标定位解算技术、目标运动分析技术等）进一步获得目标位置、速度、加速度、航向等信息。目标状态包括距离、方位、位置、速度、加速度、航向、频率特征等参数。状态估计是指对目标状态进行平滑、滤波或预测处理。举例来说，假设量测量是方位，当量测量没有误差时，随时间变化的观测值即是目标方位历程的估计结果。然而事实上，观测总是存在误差的，并且观测可能是虚假的，除了目标方位历程的估计有时还需获得目标轨迹的估计，所以我们需要进行目标状态估计，其意义是：降低观测的误差，减少虚警，将观测映射成状态。

目标状态估计是对目标过去的状态进行平滑、对目标现在的状态进行滤波以及对目标未来的状态进行预测的过程。在整个目标状态估计过程中，目标的状态模型与量测模型发挥着重要的作用。目标状态估计理论的输入与输出关系是用状态转移模型和量测模型在时域内加以描述的[1]。其中，目标的状态模型指目标自身的运动状态的转移模型，包含目标的位置、速度、航向等，而量测模型指量测信息与目标状态之间的一种函数映射关系。当准确构建了目标的状态模型、量测模型后，才能运用一系列目标跟踪滤波、目标定位解算或目标运动分析方法实现对目标状态的准确估计。

本章共分为 8 节：5.1 节和 5.2 节分别介绍目标状态估计的状态模型、量测模型；5.3 节介绍贝叶斯滤波原理；5.4 节和 5.5 节分别总结线性滤波、非线性滤波的基本概念和方法；5.6 节主要介绍贝叶斯类滤波器仿真实例；5.7 节通过被动声呐目标线谱提取的应用实例讨论基于粒子滤波检测前跟踪的目标状态估计方法的性能；5.8 节对本章内容进行总结。

5.1　状 态 模 型

状态模型包括目标自身的状态转移函数和过程噪声。离散时间系统下的状态模型为

$$\boldsymbol{X}_{k+1} = f(\boldsymbol{X}_k) + \boldsymbol{G}_k \boldsymbol{U}_k + \boldsymbol{\Gamma}_k \boldsymbol{w}_k \tag{5-1}$$

式中，$\boldsymbol{X}_k$ 为状态向量；$f(\cdot)$ 为状态转移函数；$\boldsymbol{G}_k$ 为控制项矩阵；$\boldsymbol{U}_k$ 为控制项参数矩阵；$\boldsymbol{\Gamma}_k$ 为过程噪声分布矩阵；$\boldsymbol{w}_k$ 为过程噪声矩阵，一般是零均值协方差为 $\boldsymbol{Q}_k$ 的高斯白噪声矩阵。图 5-1 展示了状态模型的示意图。

由状态模型的示意图可知，状态模型由状态转移函数与过程噪声组成。其中状态转移函数描述了不同目标运动模型下，相邻时刻目标状态参数间的函数关系。目前常用的目标运动模型有匀速运动模型、匀加速运动模型、匀速转弯运动模型、Singer 运动模型（Singer，1970）以及“当前”统计模型等。而过程噪声一般受目标自身运动控制能力以及环境因素影响，其

描述了在目标运动过程中速度受到的随机扰动。

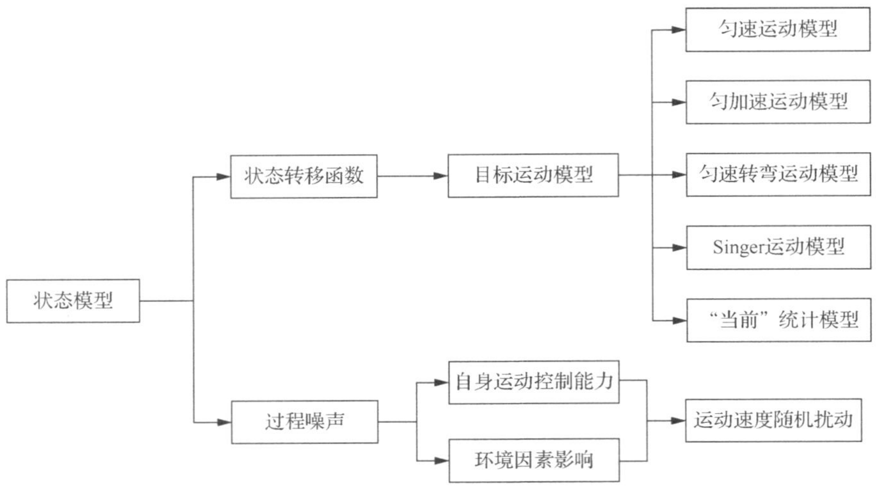

图 5-1　状态模型示意图

5.1.1　匀速运动模型

匀速运动模型，也称为常速度运动模型，由于速度矢量的大小与方向均不发生改变，故常称匀速直线运动模型。假设目标在二维平面内做匀速直线运动，则离散时间系统下，目标位置与速度在时间上的状态转移模型可表示为

$$\begin{cases} x_{k+1} = x_k + v_{x,k}T + \dfrac{1}{2}w_{x,k}T^2 \\ y_{k+1} = y_k + v_{y,k}T + \dfrac{1}{2}w_{y,k}T^2 \\ v_{x,k+1} = v_{x,k} + w_{x,k}T \\ v_{y,k+1} = v_{y,k} + w_{y,k}T \end{cases} \tag{5-2}$$

式中，x_k, y_k 代表 k 时刻目标的位置坐标；$v_{x,k}, v_{y,k}$ 分别代表 x、y 方向上 k 时刻目标的速度；T 为采样间隔；$w_{x,k}, w_{y,k}$ 分别代表 x、y 方向上 k 时刻的过程噪声。考虑目标自身运动的控制能力以及环境因素的影响，在实际情况下不存在绝对匀速运动的目标，其运动速度必然有随机扰动，将这些速度变化看作过程噪声来建模。

构建状态向量为 $\boldsymbol{X}_k = [x_k, y_k, v_{x,k}, v_{y,k}]^{\mathrm{T}}$，则公式（5-2）可写为下述矩阵形式：

$$\begin{bmatrix} x_{k+1} \\ y_{k+1} \\ v_{x,k+1} \\ v_{y,k+1} \end{bmatrix} = \begin{bmatrix} 1 & 0 & T & 0 \\ 0 & 1 & 0 & T \\ 0 & 0 & 1 & 0 \\ 0 & 0 & 0 & 1 \end{bmatrix} \begin{bmatrix} x_k \\ y_k \\ v_{x,k} \\ v_{y,k} \end{bmatrix} + \begin{bmatrix} 0.5T^2 & 0 \\ 0 & 0.5T^2 \\ T & 0 \\ 0 & T \end{bmatrix} \begin{bmatrix} w_{x,k} \\ w_{y,k} \end{bmatrix} \tag{5-3}$$

即目标的二维状态方程为

$$\boldsymbol{X}_{k+1} = \boldsymbol{F}_k \boldsymbol{X}_k + \boldsymbol{\Gamma}_k \boldsymbol{w}_k \tag{5-4}$$

式中，$\boldsymbol{F}_k$ 为系统的状态转移矩阵；$\boldsymbol{\Gamma}_k$ 为过程噪声分布矩阵；$\boldsymbol{w}_k$ 为过程噪声矩阵；$\boldsymbol{w}_k$ 一般是具有协方差 $\boldsymbol{Q}_k$ 的零均值、白色高斯噪声矩阵，即 $E[\boldsymbol{w}_k \boldsymbol{w}_j^{\mathrm{T}}] = \boldsymbol{Q}_k \delta_{kj}$，$\delta_{kj}$ 为克罗内克 δ 函数，表示过程噪声在时间上是统计独立的。

公式(5-4)给出了二维匀速运动模型的建模方法，若目标在三维空间内做匀速直线运动，目标的三维状态方程仍可表示为公式（5-4），但相应的目标状态向量被建模为 $\boldsymbol{X}_k = [x_k, y_k, z_k, v_{x,k}, v_{y,k}, v_{z,k}]^{\mathrm{T}}$，状态转移矩阵、过程噪声分布矩阵、过程噪声矩阵也相应有所改变：

$$\boldsymbol{F}_k = \begin{bmatrix} 1 & 0 & 0 & T & 0 & 0 \\ 0 & 1 & 0 & 0 & T & 0 \\ 0 & 0 & 1 & 0 & 0 & T \\ 0 & 0 & 0 & 1 & 0 & 0 \\ 0 & 0 & 0 & 0 & 1 & 0 \\ 0 & 0 & 0 & 0 & 0 & 1 \end{bmatrix}, \quad \boldsymbol{\Gamma}_k = \begin{bmatrix} 0.5T^2 & 0 & 0 \\ 0 & 0.5T^2 & 0 \\ 0 & 0 & 0.5T^2 \\ T & 0 & 0 \\ 0 & T & 0 \\ 0 & 0 & T \end{bmatrix}, \quad \boldsymbol{w}_k = \begin{bmatrix} w_{x,k} \\ w_{y,k} \\ w_{z,k} \end{bmatrix} \tag{5-5}$$

5.1.2　匀加速运动模型

匀加速运动模型又称为常加速度运动模型。假设目标在二维平面内做匀加速直线运动，则离散时间系统下的目标位置与速度的关系可表示为

$$\begin{cases} x_{k+1} = x_k + v_{x,k}T + \frac{1}{2}a_{x,k}T^2 + \frac{1}{2}w_{x,k}T^2 \\ y_{k+1} = y_k + v_{y,k}T + \frac{1}{2}a_{y,k}T^2 + \frac{1}{2}w_{y,k}T^2 \\ v_{x,k+1} = v_{x,k} + a_{x,k}T + w_{x,k}T \\ v_{y,k+1} = v_{y,k} + a_{y,k}T + w_{y,k}T \\ a_{x,k+1} = a_{x,k} + w_{x,k} \\ a_{y,k+1} = a_{y,k} + w_{y,k} \end{cases} \tag{5-6}$$

构建状态向量为 $\boldsymbol{X}_k = [x_k, y_k, v_{x,k}, v_{y,k}, a_{x,k}, a_{y,k}]^{\mathrm{T}}$，则公式（5-6）可写为下述矩阵形式：

$$\begin{bmatrix} x_{k+1} \\ y_{k+1} \\ v_{x,k+1} \\ v_{y,k+1} \\ a_{x,k+1} \\ a_{y,k+1} \end{bmatrix} = \begin{bmatrix} 1 & 0 & T & 0 & 0.5T^2 & 0 \\ 0 & 1 & 0 & T & 0 & 0.5T^2 \\ 0 & 0 & 1 & 0 & T & 0 \\ 0 & 0 & 0 & 1 & 0 & T \\ 0 & 0 & 0 & 0 & 1 & 0 \\ 0 & 0 & 0 & 0 & 0 & 1 \end{bmatrix} \begin{bmatrix} x_k \\ y_k \\ v_{x,k} \\ v_{y,k} \\ a_{x,k} \\ a_{y,k} \end{bmatrix} + \begin{bmatrix} 0.5T^2 & 0 \\ 0 & 0.5T^2 \\ T & 0 \\ 0 & T \\ 1 & 0 \\ 0 & 1 \end{bmatrix} \begin{bmatrix} w_{x,k} \\ w_{y,k} \end{bmatrix} \tag{5-7}$$

即目标的二维状态方程为

$$\boldsymbol{X}_{k+1}=\boldsymbol{F}_k\boldsymbol{X}_k+\boldsymbol{\Gamma}_k\boldsymbol{w}_k \tag{5-8}$$

可以看出相较于匀速运动模型，匀加速运动模型除了加速度外，还有一定的随机扰动对速度有着影响。公式（5-8）给出了二维匀加速运动模型的建模方法，若目标在三维空间内做匀速直线运动，目标的三维状态方程仍可表示为公式（5-8），但相应的目标状态被建模为 $\boldsymbol{X}_k=[x_k,y_k,z_k,v_{x,k},v_{y,k},v_{z,k},a_{x,k},a_{y,k},a_{z,k}]^{\mathrm{T}}$，状态转移矩阵、过程噪声分布矩阵、过程噪声矩阵也相应有所改变：

$$\boldsymbol{F}_k=\begin{bmatrix}1&0&0&T&0&0&0.5T^2&0&0\\0&1&0&0&T&0&0&0.5T^2&0\\0&0&1&0&0&T&0&0&0.5T^2\\0&0&0&1&0&0&T&0&0\\0&0&0&0&1&0&0&T&0\\0&0&0&0&0&1&0&0&T\\0&0&0&0&0&0&1&0&0\\0&0&0&0&0&0&0&1&0\\0&0&0&0&0&0&0&0&1\end{bmatrix} \tag{5-9}$$

$$\boldsymbol{\Gamma}_k=\begin{bmatrix}0.5T^2&0&0\\0&0.5T^2&0\\0&0&0.5T^2\\T&0&0\\0&T&0\\0&0&T\\1&0&0\\0&1&0\\0&0&1\end{bmatrix},\quad \boldsymbol{w}_k=\begin{bmatrix}w_{x,k}\\w_{y,k}\\w_{z,k}\end{bmatrix} \tag{5-10}$$

5.1.3　匀速转弯运动模型

匀速转弯（constant turn，CT）运动模型也称为协同转弯或坐标转弯模型。在离散时间系统下，构建状态向量为 $\boldsymbol{X}_k=[x_k,y_k,v_{x,k},v_{y,k}]^{\mathrm{T}}$，对于精确已知转弯速率的二维目标，其目标状态方程可表示为

$$\boldsymbol{X}_{k+1}=\boldsymbol{F}_k\boldsymbol{X}_k+\boldsymbol{\Gamma}_k\boldsymbol{w}_k \tag{5-11}$$

式中，

$$
\boldsymbol{F}_k = \begin{bmatrix} 1 & 0 & \dfrac{\sin \omega T}{\omega} & \dfrac{\cos \omega T - 1}{\omega} \\ 0 & 1 & \dfrac{1-\cos \omega T}{\omega} & \dfrac{\sin \omega T}{\omega} \\ 0 & 0 & \cos \omega T & -\sin \omega T \\ 0 & 0 & \sin \omega T & \cos \omega T \end{bmatrix} \tag{5-12}
$$

$$
\boldsymbol{\Gamma}_k = \begin{bmatrix} 0.5T^2 & 0 \\ 0 & 0.5T^2 \\ T & 0 \\ 0 & T \end{bmatrix}, \quad \boldsymbol{w}_k = \begin{bmatrix} w_{x,k} \\ w_{y,k} \end{bmatrix} \tag{5-13}
$$

但对实际目标的运动状态进行估计时，若不能精确知道目标转弯速率的先验信息，例如非合作目标，需要对目标的转弯速率进行实时估计。因此要在标准的匀速转弯运动模型上进行扩展，在状态向量中增加转弯速率，则相应的状态转移矩阵可变为

$$
\boldsymbol{F}_k = \begin{bmatrix} 1 & 0 & \dfrac{\sin \omega T}{\omega} & \dfrac{\cos \omega T - 1}{\omega} & 0 \\ 0 & 1 & \dfrac{1-\cos \omega T}{\omega} & \dfrac{\sin \omega T}{\omega} & 0 \\ 0 & 0 & \cos \omega T & -\sin \omega T & 0 \\ 0 & 0 & \sin \omega T & \cos \omega T & 0 \\ 0 & 0 & 0 & 0 & 1 \end{bmatrix} \tag{5-14}
$$

相应的状态向量变为 $\boldsymbol{X}_k = [x_k, y_k, v_{x,k}, v_{y,k}, \omega]^{\mathrm{T}}$，将转弯速率纳入状态向量进行估计（Sun et al., 2023）。

5.1.4　Singer 运动模型

Singer（1970）提出 Singer 运动模型，认为机动模型是相关噪声模型，而不是通常假定的白噪声模型，认为目标加速度 $a(t)$ 是具有指数自相关的零均值随机过程，即

$$
\boldsymbol{R}(\tau) = E[a(t)a(t+\tau)] = \sigma_m^2 \mathrm{e}^{-\alpha|\tau|} \tag{5-15}
$$

式中，σ_m^2, α 是在区间 $[t, t+\tau]$ 内决定目标机动特性的参数，σ_m^2 是目标的加速度方差，α 是机动时间常数的倒数，即机动频率。

Singer 运动模型的目标加速度 $a(t)$ 被假定为色噪声，但是大多数滤波器的前提是白噪声假设，所以在滤波前，需将目标加速度 $a(t)$ 进行“白化”。白化滤波器的传递函数为 $\boldsymbol{H}(s) = s + \alpha$，则通过“白化”滤波器后的相关函数的拉普拉斯变换为

$$
\boldsymbol{\Phi}_a(s) = \boldsymbol{\Phi}(s)\boldsymbol{H}(s)\boldsymbol{H}(-s) = 2\alpha\sigma_m^2 \tag{5-16}
$$

式中，

$$\boldsymbol{\Phi}(s)=\sigma_m^2\frac{-2\alpha}{(s+\alpha)(s-\alpha)} \tag{5-17}$$

为与加速度时间自相关函数 $\boldsymbol{R}(\tau)=\sigma_m^2\mathrm{e}^{-\alpha|\tau|}$ 对应的拉普拉斯变化。

目标加速度 $a(t)$ 通过“白化”滤波器输出的相关函数为 $2\alpha\sigma_m^2\delta(\tau)$，即

$$\begin{aligned}&\boldsymbol{H}(s)=s+\alpha=\frac{\tilde{\boldsymbol{W}}(s)}{\boldsymbol{A}(s)}\\&\Rightarrow s\boldsymbol{A}(s)+\alpha\boldsymbol{A}(s)=\tilde{\boldsymbol{W}}(s)\\&\Rightarrow s\boldsymbol{A}(s)=-\alpha\boldsymbol{A}(s)+\tilde{\boldsymbol{W}}(s)\\&\Rightarrow \dot{a}(t)=-\alpha a(t)+\tilde{w}(t)\end{aligned} \tag{5-18}$$

式（5-18）即目标加速度 $a(t)$ 用白噪声表示的关系式，它是输入为白噪声的一阶时间相关模型，式中，$\tilde{w}$ 是均值为 0、方差为 $2\alpha\sigma_m^2$ 的高斯白噪声，即

$$E[\tilde{w}(t)\tilde{w}(\tau)]=2\alpha\sigma_m^2\delta(t-\tau) \tag{5-19}$$

一维平面运动目标状态向量设为 $\boldsymbol{X}=\begin{bmatrix}x & v_x & a_x\end{bmatrix}^{\mathrm{T}}$，上述一阶时间相关模型的状态方程可表示为

$$\dot{\boldsymbol{X}}(t)=\boldsymbol{A}\boldsymbol{X}(t)+\tilde{\boldsymbol{W}}(t) \tag{5-20}$$

式（5-20）即为 Singer 运动模型，其中系统矩阵为

$$\boldsymbol{A}=\begin{bmatrix}0 & 1 & 0\\0 & 0 & 1\\0 & 0 & -\alpha\end{bmatrix} \tag{5-21}$$

过程噪声为

$$\tilde{\boldsymbol{W}}(t)=\begin{bmatrix}0 & 0 & \tilde{w}\end{bmatrix}^{\mathrm{T}} \tag{5-22}$$

将式（5-21）和式（5-22）代入式（5-20），有

$$\dot{\boldsymbol{X}}(t)=\begin{bmatrix}v_x\\a_x\\\dot{a}_x\end{bmatrix}=\boldsymbol{A}\boldsymbol{X}(t)+\tilde{\boldsymbol{W}}(t)=\begin{bmatrix}0 & 1 & 0\\0 & 0 & 1\\0 & 0 & -\alpha\end{bmatrix}\begin{bmatrix}x\\v_x\\a_x\end{bmatrix}+\begin{bmatrix}0\\0\\\tilde{w}\end{bmatrix} \tag{5-23}$$

其离散状态方程为

$$\boldsymbol{X}_{k+1}=\boldsymbol{F}_k\boldsymbol{X}_k+\boldsymbol{W}_k \tag{5-24}$$

式中，

$$\boldsymbol{F}_k=\mathrm{e}^{AT}=\begin{bmatrix}1 & T & (\alpha T-1+\mathrm{e}^{-\alpha T})/\alpha^2\\0 & 1 & (1-\mathrm{e}^{-\alpha T})/\alpha\\0 & 0 & \mathrm{e}^{-\alpha T}\end{bmatrix} \tag{5-25}$$

离散时间过程噪声矩阵 $\boldsymbol{W}_k$ 的协方差为

$$\boldsymbol{Q}_k = 2\alpha\sigma_m^2 \begin{bmatrix} q_{11} & q_{12} & q_{13} \\ q_{12} & q_{22} & q_{23} \\ q_{13} & q_{23} & q_{33} \end{bmatrix} \tag{5-26}$$

式中，$\boldsymbol{Q}_k$ 为对称阵，具体元素为

$$\begin{aligned}
q_{11} &= \frac{1}{2\alpha^5}\left(1-\mathrm{e}^{-2\alpha T}+2\alpha T+2\alpha^3T^3/3-2\alpha^2T^2-4\alpha T\,\mathrm{e}^{-\alpha T}\right)\\
q_{12} &= \frac{1}{2\alpha^4}\left(\mathrm{e}^{-2\alpha T}+1-2\,\mathrm{e}^{-\alpha T}+2\alpha T\,\mathrm{e}^{-\alpha T}-2\alpha T+\alpha^2T^2\right)\\
q_{13} &= \frac{1}{2\alpha^3}\left(1-\mathrm{e}^{-2\alpha T}-2\alpha T\,\mathrm{e}^{-\alpha T}\right)\\
q_{22} &= \frac{1}{2\alpha^3}\left(4\,\mathrm{e}^{-\alpha T}-3-\mathrm{e}^{-2\alpha T}+2\alpha T\right)\\
q_{23} &= \frac{1}{2\alpha^2}\left(\mathrm{e}^{-2\alpha T}+1-2\,\mathrm{e}^{-\alpha T}\right)\\
q_{33} &= \frac{1}{2\alpha}\left(1-\mathrm{e}^{-2\alpha T}\right)
\end{aligned} \tag{5-27}$$

这里当数据刷新率足够高时，即采样间隔 T 比机动自相关时间常数 $1/\alpha$ 小得多时，满足 $\alpha T \ll 1$；而进行远距离目标跟踪时，主动声呐的信号发射周期变长使得刷新率降低，被动声呐的积分时间变长使得独立采样间隔变大，满足 $\alpha T \gg 1$。

5.1.5　“当前”统计模型

周宏仁（1983）提出了“当前”统计模型算法，该模型是一种自适应非零均值加速度的 Singer 运动模型。该算法中目标加速度的概率分布利用修正瑞利分布描述，如果目标加速度一直在变化，算法能够在估计目标状态的同时估计目标加速度均值，从而实时修正加速度概率分布，并应用到下一时刻的滤波中。“当前”统计模型已经实现自适应估计过程噪声，与 Singer 运动模型相比，“当前”统计模型能更真实地反映目标机动范围和强度的变化。

针对“当前”统计模型中目标加速度的自相关时间确定较困难问题，研究者结合多模型的思想对“当前”统计模型算法进行了修正，提出了修正的“当前”统计模型（张晶炜等，2002）。为了使“当前”统计模型自适应不同机动目标，修正的“当前”统计模型利用不同的自相关时间常数的多“当前”统计模型获得不同滤波结果，不同滤波结果的概率加权获得最终滤波结果。

5.2　量 测 模 型

量测模型指量测信息与目标状态量之间的一种函数映射关系，目前常用的量测信息有距离信息、方位信息、频率信息以及方位（频率）变化率信息等。离散时间下的状态方程为

$$\boldsymbol{Z}_k = h(\boldsymbol{X}_k) + \boldsymbol{\varepsilon}_k \tag{5-28}$$

式中，$\boldsymbol{Z}_k$ 是量测向量；$h(\cdot)$ 是目标状态向量与量测向量之间的函数映射关系；$\boldsymbol{\varepsilon}_k$ 是量测误差，一般为零均值的高斯白噪声矩阵，其协方差为 $\boldsymbol{R}_k$。

本节主要讨论方位距离量测模型、纯方位量测模型以及方位频率量测模型。

5.2.1 方位距离量测模型

方位距离量测模型在雷达和主动声呐领域应用广泛，其量测的是目标与观测站的距离信息以及目标与观测站间的方位信息。假设观测站坐标为 (x_{Ok}, y_{Ok})，k 时刻其量测模型可写为

$$\begin{bmatrix} \tilde{\beta}_k \\ \tilde{r}_k \end{bmatrix} = \begin{bmatrix} \arctan \dfrac{x_k - x_{Ok}}{y_k - y_{Ok}} \\ \sqrt{(x_k - x_{Ok})^2 + (y_k - y_{Ok})^2} \end{bmatrix} + \begin{bmatrix} \varepsilon_{\beta,k} \\ \varepsilon_{r,k} \end{bmatrix} \tag{5-29}$$

式中，$\tilde{\beta}_k$、$\tilde{r}_k$ 分别表示 k 时刻的方位量测、距离量测；(x_k, y_k) 表示 k 时刻目标的位置坐标；$\varepsilon_{\beta,k}$、$\varepsilon_{r,k}$ 分别表示 k 时刻方位量测误差、距离量测误差。

量测模型的向量形式可写为

$$\boldsymbol{Z}_k = h(\boldsymbol{X}_k) + \boldsymbol{\varepsilon}_k \tag{5-30}$$

式中，$\boldsymbol{Z}_k = [\tilde{\beta}_k, \tilde{r}_k]^{\mathrm{T}}$ 表示量测向量；$\boldsymbol{X}_k = [x_k, y_k, v_{x,k}, v_{y,k}]^{\mathrm{T}}$ 表示状态向量；$\boldsymbol{\varepsilon}_k = [\varepsilon_{\beta,k}, \varepsilon_{r,k}]^{\mathrm{T}}$ 表示量测误差；$h(\cdot)$ 为非线性映射函数，可见方位距离量测模型是非线性模型。

5.2.2 纯方位量测模型

纯方位量测模型在被动声呐领域应用广泛，其量测的是目标与观测站间的方位信息。假设观测站坐标为 (x_{Ok}, y_{Ok})，k 时刻其量测模型可写为

$$\tilde{\beta}_k = \arctan \frac{x_k - x_{Ok}}{y_k - y_{Ok}} + \varepsilon_{\beta,k} \tag{5-31}$$

式中，$\tilde{\beta}_k$ 表示 k 时刻的方位量测；(x_k, y_k) 表示 k 时刻目标的位置坐标；$\varepsilon_{\beta,k}$ 表示 k 时刻方位量测误差。

量测模型可写为

$$Z_k = h(\boldsymbol{X}_k) + \varepsilon_k \tag{5-32}$$

式中，$Z_k = \tilde{\beta}_k$ 表示量测；$\boldsymbol{X}_k = [x_k, y_k, v_{x,k}, v_{y,k}]^{\mathrm{T}}$ 表示状态向量；$\varepsilon_k = \varepsilon_{\beta,k}$ 表示量测误差；$h(\cdot)$ 为非线性映射函数，可见纯方位量测模型是非线性模型。

5.2.3　方位频率量测模型

相较于纯方位量测模型，方位频率量测模型通过引入频率信息，可解决系统可观测性问题，而且能提高对目标轨迹的估计精度，在目标运动分析（target motion analysis，TMA）技术中应用广泛。其量测的是目标与观测站间的方位信息以及目标频率信息。假设观测站坐标为(x_{Ok}, y_{Ok})，运动速度为$(v_{Ox,k}, v_{Oy,k})$，则k时刻其量测模型可写为

$$\begin{bmatrix}\tilde{\beta}_k \\ \tilde{f}_k\end{bmatrix}=\begin{bmatrix}\arctan\dfrac{x_k - x_{Ok}}{y_k - y_{Ok}} \\ f_0\left[1-\dfrac{(v_{x,k}-v_{Ox,k})\sin\beta_k+(v_{y,k}-v_{Oy,k})\cos\beta_k}{c}\right]\end{bmatrix}+\begin{bmatrix}\varepsilon_{\beta,k} \\ \varepsilon_{f,k}\end{bmatrix} \tag{5-33}$$

式中，$\tilde{\beta}_k$、$\tilde{f}_k$分别表示k时刻的方位量测、频率量测；(x_k, y_k)表示k时刻目标的位置坐标；$(v_{x,k}, v_{y,k})$表示k时刻目标的运动速度；$\varepsilon_{\beta,k}$、$\varepsilon_{f,k}$分别表示k时刻方位量测误差、频率量测误差；c代表信号传播速度，水下应用时表示声速。

量测模型的向量形式可写为

$$\boldsymbol{Z}_k = h(\boldsymbol{X}_k)+\boldsymbol{\varepsilon}_k \tag{5-34}$$

式中，$\boldsymbol{Z}_k=[\tilde{\beta}_k, \tilde{f}_k]^{\mathrm{T}}$表示量测向量；$\boldsymbol{X}_k=[x_k, y_k, v_{x,k}, v_{y,k}]^{\mathrm{T}}$表示状态向量；$\boldsymbol{\varepsilon}_k=[\varepsilon_{\beta,k}, \varepsilon_{f,k}]^{\mathrm{T}}$表示量测误差；$h(\cdot)$为非线性映射函数，可见方位频率量测模型是非线性模型。

在解决基于方位频率量测的目标状态估计问题时，由公式（5-33）可见需要已知中心频率f_0。在主动声呐等信息处理场景，中心频率f_0是已知的，但在被动声呐等信息处理场景，非合作目标的中心频率f_0通常是未知的。因此，可通过在状态方程中引入参量f_0，来实现f_0未知时的算法（Sun et al., 2023）。

5.3　贝叶斯滤波原理

贝叶斯理论是数学概率论中的重要内容，其基本思想是结合随机变量的先验信息和新的观测信息来获得随机变量的后验信息。先验信息反映了随机试验前通过历史数据或专家经验获得的知识，有了新的观测信息后，这个知识发生了改变，其结果必然反映在后验信息中，即后验信息综合了先验信息和新的观测信息。如果将前一时刻的后验信息作为后一时刻的先验信息，并进行迭代优化，便形成了贝叶斯滤波。本节将主要讨论贝叶斯定理与贝叶斯滤波方法。

5.3.1　贝叶斯定理

贝叶斯定理是一种比较成熟的概率与统计理论，在讨论其具体的公式定理前，先引入似然函数、先验概率密度函数与后验概率密度函数的概念。

（1）似然函数。似然函数表示模型参数中的似然性，是一个关于统计模型参数的函数。

随机变量 $\boldsymbol{X}$ 和量测 $\boldsymbol{Z}$ 的似然函数定义为

$$\lambda(\boldsymbol{Z}\mid\boldsymbol{X})=p(\boldsymbol{Z}\mid\boldsymbol{X}) \tag{5-35}$$

式中，$\lambda(\boldsymbol{Z}\mid\boldsymbol{X})$ 表示似然函数；p 表示概率密度函数。

（2）先验概率密度函数。先验概率是指在获得随机变量 $\boldsymbol{X}$ 的某些信息或者依据前，根据现有的知识对不确定性进行推断的衡量。先验概率密度函数常表示为 $p(\boldsymbol{X})$。

（3）后验概率密度函数。后验概率是随机变量 $\boldsymbol{X}$ 的条件概率，是指相关事件已有结果或已被观测条件下随机变量的概率。假设 $\boldsymbol{Z}$ 为量测，$\boldsymbol{X}$ 为目标状态。贝叶斯估计的目的是利用量测 $\boldsymbol{Z}$ 来估计目标状态 $\boldsymbol{X}$。根据贝叶斯公式，目标状态 $\boldsymbol{X}$ 的后验概率密度函数为

$$p(\boldsymbol{X}\mid\boldsymbol{Z})=\frac{\lambda(\boldsymbol{Z}\mid\boldsymbol{X})p(\boldsymbol{X})}{\int\lambda(\boldsymbol{Z}\mid\boldsymbol{X})p(\boldsymbol{X})\mathrm{d}\boldsymbol{X}}=\frac{p(\boldsymbol{Z}\mid\boldsymbol{X})p(\boldsymbol{X})}{p(\boldsymbol{Z})} \tag{5-36}$$

式中，$p(\boldsymbol{Z})$ 为边缘概率密度函数。上式即为贝叶斯定理。

在估计目标状态 $\boldsymbol{X}$ 的过程中，$p(\boldsymbol{Z})$ 值的大小并不影响估计结果，所以贝叶斯定理可以简化为

$$p(\boldsymbol{X}\mid\boldsymbol{Z})\propto p(\boldsymbol{Z}\mid\boldsymbol{X})p(\boldsymbol{X}) \tag{5-37}$$

如果没有量测信息，只能根据先验概率密度函数 $p(\boldsymbol{X})$ 对目标状态 $\boldsymbol{X}$ 进行估计。但是当获得量测 $\boldsymbol{Z}$ 之后，可以通过贝叶斯定理来对先验概率密度 $p(\boldsymbol{X})$ 进行修正，从而得到量测 $\boldsymbol{Z}$ 条件下的后验概率密度函数 $p(\boldsymbol{X}\mid\boldsymbol{Z})$。后验概率密度函数兼具了先验信息以及实际数据的量测信息，因此其更加符合未知目标状态的判断过程。贝叶斯定理将先验信息与量测信息综合处理，相较于其他非贝叶斯类方法，估计性能更优越，但同时也更依赖于先验概率密度函数和似然函数的建模正确性。

5.3.2　贝叶斯滤波方法

贝叶斯滤波常常使用递归处理方式。递归处理方式不需要存储全部的量测数据，也不需要在每次获取新的测量值时重新处理以往数据。在状态转移函数和量测函数确定，且量测噪声 $\boldsymbol{\varepsilon}_k$ 与过程噪声 $\boldsymbol{w}_k$ 的统计特性确定的情况下，可以计算得到状态转移概率密度函数 $f(\boldsymbol{X}_{k+1}\mid\boldsymbol{X}_k)$ 和似然函数 $\lambda(\boldsymbol{Z}_{k+1}\mid\boldsymbol{X}_{k+1})$，其中状态转移函数和量测函数见公式（5-1）与公式（5-28）。

根据贝叶斯定理，可以得到贝叶斯滤波的预测方程以及更新方程：

$$p(\boldsymbol{X}_{k+1}\mid\boldsymbol{Z}_k)=\int f(\boldsymbol{X}_{k+1}\mid\boldsymbol{X}_k)p(\boldsymbol{X}_k\mid\boldsymbol{Z}_k)\mathrm{d}\boldsymbol{X}_k \tag{5-38}$$

$$p(\boldsymbol{X}_{k+1}\mid\boldsymbol{Z}_{k+1})=\frac{\lambda(\boldsymbol{Z}_{k+1}\mid\boldsymbol{X}_{k+1})p(\boldsymbol{X}_{k+1}\mid\boldsymbol{Z}_k)}{\int\lambda(\boldsymbol{Z}_{k+1}\mid\boldsymbol{X}_{k+1})p(\boldsymbol{X}_{k+1}\mid\boldsymbol{Z}_k)\mathrm{d}\boldsymbol{X}_{k+1}} \tag{5-39}$$

贝叶斯滤波通过不断递归预测与更新，完成对目标状态的估计（包括平滑、滤波和预测）。

5.4　线性滤波方法

5.4.1　卡尔曼滤波算法

1960 年卡尔曼提出了卡尔曼滤波方法，它拓展了维纳滤波的适用范围，是基于线性最小均方误差准则，可适用于非平稳随机序列估计问题的一种线性滤波方法，常应用于目标状态模型和量测模型为线性高斯过程的情形。因此卡尔曼滤波算法的适用条件为线性高斯假设，要求过程噪声和量测噪声为高斯噪声。下面分别通过构建系统模型以及滤波模型具体讨论卡尔曼滤波算法。

1. 系统模型

卡尔曼滤波算法的系统模型包括状态方程、量测方程。以匀速直线运动的状态模型为例，在离散时间系统下，状态方程为

$$\boldsymbol{X}_{k+1} = \boldsymbol{F}_k \boldsymbol{X}_k + \boldsymbol{\Gamma}_k \boldsymbol{w}_k \tag{5-40}$$

式中，$\boldsymbol{X}_k = [x_k, y_k, v_{x,k}, v_{y,k}]^{\mathrm{T}}$ 为状态向量；$\boldsymbol{F}_k$ 为系统状态转移矩阵；$\boldsymbol{\Gamma}_k$ 为过程噪声分布矩阵；$\boldsymbol{w}_k$ 为过程噪声矩阵。

$$\boldsymbol{F}_k = \begin{bmatrix} 1 & 0 & T & 0 \\ 0 & 1 & 0 & T \\ 0 & 0 & 1 & 0 \\ 0 & 0 & 0 & 1 \end{bmatrix}, \quad \boldsymbol{\Gamma}_k = \begin{bmatrix} 0.5T^2 & 0 \\ 0 & 0.5T^2 \\ T & 0 \\ 0 & T \end{bmatrix} \tag{5-41}$$

在典型线性量测模型假设下，其量测方程可写为

$$\boldsymbol{Z}_k = \boldsymbol{H}_k \boldsymbol{X}_k + \boldsymbol{\varepsilon}_k \tag{5-42}$$

式中，$\boldsymbol{Z}_k = [x_k, y_k]^{\mathrm{T}}$ 为目标量测向量；$\boldsymbol{X}_k = [x_k, y_k, v_{x,k}, v_{y,k}]^{\mathrm{T}}$ 为目标状态向量；$\boldsymbol{\varepsilon}_k = [\varepsilon_x, \varepsilon_y]^{\mathrm{T}}$ 为量测噪声向量；$\boldsymbol{H}_k$ 为量测矩阵，

$$\boldsymbol{H}_k = \begin{bmatrix} 1 & 0 & 0 & 0 \\ 0 & 1 & 0 & 0 \end{bmatrix} \tag{5-43}$$

量测噪声向量 $\boldsymbol{\varepsilon}_k = [\varepsilon_x, \varepsilon_y]^{\mathrm{T}}$ 为零均值高斯白噪声过程序列，$\boldsymbol{\varepsilon}_k$ 的协方差矩阵为 $\boldsymbol{R}_k$，且 $E[\boldsymbol{\varepsilon}_k \boldsymbol{\varepsilon}_j^{\mathrm{T}}] = \boldsymbol{R}_k \delta_{kj}$。不同时刻的量测噪声相互独立，并假设过程噪声与量测噪声也相互独立。

2. 滤波模型

卡尔曼滤波算法及流程如图 5-2 所示。

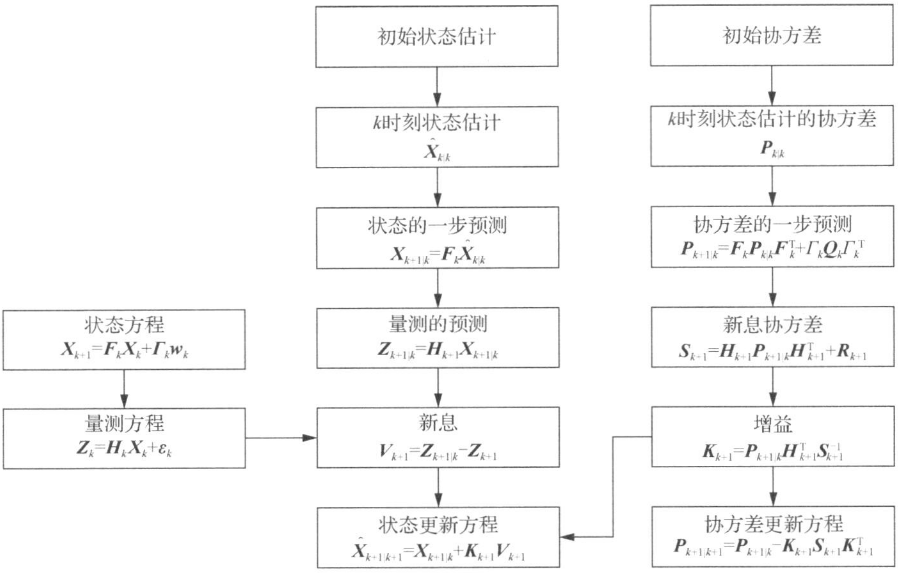

图 5-2　卡尔曼滤波算法及流程

卡尔曼滤波算法的初始过程如图 5-3 所示。

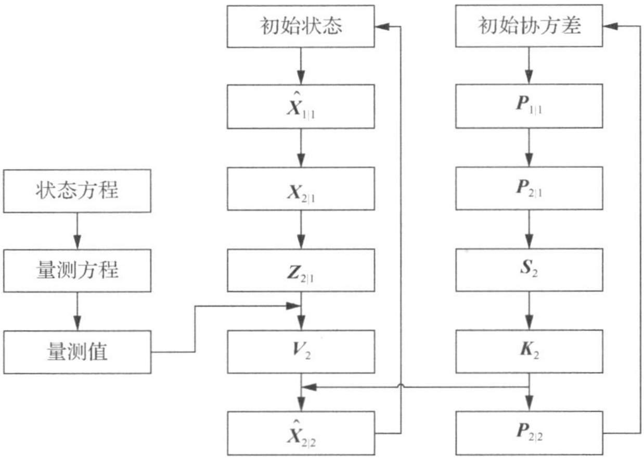

图 5-3　卡尔曼滤波算法初始过程

下面给出卡尔曼滤波算法的具体步骤。

（1）初始化。目标状态初值、状态误差协方差矩阵分别为

$$\hat{\boldsymbol{X}}_0 = E[\boldsymbol{X}_0] \tag{5-44}$$

$$\boldsymbol{P}_0 = E[(\boldsymbol{X}_0 - \hat{\boldsymbol{X}}_0)(\boldsymbol{X}_0 - \hat{\boldsymbol{X}}_0)^{\mathrm{T}}] \tag{5-45}$$

（2）状态和协方差的一步预测：

$$\boldsymbol{X}_{k+1|k} = \boldsymbol{F}_k\hat{\boldsymbol{X}}_{k|k} \tag{5-46}$$

$$\boldsymbol{P}_{k+1|k}=\boldsymbol{F}_k\boldsymbol{P}_{k|k}\boldsymbol{F}_k^{\mathrm{T}}+\boldsymbol{\Gamma}_k\boldsymbol{Q}_k\boldsymbol{\Gamma}_k^{\mathrm{T}} \tag{5-47}$$

（3）量测的预测：

$$\boldsymbol{Z}_{k+1|k}=\boldsymbol{H}_{k+1}\boldsymbol{X}_{k+1|k} \tag{5-48}$$

（4）新息及新息协方差：

$$\boldsymbol{V}_{k+1}=\boldsymbol{Z}_{k+1|k}-\boldsymbol{Z}_{k+1} \tag{5-49}$$

$$\boldsymbol{S}_{k+1}=\boldsymbol{H}_{k+1}\boldsymbol{P}_{k+1|k}\boldsymbol{H}_{k+1}^{\mathrm{T}}+\boldsymbol{R}_{k+1} \tag{5-50}$$

（5）增益：

$$\boldsymbol{K}_{k+1}=\boldsymbol{P}_{k+1|k}\boldsymbol{H}_{k+1}^{\mathrm{T}}\boldsymbol{S}_{k+1}^{-1} \tag{5-51}$$

（6）状态更新：

$$\hat{\boldsymbol{X}}_{k+1|k+1}=\boldsymbol{X}_{k+1|k}+\boldsymbol{K}_{k+1}\boldsymbol{V}_{k+1} \tag{5-52}$$

（7）状态协方差更新：

$$\boldsymbol{P}_{k+1|k+1}=\boldsymbol{P}_{k+1|k}-\boldsymbol{K}_{k+1}\boldsymbol{S}_{k+1}\boldsymbol{K}_{k+1}^{\mathrm{T}} \tag{5-53}$$

由上述卡尔曼滤波算法的具体计算公式可以看出，卡尔曼滤波算法是一种递归计算方法，通过更新状态及相应协方差矩阵完成滤波。除具有递归性外，卡尔曼滤波算法还具有无偏性，因为卡尔曼滤波算法是以最小均方误差为准则，可以实现对状态的无偏估计，即满足

$$E[\hat{\boldsymbol{X}}_k]=E[\boldsymbol{X}_k] \tag{5-54}$$

卡尔曼滤波算法虽是无偏线性估计方法，但其稳定性在实际应用的过程中仍受滤波状态初值、协方差矩阵初值的影响。一旦输入滤波状态初值与真实状态初值之间存在较大的出入或者过程噪声模型不合理，会导致滤波模型与真实模型之间存在失配，使卡尔曼滤波算法出现滤波发散的现象。

5.4.2　常增益滤波算法

卡尔曼滤波的目的是估计不同时刻的目标状态。在计算过程中，增益计算量较大，为了减少计算量，有研究者提出了常增益滤波器，此时增益不再与协方差有关，可以提前计算，不必在滤波过程中计算，减少了计算量。一种易于工程实现典型的常增益滤波器为α-β滤波器。α-β滤波器是针对匀速运动目标模型的一种典型的常增益滤波器，其增益为$K=[\alpha,\beta/T]^{\mathrm{T}}$，式中，系数$\alpha$和$\beta$是滤波系数，分别为目标状态的位置和速度的常滤波增益。在单目标情况下不需要在滤波过程中迭代增益。下面给出α-β滤波的具体步骤。

（1）状态的一步预测：

$$\boldsymbol{X}_{k+1|k}=\boldsymbol{F}_k\hat{\boldsymbol{X}}_{k|k} \tag{5-55}$$

（2）状态更新：

$$\hat{\boldsymbol{X}}_{k+1|k+1}=\boldsymbol{X}_{k+1|k}+\boldsymbol{K}_{k+1}\boldsymbol{V}_{k+1} \tag{5-56}$$

式中，新息$\boldsymbol{V}_{k+1}$为

$$\boldsymbol{V}_{k+1} = \boldsymbol{Z}_{k+1} - \boldsymbol{H}_{k+1}\hat{\boldsymbol{X}}_{k+1|k} \tag{5-57}$$

系数α和β分别为

$$\begin{cases} \alpha = -\dfrac{\lambda^2 + 8\lambda - (\lambda+4)\sqrt{\lambda^2 + 8\lambda}}{8} \\ \beta = \dfrac{\lambda^2 + 4\lambda - \lambda\sqrt{\lambda^2 + 8\lambda}}{4} \end{cases} \tag{5-58}$$

式中，λ为定义的目标机动参数，

$$\lambda = \frac{T^2\sigma_w}{\sigma_\varepsilon} \tag{5-59}$$

其中，T为采样间隔，σ_w和σ_ε分别为过程噪声的标准差和量测噪声的标准差。

由于α和β是λ的函数，而λ又与采样间隔T、过程噪声的标准差σ_w和量测噪声的标准差σ_ε有关，工程上常采用如下与采样时刻k有关的确定方法：

$$\alpha = \frac{2(2k-1)}{k(k+1)},\quad \beta = \frac{6}{k(k+1)} \tag{5-60}$$

对α来说k从 1 开始计算，对β来说k从 2 开始计算，滤波器从$k=3$开始工作。

5.5　非线性滤波方法

前面提到的卡尔曼滤波与维纳滤波都采用最小均方误差估计准则，卡尔曼滤波可以得到时域解，适用于非平稳和多变量的线性时变系统，还具有递归结构，计算量小，实时性强，所以其应用十分广泛。但是卡尔曼滤波并不适用于非线性模型，本节针对非线性模型的滤波方法进行研究。

20 世纪 70 年代，Witcombe（1972）、Aidala（1979）将非线性问题进行伪线性处理，得到了伪线性估计器（pseudo-linear estimator，PLE）。该方法虽然稳定、实现简单，但它是有偏估计。在此基础上 Lingren 等（1978）提出了多种不同辅助变量（instrumental variables，IV）法，以消除估计有偏性。

20 世纪 60 年代，Sunahara 等（1969）提出非线性扩展卡尔曼滤波（extended Kalman filter，EKF）。EKF 将非线性状态方程和量测方程按泰勒级数展开，取其第一阶项或前二阶项，将其变换为线性函数，然后再利用卡尔曼滤波进行估计。EKF 计算快，但是易发散。此外，EKF 需要计算非线性函数的雅可比矩阵，在函数不连续的情况下算法失效。

为解决 EKF 存在的问题，Julier 等（1997）提出了无迹卡尔曼滤波（unscented Kalman filter，UKF）。UKF 的主要思想是通过确定性采样点表示非线性变换前后的随机变量的统计特性。UKF 的主要优点是无须求解雅可比矩阵或黑塞矩阵，不受线性系统约束，故其精度高且稳定性较好。

为解决 UKF 算法在高阶运动模型中出现的滤波精度表现不佳的问题，Arasaratnam 等

(2009) 提出容积卡尔曼滤波（cubature Kalman filter，CKF）。CKF 的主要思想是利用高斯-埃尔米特（Gaussian-Hermite）积分点近似随机变量的分布，进而通过对积分点的加权平均，更精确地估计非线性系统的状态。由于使用三阶球面-径向规则进行积分近似，CKF 具有更稳定的输出，且有更广泛的适用性。

Hammersley 等（1954）提出了粒子滤波（particle filter，PF）原理的基本框架，并将其应用在统计学和理论物理的状态估计问题中，但 PF 算法具有庞大的计算量。近年来，随着计算机运算性能的逐步提升，PF 算法得到了研究人员的广泛关注，其不受系统线性高斯性的约束，所以适用场景非常广泛。

5.5.1 PLE 滤波算法

PLE 滤波算法将非线性模型进行伪线性化处理，重新构造量测值与目标状态之间的方程，但由于在伪线性过程中量测噪声会出现在量测矩阵中，因此量测矩阵与量测噪声相关，这种相关性导致估计结果出现偏差。PLE 滤波算法简单易用，其本质是一种基于最小二乘准则的估计算法。

考虑下列离散时间系统的非线性量测方程：

$$\boldsymbol{Z}_k = h(\boldsymbol{X}_k) + \boldsymbol{\varepsilon}_k \tag{5-61}$$

式中，$\boldsymbol{X}_k \in \boldsymbol{R}^n$ 是状态向量；$\boldsymbol{Z}_k \in \boldsymbol{R}^n$ 是量测向量；$h(\cdot)$ 是二阶连续可微的非线性量测函数；$\boldsymbol{\varepsilon}_k$ 是具有零均值的高斯白噪声。

最小二乘准则是希望估计结果 $h(\hat{\boldsymbol{X}}_k)$ 与其相应的估计值的量测 $\boldsymbol{Z}_k$ 之间的误差的平方和达到最小，目标函数记为

$$J_k = \sum_{i=1}^{k} [\boldsymbol{Z}_i - h(\boldsymbol{X}_i)]^2 \tag{5-62}$$

用式（5-61）建立新的伪线性观测矩阵 $\boldsymbol{H}_{\mathrm{PL},k}$ 与目标状态向量的关系，得到新的伪线性量测方程

$$\boldsymbol{Z}_{\mathrm{PL}}^k = \boldsymbol{H}_{\mathrm{PL}}^k \boldsymbol{X}_k + \boldsymbol{\varepsilon}_{\mathrm{PL}}^k \tag{5-63}$$

在推导过程中，量测噪声无法避免地会被引入新的伪线性观测矩阵 $\boldsymbol{H}_{\mathrm{PL},k}$ 中。对式（5-63）构造目标函数求最小值

$$\min J_k = \min\left\{[\boldsymbol{Z}_{\mathrm{PL}}^k - \boldsymbol{H}_{\mathrm{PL}}^k \boldsymbol{X}_k]^{\mathrm{T}} [\boldsymbol{Z}_{\mathrm{PL}}^k - \boldsymbol{H}_{\mathrm{PL}}^k \boldsymbol{X}_k]\right\} \tag{5-64}$$

式中，

$$\boldsymbol{Z}_{\mathrm{PL}}^k = \begin{pmatrix} z_{\mathrm{PL}}^1 \\ z_{\mathrm{PL}}^2 \\ \vdots \\ z_{\mathrm{PL}}^k \end{pmatrix}, \quad \boldsymbol{H}_{\mathrm{PL}}^k = \begin{pmatrix} h_{\mathrm{PL}}^1 \\ h_{\mathrm{PL}}^2 \\ \vdots \\ h_{\mathrm{PL}}^k \end{pmatrix}, \quad \boldsymbol{\varepsilon}_{\mathrm{PL}}^k = \begin{pmatrix} \varepsilon_{\mathrm{PL}}^1 \\ \varepsilon_{\mathrm{PL}}^2 \\ \vdots \\ \varepsilon_{\mathrm{PL}}^k \end{pmatrix} \tag{5-65}$$

采用微分法求 J_k 的最小值，有

$$\frac{\partial}{\partial \boldsymbol{X}_k} J_k = 2(\boldsymbol{H}_{\mathrm{PL}}^k)^{\mathrm{T}}(\boldsymbol{Z}_{\mathrm{PL}}^k - \boldsymbol{H}_{\mathrm{PL}}^k \boldsymbol{X}_k) = 0 \tag{5-66}$$

对 $\boldsymbol{X}_k$ 进行估计，有

$$\hat{\boldsymbol{X}}_k = \left[(\boldsymbol{H}_{\mathrm{PL}}^k)^{\mathrm{T}} \boldsymbol{H}_{\mathrm{PL}}^k\right]^{-1} (\boldsymbol{H}_{\mathrm{PL}}^k)^{\mathrm{T}} \boldsymbol{Z}_{\mathrm{PL}}^k \tag{5-67}$$

估计量 $\hat{\boldsymbol{X}}_k$ 不满足无偏性，即

$$E[\hat{\boldsymbol{X}}_k] \neq E[\boldsymbol{X}_k] \tag{5-68}$$

所以 PLE 滤波算法的估计结果是有偏的，偏差大小与量测噪声 $\boldsymbol{\varepsilon}_k$ 有关。

5.5.2 EKF 算法

自 1968 年在“阿波罗计划”的制导系统中首次工程化应用以来，EKF 已被成功应用于众多实际系统中用于处理非线性滤波问题。EKF 的基本思想是对系统状态方程和量测方程的一阶泰勒展开式做最小均方误差估计，实际上是对非线性系统进行局部线性化。但 EKF 存在两个问题：一是 EKF 通过对非线性函数的泰勒展开式进行一阶或二阶线性化截断，忽略高阶项而实现非线性算法，当系统具有较高的非线性程度时，忽略的高阶项会造成较大的误差，降低滤波精度甚至使得滤波发散；二是 EKF 必须计算系统的雅可比矩阵，对于高维系统，雅可比矩阵的计算过程复杂且计算量大。

考虑下列离散时间系统的非线性状态方程和量测方程：

$$\begin{cases} \boldsymbol{X}_{k+1} = f(\boldsymbol{X}_k) + \boldsymbol{\Gamma}_k \boldsymbol{w}_k \\ \boldsymbol{Z}_k = h(\boldsymbol{X}_k) + \boldsymbol{\varepsilon}_k \end{cases} \tag{5-69}$$

式中，$\boldsymbol{X}_k \in \boldsymbol{R}^n$ 是状态向量；$\boldsymbol{Z}_k \in \boldsymbol{R}^n$ 是量测向量；$\boldsymbol{w}_k, k\geqslant 0$ 和 $\boldsymbol{\varepsilon}_k, k\geqslant 1$ 是具有零均值的高斯白噪声。将上式分别展开为

$$f(\boldsymbol{X}_k) = f(\hat{\boldsymbol{X}}_k) + \boldsymbol{A}_k(\boldsymbol{X}_k - \hat{\boldsymbol{X}}_k) + o(\boldsymbol{X}_k - \hat{\boldsymbol{X}}_k) \tag{5-70}$$

$$h(\boldsymbol{X}_k) = h(\hat{\boldsymbol{X}}_{k|k-1}) + \boldsymbol{C}_k(\boldsymbol{X}_k - \hat{\boldsymbol{X}}_{k|k-1}) + o(\boldsymbol{X}_k - \hat{\boldsymbol{X}}_{k|k-1}) \tag{5-71}$$

式中，雅可比矩阵

$$\boldsymbol{A}_k = \frac{\partial f}{\partial x}(\hat{\boldsymbol{X}}_k),\quad \boldsymbol{C}_k = \frac{\partial h}{\partial x}(\hat{\boldsymbol{X}}_{k|k-1}) \tag{5-72}$$

利用式（5-70）和式（5-71），可将非线性系统方程（5-69）线性化为

$$\boldsymbol{X}_{k+1} = \boldsymbol{A}_k(\boldsymbol{X}_k - \hat{\boldsymbol{X}}_k) + f(\hat{\boldsymbol{X}}_k) + \boldsymbol{w}_k \tag{5-73}$$

$$\boldsymbol{Z}_k = \boldsymbol{C}_k(\boldsymbol{X}_k - \hat{\boldsymbol{X}}_{k|k-1}) + h(\hat{\boldsymbol{X}}_{k|k-1}) + \boldsymbol{\varepsilon}_k \tag{5-74}$$

至此，可得到 EKF 的基本方程。

状态估计：

$$\hat{\boldsymbol{X}}_{k+1|k} = f(\hat{\boldsymbol{X}}_k) \tag{5-75}$$

$$\hat{\boldsymbol{X}}_{k+1} = \hat{\boldsymbol{X}}_{k+1|k} + \boldsymbol{K}_{k+1}[\boldsymbol{Z}_{k+1} - h(\hat{\boldsymbol{X}}_{k+1|k})] \tag{5-76}$$

均方误差估计：

$$\boldsymbol{P}_{k+1|k} = \boldsymbol{A}_k \boldsymbol{P}_{k|k} \boldsymbol{A}_k^{\mathrm{T}} + \boldsymbol{Q}_k \tag{5-77}$$

$$\boldsymbol{P}_{k+1|k+1} = \boldsymbol{P}_{k+1|k} - \boldsymbol{K}_{k+1} \boldsymbol{C}_{k+1} \boldsymbol{P}_{k+1|k} \tag{5-78}$$

滤波增益：

$$\boldsymbol{K}_{k+1} = \boldsymbol{P}_{k+1} \boldsymbol{C}_{k+1}^{\mathrm{T}} (\boldsymbol{C}_{k+1} \boldsymbol{P}_{k+1|k} \boldsymbol{C}_{k+1}^{\mathrm{T}} + \boldsymbol{R}_k)^{-1} \tag{5-79}$$

5.5.3 UKF 算法

为改善对非线性问题进行滤波的效果，基于无迹变换的 UKF 并不是将非线性模型进行近似线性化，而是使用无迹变换（unscented transform，UT）技术，以一组离散采样点逼近高斯分布的均值和方差。UKF 不要求系统是近似线性的，精度可以逼近非线性系统二阶泰勒展开的结果，在某些情况下逼近精度可达三阶。在计算量方面 UKF 与 EKF 相当，在算法实现方面，由于 UKF 不需要计算雅可比矩阵，因此在计算方面优于 EKF。但 UKF 在高维时数值稳定性较差，无迹变换参数的不当选取会导致滤波出现非正定的情况。

考虑下列离散时间系统的非线性状态方程和量测方程：

$$\begin{cases} \boldsymbol{X}_{k+1} = f(\boldsymbol{X}_k) + \boldsymbol{\Gamma}_k \boldsymbol{w}_k \\ \boldsymbol{Z}_k = h(\boldsymbol{X}_k) + \boldsymbol{\varepsilon}_k \end{cases} \tag{5-80}$$

式中，$\boldsymbol{X}_k$ 为系统状态向量；$\boldsymbol{Z}_k$ 为量测向量；$\boldsymbol{w}_k$ 和 $\boldsymbol{\varepsilon}_k$ 分别为高斯零均值过程噪声和量测噪声，两者独立且不相关。

$$E[\boldsymbol{w}_i \boldsymbol{w}_j^{\mathrm{T}}] = \delta_{ij}\boldsymbol{Q}, \quad E[\boldsymbol{\varepsilon}_i \boldsymbol{\varepsilon}_j^{\mathrm{T}}] = \delta_{ij}\boldsymbol{R}, \quad E[\boldsymbol{w}_i \boldsymbol{\varepsilon}_j^{\mathrm{T}}] = 0 \tag{5-81}$$

无迹变换是 UKF 算法的基础，无迹变换的实现原理为：通过有限个确定性采样点，描述非线性变换前后随机变量的均值和协方差。整个无迹变换过程中没有对非线性函数的线性化过程，直接近似非线性函数对随机变量统计特性的影响，因而滤波结果相较于 EKF 算法更加精确。

设有 n_x 维的状态向量 $\boldsymbol{X}$，其统计特性为：均值为 $\bar{\boldsymbol{X}}$，协方差为 $\boldsymbol{P}_{\boldsymbol{X}}$，$\boldsymbol{X}$ 通过非线性函数 $g(\cdot)$ 变换得到 n_y 维的变量 $\boldsymbol{Y} = g(\boldsymbol{X})$，同时 $\boldsymbol{X}$ 的统计特性也随着非线性函数 $g(\cdot)$ 传播，得到 $\boldsymbol{Y}$ 的统计特性 $\bar{\boldsymbol{Y}}$ 和 $\boldsymbol{P}_{\boldsymbol{Y}}$。

在实际应用中无迹变换的基本思想是：根据 $\boldsymbol{X}$ 的均值 $\bar{\boldsymbol{X}}$ 和协方差 $\boldsymbol{P}_{\boldsymbol{X}}$，选择 $2n_x+1$ 个 σ 采样点 $\boldsymbol{\xi}_i$，其权值为 $W_i, i=1,2,\cdots,2n_x+1$，用来近似随机向量 $\boldsymbol{X}$ 的分布，每个 σ 采样点经过非线性函数 $g(\cdot)$ 传播得到 $\boldsymbol{Y}$ 的均值 $\bar{\boldsymbol{Y}}$ 和协方差 $\boldsymbol{P}_{\boldsymbol{Y}}$。

无迹变换的具体描述过程如下：

$$\begin{cases}\xi_0 = \bar{\boldsymbol{X}}, & i=0 \\ \xi_i = \bar{\boldsymbol{X}} + (\sqrt{(n_x+\kappa)\boldsymbol{P}_{\boldsymbol{X}}})_i, & i=1,2,\cdots,n_x \\ \xi_{i+n_x} = \bar{\boldsymbol{X}} - (\sqrt{(n_x+\kappa)\boldsymbol{P}_{\boldsymbol{X}}})_i, & i=1,2,\cdots,n_x \end{cases} \tag{5-82}$$

$$\begin{cases}W_0 = \dfrac{1}{n_x+\kappa}, & i=0 \\ W_i = \dfrac{1}{2(n_x+\kappa)}, & i=1,2,\cdots,n_x \\ W_{i+n_x} = \dfrac{1}{2(n_x+\kappa)}, & i=1,2,\cdots,n_x \end{cases} \tag{5-83}$$

式中，κ 是一个尺度参考，需满足 $L+\kappa\neq 0$；$(\sqrt{(n_x+\kappa)\boldsymbol{P}_{\boldsymbol{X}}})_i$ 是矩阵 $(n_x+\kappa)\boldsymbol{P}_{\boldsymbol{X}}$ 的均方根的第 i 行或第 i 列。

每个 σ 采样点经过非线性函数 $g(\cdot)$ 传播得到：

$$\boldsymbol{y}_i = g(\xi_i) \tag{5-84}$$

$\boldsymbol{Y}$ 的均值 $\bar{\boldsymbol{Y}}$ 和协方差 $\boldsymbol{P}_{\boldsymbol{Y}}$ 为

$$\bar{\boldsymbol{Y}} = \sum_{i=0}^{2n_x} W_i \boldsymbol{y}_i \tag{5-85}$$

$$\boldsymbol{P}_{\boldsymbol{Y}} = \sum_{i=0}^{2n_x} W_i (\boldsymbol{y}_i - \bar{\boldsymbol{Y}})(\boldsymbol{y}_i - \bar{\boldsymbol{Y}})^{\mathrm{T}} \tag{5-86}$$

滤波模型可以总结如下。

（1）根据状态方程，每个 σ 采样点 ξ_i 的状态一步预测为

$$\hat{\xi}_{i,k+1|k} = f(\hat{\xi}_{i,k|k}) \tag{5-87}$$

（2）根据 σ 采样点 ξ_i 的状态一步预测及其权值 W_i，采用式（5-85）和式（5-86）得到状态的一步预测和状态预测协方差

$$\hat{\boldsymbol{X}}_{k+1|k} = \sum_{i=0}^{2n_x} W_i \hat{\xi}_{i,k+1|k} \tag{5-88}$$

$$\boldsymbol{P}_{k+1|k} = \sum_{i=0}^{2n_x} W_i (\hat{\xi}_{i,k+1|k} - \hat{\boldsymbol{X}}_{k+1|k})(\hat{\xi}_{i,k+1|k} - \hat{\boldsymbol{X}}_{k+1|k})^{\mathrm{T}} + \boldsymbol{Q}_k \tag{5-89}$$

（3）根据量测方程，每个 σ 采样点 ξ_i 的量测预测为

$$\hat{\gamma}_{i,k+1|k} = h(\hat{\xi}_{i,k+1|k}) \tag{5-90}$$

（4）状态对应的量测的预测及相应的新息协方差为

$$\hat{\boldsymbol{Z}}_{k+1|k} = \sum_{i=0}^{2n_x} W_i \hat{\gamma}_{i,k+1|k} \tag{5-91}$$

$$\boldsymbol{S}_{k+1}=\sum_{i=0}^{2n_x}W_i(\hat{\boldsymbol{\gamma}}_{i,k+1|k}-\hat{\boldsymbol{Z}}_{k+1|k})(\hat{\boldsymbol{\gamma}}_{i,k+1|k}-\hat{\boldsymbol{Z}}_{k+1|k})^{\mathrm{T}}+\boldsymbol{R}_{k+1} \tag{5-92}$$

（5）状态更新和状态更新协方差为

$$\hat{\boldsymbol{X}}_{k+1|k+1}=\hat{\boldsymbol{X}}_{k+1|k}+\boldsymbol{K}_{k+1}(\boldsymbol{Z}_{k+1}-\hat{\boldsymbol{Z}}_{k+1|k}) \tag{5-93}$$

$$\boldsymbol{P}_{k+1|k+1}=\boldsymbol{P}_{k+1|k}-\boldsymbol{K}_{k+1}\boldsymbol{S}_{k+1}\boldsymbol{K}_{k+1}^{\mathrm{T}} \tag{5-94}$$

式中，$\boldsymbol{K}_{k+1}$ 是增益矩阵。

5.5.4　CKF 算法

CKF 是基于三阶球面-相径容积规则的非线性卡尔曼滤波算法，它利用选取容积点来逼近非线性系统的均值和协方差，与 UKF 相比 CKF 方法具有严密的数学基础，且更加适合处理高维系统问题。

基于三阶球面-相径容积规则的 CKF 算法的实现步骤如下。

1. 状态更新

（1）k 时刻的后验概率密度函数 $p(\boldsymbol{X}_k|\boldsymbol{Z}_k)=N(\hat{\boldsymbol{X}}_k,\boldsymbol{P}_{k|k})$，通过楚列斯基（Cholesky）分解误差协方差 $\boldsymbol{P}_{k|k}$：

$$\boldsymbol{P}_{k|k}=\boldsymbol{S}_k\boldsymbol{S}_k^{\mathrm{T}} \tag{5-95}$$

（2）计算容积点：

$$\boldsymbol{X}_{i,k}=\boldsymbol{S}_k\xi_i+\hat{\boldsymbol{X}}_k \tag{5-96}$$

（3）通过状态方程传播容积点：

$$\boldsymbol{X}_{i,k+1|k}^{*}=f(\boldsymbol{X}_{i,k}) \tag{5-97}$$

（4）估计 k 时刻的状态预测值：

$$\hat{\boldsymbol{X}}_{k+1|k}=\frac{1}{m}\sum_{i=1}^{m}\boldsymbol{X}_{i,k+1|k}^{*} \tag{5-98}$$

（5）估计 k 时刻的状态误差协方差预测值：

$$\boldsymbol{P}_{k+1|k}=\frac{1}{m}\sum_{i=1}^{m}\boldsymbol{X}_{i,k+1|k}^{*}(\boldsymbol{X}_{i,k+1|k}^{*})^{\mathrm{T}}-\hat{\boldsymbol{X}}_{k+1|k}(\hat{\boldsymbol{X}}_{k+1|k})^{\mathrm{T}}+\boldsymbol{Q}_k \tag{5-99}$$

2. 量测更新

（1）通过 Cholesky 分解 $\boldsymbol{P}_{k+1|k}$：

$$\boldsymbol{P}_{k+1|k}=\boldsymbol{S}_{k+1|k}\boldsymbol{S}_{k+1|k}^{\mathrm{T}} \tag{5-100}$$

（2）计算容积点：

$$\boldsymbol{X}_{i,k+1|k} = \boldsymbol{S}_{k+1|k}\xi_i + \hat{\boldsymbol{X}}_{k+1|k} \tag{5-101}$$

（3）通过量测方程传播容积点：

$$\boldsymbol{Z}_{i,k+1|k} = h(\boldsymbol{X}_{i,k+1|k}) \tag{5-102}$$

（4）估计 k 时刻的观测预测值：

$$\hat{\boldsymbol{Z}}_{k+1|k} = \frac{1}{m}\sum_{i=1}^{m}\boldsymbol{Z}_{i,k+1|k} \tag{5-103}$$

（5）估计自相关协方差阵：

$$\boldsymbol{P}_{zz,k+1|k} = \frac{1}{m}\sum_{i=1}^{m}\boldsymbol{Z}_{i,k+1|k}(\boldsymbol{Z}_{i,k+1|k})^{\mathrm{T}} - \boldsymbol{Z}_{k+1|k}(\hat{\boldsymbol{Z}}_{k+1|k})^{\mathrm{T}} + \boldsymbol{R}_{k+1} \tag{5-104}$$

（6）估计互相关协方差阵：

$$\boldsymbol{P}_{xz,k+1|k} = \frac{1}{m}\sum_{i=1}^{m}\boldsymbol{X}_{i,k+1|k}(\boldsymbol{Z}_{i,k+1|k})^{\mathrm{T}} - \hat{\boldsymbol{X}}_{k+1|k}(\hat{\boldsymbol{Z}}_{k+1|k})^{\mathrm{T}} \tag{5-105}$$

（7）估计卡尔曼增益：

$$\boldsymbol{K}_{k+1} = \boldsymbol{P}_{xz,k+1|k}(\boldsymbol{P}_{zz,k+1|k})^{-1} \tag{5-106}$$

（8）$k+1$ 时刻状态估计值：

$$\hat{\boldsymbol{X}}_{k+1} = \hat{\boldsymbol{X}}_{k+1|k} + \boldsymbol{K}_{k+1}(\boldsymbol{Z}_{k+1} - \hat{\boldsymbol{Z}}_{k+1|k}) \tag{5-107}$$

（9）$k+1$ 时刻状态误差协方差估计值：

$$\boldsymbol{P}_{k+1|k+1} = \boldsymbol{P}_{k+1|k} - \boldsymbol{K}_{k+1}\boldsymbol{P}_{zz,k+1|k}(\boldsymbol{K}_{k+1})^{\mathrm{T}} \tag{5-108}$$

从 CKF 的流程可以看出，CKF 就是基于三阶球面-相径容积规则逼近非线性高斯积分，其核心就是这一容积规则。

5.5.5 PF 算法

20 世纪 50 年代，Hammersley 等（1954）提出了 PF 原理的基本框架，通过在解空间随机生成的一组采样点（称为粒子），对状态向量的后验分布进行近似，利用采样点的均值代替积分计算，能够获得对目标运动状态的最小均方误差估计。Gordon 等（1993）提出了基于序贯重要性采样方法的自举非线性滤波算法，并将其应用于纯方位目标运动分析模型的目标状态参数估计。

序贯重要性采样（sequential importance sampling, SIS）是基本的蒙特卡罗方法之一，也是 PF 算法的基础，它的原理是从重要密度函数中采样选取带有权重的粒子集合，用来近似还原该密度函数，不难理解当粒子数量足够多时，即可准确表示该密度函数。

$\boldsymbol{X}_{0:k} = \{\boldsymbol{X}_0, \boldsymbol{X}_1, \cdots, \boldsymbol{X}_k\}$ 表示 0 到 k 时刻状态向量集合，$\boldsymbol{Z}_{1:k} = \{\boldsymbol{Z}_1, \boldsymbol{Z}_2, \cdots, \boldsymbol{Z}_k\}$ 表示 1 到 k 时刻量测向量集合。设 k 时刻有 N 个采样粒子，$\boldsymbol{X}_{0:k}^i = \{\boldsymbol{X}_0^i, \boldsymbol{X}_1^i, \cdots, \boldsymbol{X}_k^i\}$ 表示 0 到 k 时刻第 i 个粒

子集合。根据序贯重要性采样原理，后验概率密度函数 $p(\boldsymbol{X}_{0:k} \mid \boldsymbol{Z}_{1:k})$ 可由式（5-109）进行描述。

$$p(\boldsymbol{X}_{0:k} \mid \boldsymbol{Z}_{1:k}) \approx \sum_{i=1}^{N} w_k^i \delta(\boldsymbol{X}_{0:k} - \boldsymbol{X}_{0:k}^i) \tag{5-109}$$

式中，w_k^i 表示 k 时刻第 i 个采样粒子的权重值，$i = 1,2,\cdots,N$，且满足 $\sum_{i=1}^{N} w_k^i = 1$；$\delta(\cdot)$ 为狄拉克函数，用于将粒子权重值归一化。

由式（5-109）可利用加权的粒子集合近似表示求取的后验概率密度函数，从中获得目标的状态估计值。但是在实际应用中，无法从需要求解的后验概率密度函数中进行采样，需要通过一个已知的概率密度函数 $q(\boldsymbol{X}_{0:k}^i \mid \boldsymbol{Z}_{1:k})$ 来替代该后验概率密度函数，该函数即为重要性密度函数。此时的粒子权重为

$$w_k^i = \frac{p(\boldsymbol{X}_{0:k}^i \mid \boldsymbol{Z}_{1:k})}{q(\boldsymbol{X}_{0:k}^i \mid \boldsymbol{Z}_{1:k})} \tag{5-110}$$

通过对重要性密度函数 $q(\boldsymbol{X}_{0:k}^i \mid \boldsymbol{Z}_{1:k})$ 进行递归，可得

$$q(\boldsymbol{X}_{0:k}^i \mid \boldsymbol{Z}_{1:k}) = q(\boldsymbol{X}_k^i \mid \boldsymbol{X}_{0:k-1}^i, \boldsymbol{Z}_{1:k}) \cdot q(\boldsymbol{X}_{0:k-1}^i \mid \boldsymbol{Z}_{1:k-1}) \tag{5-111}$$

根据贝叶斯定理，可将后验概率密度表示为

$$\begin{aligned} p(\boldsymbol{X}_{0:k}^i \mid \boldsymbol{Z}_{1:k}) &= \frac{p(\boldsymbol{Z}_k \mid \boldsymbol{X}_{0:k}^i, \boldsymbol{Z}_{1:k-1}) p(\boldsymbol{X}_{0:k}^i \mid \boldsymbol{Z}_{1:k-1})}{p(\boldsymbol{Z}_k \mid \boldsymbol{Z}_{1:k-1})} \\ &= p(\boldsymbol{Z}_k \mid \boldsymbol{X}_k^i) p(\boldsymbol{X}_k^i \mid \boldsymbol{X}_{k-1}^i) p(\boldsymbol{X}_{0:k-1}^i \mid \boldsymbol{Z}_{1:k-1}) \end{aligned} \tag{5-112}$$

同时重要性密度函数只与前一时刻的量测和状态有关，所以粒子权值的递归公式为

$$\begin{aligned} w_k^i &= \frac{p(\boldsymbol{X}_{0:k}^i \mid \boldsymbol{Z}_{1:k})}{q(\boldsymbol{X}_{0:k}^i \mid \boldsymbol{Z}_{1:k})} = \frac{p(\boldsymbol{Z}_k \mid \boldsymbol{X}_k^i) p(\boldsymbol{X}_k^i \mid \boldsymbol{X}_{k-1}^i) p(\boldsymbol{X}_{0:k-1}^i \mid \boldsymbol{Z}_{1:k-1})}{q(\boldsymbol{X}_k^i \mid \boldsymbol{X}_{0:k-1}^i, \boldsymbol{Z}_{1:k}) \cdot q(\boldsymbol{X}_{0:k-1}^i \mid \boldsymbol{Z}_{1:k-1})} \\ &= w_{k-1}^i \frac{p(\boldsymbol{Z}_k \mid \boldsymbol{X}_k^i) p(\boldsymbol{X}_k^i \mid \boldsymbol{X}_{k-1}^i)}{q(\boldsymbol{X}_k^i \mid \boldsymbol{X}_{k-1}^i, \boldsymbol{Z}_k)} \end{aligned} \tag{5-113}$$

式（5-109）～式（5-113）即为序贯重要性采样算法基本原理的推导过程。序贯重要性采样算法粒子的采样均来自重要性密度函数 $q(\boldsymbol{X}_{0:k}^i \mid \boldsymbol{Z}_{1:k})$，从而解决了无法从后验概率分布 $p(\boldsymbol{X}_{0:k} \mid \boldsymbol{Z}_{1:k})$ 直接采样的问题，同时也可以得出，重要性密度函数在算法执行的过程中占据着重要的位置，其选择的好坏直接影响着算法的估计结果。

PF 算法实现的具体步骤如下。

（1）初始化。需要提供一个初始先验概率密度函数 $p(\boldsymbol{X}_0)$，从中采样产生由 N 个粒子组成的粒子群 $\{\boldsymbol{X}_0^i\}, i = 1,2,\cdots,N$，所有粒子的权值均为 $w_0^{(i)} = 1/N$，$i = 1,2,\cdots,N$。

（2）预测更新。k 时刻，由 $\boldsymbol{X}_k^i = f(\boldsymbol{X}_{k-1}^i) + \boldsymbol{\Gamma}_k \boldsymbol{w}_k, i = 1,2,\cdots,N$，$\boldsymbol{w}_k$ 为过程噪声，可得到先验概率密度 $p(\boldsymbol{X}_k^i \mid \boldsymbol{X}_{k-1}^i)$。

（3）权值更新。利用状态转移函数 $f(\cdot)$ 和量测函数 $h(\cdot)$ 更新粒子权值。

通过优选重要性密度函数可以在一定程度上解决粒子退化问题，选取的原则是使粒子权值的方差越来越小。但在多数情况下，无法做到在重要性采样中使用最优密度函数，只能采用次优函数来近似。为便于实现可选择状态转移概率密度函数（即先验概率密度函数）$p(\boldsymbol{X}_k^i \mid \boldsymbol{X}_{k-1}^i)$ 作为重要性密度函数 $q(\boldsymbol{X}_{0:k}^i \mid \boldsymbol{Z}_{1:k})$，所以粒子权值为

$$w_k^i = w_{k-1}^i p(\boldsymbol{Z}_k \mid \boldsymbol{X}_k^i) = w_{k-1}^i p(\boldsymbol{Z}_k - h(\boldsymbol{X}_k^i)),\ i = 1, 2, \cdots, N \tag{5-114}$$

并将所得到新的时刻的粒子权值进行归一化处理：

$$w_k^{(i)} = w_k^i \Big/ \sum_{i=1}^{N} w_k^{(i)} \tag{5-115}$$

（4）重采样。粒子的重要性权值 w_k^i 反映了相应粒子集合 $\boldsymbol{X}_k^i$ 的质量，这就意味着不在目标真实状态值附近的粒子经过重要性权值采样后，权值会变得很小。这些粒子样本并非来自后验概率密度分布的主要部分，对后续滤波估计的意义不大，但却会严重影响蒙特卡罗方法的运算效率，这里称之为无效粒子。重采样技术即是解决这一问题的重要方法，它的基本思想是将无效粒子淘汰，同时依据对后验分布 $p(\boldsymbol{X}_{0:k} \mid \boldsymbol{Z}_{1:k})$ 的重新采样，对权值较大的粒子进行复制，从而得到新的粒子集 $\{(\boldsymbol{X}_k^i)^*\}$。由于重采样的过程是独立同分布的，所以得到的新的粒子集中每颗粒子的权值应保持一致，其中 N 为新粒子集中粒子的数量。重采样步骤是一个减少无效粒子、增加有效粒子的重要方法。

（5）状态估计。k 时刻目标状态估计结果为

$$\hat{\boldsymbol{X}}_k = \sum_{i=1}^{N} w_k^{(i)} \boldsymbol{X}_k^i \tag{5-116}$$

5.6　贝叶斯类滤波器仿真实例

5.6.1　单变量非平稳增长模型

单变量非平稳增长模型（univariate nonstationary growth model，UNGM）的状态方程具有强非线性，且量测向量 $\boldsymbol{Z}_k$ 是关于状态变量 $\boldsymbol{X}_k$ 的偶函数时，其状态的后验概率密度分布呈双峰，这将大大增加滤波算法对 UNGM 状态量的估计难度，是用于验证非线性滤波算法的基准模型，因而在对滤波算法的设计与评估中广泛使用。

UNGM 的状态方程及量测方程分别如下所示：

$$\boldsymbol{X}_k = 0.5\boldsymbol{X}_{k-1} + \frac{25\boldsymbol{X}_{k-1}}{1+\boldsymbol{X}_{k-1}^2} + 8\cos[1.2(k-1)] + \boldsymbol{w}_k \tag{5-117}$$

$$\boldsymbol{Z}_k = \frac{\boldsymbol{X}_k^2}{20} + \boldsymbol{\varepsilon}_k \tag{5-118}$$

式中，$\boldsymbol{w}_k$ 和 $\boldsymbol{\varepsilon}_k$ 分别为过程噪声及量测噪声，均为零均值的高斯白噪声。

5.6.2　仿真试验

设 UNGM 的初始状态 $x_0 = 1$，过程噪声方差 $Q = 20$，量测噪声方差 $R = 5$，分别利用 PLE、EKF、UKF、CKF、PF 算法对上述条件下模型进行 50 步滤波，进行蒙特卡罗试验 100 次。其中，卡尔曼类算法与 PF 算法的初始化范围均为在以目标初始真实状态为圆心、半径为 10 个单位的圆内随机取点，PF 的粒子数取 $N = 100$（杜彧扬，2024）。

为衡量估计结果与真实值之间的偏差程度，采用均方根误差（root mean squared error，RMSE）作为其量化准则。RMSE 的计算方法如下所示：

$$\text{RMSE} = \sqrt{\frac{1}{\text{MC}}\sum_{t=0}^{\text{MC}}(\hat{\boldsymbol{X}}_{t,k} - \boldsymbol{X}_{t,k})^2} \tag{5-119}$$

式中，MC 表示蒙特卡罗试验的总次数；$\hat{\boldsymbol{X}}_{t,k}$ 表示第 t 次蒙特卡罗试验在 k 时刻的估计结果；$\boldsymbol{X}_{t,k}$ 则表示此时的真实值。

图 5-4 分别展示了五种非线性滤波算法的跟踪结果以及 100 次蒙特卡罗试验的估计 RMSE 曲线。

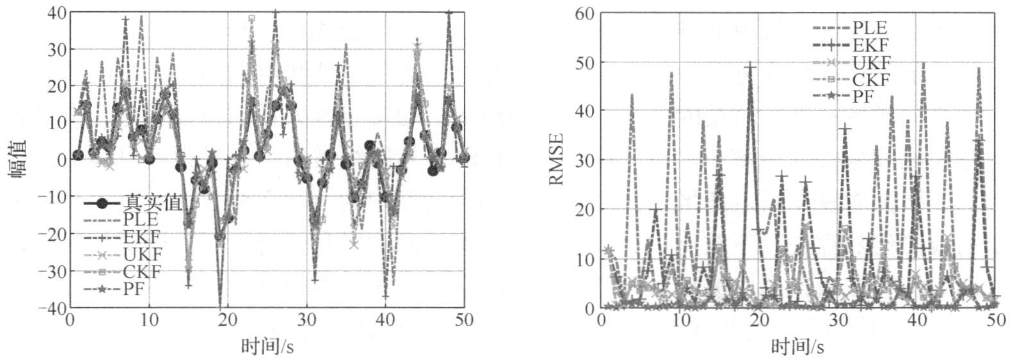

（a）UNGM模型状态估计结果　（b）估计RMSE曲线图

图 5-4　仿真试验结果

表 5-1 给出了 100 次蒙特卡罗试验中，50 个时刻的平均 RMSE。

表 5-1　五种非线性滤波算法估计平均 RMSE

算法	平均 RMSE
PLE	13.80
EKF	8.90
UKF	3.97
CKF	4.88
PF	0.99

由表 5-1 可知，PLE 与 EKF 算法估计精度最差，这是由于这两种算法均是对非线性方程进行了伪线性处理。PLE 算法由于在重新构造线性量测方程时无法消去量测噪声带来的影响，属于有偏估计；EKF 算法通过泰勒公式展开，忽略了系统中的高阶项，这使得其在高度非线性的模型中估计精度表现不佳。UKF 与 CKF 算法估计精度相差不多，这是由于其利用各自的特性分别生成多个σ采样点并与容积点进行加权迭代计算，摆脱了线性系统变换的限制，一定程度上提高了算法对于非线性系统的滤波精度，其中 CKF 算法在面对更高维度的状态向量时能够展现出相较于 UKF 算法更高的估计精度，由于 UNGM 属于一维状态向量，无法展现出 CKF 算法的特性。PF 算法的估计精度最高，由于 PF 算法无须系统具有线性高斯特性，其在面对强非线性系统时具有更高的适应性，因而更适合用于处理非线性系统问题。

这里需要指出的是，上述仿真试验的滤波过程中，采用的过程噪声方差与仿真试验给出的过程噪声方差一致，而在实际应用中是无法精确知道这一数值的，这一数值的出入会在一定程度上影响滤波器的估计精度。

5.7　检测前跟踪在目标线谱提取中的应用实例

水声目标信号的声辐射通常包括宽带连续谱和窄带离散成分，其中窄带离散成分被称为线谱。与其他的声辐射成分相比，线谱通常具有更强的稳定性和更高的功率。线谱是水下目标的一个重要频域特征，这是因为水下目标的声辐射通常包含大量的线谱成分。在对远场的目标进行检测和分类的情境中，通过被动声呐检测得到的线谱信息可以判断目标的出现与消失，因此，检测淹没在噪声背景中的线谱是被动声呐探测的一项重要任务。然而，对水声目标线谱的检测仍然存在以下难点：第一，减振降噪技术的提升使得水下目标更加安静，这导致被探测目标存在线谱弱、信噪比低的特征，特别是在远距离探测的情况下，目标难以被探测发现；第二，被动声呐时刻接收来自海洋环境的时变噪声，使得线谱很容易淹没在噪声中，导致线谱的能量起伏，断断续续；第三，每个目标线谱的数量及其出现和消失的时间都是未知的，而且是不同的。这些问题都限制了线谱检测技术的发展，是水下目标被动探测的热点研究问题（高林森，2023）。

在目前的被动声呐系统中，通常利用 LOFAR 技术对淹没在噪声中的目标线谱进行探测。通常采用 DFT 分段处理接收到的时域信号，其结果为频率时间历程图，再利用低频线谱的时间累积性得到接收信号的功率谱，然后通过检测技术对目标线谱进行提取。传统的信息级线谱检测中，基于奈曼-皮尔逊（Neyman-Pearson，N-P）准则的恒虚警法是比较经典的构造线谱检测器的方法。通常依据假设检验与门限的对比得出检测结果，检测结果一般为硬判决检测，即如果检验统计量超过给定的门限，则检测结果为 1，否则检测结果为 0。然而，当目标的信噪比很低时，传统的检测器检测性能就会下降。为了达到较高的检测概率，门限被设置得很低，这样就会检测出更多的虚假目标。

本节采用一种最大似然估计-检测前跟踪（maximum likelihood estimation track-before-detect，MLE-TBD）方法进行弱线谱检测（高林森，2023）。与硬判决检测不同，本节检测结果是根据粒子的存在状态变量给出的，为 0 和 1 之间的软判决检测。因此，在观测期间，线谱的出现和消失可以由每个频率的软判决检测结果来呈现，软判决检测结果以直观的时频图的形式给出。

5.7.1　目标线谱检测前跟踪状态模型

状态方程表示不同时刻的状态之间的转移关系。状态方程包括状态转移函数与过程噪声两大部分，忽略控制项，k 时刻的状态方程可以写为

$$\boldsymbol{X}_{k+1} = f(\boldsymbol{X}_k) + \boldsymbol{\Gamma}_k \boldsymbol{w}_k \tag{5-120}$$

式中，$f(\cdot)$ 为状态转移函数；$\boldsymbol{w}_k$ 为过程噪声。

水声目标检测前跟踪模型适用场景如表 5-2 所示。状态模型过程噪声的选取与实际情况息息相关，例如在目标运动情况下存在扰动，不同的海况影响也不尽相同，在选取过程噪声时，应尽量选择与实际情况相匹配的值。而目标幅值的噪声通常取决于目标幅值的起伏程度，起伏程度越大，噪声的方差越大。

表 5-2　水声目标检测前跟踪模型适用场景

模型	适用场景
零速模型	目标状态单位时间内变换较小的场景，如稳定线谱跟踪、静止目标的方位或距离跟踪、直角坐标系下静止目标跟踪
匀速模型	目标状态以匀速运动或接近匀速变化的场景，如直角坐标系下匀速目标跟踪、目标线谱跟踪、方位或距离跟踪
加速模型	目标速度存在变化的场景
交互多模型	多运动模型的复杂场景

5.7.2　目标线谱检测前跟踪量测模型

量测方程表示状态量与量测量之间的关系。检测前跟踪中量测方程的最大特点为量测值是目标信号的幅值。同样的，量测方程包括量测转移函数与量测噪声两大部分，一般来说，其方程可以写为

$$\boldsymbol{Z}_k = h(\boldsymbol{X}_k) + \varepsilon_k \tag{5-121}$$

式中，$h(\cdot)$ 为量测转移函数；ε_k 为量测噪声。

检测前跟踪的量测转移函数取决于对目标信号的预处理过程，表示的是状态量与其对应的目标信号幅值之间的关系。水声目标检测前跟踪量测转移函数的选择如表 5-3 所示。

表 5-3　量测转移函数的选择

目标状态	量测转移函数
频率	傅里叶变换等
方位	阵处理等
时延（距离）	匹配滤波等

水声目标检测前跟踪的噪声统计通常取决于量测转移函数的形式，即预处理的形式。通常来说，对于跟踪量测值，若量测值表示直角坐标系下的目标的位置，那么量测噪声通常由高斯噪声来模拟目标位置的测量误差。对于水声目标来说，接收的信号噪声为水下环境的背景噪声，背景噪声也可简化为高斯噪声，即接收到的信号为目标信号与高斯噪声的叠加，而各种不同的预处理形式使量测噪声的分布发生相应的变化。

量测噪声模型在水声目标跟踪中的应用场景如表 5-4 所示。

表 5-4　量测噪声模型在水声目标跟踪中的应用场景

噪声模型	应用场景
高斯噪声	原始信号
瑞利、莱斯噪声	信号的包络
复高斯噪声	信号的相位

5.7.3　基于 PF 的检测前跟踪方法

PF 方法利用大量带权值的粒子模拟目标的后验状态，在粒子数量无限大时可理论上逼近最优估计。而基于 PF 的检测前跟踪方法的最大特点是，在遵循检测前跟踪利用目标轨迹能量幅值累计检测跟踪同时判决的基础上，将粒子划分为目标存在、目标不存在两种状态。在进行检测前跟踪 PF 的过程中，两种粒子的存在状态通过出生、死亡概率进行马尔可夫转移。如果目标持续存在，表示目标存在的粒子通过检测前跟踪 PF 的状态方程进行预测；如果目标从不存在转移至存在，那么粒子状态进行初始化，这一部分粒子为新生粒子；如果目标标记转移状态转移至不存在，那么无论之前粒子存在与否，粒子的状态不再进行更新。标记状态转移后，所有的粒子通过量测方程进行权值的计算，再通过重采样删除权值较小的粒子，繁殖粒子权值较大的粒子，最后完成目标状态的估计。

图 5-5 给出了基于 PF 检测前跟踪方法的流程图。

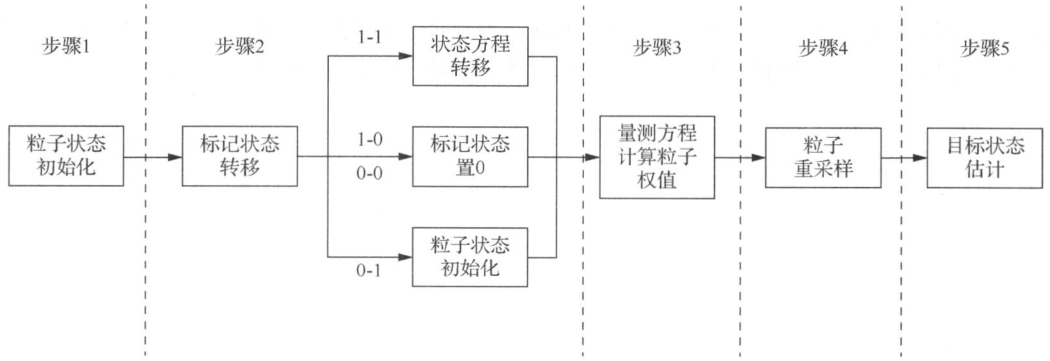

图 5-5　基于 PF 检测前跟踪方法的流程图

5.7.4　目标线谱检测应用

假设一个目标以匀速直线运动靠近被动声呐，声呐位于坐标系原点，目标的初始观测位置为(2km, 3km)，最终观测位置为(0km, 1km)，目标的运动速度为(−2m/s, −2m/s)，观测时长为 2000s。假设目标辐射一个单频信号，频率为 100Hz。信号噪声为高斯白噪声，服从均值为 0、方差为 1 的高斯分布。

图 5-6 为目标的运动轨迹及被动声呐的位置。

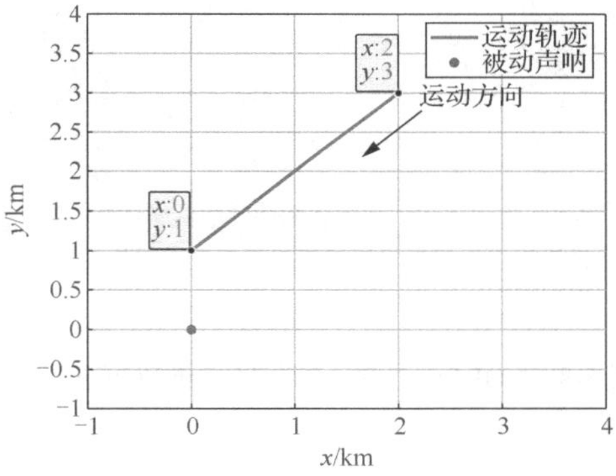

图 5-6　目标的运动轨迹及被动声呐的位置

被动声呐方程为

$$SNR = SL - TL - NL \tag{5-122}$$

式中，SL 为声源级；TL 为传播损失；NL 为噪声谱级。若用 r 表示目标和被动声呐之间的距离，传播损失按照 $TL = 20\lg(r)$ 计算。设置参数 SL=135dB 且 NL=75dB，那么目标线谱的接收信噪比 SNR 如图 5-7 所示。

可以看出，随着目标距离被动声呐越来越近，传播损失越来越低，因此目标线谱的接收信噪比逐渐升高，在 2000s 时达到了 0dB。

将接收信号进行 10s DFT 处理，图 5-8 为经过 DFT 之后的 LOFAR 谱图，色棒表示目标线谱的接收信噪比。图 5-9 为基于 MLE-TBD 方法进行弱线谱检测的软决策结果图，色棒表示线谱存在概率（这里的存在概率可理解为线谱检测置信度的一种衡量方式）。

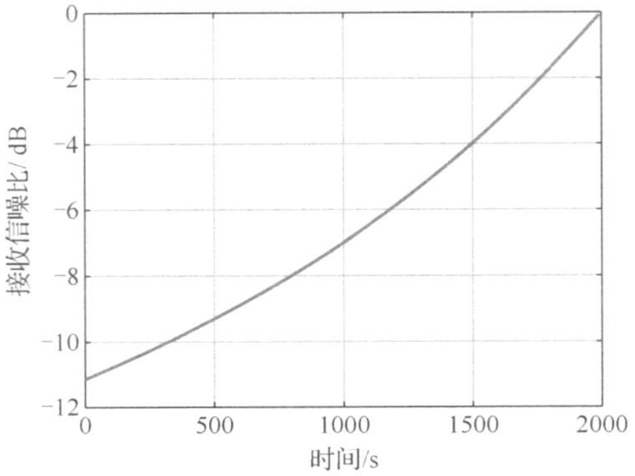

图 5-7　目标线谱的接收信噪比

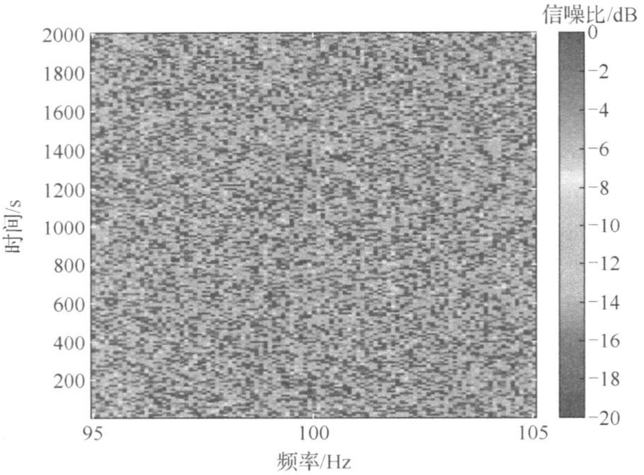

图 5-8　LOFAR 谱图（扫封底二维码可见彩图）

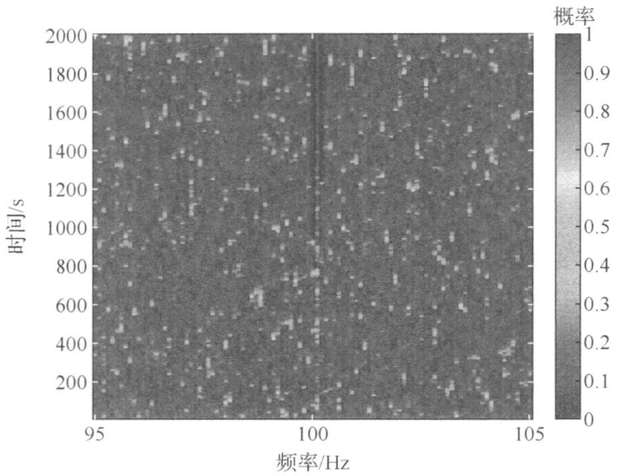

图 5-9　MLE-TBD 的软决策结果（扫封底二维码可见彩图）

通过图 5-9 可以看出，当目标向着被动声呐运动时，由于传播损失随着目标与被动声呐之间的距离降低，接收信噪比升高，因此在 100Hz 处的目标线谱存在概率由最初的断续、低存在概率逐渐提高，最终稳定在一个较高的存在概率。

为直观比较三种方法的检测性能，对软决策结果进行二次判决，其门限由恒虚警率（constant false alarm rate，CFAR）设置，利用统计的方法得到门限值，以保证三种方法的 CFAR 一致。图 5-10 是 CFAR 为 1%时，三种方法的线谱检测结果。从图 5-10 中可以看出，当 CFAR 相同时，基于 MLE-TBD 方法的检测结果明显好于其他两种方法的检测结果。基于 N-P 准则的恒虚警法进行线谱检测，在约 1400s（信噪比−5dB）时开始检测到目标，但是检测结果断断续续且不稳定，1400s 后检测概率约为 71.67%。基于广义似然比检测的线谱检测方法在约 1200s（信噪比−6dB）时开始检测到目标，但是检测结果也存在断断续续且不稳定的情况，在 1400s 后达到稳定，1200s 后检测概率约为 82.35%。而 MLE-TBD 方法在约 400s （信噪比约−9dB）时就开始检测到目标，虽然在 400～800s 期间仍有间断，但 800s 之后的检测结果连续且能保持稳定，检测概率达到了 100%。

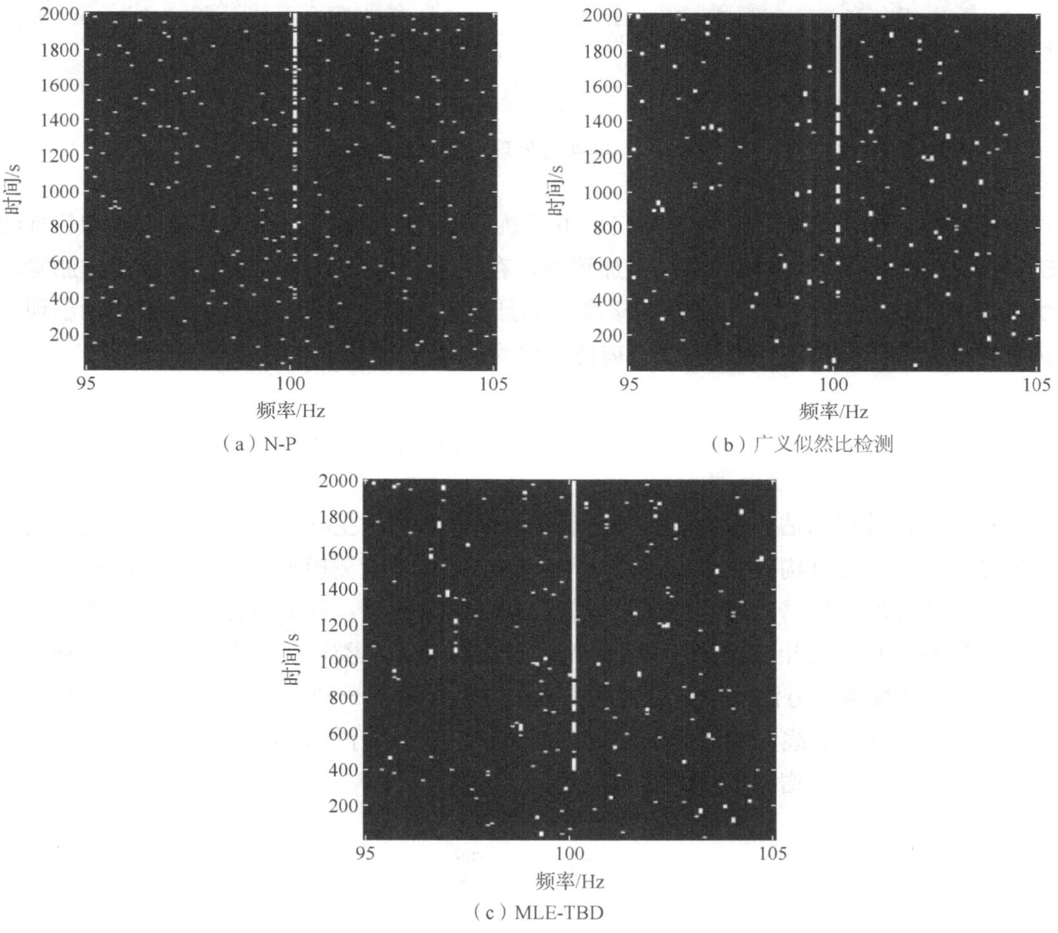

图 5-10　CFAR 为 1%时的检测结果

通常来说，真正来自被探测目标的线谱通常会稳定持续一段时间，因为来源于目标的线谱通常都是连续稳定的。那么，如果将检测结果进行后置处理，即将过短的轨迹当作杂波或者漏报，通过非实时处理删除过短轨迹，那么检测的结果将会更加清晰。将 MLE-TBD 方法进行非实时处理（延时 50s、延时 100s）来删除过短轨迹，即当轨迹持续时间短于设置的非实时处理时长时，将轨迹进行删除处理，非实时处理后的检测结果如图 5-11 所示。

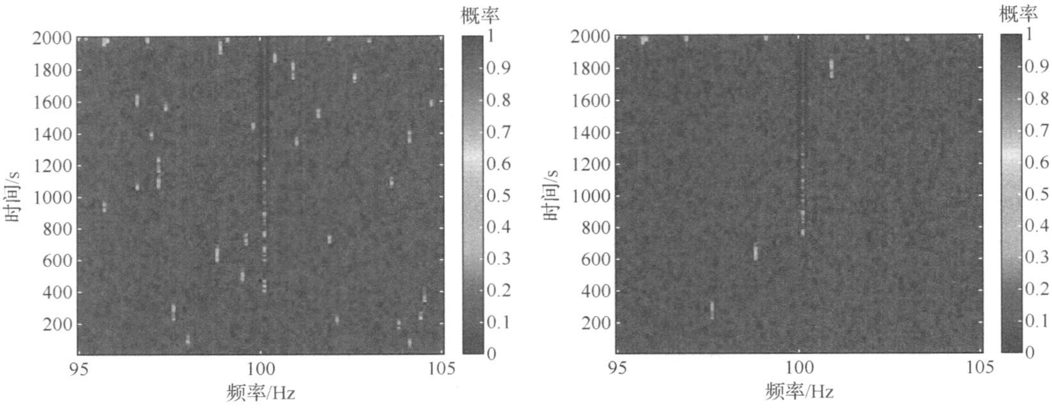

（a）延时50s　　（b）延时100s

图 5-11　非实时处理后的检测结果

由图 5-11 可知：延时 50s 处理后仅留下了轨迹存在时长高于 50s 的虚警轨迹和目标线谱的轨迹；延时 100s 处理得到的结果更加清晰，存在时长超过 100s 的虚警轨迹都被删除，目标线谱在 100Hz 的线谱以一个高存在概率连续且稳定地被检测到，但目标线谱初始出现断续的状态也被删除，只留下 700s 后线谱被持续检测的状态。

5.8　本 章 小 结

本章围绕信号状态估计理论进行分析讨论，研究了利用主动声呐或被动声呐获取关于目标的量测信息后，通过构建关于目标的运动状态模型以及量测模型，再利用滤波算法对目标的状态进行估计的过程。以海洋信息处理的典型应用为背景，先后讨论了几类常见的状态模型、量测模型；介绍贝叶斯滤波基本原理后，分别讨论了几类以贝叶斯滤波原理为基础的滤波算法，包括线性滤波方法与非线性滤波方法，同时讨论了一种基于最小二乘的 PLE 滤波算法；将所讨论的五类非线性滤波算法应用在 UNGM 中并进行了验证；最后利用 PF 算法完成了检测前跟踪在目标线谱提取中的应用举例。

习　　题

1. 信号状态估计理论在主动和被动声呐中有哪些应用？
2. 状态模型、量测模型在贝叶斯滤波中的作用是什么？

3. 卡尔曼滤波器与维纳滤波器的区别和联系是什么？

4. 本章介绍的几种非线性滤波器的区别和联系是什么？

5. 对匀速直线运动目标进行轨迹滤波。设目标初始位置为(0m,0m)，速度为(2m/s, 2m/s)，仿真步数为 100 步，采样间隔为 5s。完成下列条件下的仿真分析。

（1）过程噪声为零，量测为 x,y 方向的距离值，噪声为零均值、标准差为 5m 的高斯白噪声。对目标运动轨迹进行线性滤波，分析轨迹精度。

（2）过程噪声为零，量测为方位和距离，方位噪声为零均值、标准差为 1°的高斯白噪声，距离噪声为零均值、标准差为 1m 的高斯白噪声。对目标运动轨迹进行非线性滤波，分析轨迹精度，并对比不同非线性滤波方法的性能。

（3）如果过程噪声不为零，而观测者又无法确定知道该先验信息，请分析对目标运动轨迹滤波的影响是什么？

（4）如果在检测单元和跟踪单元存在通信链路，考虑通信链路的丢包和误码，请分析对目标运动轨迹滤波的影响是什么？

6. 假设目标在二维平面中做匀速运动，建立二维直角坐标系 xOy。观测站位于坐标系原点且静止，坐标系单位为米（m）。目标初始位置坐标(200, 50)，x 轴、y 轴方向初始速度均为 3m/s。目标 x 轴方向过程噪声 0.02m/s^2、y 轴方向过程噪声 0.08m/s^2。设置声呐数据刷新率 0.5s，仿真步数 100 步。被动声呐系统的量测信息为目标相对于极坐标系原点的方位，设置方位量测噪声服从零均值、标准差为 1°的高斯分布。

（1）利用极坐标系下非线性滤波器对目标进行纯方位轨迹滤波，分析轨迹精度。

（2）利用修正极坐标系下非线性滤波器对目标进行纯方位轨迹滤波，分析轨迹精度。

（3）分析不同非线性滤波器的性能。

7. 针对 UNGM 进行轨迹滤波。其状态方程具有强非线性，仿真分析不同非线性算法的滤波性能。

参 考 文 献

杜彧扬, 2024. 基于贝叶斯估计的水声目标被动 TMA 方法研究[D]. 哈尔滨: 哈尔滨工程大学.

高林森, 2023. 水声弱信号检测前跟踪方法研究[D]. 哈尔滨: 哈尔滨工程大学.

何友, 修建娟, 张晶炜, 等, 2009. 雷达数据处理及应用[M]. 2 版. 北京: 电子工业出版社.

曲光宇, 2020. 水下多目标纯方位跟踪与定位技术研究[D]. 哈尔滨: 哈尔滨工程大学.

张晶炜, 何友, 熊伟, 等, 2002. 修正的当前模型机动目标跟踪算法[C]. 第八届全国雷达学术年会: 764-768.

周宏仁, 1983. 机动目标“当前”统计模型与自适应跟踪算法[J]. 航空学报(1):73.

周宏仁, 敬忠良, 王培德, 1991. 机动目标跟踪[M]. 北京: 国防工业出版社.

朱宣城, 2023. 基于粒子滤波的单站纯方位目标运动分析[D]. 哈尔滨: 哈尔滨工程大学.

Aidala V J, 1979. Kalman filter behavior in bearings-only tracking applications[J]. IEEE Transactions on Aerospace and Electronic Systems, 15(1): 29-39.

Arasaratnam I, Haykin S, 2009. Cubature Kalman filters[J]. IEEE Transactions on Automatic Control, 54(6): 1254-1269.

Chen S H, 2013. Improving coherent tonal detection with phase interpolation and compensation[C]. 2013 OCEANS, San Diego: 1-5.

Gordon N J, Salmond D J, Smith A, 1993. Novel approach to nonlinear/non-Gaussian Bayesian state estimation[J]. IEEE Proceedings

F-Radar and Signal Processing, 140(2): 107-113.

Hammersley J M, Morton K W, 1954. Poor man's Monte Carlo[J]. Journal of the Royal Statistical Society, 16(1): 23-38.

Julier S J, Uhlmann J K, 1997. A new extension of the Kalman filter to nonlinear systems[J]. Proceedings of SPIE - The International Society for Optical Engineering, 3068:182-193.

Kalman R E, 1960. A new approach to linear filtering and prediction problems[J]. Journal of Basic Engineering, 82(1): 35-45.

Kalman R E, Bucy R S, 1961. New results in linear filtering and prediction theory[J]. Journal of Basic Engineering, 83(1): 95-108.

Lingren A G, Gong K F, 1978. Position and velocity estimation via bearing observations[J]. IEEE Transactions on Aerospace and Electronic Systems, 14(4): 564-577.

Lourens J G, 1990. Passive sonar detection of ships with spectrograms[C]. IEEE South African Symposium on Communications and Signal Processing: 147-151.

Singer R A, 1970. Estimating optimal tracking filter performance for manned maneuvering targets[J]. IEEE Transactions on Aerospace and Electronic Systems, 6(4): 473-483.

Sun D J, Zhang Y A, Teng T T, et al, 2023. Underwater Doppler-bearing maneuvering target motion analysis based on joint estimated adaptive unscented Kalman filter[J].The Journal of the Acoustical Society of America, 154 (5): 2843-2857.

Sunahara Y, Yamashita K, 1969. An approximate method of state estimation for nonlinear dynamical systems with state-dependent noise[J]. Transactions of the Society of Instrument and Control Engineers, 5(4):326-334.

Wang Q, Wan C R, Goh J T, 2001. Theoretical performance analysis and simulation of a GLRT tonal detector[C]. MTS/IEEE Oceans 2001. IEEE: 1654-1659.

Witcombe D W, 1972. Pseudo-state measurements applied to recursive nonlinear filtering[M]//Nonlinear Estimation Theory and Its Applications: 278-281.

第 6 章　目标信息关联与融合理论

目标数据关联与信息融合是多源信息融合（multi-source information fusion）中的重要内容，多源信息融合又称为多传感器信息融合（multi-sensor information fusion），于 20 世纪 70 年代被提出来。多源信息融合研究历史悠久，同时也是一门边缘交叉学科。目前被大多数研究者接受的信息融合的定义是由美国三军组织实验室理事联合会（Joint Directors of Laboratories，JDL）提出来的（Steinberg et al, 2017；White, 1988）。JDL 从军事应用的角度给出了多源信息融合定义。

早期定义：对来自单源和多源的信息进行关联、相关和组合，以获得目标精确的位置和身份估计，完整、及时地评估战场态势和威胁。

修正定义：完成对多源数据的自动检测、关联、相关、组合和估计等处理，从而提高状态和身份估计的精度，以及对战场态势和威胁程度进行实时完整的评价。

当前定义：信息融合是一个数据或信息综合过程，用于估计和预测实体状态。

信息融合 JDL 模型如图 6-1 所示。

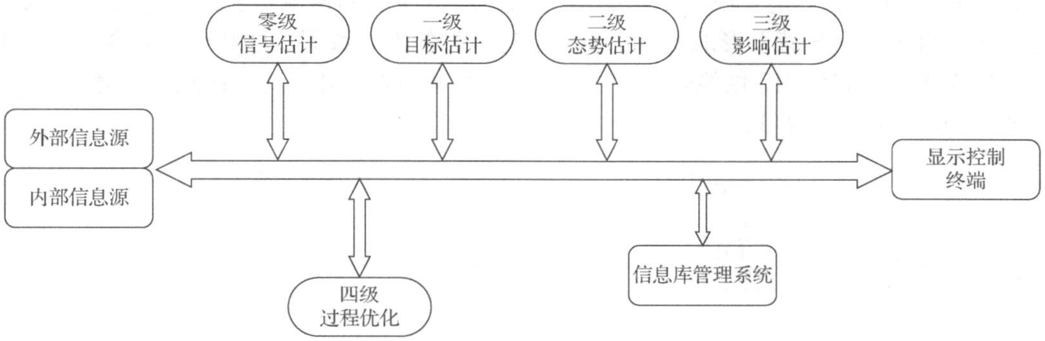

图 6-1　信息融合 JDL 模型

（1）零级融合是信号估计，包括信号检测、估计和初级滤波。

（2）一级融合是目标估计，即对实体物理对象进行目标状态估计，包括数据配准、数据关联、融合定位、身份识别。

（3）二级融合是态势估计，即对现实世界某样式的状态及其变化的估计，是对实体关系及其变化的评价，包括战场战斗力量分配评估、战场综合态势构建等。

（4）三级融合是影响估计，即估计预测态势对规划或期望行动的影响，包括作战能力评估、敌方意图预测、威胁要素估计等。

（5）四级融合是过程优化，是对整个融合过程的实时监控和性能评价，包括传感器建模、网络通信建模、性能度量、资源优化等。

构建信息融合模型的目的是使整个系统的设计、开发和实施过程更加高效，实际系统的融合功能划分不尽相同，需要根据具体的应用场景设计优化。

在融合处理过程中，根据应用场景不同，通常有三种处理结构：集中式、分布式和混合式。

集中式结构的特点是将多个传感器预处理得到的量测集中到一个融合中心，再由融合中心统一进行数据配准、数据关联、信息融合处理。该结构充分利用了信源的信息，系统信息损失小，性能比较好，但系统对通信带宽要求较高，系统的可靠性较差。集中式结构示意图见图 6-2。

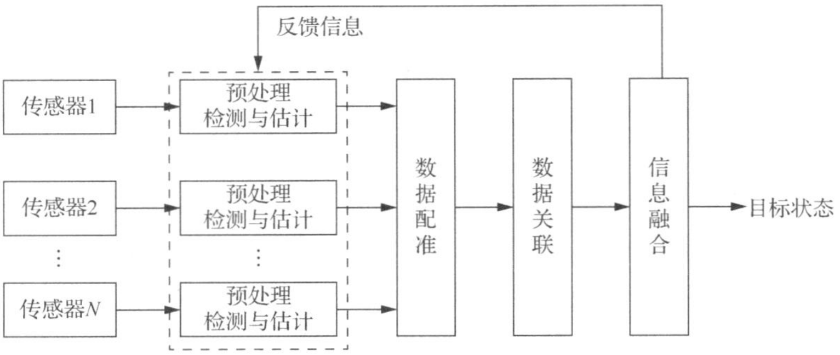

图 6-2　集中式结构

分布式结构的特点是先由各个传感器对预处理所获取的量测进行跟踪处理以形成目标航迹，然后再对各个传感器形成的目标航迹进行数据配准、数据关联和信息融合。该结构的信息损失大于集中式结构，性能较集中式略差，但可靠性高，并且对系统通信带宽要求不高。分布式结构示意图见图 6-3。

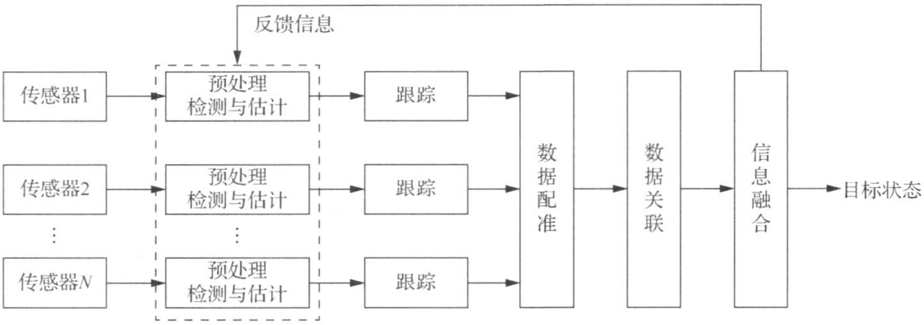

图 6-3　分布式结构

混合式结构的特点是向融合中心传输每个传感器的量测，以及单传感器进行信息处理后获得的目标航迹，在融合中心对多个传感器的量测集及各个传感器形成的目标航迹进行关联和融合。该结构结合了集中式和分布式结构的优点，但是在系统通信、计算量方面要求较高。

在海洋信息处理领域，特别是水下信息处理，由于水声通信带宽的限制，利用集中式结构进行信息融合的方式，工程实现困难，一般采用分布式结构进行信息融合。在弱联通条件下的数据关联和信息融合是海洋信息处理的特点。

本章共分为 6 节，在分布式结构前提下，讨论数据关联、分布式检测融合和分布式航迹融合等内容。6.1 节和 6.2 节分别介绍单目标和多目标航迹数据关联的概念和方法；6.3 节介绍分布式航迹关联的概念和方法；6.4 节介绍分布式信息融合的概念和方法；6.5 节通过多基地声呐检测融合的实例讨论分布式检测融合方法的性能；6.6 节对本章内容进行总结。

6.1 单目标航迹的数据关联

单目标航迹的数据关联常常结合第 5 章目标状态估计方法，应用于单传感器单目标跟踪问题。可以在单目标有杂波的环境下，单个目标存在不止一个量测时，解决如何选择合适的量测与已有航迹关联的问题。相关算法主要包括最近邻域关联算法、最强邻域关联算法、概率数据关联算法、修正概率数据关联算法等。

6.1.1 相关波门概念

相关波门是以被跟踪目标的预测位置作为中心，覆盖下一时刻目标可能出现的范围。

根据波门的形状，常用波门包括环形波门、矩形波门、椭圆（球）波门和极坐标系下的扇形波门。环形波门主要应用于跟踪的起始建立，波门的大小由运动目标的速度范围和量测刷新周期决定；矩形波门、椭圆波门的波门大小主要与波门参数和当前时刻新息协方差有关；扇形波门通常是在极坐标系下应用的，其波门大小与量测的统计特性以及预测的误差有关。

从统计意义上定义目标量测的预测与量测之间的距离：

$$d_k^2=\left(\boldsymbol{Z}_k-\hat{\boldsymbol{Z}}_{k|k-1}\right)^{\mathrm{T}}\boldsymbol{S}_k^{-1}\left(\boldsymbol{Z}_k-\hat{\boldsymbol{Z}}_{k|k-1}\right)=\boldsymbol{v}_k^{\mathrm{T}}\boldsymbol{S}_k^{-1}\boldsymbol{v}_k \tag{6-1}$$

式中，$\boldsymbol{v}_k=\boldsymbol{Z}_k-\hat{\boldsymbol{Z}}_{k|k-1}$ 为新息向量；$\boldsymbol{S}_k$ 为新息协方差；d_k^2 为新息向量的加权范数，这里定义为目标量测的预测与量测之间统计距离。

如果量测 $\boldsymbol{Z}_k$ 满足统计距离小于某个门限（该门限与波门类型有关），则表明量测 $\boldsymbol{Z}_k$ 在相关波门内部，也称量测 $\boldsymbol{Z}_k$ 为候选量测。

若要判断量测是否在椭圆波门内，需要判断目标量测的预测与量测之间的统计距离是否满足

$$d_k^2=\boldsymbol{v}_k^{\mathrm{T}}\boldsymbol{S}_k^{-1}\boldsymbol{v}_k\leqslant\gamma \tag{6-2}$$

式中，由于量测 $\boldsymbol{Z}_k$ 为 n 维高斯分布随机变量，所以 $\boldsymbol{v}_k$ 是具有 n 个自由度的 χ^2 分布的随机变量。γ 为波门参数，表示波门大小。

以二维椭圆波门为例，$\hat{\boldsymbol{Z}}_{k|k-1}$ 为量测的预测值。椭圆波门的面积为

$$V_k=\pi\gamma\sqrt{|\boldsymbol{S}_k|} \tag{6-3}$$

量测 $\boldsymbol{Z}_k$ 落入波门的概率 P_{G} 为

$$P_{\mathrm{G}}=1-\exp(-\gamma/2) \tag{6-4}$$

6.1.2　最近邻域关联算法

Singer 等（1971a）提出最近邻域（nearest neighbor，NN）关联算法。该算法首先建立相关波门，进入相关波门的量测称为候选量测，而没有进入相关波门的量测均认为是杂波，然后判断相关波门内量测的个数。当目标相关波门内的量测只有 1 个时，该量测可直接用于航迹更新；相关波门内存在 1 个以上量测时，选择相关波门内与目标预测位置的统计距离最近的量测进行航迹更新。

最近邻域关联算法计算量小，实现简单，但是实际场景下与目标预测位置最近的量测并不一定是正确量测。尤其在密集杂波环境下该算法性能较差，容易出现跟错、跟丢的问题。

6.1.3　最强邻域关联算法

Li（1998）提出最强邻域（strongest neighbor，SN）关联算法。该算法首先建立相关波门，进入相关波门的量测称为候选量测，而没有进入相关波门的量测均认为是杂波。候选量测除了包含位置信息，还有能量信息。最近邻域关联算法选择相关波门内与目标预测位置的统计距离最近的量测进行航迹更新，只利用了位置信息。而最强邻域关联算法利用量测能量信息，选择相关波门内能量最强的量测进行航迹更新。

最强邻域关联算法计算量小，实现简单。与最近邻域关联算法相比，其优点在于选择量测时，既基于波门利用了统计距离特性，又基于能量利用了目标置信级特性。但是实际场景中，即使是在波门里，最强量测也不一定是正确的量测。尤其在强杂波环境下该算法性能较差，容易出现跟错、跟丢的问题。

6.1.4　概率数据关联算法

由 Bar-Shalom 等（1975）提出的概率数据关联（probabilistic data association, PDA）算法，用于解决杂波中单目标跟踪的数据关联问题。

在单目标场景下，仅有一个目标存在，且在邻域存在干扰目标、混响、噪声等造成的虚警，我们统称之为杂波。由于杂波的时空随机性，造成在形成目标航迹过程中目标相关波门中存在不止一个量测，而且每个量测都有可能源于目标。与最近邻域关联算法不同，概率数据关联算法根据统计距离计算波门内的全部量测源于目标的概率，将这些概率作为权值对全部量测进行加权平均以进行航迹更新。利用概率数据关联算法对杂波环境下单目标跟踪的优点是目标误跟率和目标丢失率较小。

定义以下变量。

$\boldsymbol{Z}^k=\left\{\boldsymbol{Z}_{k,1},\boldsymbol{Z}_{k,2},\cdots,\boldsymbol{Z}_{k,m_k}\right\}$：表示 k 时刻全部量测组成的集合，其中 $\boldsymbol{Z}_{k,i}$ 表示 k 时刻第 i 个量测，m_k 表示 k 时刻量测个数。

$\boldsymbol{Z}^{1:k}=\left\{\boldsymbol{Z}^1,\boldsymbol{Z}^2,\cdots,\boldsymbol{Z}^k\right\}$：表示从 1 时刻到 k 时刻的全部量测组成的集合。

$\theta_{k,i}$：表示量测 $\boldsymbol{Z}_{k,i}$ 源于目标的事件。

$\theta_{k,0}$：表示没有一个量测源于目标的事件。

可以进一步定义关联概率

$$\beta_{k,i}=P\left(\theta_{k,i}\mid \boldsymbol{Z}^k\right),\quad i=0,1,\cdots,m_k \tag{6-5}$$

表示在获得从 1 时刻到 k 时刻的全部量测条件下，量测源于目标这一事件的后验概率。其中 $\beta_{k,0}$ 表示没有一个量测源于目标这一事件的后验概率。这些概率是正交完备的，所以

$$\sum_{i=0}^{m_k}\beta_{k,i}=1 \tag{6-6}$$

1. 状态更新与协方差更新

k 时刻的目标状态估计通过对相关波门内每个量测对应的估计量进行加权平均获得，表达式如下：

$$\hat{\boldsymbol{X}}_k=\sum_{i=0}^{m_k}\beta_{k,i}\cdot\hat{\boldsymbol{X}}_{k,i} \tag{6-7}$$

式中，$\hat{\boldsymbol{X}}_{k,i}$ 是量测 $\boldsymbol{Z}_{k,i}$ 对应的目标状态估计量，即

$$\hat{\boldsymbol{X}}_{k,i}=\hat{\boldsymbol{X}}_{k|k-1}+\boldsymbol{K}_k\cdot\boldsymbol{v}_{k,i}\ ,\ i=1,2,\cdots,m_k \tag{6-8}$$

式中，$\boldsymbol{K}_k$ 为卡尔曼滤波器的增益矩阵；$\boldsymbol{v}_{k,i}=\boldsymbol{Z}_{k,i}-\hat{\boldsymbol{Z}}_{k|k-1,i}$ 为第 i 个量测对应的新息向量。如果没有量测源于目标（即 $i=0$ 情况），则利用一步预测值作为估计更新值，即

$$\hat{\boldsymbol{X}}_{k,0}=\hat{\boldsymbol{X}}_{k|k-1} \tag{6-9}$$

将式（6-8）和式（6-9）代入式（6-7）可得目标状态估计更新方程为

$$\hat{\boldsymbol{X}}_k=\hat{\boldsymbol{X}}_{k|k-1}+\boldsymbol{K}_k\cdot\boldsymbol{v}_k=\hat{\boldsymbol{X}}_{k|k-1}+\boldsymbol{K}_k\sum_{i=1}^{m_k}\beta_{k,i}\cdot\boldsymbol{v}_{k,i} \tag{6-10}$$

式中，$\boldsymbol{v}_k=\sum_{i=1}^{m_k}\beta_{k,i}\cdot\boldsymbol{v}_{k,i}$ 是全部量测的加权新息向量。

参考卡尔曼滤波器推导过程，此时协方差更新方程为

$$\boldsymbol{P}_k=\beta_{k,0}\cdot\boldsymbol{P}_{k|k-1}+\left(1-\beta_{k,0}\right)\cdot\boldsymbol{P}_k^c+\tilde{\boldsymbol{P}}_k \tag{6-11}$$

式中，

$$\begin{aligned}&\tilde{\boldsymbol{P}}_k=\boldsymbol{K}_k\left(\sum_{i=1}^{m_k}\beta_{k,i}\cdot\boldsymbol{v}_{k,i}\cdot\boldsymbol{v}_{k,i}^{\mathrm{T}}-\boldsymbol{v}_{k,i}\cdot\boldsymbol{v}_{k,i}^{\mathrm{T}}\right)\boldsymbol{K}_k^{\mathrm{T}}\\&\boldsymbol{P}_k^c=\left(\boldsymbol{I}-\boldsymbol{K}_k\boldsymbol{H}_k\right)\boldsymbol{P}_{k|k-1}\end{aligned} \tag{6-12}$$

2. 互联概率计算

假设虚警量测在波门内服从均匀分布，即虚警量测的概率密度函数为

$$p\left(\boldsymbol{Z}_{k,i} \mid \theta_{k,i}, \boldsymbol{Z}^{1:k-1}\right)=V_k^{-1} \tag{6-13}$$

式中，V_k为相关波门的体积或面积。

而真实量测$\boldsymbol{Z}_{k,i}$服从高斯分布，其维度为n_z，均值为$\hat{\boldsymbol{Z}}_{k|k-1}$，协方差为$\boldsymbol{S}_k$，所以量测的概率密度函数可等效为新息向量$\boldsymbol{v}_{k,i}$服从均值为 0、协方差为$\boldsymbol{S}_k$的高斯型概率密度函数，所以量测的概率密度函数为

$$p\left(\boldsymbol{Z}_{k,i} \mid \theta_{k,i}, \boldsymbol{Z}^{1:k-1}\right)=P_{\mathrm{G}}^{-1} \frac{1}{(2\pi)^{n_z/2}\left|\boldsymbol{S}_k\right|^{1/2}} \exp\left(-\frac{1}{2} \boldsymbol{v}_{k,i}^{\mathrm{T}} \cdot \boldsymbol{S}_k^{-1} \cdot \boldsymbol{v}_{k,i}\right) \tag{6-14}$$

式中，P_{G}为真实量测落入相关波门的概率。

k时刻的量测集为$\boldsymbol{Z}^k=\left\{\boldsymbol{Z}_{k,1}, \boldsymbol{Z}_{k,2}, \cdots, \boldsymbol{Z}_{k,m_k}\right\}$，如果其中有一个量测为真实量测，则量测集$\boldsymbol{Z}^k$的概率密度函数为

$$p\left(\boldsymbol{Z}^k \mid \theta_{k,i}, \boldsymbol{Z}^{1:k-1}\right)=\left(V_k^{-1}\right)^{m_k-1} \cdot\left[P_{\mathrm{G}}^{-1} \frac{1}{(2\pi)^{n_z/2}\left|\boldsymbol{S}_k\right|^{1/2}} \exp\left(-\frac{1}{2} \boldsymbol{v}_{k,i}^{\mathrm{T}} \cdot \boldsymbol{S}_k^{-1} \cdot \boldsymbol{v}_{k,i}\right)\right],\quad i=1,2,\cdots,m \tag{6-15}$$

如果全部量测都为虚警量测，则量测集$\boldsymbol{Z}^k$的概率密度函数为

$$p\left(\boldsymbol{Z}^k \mid \theta_{k,i}, \boldsymbol{Z}^{1:k-1}\right)=\left(V_k^{-1}\right)^{m_k},\quad i=0 \tag{6-16}$$

利用贝叶斯公式可计算关联概率

$$\begin{aligned}\beta_{k,i}&=P\left(\theta_{k,i} \mid \boldsymbol{Z}^k, \boldsymbol{Z}^{1:k-1}\right)\\&=\frac{p\left(\boldsymbol{Z}^k \mid \theta_{k,i}, \boldsymbol{Z}^{1:k-1}\right) P\left(\theta_{k,i} \mid \boldsymbol{Z}^{1:k-1}\right)}{\sum_{i=0}^{m_k} p\left(\boldsymbol{Z}^k \mid \theta_{k,i}, \boldsymbol{Z}^{1:k-1}\right) P\left(\theta_{k,i} \mid \boldsymbol{Z}^{1:k-1}\right)},\quad i=0,1,\cdots,m_k\end{aligned} \tag{6-17}$$

在上述公式中，还需推导贝叶斯公式中$\theta_{k,i}$的先验概率$P\left(\theta_{k,i} \mid \boldsymbol{Z}^{1:k-1}\right)$（Elias-Fuste et al., 1992）：

$$P\left(\theta_{k,i} \mid \boldsymbol{Z}^{1:k-1}\right)=\begin{cases}\dfrac{1}{m_k} P_{\mathrm{D}} P_{\mathrm{G}}\left[P_{\mathrm{D}} P_{\mathrm{G}}+\left(1-P_{\mathrm{D}} P_{\mathrm{G}}\right) \dfrac{\mu_{\mathrm{F}}(m_k)}{\mu_{\mathrm{F}}(m_k-1)}\right]^{-1}, & i=1,2,\cdots,m_k \\ \dfrac{\left(1-P_{\mathrm{D}} P_{\mathrm{G}}\right) \cdot \mu_{\mathrm{F}}(m_k)}{\mu_{\mathrm{F}}(m_k-1)}\left[P_{\mathrm{D}} P_{\mathrm{G}}+\left(1-P_{\mathrm{D}} P_{\mathrm{G}}\right) \dfrac{\mu_{\mathrm{F}}(m_k)}{\mu_{\mathrm{F}}(m_k-1)}\right]^{-1}, & i=0\end{cases} \tag{6-18}$$

式中，μ_{F}为虚警数量的概率密度函数。常利用参数模型和非参数模型对μ_{F}的统计模型进行建模。在参数模型下，虚警数量服从参数为λV_k的泊松分布，λ是虚警密度或杂波密度；在非参数模型下，虚警数量服从均匀分布。

所以关联概率为

$$\beta_{k,i}=\begin{cases}\dfrac{e_{k,i}}{b_k+\sum\limits_{j=1}^{m_k}e_{k,j}}, & i=1,2,\cdots,m_k\\[2ex] \dfrac{b_k}{b_k+\sum\limits_{j=1}^{m_k}e_{k,j}}, & i=0\end{cases} \tag{6-19}$$

式中，

$$b_k=\frac{m_k}{V_k}(2\pi)^{n_z/2}\left|\boldsymbol{S}_k\right|^{1/2}(1-P_{\mathrm{D}}P_{\mathrm{G}})/P_{\mathrm{D}} \tag{6-20}$$

$$e_{k,i}=\exp\left(-\frac{1}{2}\boldsymbol{v}_{k,i}^{\mathrm{T}}\cdot\boldsymbol{S}_k^{-1}\cdot\boldsymbol{v}_{k,i}\right) \tag{6-21}$$

在椭圆波门条件下，波门体积为 $V_k=c_{n_z}\gamma^{n_z/2}\sqrt{\left|\boldsymbol{S}_k\right|}$，其中 c_{n_z} 为体积系数。所以

$$b_k=\begin{cases}\dfrac{(2\pi)^{n_z/2}\lambda V_k(1-P_{\mathrm{D}}P_{\mathrm{G}})}{c_{n_z}\gamma^{n_z/2}P_{\mathrm{D}}}, & \text{参数模型}\\[2ex] \dfrac{(2\pi)^{n_z/2}m_k(1-P_{\mathrm{D}}P_{\mathrm{G}})}{c_{n_z}\gamma^{n_z/2}P_{\mathrm{D}}}, & \text{非参数模型}\end{cases} \tag{6-22}$$

6.1.5　修正概率数据关联算法

1. 基于杂波密度估计的修正概率数据互联

在概率数据关联算法中，虚警密度参数影响量测的关联概率的计算，如果虚警密度参数的设置与真实情况差别较大，则量测关联结果、目标状态估计结果就会发生错误，产生较大误差。熊伟等（2004）提出了一种修正的概率数据互联算法，该算法在目标状态估计更新迭代过程中，将每次更新时相关波门中的虚警数量（即杂波数量）用于对杂波密度参数的实时估计，再利用概率数据关联算法进行目标状态估计。

按照下式进行杂波密度 λ 的估计：

$$\lambda=\sum_{i=1}^{k}m_k\Big/(kV_k) \tag{6-23}$$

在实时对杂波密度 λ 进行估计的同时，计算相关波门内全部量测均为虚警量测和第 i 个量测源于目标的关联概率，然后利用概率数据互联方法实现在杂波环境下的单目标跟踪。

2. 基于能量信息辅助的修正概率数据互联

最强邻域关联算法利用量测能量信息，选择相关波门内能量最强的量测进行航迹更新。但是实际中在波门里最强量测不一定是正确的量测，该算法在强杂波环境下性能较差。概率数据关联算法根据统计距离计算波门内的全部量测源于目标的概率，将这些概率作为权值对全部量测进行加权平均以进行航迹更新，但如果目标做机动运动，或杂波密集条件下该算法性能会受较大影响。在实际环境下，既想利用目标能量比背景噪声能量高的特点，又想利用目标位置连续性的特点，可以基于量测能量信息辅助修正概率数据互联算法，比如在量测向量里加入量测能量，因为统计距离不仅包括位置意义上的统计距离，还包括能量意义上的统计距离。

6.1.6　单目标航迹的数据关联算法仿真实例

本节针对典型的单目标航迹数据关联算法进行仿真，由于最强邻域关联算法和基于能量信息辅助的修正概率数据互联算法需要利用目标的能量信息，涉及信号预处理的结果，所以本节以信息处理为主，讨论最近邻域关联算法和概率数据关联算法的性能。

设目标在平面直角坐标系下做匀速直线运动，目标初始位置坐标为$(-5000\text{m}, 0\text{m})$，参考点为原点，目标的运动速度在 x 轴和 y 轴方向均为 4m/s。量测为目标方位，其噪声服从均值为 0、标准差为$1°$的高斯白噪声。采样周期设置为1s，跟踪步数为 5000 步。在面积为十倍波门面积的区域产生一定密度的杂波。最近邻域关联算法和概率数据关联算法的关联结果分别如图 6-4 和图 6-5 所示。

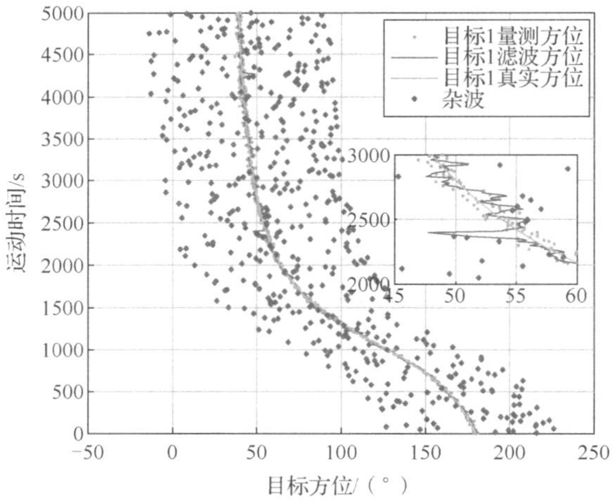

图 6-4　最近邻域关联算法关联结果（扫描封底二维码可见彩图）

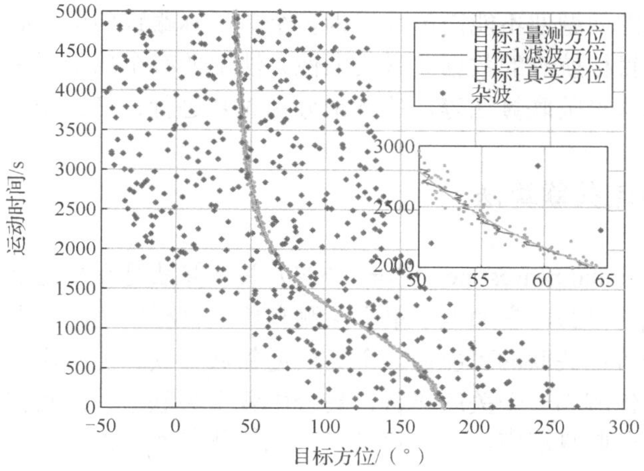

图 6-5　概率数据关联算法关联结果（扫描封底二维码可见彩图）

根据图 6-4 所示的结果，在某些时刻出现了跟踪性能不稳定的情况。这是由于最近邻域关联算法用于与目标关联的量测是波门内统计距离最小的量测值，离目标预测位置最近的量测并不一定是目标的真实量测，所以会出现误跟或者丢失目标的现象。

根据图 6-5 所示的关联结果以及图 6-6 所示的 RMSE 结果对比，可以看出概率数据关联算法的关联效果较好，并且 RMSE 大部分小于 0.5°，跟踪性能比较稳定。相比于最近邻域关联算法，概率数据关联算法综合考虑了相关波门内的所有候选回波，并进行概率统计加权，能够较好地解决杂波条件下的互联问题。

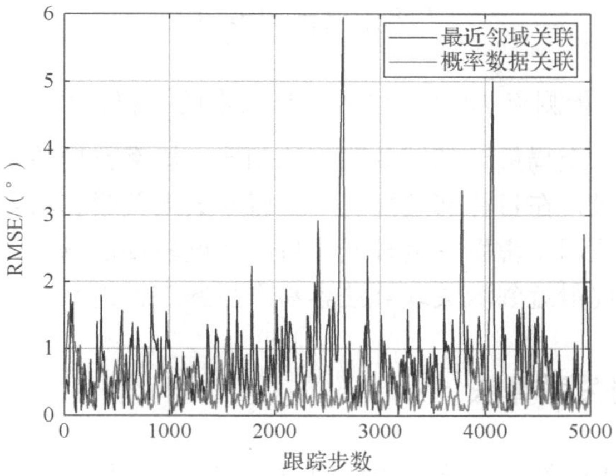

图 6-6　关联算法的 RMSE 结果对比

6.2　多目标航迹的数据关联

多目标航迹的数据关联常常结合第 5 章目标状态估计方法，应用于单传感器多目标跟踪问题。在多目标有杂波的环境下，有可能存在同一个量测落入多个目标相关波门的相交区域内，此时的多目标跟踪问题便不能简单地视为多个单目标跟踪问题，必须综合考虑各个量测的目标来源情况。多目标航迹的数据关联代表性方法主要有全局最近邻域关联算法、联合概率数据关联算法、多假设关联算法等，接下来分别对其进行详细介绍。

6.2.1　全局最近邻域关联算法

全局最近邻域（global nearest neighbor, GNN）关联算法是在最近邻域关联算法的基础上提出的（Sinha et al., 2012），它加入了单个量测和单个目标航迹之间关联的唯一性约束，避免了单个量测和多个目标关联的可能性。全局最近邻域关联算法考虑了多个量测和多个目标关联的各种可能，最优解为一个关联集合，集合中各个关联事件的可能性之和最大。

在全局最近邻域关联算法中，首先定义二维赋值变量$\varepsilon_{i,j}$为

$$\varepsilon_{i,j}=\begin{cases}1, & \text{量测值 } j \text{ 分配给航迹 } i\\ 0, & \text{量测值 } j \text{ 未分配给航迹 } i\end{cases} \tag{6-24}$$

假设k时刻需要将m个量测值分配给n个目标，分配原则如下：

$$\begin{cases}\sum\limits_{i=1}^{n}\varepsilon_{i,j}\leqslant 1, & \text{每个目标最多分配一个量测值}\\ \sum\limits_{j=1}^{m}\varepsilon_{i,j}\leqslant 1, & \text{每个量测值最多分配给一个目标}\end{cases} \tag{6-25}$$

通过二维最优分配进行量测值与目标的匹配，目标是使得代价函数最小，即

$$\min_{\varepsilon}\sum_{i=1}^{n}\sum_{j=1}^{m}\varepsilon_{i,j}\left(d_k^{i,j}\right)^2 \tag{6-26}$$

式中，$\left(d_k^{i,j}\right)^2$表示k时刻量测点j与目标i的新息向量的加权范数。

概率数据关联算法与全局最近邻域关联算法相比，概率数据关联算法适用于虚警密度较高、目标密度较低的场景，在目标邻近情况下，概率数据关联算法容易导致航迹的合并，全局最近邻域关联算法则适用于虚警密度较低、目标密度较高的场景，由于可能与虚警关联，在多杂波的情况下，全局最近邻域关联算法容易产生跟踪误差[53]。

6.2.2　联合概率数据关联算法

Fortmann 等（1983）在概率数据关联算法的基础上提出了联合概率数据关联（joint probabilistic data association，JPDA）算法。联合概率数据关联算法在多目标场景性能良好。如果多目标对应的多个相关波门没有重叠区域，多目标数据关联问题可转化为依次处理多个单目标的数据关联问题。当存在某个量测落入多个不同目标航迹的相关波门的重叠区域的情况时，联合概率数据关联算法会综合考虑各个量测的目标来源情况来确定量测的归属，即计算数据关联概率时会考虑不同目标航迹对某一个量测的竞争。联合概率数据关联算法的困难在于难以确切得到关联概率，且关联事件的数量是量测数量的指数函数，计算量很大。在降

低计算量方面，发展了一些次优联合概率数据关联算法（Roecker, 1994；Roecker et al., 1993；Fisher et al., 1989）。

1. 基本模型

联合概率数据关联算法模型中确认矩阵、关联矩阵以及相应的关联概率的概念及其应用非常重要。

在多目标航迹数据关联问题中，各个已经存在的目标航迹与其各自相关波门内的量测的数据关联问题复杂，而为了解决这一问题，联合概率数据关联算法引入了确认矩阵的概念以对各个情况进行直观的表达。对于 T 个目标与 m_k 个量测，确认矩阵被定义为

$$\boldsymbol{\Omega}=\left[\omega_{jt}\right]=\overbrace{\begin{bmatrix}\omega_{10} & \cdots & \omega_{1T}\\ \vdots & & \vdots\\ \omega_{m_k 0} & \cdots & \omega_{m_k T}\end{bmatrix}}^{t}\Bigg\}j \tag{6-27}$$

式中，ω_{jt} 是二进制变量，即 0 与 1，如果其值为 1 表示量测 $j, j=1,2,\cdots,m_k$ 落入了目标航迹 $t, t=0,1,\cdots,T$ 的相关波门内，其值为 0 则表示量测未落入任何目标的波门内。而 $t=0$ 代表虚警，对应的列元素 ω_{j0} 全是 1，在这种情况下认为量测 j 源于虚警（即杂波）。

满足以下假设的事件称为关联事件。

（1）每个量测源自唯一的源，或源于目标，或源于虚警。

（2）每个目标最多有一个真实的量测。

当存在某个量测落入多个不同目标航迹的相关波门的重叠区域时，联合概率数据关联算法的策略是对于每一种可能发生的关联事件均计算其关联概率，然后将所有关联事件发生的概率加权，求得最终的预测加权量测点迹并进行关联。

定义以下变量。

$\theta_{k,i}$：表示 k 时刻的第 i 个关联事件。

$\theta_{k,i,j}^{t}$：表示 k 时刻第 i 个关联事件中量测 j 源于目标航迹 $t, 0\leqslant t\leqslant T$ 的事件，其中 $\theta_{k,i,j}^{0}$ 表示第 i 个关联事件中量测 j 源于虚警（或杂波）的事件。

$\theta_{k,j}^{t}$：表示 k 时刻量测 j 源于目标航迹 $t, 0\leqslant t\leqslant T$ 的事件。

所以有

$$\theta_{k,i}=\bigcap_{j=1}^{m_k}\theta_{k,i,j}^{t}, \quad \theta_{k,j}^{t}=\bigcup_{i=1}^{n_k}\theta_{k,i,j}^{t}, \quad j=1,2,\cdots,m_k$$

每一个关联事件可以对应一个关联矩阵，该关联矩阵可由确认矩阵拆分得到，记作

$$\hat{\boldsymbol{\Omega}}\left(\theta_{k,i}\right)=\left[\hat{\omega}_{jt}\left(\theta_{k,i}\right)\right]=\overbrace{\begin{bmatrix}\hat{\omega}_{10}\left(\theta_{k,i}\right) & \cdots & \hat{\omega}_{1T}\left(\theta_{k,i}\right)\\ \vdots & & \vdots\\ \hat{\omega}_{m_k 0}\left(\theta_{k,i}\right) & \cdots & \hat{\omega}_{m_k T}\left(\theta_{k,i}\right)\end{bmatrix}}^{t}\Bigg\}j \tag{6-28}$$

式中，i 为关联事件序号，$i=1,2,\cdots,n_k$；j 为量测序号，$j=1,2,\cdots,m_k$；t 为目标航迹序号，

$t=1,2,\cdots,T$；$\hat{\omega}_{jt}\left(\theta_{k,i}\right)$为关联标识位（二进制变量），表示在$k$时刻的事件$\theta_{k,i}$中量测$j$与目标航迹$t$是否关联，关联记作1，不关联记作0。

相应地，从确认矩阵的角度来说，其准则即为：每一行有且仅有一个1，作为每个量测的唯一的源；同时除了代表第一列的元素以外，其他的代表目标每列最多只能有一个1，其余全部为0。

根据以上准则，我们可以得到

$$\begin{aligned}&\sum_{j=1}^{m_k}\hat{\omega}_{jt}\left(\theta_{k,i}\right)\leqslant 1,\ \ t=1,2,\cdots,T\\&\sum_{t=0}^{T}\hat{\omega}_{jt}\left(\theta_{k,i}\right)=1,\ \ j=1,2,\cdots,m_k\end{aligned}\tag{6-29}$$

接下来就可以针对关联矩阵计算各个关联事件发生的概率，即关联概率。有量测点迹落入多个目标波门的重叠区域时，联合概率数据关联算法会综合加权考虑该点的关联情况。比如量测j源于目标航迹$t,0\leqslant t\leqslant T$的关联事件即为$\theta_{k,j}^{t}$，而相应的事件$\theta_{k,j}^{t}$发生的概率计算公式为

$$\beta_{k,j}^{t}=P\left(\theta_{k,j}^{t}\mid \boldsymbol{Z}^{1:k}\right)=P\left(\bigcup_{i=1}^{n_k}\theta_{k,i,j}^{t}\mid \boldsymbol{Z}^{1:k}\right)=\sum_{i=1}^{n_k}\hat{\omega}_{jt}\left(\theta_{k,i}\right)P\left(\theta_{k,i}\mid \boldsymbol{Z}^{1:k}\right)\tag{6-30}$$

根据确认矩阵拆分的条件，有

$$\sum_{j=0}^{m_k}\beta_{k,j}^{t}=1,\ \ \sum_{t=0}^{T}\beta_{k,j}^{t}=1\tag{6-31}$$

2. 联合事件概率

为了方便计算联合事件概率和讨论后续问题，此处引入两个二元变量。其中一个为量测关联指示，如下式所示：

$$\tau_j\left(\theta_{k,i}\right)=\sum_{t=1}^{T}\hat{\omega}_{jt}(\theta_{k,i})=\begin{cases}1\text{（表示关联成功）}\\0\text{（表示未关联成功）}\end{cases}\tag{6-32}$$

量测关联指示表示在k时刻的联合事件$\theta_{k,i}$中量测j是否与一个目标航迹t关联。另一个是目标检测指示，表示在k时刻联合事件$\theta_{k,i}$中目标是否被检测到。目标检测指示可表示为

$$\delta_t\left(\theta_{k,i}\right)=\sum_{j=1}^{m_k}\hat{\omega}_{jt}\left(\theta_{k,i}\right)=\begin{cases}1\text{（表示检测成功）}\\0\text{（表示未检测成功）}\end{cases}\tag{6-33}$$

设$\phi\left(\theta_{k,i}\right)$表示在$k$时刻的联合事件$\theta_{k,i}$中没有与任何目标航迹关联的虚警量测点迹的数量，则存在

$$\phi\left(\theta_{k,i}\right)=\sum_{j=1}^{m_k}\left[1-\tau_j\left(\theta_{k,i}\right)\right]\tag{6-34}$$

应用贝叶斯公式，可以得到 k 时刻联合事件 $\theta_{k,i}$ 的条件概率是

$$P\left(\theta_{k,i} \mid \boldsymbol{Z}^{1:k}\right)=P\left(\theta_{k,i} \mid \boldsymbol{Z}^{k}, \boldsymbol{Z}^{1:k-1}\right)=p\left(\boldsymbol{Z}^{k} \mid \theta_{k,i}, \boldsymbol{Z}^{1:k-1}\right) c^{-1} P\left(\theta_{k,i}\right) \tag{6-35}$$

式中，c 代表归一化常数，

$$c=\sum_{i=0}^{n_k} p\left(\boldsymbol{Z}^{k} \mid \theta_{k,i}, \boldsymbol{Z}^{1:k-1}\right) P\left(\theta_{k,i}\right) \tag{6-36}$$

假定虚警量测点迹（来自杂波或虚警）在体积为 V 的波门内均匀分布，而量测点迹服从高斯分布，即 $N_t\left(\boldsymbol{Z}_{k,j};\hat{\boldsymbol{Z}}_{k|k-1},\boldsymbol{S}_k\right)$，于是有

$$p\left(\boldsymbol{Z}_{k,j} \mid \theta_{k,i,j}^{t}, \boldsymbol{Z}^{1:k-1}\right)=\begin{cases}N_t\left(\boldsymbol{Z}_{k,j}\right), & 若\ \tau_j\left(\theta_{k,i}\right)=1 \\ V^{-1}, & 若\ \tau_j\left(\theta_{k,i}\right)=0\end{cases} \tag{6-37}$$

所以可得

$$p\left(\boldsymbol{Z}^{k} \mid \theta_{k,i}, \boldsymbol{Z}^{1:k-1}\right)=\prod_{j=1}^{m_k} p\left(\boldsymbol{Z}_{k,j} \mid \theta_{k,i,j}^{t}, \boldsymbol{Z}^{1:k-1}\right)=V^{-\phi\left(\theta_{k,i}\right)} \prod_{j=1}^{m_k} N_{t_j}\left(\boldsymbol{Z}_{k,j}\right)^{\tau_j\left(\theta_{k,i}\right)} \tag{6-38}$$

对于给定的事件 $\theta_{k,i}$，其 $\delta_t\left(\theta_{k,i}\right)$ 和 $\phi\left(\theta_{k,i}\right)$ 就完全确定了。因此有

$$P\left(\theta_{k,i}\right)=P\left[\theta_{k,i}, \delta_t\left(\theta_{k,i}\right), \phi\left(\theta_{k,i}\right)\right] \tag{6-39}$$

对上式应用乘法定理，有

$$P\left(\theta_{k,i}\right)=P\left[\theta_{k,i} \mid \delta_t\left(\theta_{k,i}\right), \phi\left(\theta_{k,i}\right)\right] P\left[\delta_t\left(\theta_{k,i}\right), \phi\left(\theta_{k,i}\right)\right] \tag{6-40}$$

给定了虚警量测点迹分布 $\phi\left(\theta_{k,i}\right)$ 的联合事件 $\theta_{k,i}$ 可通过其目标探测指示函数 $\delta_t\left(\theta_{k,i}\right)$ 确定。包含 $\delta_t\left(\theta_{k,i}\right)$ 个虚警量测点迹的事件共有 $C_{m_k}^{\phi\left(\theta_{k,i}\right)}$ 个，而其余的 $m_k-C_{m_k}^{\phi\left(\theta_{k,i}\right)}$ 个与目标发生关联的真实量测与目标共有 $\left[m_k-\phi\left(\theta_{k,i}\right)\right]!$ 种可能发生的关联事件，所以有

$$P\left[\theta_{k,i} \mid \delta_t\left(\theta_{k,i}\right), \phi\left(\theta_{k,i}\right)\right]=\frac{1}{\left[m_k-\phi\left(\theta_{k,i}\right)\right]!\, C_{m_k}^{\phi\left(\theta_{k,i}\right)}}=\frac{\phi\left(\theta_{k,i}\right)!}{m_k!} \tag{6-41}$$

还有

$$P\left[\delta_t\left(\theta_{k,i}\right), \phi\left(\theta_{k,i}\right)\right]=\prod_{t=1}^{T}\left(P_{\mathrm{D}}^{t}\right)^{\delta_t\left(\theta_{k,i}\right)}\left(1-P_{\mathrm{D}}^{t}\right)^{1-\delta_t\left(\theta_{k,i}\right)} \mu_{\mathrm{F}}\left[\phi\left(\theta_{k,i}\right)\right] \tag{6-42}$$

式中，P_{D}^{t} 代表目标航迹 t 的检测概率；$\mu_{\mathrm{F}}\left[\phi\left(\theta_{k,i}\right)\right]$ 代表虚警量测点迹数量的先验概率质量函数。

把式（6-41）、式（6-42）代入式（6-40）即可得到联合事件 $\theta_{k,i}$ 的先验概率为

$$P\left(\theta_{k,i}\right)=\frac{\phi\left(\theta_{k,i}\right)!}{m_k!} \mu_{\mathrm{F}}\left[\phi\left(\theta_{k,i}\right)\right] \prod_{t=1}^{T}\left(P_{\mathrm{D}}^{t}\right)^{\delta_t\left(\theta_{k,i}\right)}\left(1-P_{\mathrm{D}}^{t}\right)^{1-\delta_t\left(\theta_{k,i}\right)} \tag{6-43}$$

与上式类似，可得到联合事件 $\theta_{k,i}$ 的后验概率

$$P\left(\theta_{k,i} \mid \boldsymbol{Z}^{1:k}\right)=\frac{1}{c} V^{-\phi\left(\theta_{k,i}\right)} \prod_{j=1}^{m_k} N_{t_j}\left(\boldsymbol{Z}_{k,j}\right)^{\tau_j\left(\theta_{k,i}\right)} \frac{\phi\left(\theta_{k,i}\right)!}{m_k!} \mu_{\mathrm{F}}\left[\phi\left(\theta_{k,i}\right)\right] \\ \times \prod_{t=1}^{T}\left(P_{\mathrm{D}}^t\right)^{\delta_t\left(\theta_{k,i}\right)}\left(1-P_{\mathrm{D}}^t\right)^{1-\delta_t\left(\theta_{k,i}\right)} \tag{6-44}$$

从虚警量测点迹数量的先验概率质量函数 $\mu_{\mathrm{F}}\left[\phi\left(\theta_{k,i}\right)\right]$ 所使用的模型来看，联合概率数据关联可分为参数和非参数两种形式。其中参数联合概率数据关联滤波器应该使用泊松分布，即

$$\mu_{\mathrm{F}}\left[\phi\left(\theta_{k,i}\right)\right]=\mathrm{e}^{-\lambda V} \frac{(\lambda V)^{\phi\left(\theta_{k,i}\right)}}{\phi\left(\theta_{k,i}\right)!} \tag{6-45}$$

式中，λ 代表虚警量测的空间密度；λV 代表确认波门内虚警量测的期望数。

把式（6-45）代入式（6-44）有

$$P\left(\theta_{k,i} \mid \boldsymbol{Z}^{1:k}\right)=\frac{\lambda^{\phi\left(\theta_{k,i}\right)}}{c'} \prod_{j=1}^{m_k} N_{t_j}\left(\boldsymbol{Z}_{k,j}\right)^{\tau_j\left(\theta_{k,i}\right)} \prod_{t=1}^{T}\left(P_{\mathrm{D}}^t\right)^{\delta_t\left(\theta_{k,i}\right)}\left(1-P_{\mathrm{D}}^t\right)^{1-\delta_t\left(\theta_{k,i}\right)} \tag{6-46}$$

式中，c' 代表归一化常数。

而对于非参数联合概率数据关联来说，假定其 $\mu_{\mathrm{F}}\left[\phi\left(\theta_{k,i}\right)\right]$ 是均匀分布的，所以有

$$P\left(\theta_{k,i} \mid \boldsymbol{Z}^{1:k}\right)=\frac{1}{c''} \frac{\phi\left(\theta_{k,i}\right)!}{V^{\phi\left(\theta_{k,i}\right)}} \prod_{j=1}^{m_k} N_{t_j}\left(\boldsymbol{Z}_{k,j}\right)^{\tau_j\left(\theta_{k,i}\right)} \prod_{t=1}^{T}\left(P_{\mathrm{D}}^t\right)^{\delta_t\left(\theta_{k,i}\right)}\left(1-P_{\mathrm{D}}^t\right)^{1-\delta_t\left(\theta_{k,i}\right)} \tag{6-47}$$

式中，c'' 代表归一化常数。

3. 状态估计协方差的计算

根据卡尔曼滤波公式可得，基于第 j 个量测对目标 t 的状态估计 $\hat{\boldsymbol{X}}_{k,j}^t$ 的协方差为

$$\begin{aligned} \boldsymbol{P}_{k,j}^t &= E\left[\left(\boldsymbol{X}_k^t-\hat{\boldsymbol{X}}_{k,j}^t\right)\left(\boldsymbol{X}_k^t-\hat{\boldsymbol{X}}_{k,j}^t\right)^{\mathrm{T}} \mid \theta_{k,j}^t, \boldsymbol{Z}^{1:k}\right] \\ &= \boldsymbol{P}_{k|k-1}^t-\boldsymbol{K}_k^t \boldsymbol{S}_k^t\left(\boldsymbol{K}_k^t\right)^{\mathrm{T}} \end{aligned} \tag{6-48}$$

式中，$\boldsymbol{K}_k^t$ 代表目标航迹 t 在 k 时刻目标航迹的增益矩阵；$\boldsymbol{S}_k^t$ 代表目标航迹 t 对应的新息协方差。

当目标航迹 t 没有与任何量测点迹关联时，一般选取一步预测值用于目标的状态估计更新，于是有

$$\begin{aligned} \boldsymbol{P}_{k,0}^t &= E\left[\left(\boldsymbol{X}_k^t-\hat{\boldsymbol{X}}_{k,0}^t\right)\left(\boldsymbol{X}_k^t-\hat{\boldsymbol{X}}_{k,0}^t\right)^{\mathrm{T}} \mid \theta_{k,0}^t, \boldsymbol{Z}^{1:k}\right] \\ &= E\left[\left(\boldsymbol{X}_k^t-\hat{\boldsymbol{X}}_{k|k-1}^t\right)\left(\boldsymbol{X}_k^t-\hat{\boldsymbol{X}}_{k|k-1}^t\right)^{\mathrm{T}} \mid \theta_{k,0}^t, \boldsymbol{Z}^{1:k}\right] \\ &= \boldsymbol{P}_{k|k-1}^t \end{aligned} \tag{6-49}$$

其中 k 时刻目标航迹 t 的状态估计为

$$\begin{aligned}\hat{\boldsymbol{X}}_k^t &= E\left(\boldsymbol{X}_k^t \mid \boldsymbol{Z}^{1:k}\right) \\ &= \sum_{j=0}^{m_k} E\left(\boldsymbol{X}_k^t \mid \theta_{k,j}^t, \boldsymbol{Z}^{1:k}\right) P\left(\theta_{k,j}^t \mid \boldsymbol{Z}^{1:k}\right) = \sum_{j=0}^{m_k} \beta_{k,j}^t \hat{\boldsymbol{X}}_{k,j}^t\end{aligned} \tag{6-50}$$

式中，

$$\hat{\boldsymbol{X}}_{k,j}^t = E\left(\boldsymbol{X}_k^t \mid \theta_{k,j}^t, \boldsymbol{Z}^{1:k}\right) \tag{6-51}$$

表示 k 时刻第 j 个量测点迹对目标航迹 t 关联进行状态更新。而 $\hat{\boldsymbol{X}}_{k,0}^t$ 则表示在 k 时刻没有量测点迹与目标航迹 t 关联，这时目标航迹 t 的状态估计需要使用相应的预测值 $\hat{\boldsymbol{X}}_{k|k-1}^t$ 来代替。

k 时刻目标航迹 t 的状态估计协方差为

$$\begin{aligned}\boldsymbol{P}_k^t &= E\left[\left(\boldsymbol{X}_k^t - \hat{\boldsymbol{X}}_k^t\right)\left(\boldsymbol{X}_k^t - \hat{\boldsymbol{X}}_k^t\right)^{\mathrm{T}} \mid \boldsymbol{Z}^{1:k}\right] \\ &= \sum_{j=0}^{m_k} \beta_{k,j}^t E\left[\left(\boldsymbol{X}_k^t - \hat{\boldsymbol{X}}_k^t\right)\left(\boldsymbol{X}_k^t - \hat{\boldsymbol{X}}_k^t\right)^{\mathrm{T}} \mid \theta_{k,j}^t, \boldsymbol{Z}^{1:k}\right] \\ &= \sum_{j=0}^{m_k} \beta_{k,j}^t E\left[\left(\boldsymbol{X}_k^t - \hat{\boldsymbol{X}}_{k,j}^t\right)\left(\boldsymbol{X}_k^t - \hat{\boldsymbol{X}}_{k,j}^t\right)^{\mathrm{T}} \mid \theta_{k,j}^t, \boldsymbol{Z}^{1:k}\right] \\ &\quad + \sum_{j=0}^{m_k} \beta_{k,j}^t E\left[\left(\boldsymbol{X}_k^t - \hat{\boldsymbol{X}}_{k,j}^t\right)\left(\hat{\boldsymbol{X}}_{k,j}^t - \hat{\boldsymbol{X}}_k^t\right)^{\mathrm{T}} \mid \theta_{k,j}^t, \boldsymbol{Z}^{1:k}\right] \\ &\quad + \sum_{j=0}^{m_k} \beta_{k,j}^t E\left[\left(\hat{\boldsymbol{X}}_{k,j}^t - \hat{\boldsymbol{X}}_k^t\right)\left(\boldsymbol{X}_k^t - \hat{\boldsymbol{X}}_{k,j}^t\right)^{\mathrm{T}} \mid \theta_{k,j}^t, \boldsymbol{Z}^{1:k}\right] \\ &\quad + \sum_{j=0}^{m_k} \beta_{k,j}^t E\left[\left(\hat{\boldsymbol{X}}_{k,j}^t - \hat{\boldsymbol{X}}_k^t\right)\left(\hat{\boldsymbol{X}}_{k,j}^t - \hat{\boldsymbol{X}}_k^t\right)^{\mathrm{T}} \mid \theta_{k,j}^t, \boldsymbol{Z}^{1:k}\right]\end{aligned} \tag{6-52}$$

再由式（6-48）、式（6-49）可得

$$\begin{aligned}&\sum_{j=0}^{m_k} \beta_{k,j}^t E\left[\left(\boldsymbol{X}_k^t - \hat{\boldsymbol{X}}_{k,j}^t\right)\left(\boldsymbol{X}_k^t - \hat{\boldsymbol{X}}_{k,j}^t\right)^{\mathrm{T}} \mid \theta_{k,j}^t, \boldsymbol{Z}^{1:k}\right] \\ &= \sum_{j=0}^{m_k} \beta_{k,j}^t \boldsymbol{P}_{k,j}^t = \beta_{k,0}^t \boldsymbol{P}_{k,0}^t \sum_{j=1}^{m_k} \beta_{k,j}^t \left[\boldsymbol{P}_{k|k-1}^t - \boldsymbol{K}_k^t \boldsymbol{S}_k^t (\boldsymbol{K}_k^t)^{\mathrm{T}}\right] \\ &= \boldsymbol{P}_{k|k-1}^t - \left(1 - \beta_{k,0}^t\right) \boldsymbol{K}_k^t \boldsymbol{S}_k^t (\boldsymbol{K}_k^t)^{\mathrm{T}}\end{aligned} \tag{6-53}$$

$$\begin{aligned}&\sum_{j=0}^{m_k} \beta_{k,j}^t E\left[\left(\hat{\boldsymbol{X}}_{k,j}^t - \hat{\boldsymbol{X}}_k^t\right)\left(\hat{\boldsymbol{X}}_{k,j}^t - \hat{\boldsymbol{X}}_k^t\right)^{\mathrm{T}} \mid \theta_{k,j}^t, \boldsymbol{Z}^{1:k}\right] \\ &= \sum_{j=0}^{m_k} \beta_{k,j}^t \hat{\boldsymbol{X}}_{k,j}^t (\hat{\boldsymbol{X}}_{k,j}^t)^{\mathrm{T}} - \hat{\boldsymbol{X}}_k^t (\hat{\boldsymbol{X}}_k^t)^{\mathrm{T}}\end{aligned} \tag{6-54}$$

$$\begin{aligned}&\sum_{j=0}^{m_k}\beta_{k,j}^t E\left[\left(\boldsymbol{X}_k^t-\hat{\boldsymbol{X}}_{k,j}^t\right)\left(\hat{\boldsymbol{X}}_{k,j}^t-\hat{\boldsymbol{X}}_k^t\right)^{\mathrm{T}}\mid\theta_{k,j}^t,\boldsymbol{Z}^{1:k}\right]\\&=\sum_{j=0}^{m_k}\beta_{k,j}^t\left[E\left(\boldsymbol{X}_k^t\mid\theta_{k,j}^t,\boldsymbol{Z}^{1:k}\right)-\hat{\boldsymbol{X}}_{k,j}^t\right]\left(\hat{\boldsymbol{X}}_{k,j}^t-\hat{\boldsymbol{X}}_k^t\right)^{\mathrm{T}}=0\end{aligned}\tag{6-55}$$

同理可得

$$\sum_{j=0}^{m_k}\beta_{k,j}^t E\left[\left(\hat{\boldsymbol{X}}_{k,j}^t-\hat{\boldsymbol{X}}_k^t\right)\left(\boldsymbol{X}_k^t-\hat{\boldsymbol{X}}_{k,j}^t\right)^{\mathrm{T}}\mid\theta_{k,j}^t,\boldsymbol{Z}^{1:k}\right]=0\tag{6-56}$$

即可得到状态估计协方差的更新值

$$\boldsymbol{P}_k^t=\boldsymbol{P}_{k|k-1}^t-\left(1-\beta_{k,0}^t\right)\boldsymbol{K}_k^t\boldsymbol{S}_k^t(\boldsymbol{K}_k^t)^{\mathrm{T}}+\sum_{j=0}^{m_k}\beta_{k,j}^t\hat{\boldsymbol{X}}_{k,j}^t(\hat{\boldsymbol{X}}_{k,j}^t)^{\mathrm{T}}-\hat{\boldsymbol{X}}_k^t(\hat{\boldsymbol{X}}_k^t)^{\mathrm{T}}\tag{6-57}$$

如图 6-7 所示为联合概率数据关联算法的流程图，输入分别为 $k+1$ 时刻的所有量测、初始状态 $\hat{\boldsymbol{X}}_k$ 和初始协方差 $\boldsymbol{P}_k$。首先，从 $k+1$ 时刻所有的量测中选择落入目标航迹预测确认区域内的候选量测，并根据所有的候选量测产生确认矩阵，然后根据不同的关联事件将确认矩阵拆分为对应的关联矩阵，接下来分别计算每个关联事件的关联概率，最终根据关联事件及其概率得出组合新息 $\boldsymbol{v}_k$；其次，针对输入的初始状态 $\hat{\boldsymbol{X}}_k$ 进行一步预测，得到状态的一步预测值 $\hat{\boldsymbol{X}}_{k+1|k}$ 以及观测的预测值 $\hat{\boldsymbol{Z}}_{k+1|k}$，最终计算残差 $\boldsymbol{v}_{k,i}$ 和量测分布 $N_{t_j}\left(\boldsymbol{Z}_{k,j}\right)$；再次，针对输入的初始协方差 $\boldsymbol{P}_k$，通过一步预测得到协方差的一步预测值 $\boldsymbol{P}_{k+1|k}$ 并进一步得到新息协方差 $\boldsymbol{S}_{k+1}$，基于新息协方差得到增益 $\boldsymbol{K}_{k+1}$，并最终更新 $k+1$ 时刻的协方差 $\boldsymbol{P}_{k+1}$；最后，基于组合新息 $\boldsymbol{v}_k$、残差 $\boldsymbol{v}_{k,i}$、量测分布 $N_{t_j}\left(\boldsymbol{Z}_{k,j}\right)$ 和增益 $\boldsymbol{K}_{k+1}$，更新 $k+1$ 时刻的状态值 $\hat{\boldsymbol{X}}_{k+1}$。

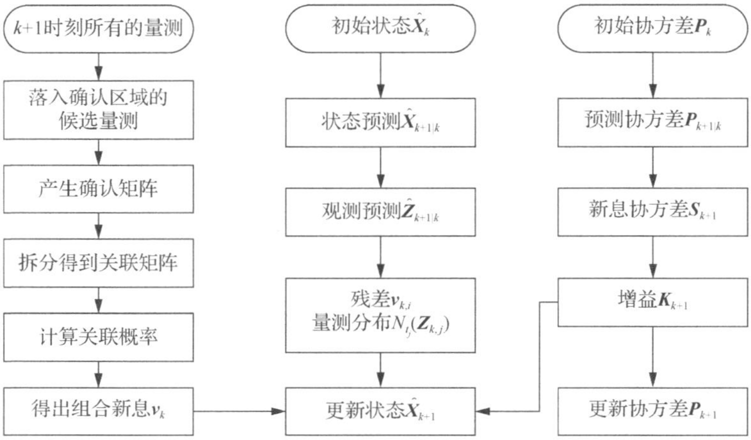

图 6-7　联合概率数据关联算法流程图

6.2.3　多假设关联算法

Reid（1979）提出多假设跟踪（multiple hypothesis tracking，MHT）算法，其提出的“假设”概念与 Fortmann 等（1893）提出的联合事件概念几乎相同，不同点主要在于：对每一个量测，不仅考虑虚警的可能性，也考虑新目标出现的可能性；将当前时刻的假设视为前一时刻的某一假设与当前数据集合关联的结果（何友等，2009）。MHT 算法考虑每个新接收到的量测可能来自新目标、虚警或已有目标，通过对所建立的多个候选假设的评估及管理实现多目标跟踪。MHT 算法不仅能够有效解决航迹保持过程中的数据关联问题，同时也能够在算法的框架内考虑新目标航迹起始及航迹终止。但显而易见的是，MHT 算法计算量颇大，因此需采用一定的假设约简技术。

1. 假设的产生

定义以下变量。

$\boldsymbol{Z}^k=\left\{\boldsymbol{Z}_{k,1},\boldsymbol{Z}_{k,2},\cdots,\boldsymbol{Z}_{k,m_k}\right\}$：表示 k 时刻全部量测组成的集合，其中 $\boldsymbol{Z}_{k,i}$ 表示 k 时刻第 i 个量测，m_k 表示 k 时刻量测个数。

$\boldsymbol{Z}^{1:k}=\left\{\boldsymbol{Z}^1,\boldsymbol{Z}^2,\cdots,\boldsymbol{Z}^k\right\}$：表示从 1 时刻到 k 时刻的全部量测组成的集合。

$\boldsymbol{W}^k$：表示 k 时刻的关联假设集。

$\boldsymbol{W}^{1:k}$：表示从 1 时刻到 k 时刻的关联假设集，它由 $\boldsymbol{W}^{1:k-1}$ 和当前量测集 $\boldsymbol{Z}^k$ 关联得到。

$\boldsymbol{Z}_{k,i}$ 可能是已有航迹的继续、新目标或者虚警。按照假设，每个目标只能和一个量测关联，或者无量测关联。举例说明假设产生的具体过程。为简化问题分析，假定跟踪区域内存在两个目标，即目标 1 与目标 2。在跟踪过程中两个目标一直存在，形成航迹 1 与航迹 2，两个目标的检测概率 $P_{\mathrm{D}}^t(t=1,2)$ 为 1，只考虑落在目标 1 与目标 2 的相关波门内。跟踪过程中航迹 1 与航迹 2 发生交叉，且在跟踪过程中无新目标生成。

在 $k=0$ 时初始化，假设存在 2 个量测值 $\boldsymbol{Z}^0=\left\{\boldsymbol{Z}_{0,1},\boldsymbol{Z}_{0,2}\right\}$，分别作为与目标 1 和目标 2 关联的量测值，则 $k=0$ 时的假设事件矩阵如表 6-1 所示。

表 6-1　k=0 时假设事件矩阵

假设事件编号	$\boldsymbol{Z}_{0,1}$	$\boldsymbol{Z}_{0,2}$	后验概率
$\theta_{0,1}$	1	2	$P\left(\theta_{0,1}\mid\boldsymbol{Z}^0\right)$

表 6-1 中，1 表示该量测来自目标 1，2 表示该量测来自目标 2，$\theta_{k,i}$ 为 k 时刻第 i 个假设事件。

假设在 $k=1$ 时获得 4 个量测值 $\boldsymbol{Z}^1=\left\{\boldsymbol{Z}_{1,1},\boldsymbol{Z}_{1,2},\boldsymbol{Z}_{1,3},\boldsymbol{Z}_{1,4}\right\}$。针对目标 1 和目标 2，$k=0$ 时结束后只有 1 种可能的假设事件，$k=1$ 时结束后总共产生了 12 种假设事件。$k=1$ 时假设事件矩阵如表 6-2 所示。

表 6-2　k=1 时假设事件矩阵

假设事件编号	$Z_{1,1}$	$Z_{1,2}$	$Z_{1,3}$	$Z_{1,4}$	后验概率
$\theta_{1,1}$	0	0	1	2	$P(\theta_{1,1} \mid Z^1)$
$\theta_{1,2}$	0	0	2	1	$P(\theta_{1,2} \mid Z^1)$
$\theta_{1,3}$	0	1	0	2	$P(\theta_{1,3} \mid Z^1)$
$\theta_{1,4}$	0	1	2	0	$P(\theta_{1,4} \mid Z^1)$
$\theta_{1,5}$	0	2	0	1	$P(\theta_{1,5} \mid Z^1)$
$\theta_{1,6}$	0	2	1	0	$P(\theta_{1,6} \mid Z^1)$
$\theta_{1,7}$	1	0	0	2	$P(\theta_{1,7} \mid Z^1)$
$\theta_{1,8}$	1	0	2	0	$P(\theta_{1,8} \mid Z^1)$
$\theta_{1,9}$	1	2	0	0	$P(\theta_{1,9} \mid Z^1)$
$\theta_{1,10}$	2	0	0	1	$P(\theta_{1,10} \mid Z^1)$
$\theta_{1,11}$	2	0	1	0	$P(\theta_{1,11} \mid Z^1)$
$\theta_{1,12}$	2	1	0	0	$P(\theta_{1,12} \mid Z^1)$

表 6-2 中，1 表示该量测来自目标 1，2 表示该量测来自目标 2，0 表示该量测来自虚警；$\theta_{k,i}$ 为 k 时刻第 i 个假设事件。

通常情况下，若 $k-1$ 时刻结束时产生 m 种假设事件 $\theta_{k-1,i}, i=1,2,\cdots,m$，在 k 时刻生成了 n 种可能的假设事件 $\theta_{k,i}, i=1,2,\cdots,n$，那么在 k 时刻结束时总共会产生 mn 种假设事件 $\theta_{k,i}, i=1,2,\cdots,mn$。可以看出，若每时刻获得的量测数量增多或考虑新目标出现的情况，产生的假设数量会急剧增加，最终将发生组合爆炸。

2. 关联假设概率计算

k 时刻存在 m_k 个量测，其中包括：τ 个量测源于已确认的航迹；v 个量测源于新目标；ϕ 个量测是虚警。

定义与 θ_k 事件有关的标记变量：

$$\tau_i = \tau_i(\theta_k) = \begin{cases} 1, & \text{若量测} \boldsymbol{Z}_{k,i} \text{源于已有目标轨迹} \\ 0, & \text{其他} \end{cases}$$

$$v_i = v_i(\theta_k) = \begin{cases} 1, & \text{若量测} \boldsymbol{Z}_{k,i} \text{源于新目标} \\ 0, & \text{其他} \end{cases}$$

$$\delta_t = \delta_t(\theta_k) = \begin{cases} 1, & \text{如果在} k \text{时刻存在源于目标航迹} t \text{的量测（目标航迹} t \text{在} \boldsymbol{W}^{1:k-1}\text{）} \\ 0, & \text{其他} \end{cases}$$

在 θ_k 事件中已确认的航迹数是

$$\tau = \sum_{i=1}^{m_k} \tau_i \tag{6-58}$$

在 θ_k 事件中新航迹数是

$$v = \sum_{i=1}^{m_k} v_i \tag{6-59}$$

在 θ_k 事件中虚警量测数是

$$\phi = m_k - \tau - v \tag{6-60}$$

δ_t 表示在前时刻的关联假设集中在 k 时刻目标航迹 t 是否被正确检测。包含 v 个新航迹数、ϕ 个虚警的事件总数为 $m_k!C_{m_k}^{\phi+v}C_{\phi+v}^{\phi} = m_k!/(v!\phi!)$。

关联假设 $\theta_{k,l}$ 是关联假设集 $\boldsymbol{W}^{1:k}$ 中第 l 个假设，它是由 $k-1$ 时刻的关联假设集 $\boldsymbol{W}^{1:k-1}$ 中第 s 个假设 $\theta_{k-1,s}$ 和 k 时刻的关联事件 θ_k 组合得到的。

利用贝叶斯公式，关联假设 $\theta_{k,l}$ 的后验概率为

$$p\left(\theta_{k,l} \mid \boldsymbol{Z}^{1:k}\right) = \frac{p\left(\boldsymbol{Z}^k \mid \theta_k, \theta_{k-1,s}, \boldsymbol{Z}^{1:k-1}\right) p\left(\theta_k \mid \theta_{k-1,s}, \boldsymbol{Z}^{1:k-1}\right) p\left(\theta_{k-1,s} \mid \boldsymbol{Z}^{1:k-1}\right)}{p\left(\boldsymbol{Z}^k \mid \boldsymbol{Z}^{1:k-1}\right)} \tag{6-61}$$

若 k 时刻量测 $\boldsymbol{Z}_{k,i}$ 源于虚警，假设量测在波门内服从均匀分布；若 k 时刻量测 $\boldsymbol{Z}_{k,i}$ 源于新目标，也假设量测在波门内服从均匀分布。这两种情况量测的概率密度函数为 V_k^{-1}，其中 V_k 为相关波门的体积或面积。若 k 时刻量测 $\boldsymbol{Z}_{k,i}$ 源于已建立的航迹，则量测服从高斯分布，均值为 $\hat{\boldsymbol{Z}}_{k|k-1}$，协方差为 $\boldsymbol{S}_k$，其统计特性可等效为新息向量 $\boldsymbol{v}_{k,i}$ 是服从均值为 0、协方差为 $\boldsymbol{S}_k$ 的高斯型随机变量，表示为 $\lambda_{k,i}$。

所以关联假设 $\theta_{k,l}$ 的后验概率的迭代公式为

$$p\left(\theta_{k,l} \mid \boldsymbol{Z}^{1:k}\right) = \frac{1}{C}\frac{v!\phi!}{m_k!}\mu_{\mathrm{F}}(\phi)\mu_{\mathrm{N}}(v)V^{-\varphi-v} \cdot \prod_{i=1}^{m_k}\left(\lambda_{k,i}\right)^{\tau_i}\prod_t\left(P_{\mathrm{D}}^t\right)^{\delta_t}\left(1-P_{\mathrm{D}}^t\right)^{1-\delta_t} \cdot p\left(\theta^{k-1,s} \mid \boldsymbol{Z}^{1:k-1}\right) \tag{6-62}$$

式中，C 为归一化因子，$C = p\left(\boldsymbol{Z}^k \mid \boldsymbol{Z}^{1:k-1}\right)$；$\mu_{\mathrm{F}}$ 为虚警量测数的先验概率质量函数；μ_{N} 为新目标数的先验概率质量函数；P_{D}^t 为目标航迹 t 的检测概率。

3. 假设管理

针对 MHT 假设事件组合爆炸的情况，需要采用假设管理的方法对假设数量进行约束。假设管理一般通过假设删除与假设合并来实现（潘泉等，2013）。

（1）假设删除。假设删除（假设剪枝）一般有两种方法：阈值法与宽容法。阈值法需要指定一个阈值，然后将概率小于所设定阈值的假设删除。阈值法很明显的弊端是无法合理设定阈值，这就可能出现即使假设事件的数量已经非常少但假设删除还在继续的情况。宽容法则是保留 P（$P>0$）个概率较大的假设，其明显的缺点是需要占用很多计算资源来对假设事件排序。

（2）假设合并。随着跟踪的进行，可能出现某几个假设事件越来越类似的情况，主要表现为在最近几个时刻都得到同样的更新。显然，这样的假设应该被合并以释放占用的计算资源。

6.2.4　基于概率数据关联与 MHT 的多目标航迹数据关联算法

由于 MHT 算法计算量大，难以实时应用，研究人员设计了一种基于概率数据关联与 MHT 的多目标数据关联算法（曲光宇，2020）。

在传统 MHT 算法框架下，无论目标航迹是否发生交叉（即目标波门是否相交），都将当前时刻所有量测点迹与已存在目标、新目标或虚警相关联并生成假设矩阵，以假设矩阵中每种假设事件概率大小为依据，对量测点迹进行合理互联，进而实现多目标跟踪。这样处理会产生大量低概率假设事件，而且 MHT 算法存在大量排序操作，所以实际应用起来对设备的计算能力与存储性能要求很高。为此优化跟踪问题中 MHT 算法的应用逻辑，通过目标波门是否相交来对目标航迹是否交叉做出判断，针对不同情况采用不同算法，优化后的多目标数据关联算法如图 6-8 所示。

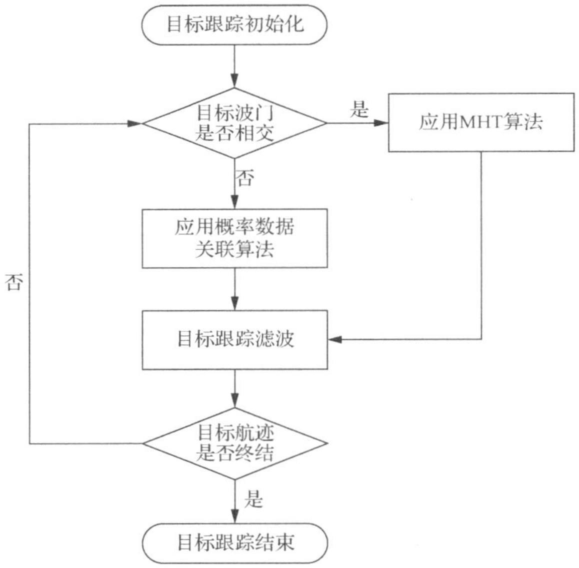

图 6-8　基于概率数据关联与 MHT 的多目标数据关联算法

为简化问题分析，设置跟踪区域内存在两个目标，即目标 1 与目标 2。在跟踪过程中目标 1 与目标 2 一直存在，且形成航迹 1 与航迹 2，每时刻两条航迹的目标检测概率均为 1，且在跟踪过程中无新目标生成。设置两个目标在二维平面中做匀速运动，建立二维直角坐标系 xOy，观测站位于坐标系原点且静止，坐标系单位为 m。目标 1 初始位置坐标(150, 1500)，x 轴方向初始速度 3m/s，y 轴方向初始速度 3m/s，目标 2 初始位置坐标(450, 1500)，x 轴方向初始速度−3m/s，y 轴方向初始速度 3m/s。目标 x 轴方向、y 轴方向过程噪声为 0.01m/s^2。

目标量测为目标方位信息，量测噪声均服从零均值、标准差为 1°的高斯分布。设信息刷新率为 0.5s，仿真步数为 200 步。

目标波门采用椭圆波门，设置相关波门参数 $\gamma=16$，检测概率 $P_D=1$，量测落入波门的概率 $P_G=1$。设虚警量测以杂波密度 $\lambda=4\times10^{-5}$ 均匀产生，k 时刻产生的量测以近似服从泊松分布落入确认区域内。利用上述优化后的基于概率数据关联与 MHT 的多目标数据关联算法，对目标 1 和目标 2 进行跟踪，二维直角坐标系 xOy 下目标 1 和目标 2 的轨迹、量测点迹与杂波点迹，及跟踪结果如图 6-9 和图 6-10 所示。

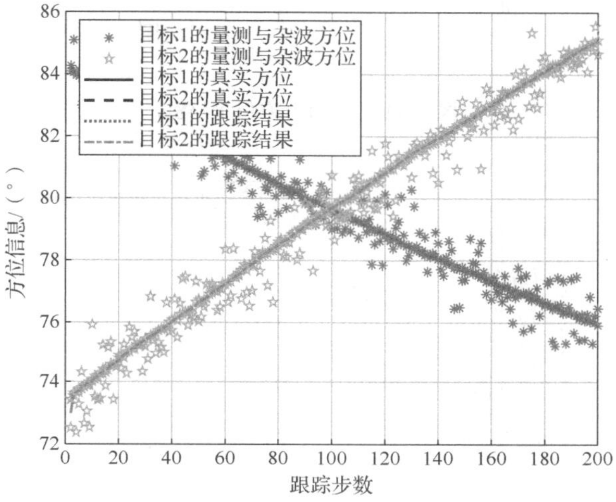

图 6-9 杂波环境多目标纯方位跟踪

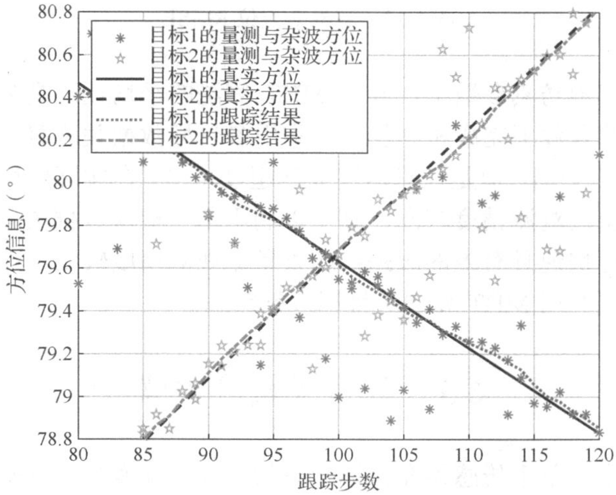

图 6-10 局部放大图

从仿真结果可以看出，利用基于概率数据关联与 MHT 的多目标数据关联算法（可简称为多目标关联算法）可对上述目标进行有效纯方位跟踪。在相同仿真参数下进行 500 次蒙特卡罗试验，将结果与 MHT 算法跟踪结果进行对比，两种方法跟踪结果如图 6-11 和图 6-12 所示。

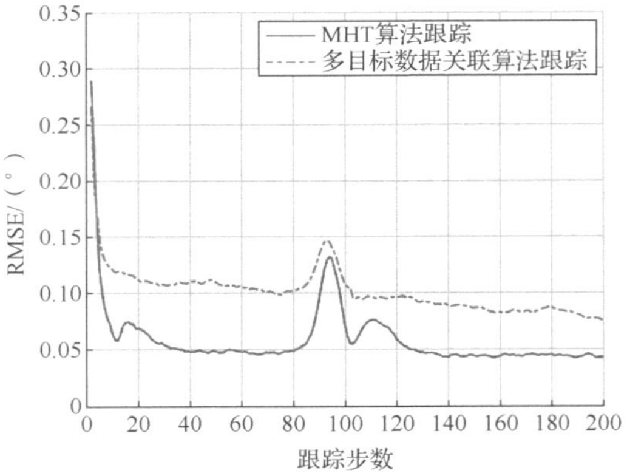

图 6-11 目标 1 方位 RMSE

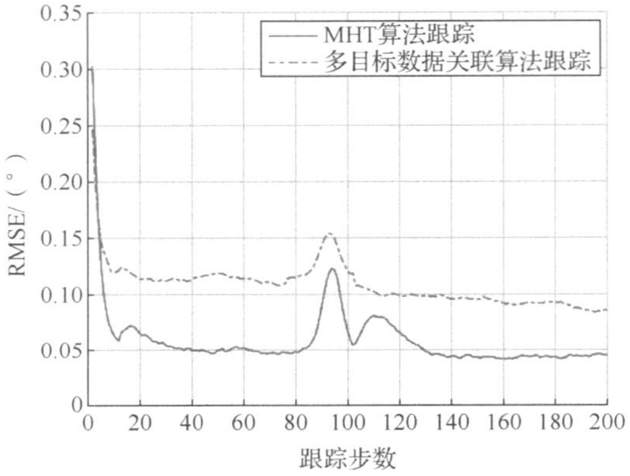

图 6-12 目标 2 方位 RMSE

经统计可得，在当前仿真参数下，利用 MHT 算法的平均耗时是多目标数据关联算法的 4 倍以上。在相同计算条件下完成相同任务，利用多目标数据关联算法对目标进行跟踪，虽然收敛后 RMSE 升高约一倍，但是计算速度提升超过 4 倍。在实际应用中可根据需求对算法进行合理选择，如果量测观测精度较高，则可以利用基于概率数据关联与 MHT 的多目标数据关联算法对目标进行快速且有效的跟踪；如果量测观测精度较低，而且没有对跟踪环节的耗时提出要求，则可以利用 MHT 算法对目标进行跟踪。

6.3 分布式航迹关联

分布式信息系统中，单个传感器在目标状态估计（第 5 章）的基础上，进行单目标或多目标航迹的数据关联，形成该传感器平台下的单目标或多目标航迹，并传输至融合中心。这时融合中心会收到多传感器给出的目标航迹，将不同传感器的目标航迹进行融合的前提是各传感器给出的航迹来源于同一目标，也就是需要对各传感器的目标航迹进行匹配，即航迹关联。

Singer 等（1971b）提出了加权航迹关联算法，并且给出了加权统计距离检验法，但是该方法要求不同传感器对同一个目标具有独立的估计误差，但事实上统计误差并不总是统计独立的。随后 Bar-Shalom（1981）研究出了修正航迹关联算法，此算法为对加权算法的修正，修正之后的方法与加权统计距离检验法相比，可以容忍较大的过程噪声，使得关联性能提升。随后极大似然估计法、经典分配法等方法被提出并应用于解决航迹关联的问题中，拓宽了处理此类问题的思路。我国雷达信息融合领域的专家何友教授等（2009，2000，1996）提出了基于似然比检验的独立序贯航迹关联和相关序贯航迹法，以及统计双门限法、修正的 K 近邻法、统计航迹关联法。这些方法都采用了在空间融合的同时引入时间融合的思想。本节在上述基础上主要讨论加权航迹关联算法、序贯航迹关联算法、广义经典分配加权航迹关联算法、广义经典分配序贯航迹关联算法。

6.3.1　加权航迹关联算法

1. 加权法

利用加权航迹关联算法解决航迹关联问题。设局部观测节点 g 、h 的航迹集合为

$$\boldsymbol{U}_g=\{1,2,\cdots,n_g\},\quad \boldsymbol{U}_h=\{1,2,\cdots,n_h\} \tag{6-63}$$

设 $\boldsymbol{X}_i$ 和 $\boldsymbol{X}_j$ 分别是第 i 个和第 j 个航迹的真实状态，状态向量维度为 n_x 。$\hat{\boldsymbol{X}}_i^g$ 是观测节点 g 对航迹 i 的状态估计值， $\hat{\boldsymbol{X}}_j^h$ 是观测节点 h 对航迹 j 的状态估计值。

k 时刻估计误差记为 $\tilde{\boldsymbol{X}}_{k,i}^g=\boldsymbol{X}_{k,i}^g-\hat{\boldsymbol{X}}_{k,i}^g$ 与 $\tilde{\boldsymbol{X}}_{k,j}^h=\boldsymbol{X}_{k,j}^h-\hat{\boldsymbol{X}}_{k,j}^h$ 。将 $\hat{\boldsymbol{t}}_{k,ij}=\hat{\boldsymbol{X}}_{k,i}^g-\hat{\boldsymbol{X}}_{k,j}^h$ 记为 $\boldsymbol{t}_{k,ij}=\boldsymbol{X}_{k,i}^g-\boldsymbol{X}_{k,j}^h, i\in\boldsymbol{U}_g, j\in\boldsymbol{U}_h$ 的估计，且估计误差为 $\tilde{\boldsymbol{t}}_{k,ij}=\boldsymbol{t}_{k,ij}-\hat{\boldsymbol{t}}_{k,ij}$ 。

作以下假设。

H_0 代表 $\hat{\boldsymbol{X}}_{k,i}^g$ 和 $\hat{\boldsymbol{X}}_{k,j}^h$ 是来自同一目标的航迹估计的事件。

H_1 代表 $\hat{\boldsymbol{X}}_{k,i}^g$ 和 $\hat{\boldsymbol{X}}_{k,j}^h$ 不是来自同一目标的航迹估计的事件。

假定观测节点 g 、h 对同一目标的状态估计是统计独立的，即当目标真实状态满足 $\boldsymbol{X}_{k,i}^g=\boldsymbol{X}_{k,j}^h$ 时，估计误差 $\tilde{\boldsymbol{X}}_{k,j}^h$ 与 $\tilde{\boldsymbol{X}}_{k,i}^g$ 是统计独立的，$\hat{\boldsymbol{t}}_{k,ij}$ 的估计误差协方差为

$$\boldsymbol{C}_{k,ij}^{g,h}=E\left[\tilde{\boldsymbol{t}}_{k,ij}\left(\tilde{\boldsymbol{t}}_{k,ij}\right)^{\mathrm{T}}\right]=E\left[\left(\tilde{\boldsymbol{X}}_{k,i}^g-\tilde{\boldsymbol{X}}_{k,j}^h\right)\left(\tilde{\boldsymbol{X}}_{k,i}^g-\tilde{\boldsymbol{X}}_{k,j}^h\right)^{\mathrm{T}}\right]=\boldsymbol{P}_{k,i}^g+\boldsymbol{P}_{k,j}^h \tag{6-64}$$

式中，$\boldsymbol{P}_{k,i}^g$ 和 $\boldsymbol{P}_{k,j}^h$ 分别是观测节点 g 、h 在 k 时刻目标状态估计的误差协方差。关于 $\boldsymbol{P}_{k,i}^g$ 和 $\boldsymbol{P}_{k,j}^h$ 的计算方法可参见卡尔曼滤波算法中协方差矩阵的计算方法。

加权法航迹关联的检验统计量是

$$\alpha_{k,ij}^{g,h}=\left(\hat{\boldsymbol{t}}_{k,ij}\right)^{\mathrm{T}}\left(\boldsymbol{C}_{k,ij}^{g,h}\right)^{-1}\left(\hat{\boldsymbol{t}}_{k,ij}\right)=\left(\hat{\boldsymbol{X}}_{k,i}^g-\hat{\boldsymbol{X}}_{k,j}^h\right)^{\mathrm{T}}\left(\boldsymbol{P}_{k,i}^g+\boldsymbol{P}_{k,j}^h\right)^{-1}\left(\hat{\boldsymbol{X}}_{k,i}^g-\hat{\boldsymbol{X}}_{k,j}^h\right) \tag{6-65}$$

式中， $i=1,2,\cdots,n_g$ ； $j=1,2,\cdots,n_h$ 。

下面给出加权法航迹关联的检验统计量的关联判决门限确定方法。在 H_0 假设情况下，状态估计的差 $\hat{\boldsymbol{t}}_{k,ij}$ 服从正态分布，则 $\alpha_{k,ij}^{g,h}$ 服从 n_x 自由度的 χ^2 分布， n_x 是状态向量的维数，可以根据设置的航迹关联漏检概率 $P(H_1|H_0)$ ，基于 χ^2 分布获得关联判决的门限。如果 $\alpha_{k,ij}^{g,h}$ 低

于该门限，则判定 H_0 成立，即航迹 i 和航迹 j 关联；否则判定 H_1 成立，即航迹 i 和航迹 j 不关联。

2. 修正加权法

如果存在过程噪声，则不同观测节点估计相同目标的估计误差不总是统计独立的。Bar-Shalom（1981）考虑过程噪声的影响，提出修正加权法。当存在过程噪声时，由卡尔曼滤波可得，$\hat{\boldsymbol{X}}_{k,i}^{g}$ 和 $\hat{\boldsymbol{X}}_{k,j}^{h}$ 的估计误差协方差矩阵为

$$\begin{aligned}\boldsymbol{P}_{k,ij}^{g,h} &= E\left[\tilde{\boldsymbol{X}}_{k,i}^{g}\left(\tilde{\boldsymbol{X}}_{k,j}^{h}\right)^{\mathrm{T}}\right] \\ &= [\boldsymbol{I}-\boldsymbol{K}_{k,i}^{g}\boldsymbol{H}_{k}^{g}][\boldsymbol{F}_{k-1}\boldsymbol{P}_{k-1,ij}^{gh}\left(\boldsymbol{F}_{k-1}\right)^{\mathrm{T}}+\boldsymbol{\Gamma}_{k-1}\boldsymbol{Q}_{k-1}\left(\boldsymbol{\Gamma}_{k-1}\right)^{\mathrm{T}}][\boldsymbol{I}-\boldsymbol{K}_{k,j}^{h}\boldsymbol{H}_{k}^{h}]^{\mathrm{T}}\end{aligned} \tag{6-66}$$

式中，$\boldsymbol{Q}_{k-1}$ 是过程噪声协方差；$\boldsymbol{H}_{k}^{g}$ 和 $\boldsymbol{H}_{k}^{h}$ 为量测矩阵；$\boldsymbol{F}_{k-1}$ 为状态转移矩阵；$\boldsymbol{\Gamma}_{k-1}$ 为过程噪声分布矩阵；$\boldsymbol{K}_{k,i}^{g}$ 和 $\boldsymbol{K}_{k,j}^{h}$ 为增益矩阵。

可见估计误差协方差矩阵 $\boldsymbol{P}_{k,ij}^{g,h}$ 是具有初始状态 $\boldsymbol{P}_{0,ij}^{g,h}=0$ 的线性递归，则两个局部观测节点对同一目标的估计误差 $\hat{\boldsymbol{t}}_{k,ij}$ 的协方差为

$$\begin{aligned}\boldsymbol{B}_{k,ij}^{g,h} &= E\left[\tilde{\boldsymbol{t}}_{k,ij}\left(\tilde{\boldsymbol{t}}_{k,ij}\right)^{\mathrm{T}}\right]=E\left[\left(\tilde{\boldsymbol{X}}_{k,i}^{g}-\tilde{\boldsymbol{X}}_{k,j}^{h}\right)\left(\tilde{\boldsymbol{X}}_{k,i}^{g}-\tilde{\boldsymbol{X}}_{k,j}^{h}\right)^{\mathrm{T}}\right] \\ &= \boldsymbol{P}_{k,i}^{g}+\boldsymbol{P}_{k,j}^{h}-\boldsymbol{P}_{k,ij}^{g,h}-\left(\boldsymbol{P}_{k,ij}^{g,h}\right)^{\mathrm{T}}\end{aligned} \tag{6-67}$$

于是修正加权法航迹关联的检验统计量可表示为

$$\begin{aligned}\beta_{k,ij}^{g,h} &= \left(\hat{\boldsymbol{t}}_{k,ij}\right)^{\mathrm{T}}\left(\boldsymbol{B}_{k,ij}^{g,h}\right)^{-1}\left(\hat{\boldsymbol{t}}_{k,ij}\right) \\ &= \left(\hat{\boldsymbol{X}}_{k,i}^{g}-\hat{\boldsymbol{X}}_{k,j}^{h}\right)^{\mathrm{T}}\left[\boldsymbol{P}_{k,i}^{g}+\boldsymbol{P}_{k,j}^{h}-\boldsymbol{P}_{k,ij}^{g,h}-\left(\boldsymbol{P}_{k,ij}^{g,h}\right)^{\mathrm{T}}\right]^{-1}\left(\hat{\boldsymbol{X}}_{k,i}^{g}-\hat{\boldsymbol{X}}_{k,j}^{h}\right)\end{aligned} \tag{6-68}$$

同理给出修正加权法航迹关联的检验统计量的关联判决门限确定方法。在 H_0 假设情况下，状态估计的距离差 $\hat{\boldsymbol{t}}_{k,ij}$ 服从正态分布，则 $\beta_{k,ij}^{g,h}$ 服从 n_x 自由度的 χ^2 分布，n_x 是状态向量的维数，可以根据设置的航迹关联漏检概率 $P(H_1|H_0)$，基于 χ^2 分布获得关联判决的门限。如果 $\beta_{k,ij}^{g,h}$ 低于该门限，则判定 H_0 成立，即航迹 i 和航迹 j 关联；否则判定 H_1 成立，即航迹 i 和航迹 j 不关联。

6.3.2　序贯航迹关联算法

由于加权法和修正加权法在密集目标环境下或交叉、分叉航迹较多的场合关联性能严重降低，出现大量错、漏关联航迹，研究人员以加权法和修正加权法为基础，提出了序贯航迹关联算法（何友等，1996）。序贯航迹关联算法是一种基于假设检验准则的判决方法，其将航迹当前时刻的状态与历史航迹，即以前所有航迹的状态相互结合，作为航迹关联的检验统计量，算法性能较经典加权法有所提高。实际上，序贯航迹关联算法是利用了信号检测中的序贯检测思想（何友等，2000）。

假设观测节点个数为 2（大于 2 时可同理推广），设 $\boldsymbol{X}_i$ 和 $\boldsymbol{X}_j$ 分别是第 i 个和第 j 个航迹的真实状态，状态向量维度为 n_x。$\hat{\boldsymbol{X}}_i^g$ 是节点 g 对航迹 i 的状态估计值，$\hat{\boldsymbol{X}}_j^h$ 是节点 h 对目标 j 的状态估计值。

k 时刻估计误差记为 $\tilde{\boldsymbol{X}}_{k,j}^h = \boldsymbol{X}_{k,j}^h - \hat{\boldsymbol{X}}_{k,j}^h$ 与 $\tilde{\boldsymbol{X}}_{k,i}^g = \boldsymbol{X}_{k,i}^g - \hat{\boldsymbol{X}}_{k,i}^g$。将 $\hat{\boldsymbol{t}}_{k,ij} = \hat{\boldsymbol{X}}_{k,i}^g - \hat{\boldsymbol{X}}_{k,j}^h$ 记为 $\boldsymbol{t}_{k,ij} = \boldsymbol{X}_{k,i}^g - \boldsymbol{X}_{k,j}^h$ 的估计，且估计误差为 $\tilde{\boldsymbol{t}}_{k,ij} = \boldsymbol{t}_{k,ij} - \hat{\boldsymbol{t}}_{k,ij}$。

假定观测节点 g、h 对同一目标的状态估计是统计独立的，即当 $\boldsymbol{X}_{k,i}^g = \boldsymbol{X}_{k,j}^h$（目标真实状态）时，估计误差 $\tilde{\boldsymbol{X}}_{k,j}^h$ 与 $\tilde{\boldsymbol{X}}_{k,i}^g$ 统计独立，$\hat{\boldsymbol{t}}_{k,ij}$ 的估计误差协方差为

$$\boldsymbol{C}_{k,ij}^{g,h} = E\left[\tilde{\boldsymbol{t}}_{k,ij}\left(\tilde{\boldsymbol{t}}_{k,ij}\right)^{\mathrm{T}}\right] = E\left[\left(\tilde{\boldsymbol{X}}_{k,i}^g - \tilde{\boldsymbol{X}}_{k,j}^h\right)\left(\tilde{\boldsymbol{X}}_{k,i}^g - \tilde{\boldsymbol{X}}_{k,j}^h\right)^{\mathrm{T}}\right] = \boldsymbol{P}_{k,i}^g + \boldsymbol{P}_{k,j}^h \tag{6-69}$$

式中，$\boldsymbol{P}_{k,i}^g$ 和 $\boldsymbol{P}_{k,j}^h$ 分别是观测节点 g、h 在 k 时刻目标状态估计误差协方差。关于 $\boldsymbol{P}_{k,i}^g$ 和 $\boldsymbol{P}_{k,j}^h$ 的计算方法可参见卡尔曼滤波算法中协方差矩阵的计算方法。

从 1 时刻到 k 时刻，目标航迹 i 与目标航迹 j 的状态估计值的差的集合为

$$\hat{\boldsymbol{t}}_{1:k,ij} = \left\{\hat{\boldsymbol{t}}_{1,ij}, \hat{\boldsymbol{t}}_{2,ij}, \cdots, \hat{\boldsymbol{t}}_{k,ij}\right\}$$

序贯航迹关联算法航迹关联的检验统计量可定义为

$$\lambda_{1:k,ij}^{g,h} = \sum_{l=1}^{k}\left(\hat{\boldsymbol{t}}_{l,ij}\right)^{\mathrm{T}}\left(\boldsymbol{C}_{l,ij}^{g,h}\right)^{-1}\hat{\boldsymbol{t}}_{l,ij} = \lambda_{1:k-1,ij}^{g,h} + \lambda_{k,ij}^{g,h} = \lambda_{1:k-1,ij}^{g,h} + \left(\hat{\boldsymbol{t}}_{k,ij}\right)^{\mathrm{T}}\left(\boldsymbol{C}_{k,ij}^{g,h}\right)^{-1}\hat{\boldsymbol{t}}_{k,ij} \tag{6-70}$$

式中，$i = 1,2,\cdots,n_g$；$j = 1,2,\cdots,n_h$；其中状态估计误差 $\hat{\boldsymbol{t}}_{k,ij}$ 服从正态分布，所以 $\lambda_{k,ij}^{g,h}$ 服从 n_x 自由度的 χ^2 分布，$\lambda_{1:k,ij}^{g,h}$ 服从 kn_x 自由度的 χ^2 分布。

对 H_0 和 H_1 进行 N-P 准则假设检验，若

$$\lambda_{1:k,ij}^{g,h} \leqslant \delta_k,\quad i \in \boldsymbol{U}_g,\quad j \in \boldsymbol{U}_h \tag{6-71}$$

则认为 H_0 成立，否则认为 H_1 成立。式中关联判决门限 δ_k 满足

$$P\left(\lambda_{1:k,ij}^{g,h} > \delta_k \mid H_0\right) = \alpha \tag{6-72}$$

其中，α 的物理意义是关联漏检概率。基于 kn_x 自由度 χ^2 分布可获得关联判决的门限 δ_k。如果 $\lambda_{1:k,ij}^{g,h}$ 低于门限，则判定 H_0 成立，即航迹 i 和航迹 j 关联；否则判定 H_1 成立，即航迹 i 和航迹 j 不关联。

6.3.3 广义经典分配加权航迹关联算法

设局部观测节点 g、h 的航迹集合为

$$\boldsymbol{U}_g = \{1,2,\cdots,n_g\},\quad \boldsymbol{U}_h = \{1,2,\cdots,n_h\}$$

对于第 i 个和第 j 个航迹关联判决问题，参考加权法航迹关联的检验统计量

$$\alpha_{k,ij}^{g,h}=\left(\hat{\boldsymbol{t}}_{k,ij}\right)^{\mathrm{T}}\left(\boldsymbol{C}_{k,ij}^{g,h}\right)^{-1}\left(\hat{\boldsymbol{t}}_{k,ij}\right)=\left(\hat{\boldsymbol{X}}_{k,i}^{g}-\hat{\boldsymbol{X}}_{k,j}^{h}\right)^{\mathrm{T}}\left(\boldsymbol{P}_{k,i}^{g}+\boldsymbol{P}_{k,j}^{h}\right)^{-1}\left(\hat{\boldsymbol{X}}_{k,i}^{g}-\hat{\boldsymbol{X}}_{k,j}^{h}\right) \tag{6-73}$$

式中，$i=1,2,\cdots,n_g$； $j=1,2,\cdots,n_h$。用这些元素构造一个 $n_g\times n_h$ 的最优加权统计距离矩阵 $\boldsymbol{\alpha}_k$，考虑全体航迹问题，用零元素将矩阵 $\boldsymbol{\alpha}_k$ 补齐成 N 阶方阵（$N=\max\{n_g,n_h\}$），所补的零元素行或列被认为是虚拟目标。令

$$\zeta_{k,ij}^{g,h}=\begin{cases}1, & H_0\text{为真}\\ 0, & H_1\text{为真}\end{cases} \tag{6-74}$$

目标函数为

$$L_k=\sum_{i=1}^{N}\sum_{j=1}^{N}\zeta_{k,ij}^{g,h}\alpha_{k,ij}^{g,h} \tag{6-75}$$

形成如下二维分配问题：

$$\min L_k=\min\sum_{i=1}^{N}\sum_{j=1}^{N}\zeta_{k,ij}^{g,h}\alpha_{k,ij}^{g,h} \tag{6-76}$$

且约束条件为

$$\begin{cases}\sum\limits_{i=1}^{N}\zeta_{k,ij}^{g,h}=1\\ \sum\limits_{j=1}^{N}\zeta_{k,ij}^{g,h}=1\end{cases}$$

约束的意义是航迹间的关联为一对一映射。该问题属于运筹学中的经典分配问题，因此此方法被称为广义经典分配加权航迹关联算法。

6.3.4　广义经典分配序贯航迹关联算法

设局部观测节点 g 、 h 的航迹集合为

$$\boldsymbol{U}_g=\{1,2,\cdots,n_g\},\quad \boldsymbol{U}_h=\{1,2,\cdots,n_h\}$$

对于第 i 个和第 j 个航迹关联判决问题，参考序贯法航迹关联的检验统计量

$$\lambda_{1:k,ij}^{g,h}=\sum_{l=1}^{k}\left(\hat{\boldsymbol{t}}_{l,ij}\right)^{\mathrm{T}}\left(\boldsymbol{C}_{l,ij}^{g,h}\right)^{-1}\hat{\boldsymbol{t}}_{l,ij}=\lambda_{1:k-1,ij}^{g,h}+\lambda_{k,ij}^{g,h}=\lambda_{1:k-1,ij}^{g,h}+\left(\hat{\boldsymbol{t}}_{k,ij}\right)^{\mathrm{T}}\left(\boldsymbol{C}_{k,ij}^{g,h}\right)^{-1}\hat{\boldsymbol{t}}_{k,ij} \tag{6-77}$$

式中，$i=1,2,\cdots,n_g$； $j=1,2,\cdots,n_h$。作为对序贯航迹关联算法的推广，用这些元素构造一个 $n_g\times n_h$ 的最优加权统计距离矩阵 $\boldsymbol{\lambda}_k$，用零元素补齐成 N 阶方阵（$N=\max\{n_g,n_h\}$），所补的零元素行或列被认为是虚拟目标。令

$$\eta_{k,ij}^{g,h} = \begin{cases} 1, & H_0\text{为真} \\ 0, & H_1\text{为真} \end{cases} \tag{6-78}$$

目标函数为

$$L_k = \sum_{i=1}^{N} \sum_{j=1}^{N} \eta_{k,ij}^{g,h} \lambda_{1:k,ij}^{g,h} \tag{6-79}$$

形成如下二维分配问题：

$$\min L_k = \min \sum_{i=1}^{N} \sum_{j=1}^{N} \eta_{k,ij}^{g,h} \lambda_{1:k,ij}^{g,h}$$

约束条件为

$$\begin{cases} \sum_{i=1}^{N} \eta_{k,ij}^{g,h} = 1 \\ \sum_{j=1}^{N} \eta_{k,ij}^{g,h} = 1 \end{cases} \tag{6-80}$$

约束的意义同式（6-76），称之为广义经典分配序贯航迹关联算法。

6.3.5　分布式航迹关联算法仿真实例

假设有两个观测节点，观测区域内共 20 条目标航迹，目标的过程噪声为零，目标初始位置在(−250m, −250m)与(250m, 250m)之间按正态分布产生，速度分布在 10～15m/s，航向分布在 45°～90°，两个观测节点的位置量测误差均服从零均值、方差为 $\sigma_x^2 = \sigma_y^2 = r$ 的高斯分布。蒙特卡罗试验次数为 500 次。某一次仿真航迹图如图 6-13 所示，关联性能曲线如图 6-14～图 6-16 所示，随量测误差的方差变化的正确关联概率如表 6-3、表 6-4 所示（于婧，2016）。

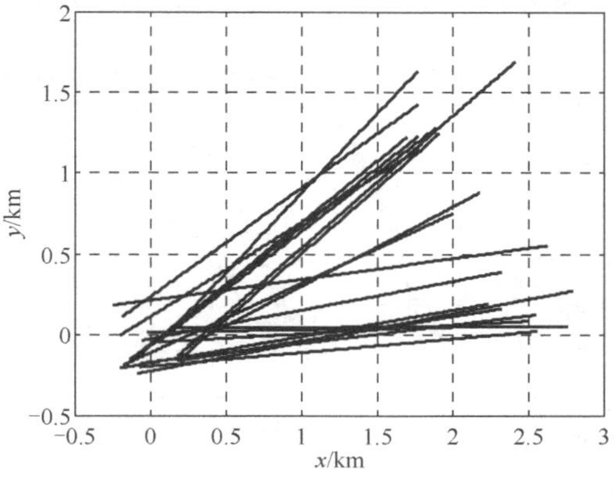

图 6-13　公共区域中 20 条目标仿真航迹图

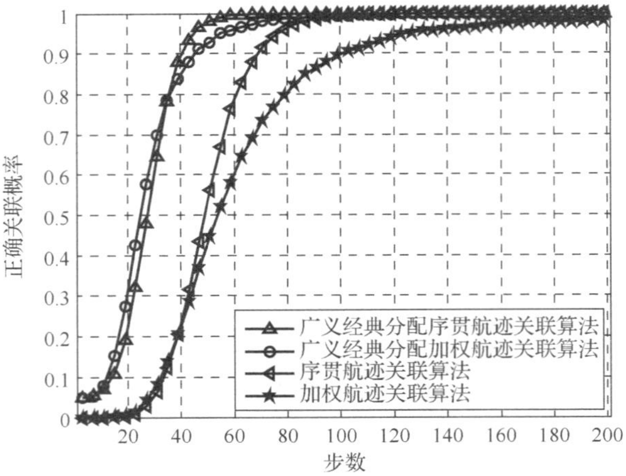

图 6-14　量测噪声（$r=5$）关联性能曲线

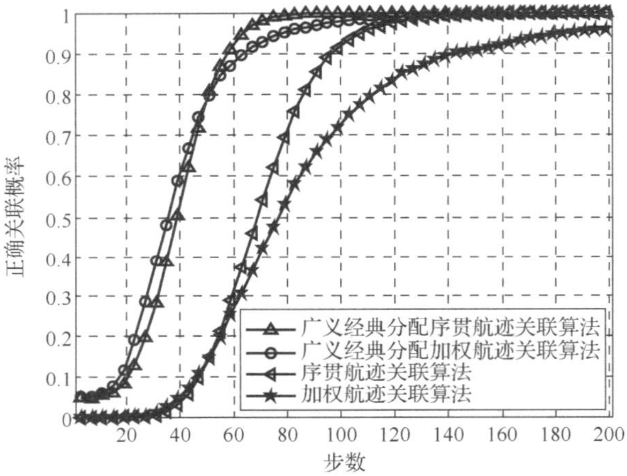

图 6-15　量测噪声（$r=10$）关联性能曲线

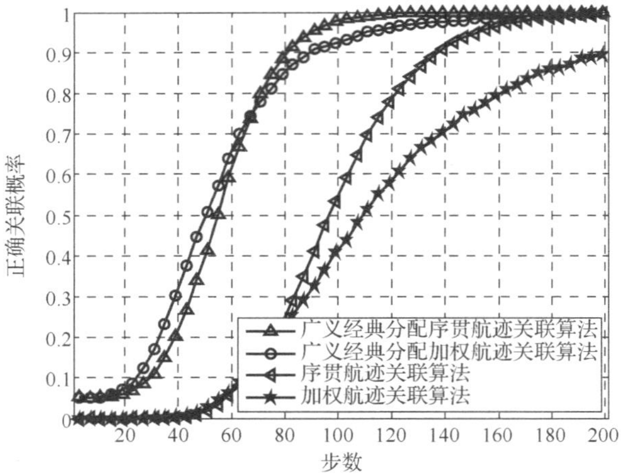

图 6-16　量测噪声（$r=20$）关联性能曲线

表 6-3　第 100 步正确关联概率随量测误差的方差变化表

量测误差的方差	正确关联概率/%			
	广义经典分配序贯航迹关联算法	广义经典分配加权航迹关联算法	序贯航迹关联算法	加权航迹关联算法
5	100	99.39	99.47	89.42
10	99.94	97.82	91.52	71.92
20	97.78	92.33	53.33	40.72
30	89.8	85.76	27.35	22.65

表 6-4　第 200 步正确关联概率随量测误差的方差变化表

量测误差的方差	正确关联概率/%			
	广义经典分配序贯航迹关联算法	广义经典分配加权航迹关联算法	序贯航迹关联算法	加权航迹关联算法
5	100	99.96	100	98.07
10	100	99.95	99.90	95.83
20	100	99.44	99.42	89.33
30	99.98	98.68	97.30	81.19

由图 6-14～图 6-16 和表 6-3、表 6-4 可以看出，随着关联步数的增加，各类关联算法的正确关联概率均呈增加趋势，广义经典分配序贯航迹关联算法、广义经典分配加权航迹关联算法达到平稳所需步数比序贯航迹关联算法、加权航迹关联算法少。而同一量测误差的方差下，比较收敛后的正确关联概率，广义经典分配序贯航迹关联算法>广义经典分配加权航迹关联算法>序贯航迹关联算法>加权航迹关联算法。当量测误差的方差增加时，各类关联算法的性能都有所下降，而加权航迹关联算法的性能受影响严重。

6.4　分布式信息融合

分布式信息融合结构中，局部传感器在数据预处理的基础上，进行单/多目标跟踪，然后由融合中心进行数据配准、数据关联和数据融合。其中局部传感器的单/多目标跟踪是基于第 5 章目标状态估计方法和第 6 章单/多目标航迹的数据关联算法完成；融合中心的数据关联与融合主要是基于第 6 章分布式航迹关联与分布式航迹融合完成。如果局部传感器不进行跟踪处理，将量测直接传给融合中心，则主要完成分布式检测融合及后续目标跟踪。本节主要讨论分布式检测融合和分布式航迹融合。

6.4.1　分布式检测融合

在分布式系统中，各个传感器将检测结果传输至融合中心，系统的融合中心通过不同的判决准则形成假设检验，最终形成系统的判决输出。

Tenney 等（1981）提出了分布式检测融合理论，给出了在融合规则确定的前提下可以使系统的检测性能达到最优化的判决准则，完成了经典检测从单传感器到多传感器系统的推广。Chair 等（1986）在假设检验框架下设计融合规则，将最优化融合规则简化为似然比判决规则。Lee 等（1989）提出了在分布式融合系统中，传输至融合中心的信息既可以是非零即一的判决信息，即硬判决，也可以是带有置信度的信息，即软判决。

本节研究分布式检测融合算法，包括：硬判决检测融合、软判决检测融合、秩 K 检测融合。

1. N-P 准则

设融合中心的 CFAR 为 P_{F}^{f}，检测概率为 P_{D}^{f}，则融合中心的 CFAR 及检测概率可写为

$$P_{\mathrm{F}}^{f}=\sum_{\boldsymbol{u}}P(u_0=1\mid\boldsymbol{u})P(\boldsymbol{u}\mid H_0) \tag{6-81}$$

$$P_{\mathrm{D}}^{f}=\sum_{\boldsymbol{u}}P(u_0=1\mid\boldsymbol{u})P(\boldsymbol{u}\mid H_1) \tag{6-82}$$

式中，$\boldsymbol{u}=(u_1,u_2,\cdots,u_N)$ 表示 N 个传感器的判决；u_0 为融合中心的判决。$u_i=0$ 时表示第 i 个传感器判决没有目标出现，$u_i=1$ 时表示第 i 个传感器判决有目标出现，$i=1,2,\cdots,N$。各个传感器将自己得到的判决结果送至融合中心，形成最终的融合判决输出，为 $u_0=0$ 或 $u_0=1$。可利用 N-P 准则（在给定 CFAR 为 α 条件下，使融合中心的检测概率达到最大的准则）进行多观测节点分布式检测融合。利用拉格朗日乘子法，融合中心的问题可以简化为：设定 $P_{\mathrm{F}}^{f}=\alpha$，使目标函数式（6-83）取得最大值，然后通过计算参数值 λ 获得融合判决规则。

$$F=P_{\mathrm{D}}^{f}-\lambda(P_{\mathrm{F}}^{f}-\alpha) \tag{6-83}$$

将公式（6-81）、式（6-82）代入目标函数（6-83）可得

$$F=\sum_{\boldsymbol{u}}P(u_0=1\mid\boldsymbol{u})\left[P(\boldsymbol{u}\mid H_1)-\lambda P(\boldsymbol{u}\mid H_0)\right]+\alpha\lambda \tag{6-84}$$

根据 N-P 准则，若给定各传感器的判决准则及融合中心 CFAR P_{F}^{f}，可获得最大的融合中心检测概率 P_{D}^{f}，融合判决规则可写为

$$P(u_0=1\mid\boldsymbol{u})=\begin{cases}1, & \Lambda(\boldsymbol{u})>\lambda\\ t, & \Lambda(\boldsymbol{u})=\lambda\\ 0, & \Lambda(\boldsymbol{u})<\lambda\end{cases} \tag{6-85}$$

式中，$\Lambda(\boldsymbol{u})$ 为条件概率的比值，

$$\Lambda(\boldsymbol{u})=\frac{P(\boldsymbol{u}\mid H_1)}{P(\boldsymbol{u}\mid H_0)}=\prod_{i=1}^{N}\frac{P(u_i\mid H_1)}{P(u_i\mid H_0)} \tag{6-86}$$

式（6-85）中 λ 为融合中心判决门限，t 为随机化因子，且 $0<t<1$。通过对融合中心 CFAR P_{F}^{f} 的设置，可以求出融合中心判决门限 λ 和随机化因子 t，即须满足

$$P_{\mathrm{F}}^{f}=\sum_{\boldsymbol{u}}P(u_0=1\mid\boldsymbol{u})P(\boldsymbol{u}\mid H_0)=\sum_{\Lambda(\boldsymbol{u})>\lambda}P(\boldsymbol{u}\mid H_0)+t\sum_{\Lambda(\boldsymbol{u})=\lambda}P(\boldsymbol{u}\mid H_0)=\alpha \tag{6-87}$$

2. 硬判决检测融合

硬判决定义为：单传感器向融合中心传递判决结果（可以由一位二进制数字表示单传感器判决结果），传递的判决结果非零即一。硬判决检测融合将观测空间划分为互不相交的两个判决区间 Ω_{H_0} 和 Ω_{H_1}，如图 6-17 所示。

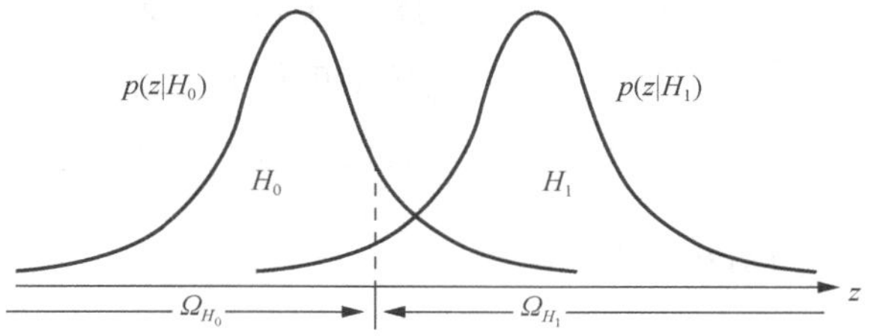

图 6-17　硬判决观测空间划分

设各局部传感器的判决规则已确定，第 i 个传感器的硬判决结果为

$$u_i=\begin{cases}0, & \Omega_{H_0}^i \\ 1, & \Omega_{H_1}^i\end{cases} \tag{6-88}$$

各个传感器的检测概率及 CFAR 为

$$P_{\mathrm{D}i}=P(u_i=1\,|\,H_1) \tag{6-89}$$

$$P_{\mathrm{F}i}=P(u_i=1\,|\,H_0) \tag{6-90}$$

若单传感器检测采用的是 N-P 准则，则由设定的 $P_{\mathrm{F}i}$ 和信噪比可以获得 $P_{\mathrm{D}i}$。

检测融合的判决规则见式(6-85)，融合中心判决门限 λ 和随机化因子 t 须满足式(6-87)。

3. 软判决检测融合

在硬判决检测融合中，由于没有利用检测统计量与门限之间的差别信息，将造成检测性能的损失。在通信允许的情况下可采用软判决检测融合，向融合中心传递检测置信度的判决信息，以提高多传感器检测融合性能。

如果是硬判决检测，则第 i 个局部传感器观测空间 Ω^i 被划分为互不相交的两部分 $\Omega_{H_0}^i$ 和 $\Omega_{H_1}^i$，判决规则为

$$u_i=\begin{cases}0, & \Omega_{H_0}^i \\ 1, & \Omega_{H_1}^i\end{cases}$$

因为单传感器的检测统计量与判决门限值的距离反映该传感器判决的置信度，为了更加充分地利用该信息，可采用(0,1)的值（可利用多位二进制数）进行量化。其本质是将观测空间 $\Omega_{H_0}^i$ 和 $\Omega_{H_1}^i$ 进行再划分，以两位二进制数的情况为例，观测空间可再次划分为

$$\Omega_{H_0}^i=\Omega_{H_{00}}^i\cup\Omega_{H_{01}}^i,\quad \Omega_{H_{00}}^i\cap\Omega_{H_{01}}^i=\varnothing \tag{6-91}$$

$$\boldsymbol{\Omega}_{H_1}^i = \boldsymbol{\Omega}_{H_{10}}^i \cup \boldsymbol{\Omega}_{H_{11}}^i, \quad \boldsymbol{\Omega}_{H_{10}}^i \cap \boldsymbol{\Omega}_{H_{11}}^i = \varnothing \tag{6-92}$$

其单传感器判决规则（二进制数量化形式）可以表示为

$$u_i = \begin{cases} 00(\text{判决为}H_0\text{的置信度高}), & \boldsymbol{\Omega}_{H_{00}}^i \\ 01(\text{判决为}H_0\text{的置信度低}), & \boldsymbol{\Omega}_{H_{01}}^i \\ 10(\text{判决为}H_1\text{的置信度低}), & \boldsymbol{\Omega}_{H_{10}}^i \\ 11(\text{判决为}H_1\text{的置信度高}), & \boldsymbol{\Omega}_{H_{11}}^i \end{cases} \tag{6-93}$$

软判决观测空间划分如图 6-18 所示。

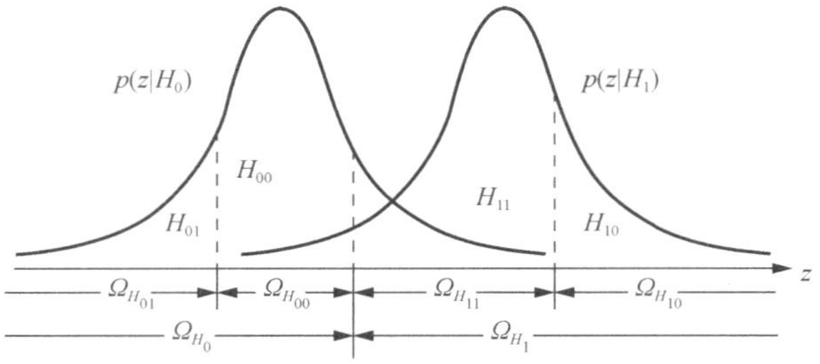

图 6-18　软判决观测空间划分

各个传感器的观测空间按照检测概率及 CFAR 进行再次划分时，均匀划分更合理。对空间 $\boldsymbol{\Omega}_{H_1}^i$ 进行再次划分时，应满足

$$P(u_i = 10 \mid H_1) = P(u_i = 11 \mid H_1) = P_{\mathrm{D}i}/2 \tag{6-94}$$

对空间 $\boldsymbol{\Omega}_{H_0}^i$ 进行再次划分时，应满足

$$P(u_i = 00 \mid H_0) = P(u_i = 01 \mid H_0) = (1 - P_{\mathrm{F}i})/2 \tag{6-95}$$

若单传感器检测采用的是 N-P 准则，则由设定的 $P_{\mathrm{F}i}$ 和信噪比可以获得 $P_{\mathrm{D}i}$。

检测融合的判决规则见式（6-85），融合中心判决门限 λ 和随机化因子 t 须满足式（6-87）。

4. 秩 K 检测融合

秩 K 检测融合为工程上常用的融合准则，设 $\boldsymbol{U} = (u_1, u_2, \cdots, u_N)$ 表示 N 个传感器的判决，每个传感器都采用硬判决，则 $\boldsymbol{U}$ 有 2^N 种判决组合可能性。当 N 个单传感器中有 K 个或 K 个以上判决结果为有目标，则最终判决结果为有目标，否则判决结果为没有目标。

秩 K 检测融合规则可表示为

$$u_0(\boldsymbol{U}) = \begin{cases} 1, & u_1 + u_2 + \cdots + u_N \geqslant K \\ 0, & \text{其他} \end{cases} \tag{6-96}$$

检测融合的检测概率为

$$P_{\mathrm{D}}^{f}=\sum_{\boldsymbol{u}}\left[u_0(\boldsymbol{U})\prod_{i\in S_1}^{N}P_{\mathrm{D}i}\prod_{i\in S_0}^{N}(1-P_{\mathrm{D}i})\right] \tag{6-97}$$

检测融合的 CFAR 为

$$P_{\mathrm{F}}^{f}=\sum_{\boldsymbol{u}}\left[u_0(\boldsymbol{U})\prod_{i\in S_1}^{N}P_{\mathrm{F}i}\prod_{i\in S_0}^{N}(1-P_{\mathrm{F}i})\right] \tag{6-98}$$

式中，S_1 是使融合中心判决为 1 的局域判决 $\boldsymbol{U}$ 所构成的集合；S_0 是使融合中心判决为 0 的局域判决 $\boldsymbol{U}$ 所构成的集合。

当 $K=N$ 时，检测融合准则为“和”（AND）准则，表示全部传感器判决结果为 1，融合判决结果才为 1；当 $K=1$ 时，检测融合准则为“或”（OR）准则，表示只要有一个传感器判决结果为 1，则融合判决结果为 1。此种融合方法只需考虑单传感器最终的输出结果，因此结构和计算都较为简单，是工程上常用的融合方法。

6.4.2　分布式航迹融合

分布式融合（distributed fusion）结构中，每个传感器都有自己的预处理器，预处理后将局部结果送到融合中心进行融合处理。各传感器能够形成局部航迹，在融合中心对各局部航迹进行融合，所以通常也称为航迹融合（track fusion）。分布式航迹融合结构因对信道容量要求低，工程上易于实现。

考虑两个传感器的航迹融合问题。假定对于同一目标，两个传感器 g 和 h 的目标状态估计为 $\hat{\boldsymbol{X}}_k^g$ 和 $\hat{\boldsymbol{X}}_k^h$，相应估计误差协方差矩阵为 $\boldsymbol{P}_k^g$ 和 $\boldsymbol{P}_k^h$，相应的估计误差为

$$\tilde{\boldsymbol{X}}_k^g=\boldsymbol{X}_k-\hat{\boldsymbol{X}}_k^g,\quad \tilde{\boldsymbol{X}}_k^h=\boldsymbol{X}_k-\hat{\boldsymbol{X}}_k^h \tag{6-99}$$

当估计误差不相关时，可以采用基于简单凸组合融合的分布式航迹融合算法解决两个传感器的航迹融合问题。

融合中心对于任意两个传感器之间的航迹融合估计的对称加权形式为

$$\hat{\boldsymbol{X}}_k=\boldsymbol{P}_k^h(\boldsymbol{P}_k^g+\boldsymbol{P}_k^h)^{-1}\hat{\boldsymbol{X}}_k^g+\boldsymbol{P}_k^g(\boldsymbol{P}_k^g+\boldsymbol{P}_k^h)^{-1}\hat{\boldsymbol{X}}_k^h \tag{6-100}$$

航迹融合估计误差的协方差矩阵为

$$\boldsymbol{P}_k=\boldsymbol{P}_k^g-\boldsymbol{P}_k^g(\boldsymbol{P}_k^g+\boldsymbol{P}_k^h)^{-1}\boldsymbol{P}_k^g \tag{6-101}$$

同样，将式（6-101）写成对称形式，可得航迹融合估计误差的协方差矩阵为

$$\boldsymbol{P}_k = \boldsymbol{P}_k^g (\boldsymbol{P}_k^g + \boldsymbol{P}_k^h)^{-1} \boldsymbol{P}_k^h \tag{6-102}$$

航迹融合估计和估计误差协方差矩阵可以重新写为

$$\hat{\boldsymbol{X}}_k = \left[(\boldsymbol{P}_k^g)^{-1} + (\boldsymbol{P}_k^h)^{-1} \right]^{-1} \left[(\boldsymbol{P}_k^g)^{-1} \hat{\boldsymbol{X}}_k^g + (\boldsymbol{P}_k^h)^{-1} \hat{\boldsymbol{X}}_k^h \right]$$

$$\boldsymbol{P}_k^{-1} = \left(\boldsymbol{P}_k^g\right)^{-1} + \left(\boldsymbol{P}_k^h\right)^{-1}$$

以上两个表达式很容易扩展到传感器数目为 $N > 2$ 的情况，假设每个传感器的估计误差互不相关，则 N 个传感器的航迹融合估计和估计误差协方差矩阵分别为

$$\begin{aligned} \hat{\boldsymbol{X}}_k &= \left[\sum_{i=1}^{N} (\boldsymbol{P}_k^i)^{-1} \right]^{-1} \sum_{i=1}^{N} \left((\boldsymbol{P}_k^i)^{-1} \hat{\boldsymbol{X}}_k^i \right) \\ \boldsymbol{P}_k^{-1} &= \sum_{i=1}^{N} (\boldsymbol{P}_k^i)^{-1} \end{aligned} \tag{6-103}$$

基于简单凸组合融合的分布式航迹融合算法易于工程实现，但是当各传感器的局部估计误差相关时，它是次优的。当各传感器局部估计误差相关时，可以采用巴尔-沙洛姆-坎波（Bar-Shalom-Campo）融合算法、协方差交叉融合算法、最优分布式估计融合算法等。

6.5　分布式检测融合在多基地声呐中的应用实例

考虑双基地声呐，计算不同收发基线的接收节点的检测概率（高林森，2017）。设置发射节点坐标为(0km,0km)，接收节点坐标分别为(10km,0km)、(20km,0km)、(30km,0km)、(40km,0km)，设置融合中心 CFAR 为 $P_F^f = 1\%$，单节点采用恒虚警检测器进行局部判决，各节点检测信噪比可由声呐方程计算：

$$\mathrm{SNR} = \mathrm{SL} - \mathrm{TL1} - \mathrm{TL2} + \mathrm{TS} - \mathrm{NL} + \mathrm{DI} + 10\lg(\mathrm{BT}) \tag{6-104}$$

假设发射声源级 SL 为 200dB；TL1 和 TL2 分别为发射节点到目标的距离、目标到接收节点的距离对应的传播损失，这里只考虑扩展且按照球面扩展 $20\lg R$ 计算，环境噪声级 NL（带内）为 85dB，目标强度 TS 为 15dB，空间指向性指数 DI 为 16dB，信号时间带宽积 BT 为 1000。设置接收节点的 CFAR 为 $P_F^f = 1\%$，按照信噪比、CFAR、检测概率的关系（即接收机工作特性曲线）可得到接收节点不同基线长度的检测概率分布图，如图 6-19 所示。

从图 6-19 中可以看出，基线长度的增长，使探测区域沿基线方向扩展，等概率覆盖区域也一点点从圆形变为卵形，沿基线方向的探测距离提高，但非基线方向的探测距离稍稍降低。图 6-20 展示了不同基线长度下的检测概率与接收信噪比变化。

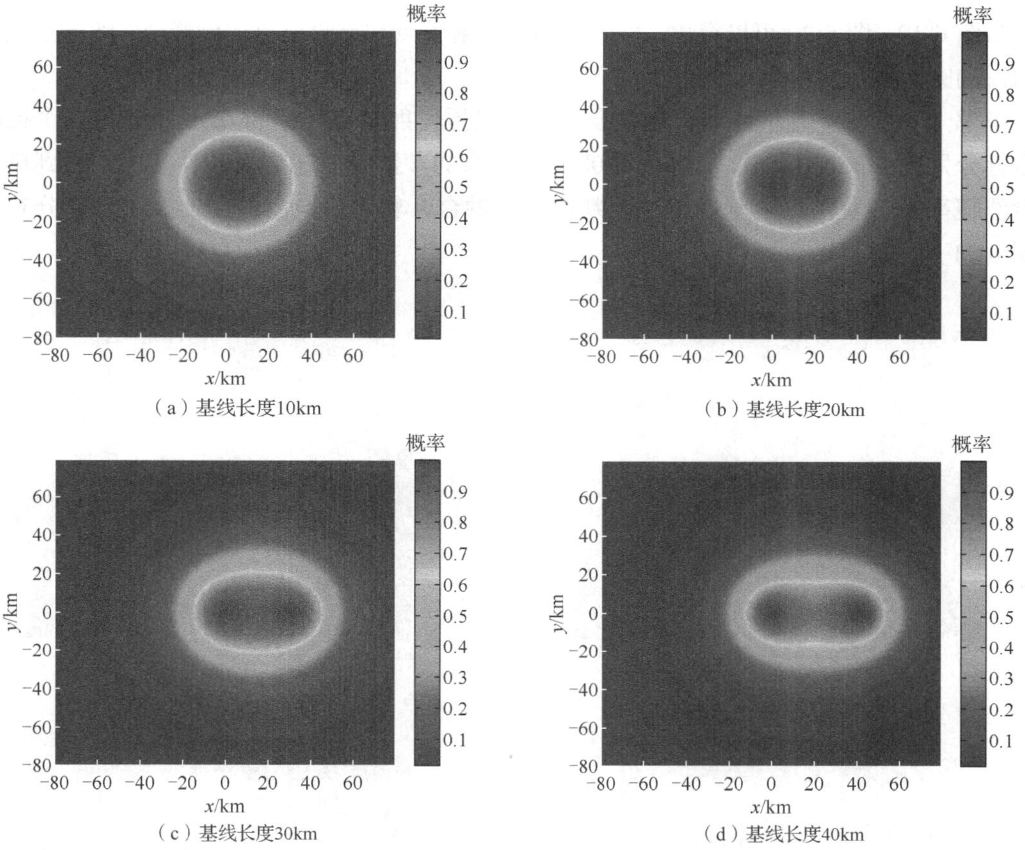

（a）基线长度10km　（b）基线长度20km

（c）基线长度30km　（d）基线长度40km

图 6-19　不同基线长度的检测概率分布图

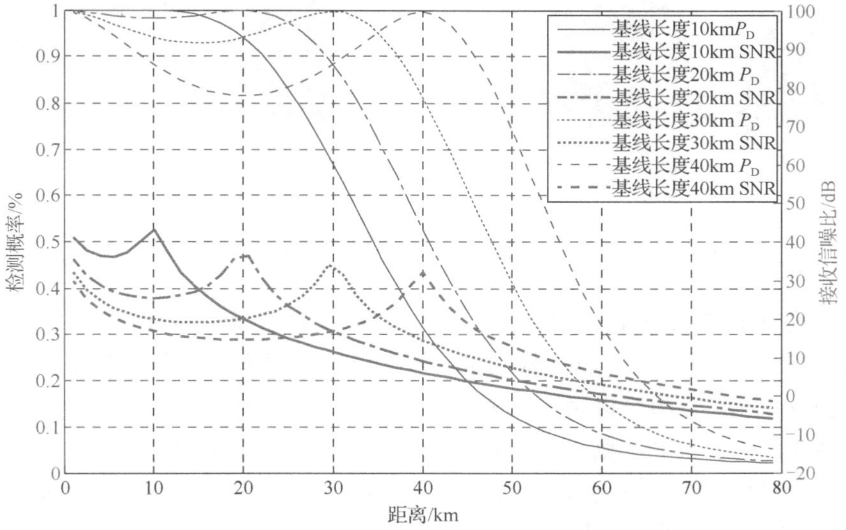

图 6-20　不同基线长度下检测概率 P_D 与接收信噪比 SNR 变化曲线

从图 6-19、图 6-20 可以得出，检测概率在发射节点和接收节点达到峰值，随着基线长度增加，椭圆向卵形变化。

考虑一发两收多基地声呐检测融合性能。设置发射节点坐标为(0km,0km)，两个接收节点坐标分别为(20km,20km)、(20km,–20km)，其余的参数与前述仿真条件相同，得到单节点的检测概率及一发两收多基地声呐硬判决检测融合、软判决检测融合的检测概率分布图，如图 6-21 所示。

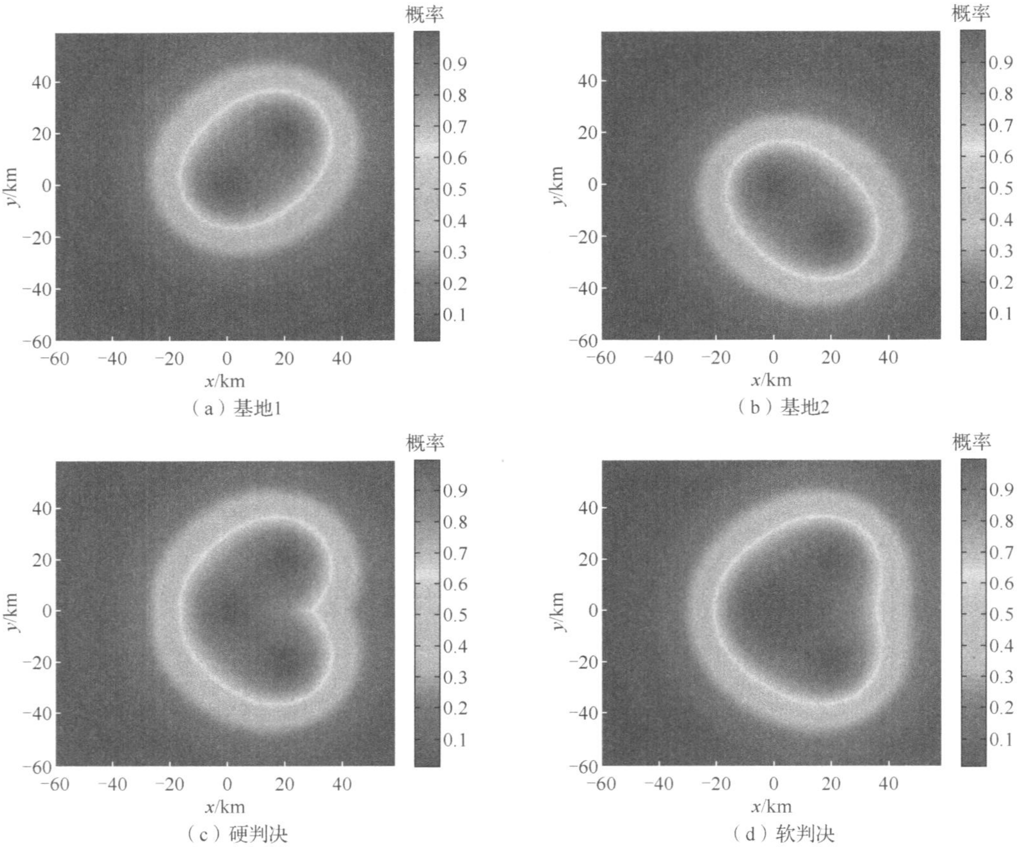

图 6-21　单节点及硬判决、软判决检测融合的检测概率分布图

若设置融合 CFAR $P_F^f = 1\%$，则秩 1、秩 2 检测融合算法对单节点 CFAR 的要求是 $P_{F1} = 0.5\%$、$P_{F2} = 10\%$。秩 1、秩 2 检测融合算法的检测概率分布图如图 6-22 所示。

从图 6-21 和图 6-22 中可以看出，硬判决检测融合后的覆盖范围为两个一发一收双基地覆盖范围的叠加，基于 N-P 准则的软判决检测融合的覆盖范围明显大于硬判决检测。秩 1 检测融合的覆盖范围与软判决检测融合接近，但对单节点的 CFAR 要求较高；秩 2 检测融合的覆盖范围最小，但对单节点的 CFAR 要求较低。

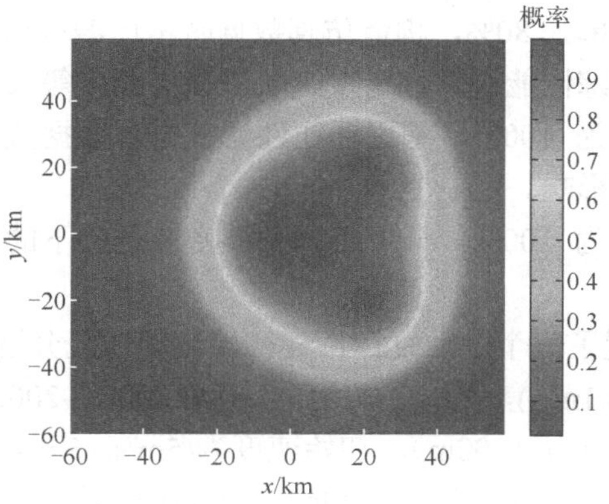

（a）秩1

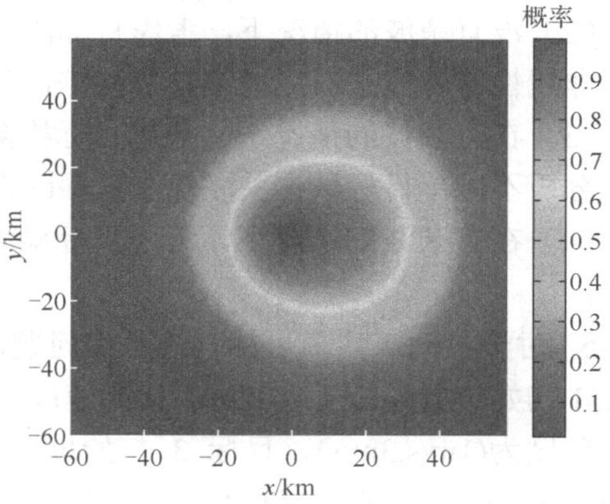

（b）秩2

图 6-22　秩 1、秩 2 检测融合算法的检测概率分布图

6.6 本 章 小 结

在海洋信息处理领域，特别是水下信息处理，由于水声通信限制，集中式信息融合方式实现困难，一般采用分布式结构进行信息融合。在弱联通条件下的信息关联和融合是水下信息处理的特点。

分布式信息融合结构中，局部传感器在数据预处理的基础上，进行单/多目标跟踪，然后由融合中心进行数据配准、数据关联和数据融合。其中，局部传感器的单/多目标跟踪是基于第 5 章目标状态估计方法和单/多目标航迹的数据关联算法完成的；融合中心的数据关联与融合主要完成分布式航迹关联与分布式航迹融合。如果局部传感器不进行跟踪处理，将量测直接传给融合中心，则主要完成分布式检测融合及后续目标跟踪。

本章讨论了经典单/多目标航迹的数据关联算法、分布式航迹关联算法、分布式检测融合算法和分布式航迹融合算法，并讨论了分布式检测融合在多基地声呐中的应用。

习　　题

1. 简述集中式结构、分布式结构的优缺点。

2. 查阅随机有限集类跟踪技术文献资料，与本章讲解的数据关联类算法进行性能对比并描述。

3. 在分布式航迹融合中，哪些情况会造成各传感器局部估计误差之间统计相关？如何解决该分布式航迹融合问题？

4. 对于被动声呐单目标纯方位跟踪问题，设置的运动目标初始位置为(0m,−100m)，初始速度为(2m/s,−2m/s)，过程噪声设置为均值为 0、标准差为 0.01m/s^2 的高斯白噪声，方位的量测噪声均值为 0，标准差为 1.0°，设置跟踪采样的间隔为 1s，跟踪步数为 1000 步。完成下列仿真。

（1）没有杂波的情况下，考虑目标检测概率为 100%，利用非线性滤波算法，完成纯方位跟踪，分析跟踪性能。

（2）没有杂波的情况下，考虑目标的检测概率为 80%，构造仿真数据时考虑漏报情况，利用非线性滤波算法，完成纯方位跟踪，分析跟踪性能（跟踪精度、轨迹丢失概率等）。

（3）在有杂波的情况下，考虑目标检测概率为 100%，利用非线性滤波结合数据关联算法，分析不同单目标数据关联算法对跟踪性能的影响。

（4）在有杂波的情况下，考虑目标检测概率为 100%，分析不同杂波密度条件下的跟踪性能。

5. 对于主动声呐多目标轨迹跟踪问题，设置了三个运动目标，其初始运动情况分别为：目标 1 初始位置为(0m,–100m)，初始速度为(2m/s,1m/s)，目标 2 初始位置为(1000m,–2000m)，初始速度为(1m/s,3m/s)，目标 3 初始位置为（1500m,1000m），初始速度为(5m/s,–5m/s)。检测概率 $P_{\mathrm{D}}=0.8$。X 方向和 Y 方向的过程噪声均服从均值为 0、标准差为 0.001m/s^2 的高斯分布，方位量测噪声服从均值为 0、标准差为 1°的高斯分布，时延量测噪声服从均值为 0、标准差为 0.001s 的高斯分布。设置跟踪采样的间隔为 1s，跟踪步数为 1000 步。完成下列仿真。

（1）没有杂波的情况下，利用非线性滤波算法，完成基于方位距离的多目标轨迹跟踪，分析跟踪性能。

（2）在有杂波的情况下，利用非线性滤波结合多目标数据关联算法，分析不同多目标数据关联算法对跟踪性能的影响。

6. 假设有两个观测节点，观测区域内共有 10 条目标航迹，目标的过程噪声为零，目标初始位置在(0m,0m)与(500m,500m)之间按均匀分布产生，速度在 5～10m/s 范围内均匀分布，航向在 0°～180°范围内均匀分布，两个观测节点的位置量测误差均服从零均值、方差为 $\sigma_x^2=\sigma_y^2=100\mathrm{m}^2$ 的高斯分布。蒙特卡罗试验次数为 500 次，完成以下仿真。

（1）每个观测节点内部，基于联合概率数据关联与 MHT 的多目标数据关联算法，完成多目标跟踪，分析跟踪性能。

（2）基于不同分布式航迹关联算法，分析航迹关联性能（包括正确关联概率、漏关联概率、虚警关联概率）。

7. 考虑一发四收多基地声呐检测融合性能。设置发射节点坐标为(0km,0km)，接收节点坐标分别为(10km,0km)、(–10km,0km)、(0km,10km)、(0km, –10km)，设置融合中心 CFAR 为 $P_{\mathrm{F}}^f=1\%$，单节点和融合中心均采用恒虚警检测器进行局部判决，仿真分析一发四收多基地声呐硬判决检测融合、软判决检测融合、秩 K 检测融合的检测概率，并对比检测融合概率为 0.8 时的不同覆盖区域。

参 考 文 献

陈春风, 2009. 复杂环境下多目标跟踪技术的研究[D]. 哈尔滨：哈尔滨工业大学.

高林森, 2017. 多基地声纳水下目标检测跟踪方法研究[D]. 哈尔滨：哈尔滨工程大学.

韩崇昭, 2000. 信息融合理论与应用[J].中国基础科学(7): 16-20.

何友，彭应宁，陆大绘，1996. 多传感器数据融合模型综述[J]. 清华大学学报(9): 14-20.

何友，王国宏，陆大绘，等, 2000. 多传感器信息融合及应用[M]. 北京：电子工业出版社.

何友，修建娟，张晶炜，等. 2009. 雷达数据处理及应用[M]. 2 版. 北京：电子工业出版社.

康耀红, 2006. 数据融合理论与应用[M]. 2 版. 西安：西安电子科技大学出版社.

潘泉，程咏梅，梁彦，等, 2013. 多源信息融合理论及应用[M]. 北京：清华大学出版社.

曲光宇, 2020. 水下多目标纯方位跟踪与定位技术研究[D]. 哈尔滨：哈尔滨工程大学.

盛涛, 夏海宝, 杨永建, 等, 2020. 密集杂波环境下的简化 JPDA 多目标跟踪算法[J]. 信号处理, 36(8): 1280-1287.

夏佩伦, 2010. 目标跟踪与信息融合[M]. 北京: 国防工业出版社.

熊伟, 张晶炜, 何友, 2004. 修正的概率数据互联算法[J]. 海军航空工程学院学报, 19(3): 309-311, 324.

于婧, 2016. 多基地声纳动目标融合检测跟踪技术研究[D]. 哈尔滨: 哈尔滨工程大学.

Bar-Shalom Y, 1981. On the track-to-track correlation problem[J]. IEEE Transactions on Automatic Control, 26(2): 571-572.

Bar-Shalom Y, 1988. Tracking and data association[M]. Orlando: Academic Press.

Bar-Shalom Y, Tse E, 1975. Tracking in a cluttered environment with probabilistic data association[J]. Automatica, 11(5): 451-460.

Chair Z, Varshney P K, 1986. Optimal data fusion in multiple sensor detection systems[J]. IEEE Transactions on Aerospace and Electronic Systems, 22(1): 98-101.

Elias-Fuste A R, Broquetas-Ibars A, 1992. CFAR data fusion center with inhomogeneous receivers[J]. IEEE Transactions on Aerospace and Electronic Systems, 28(1):276-285.

Fisher J L, Casasent D P, 1989. Fast algorithm for joint probabilistic data association[J]. Applied Optics, 28(2): 371-376.

Fortmann T, Bar-Shalom Y, Scheffe M, 1983. Sonar tracking of multiple targets using joint probabilistic data association[J]. IEEE Journal of Oceanic Engineering, 8(3): 173-184.

He Y, Zhang J W, 2006. New track correlation algorithms in a multisensor data fusion system[J]. IEEE Transactions on Aerospace and Electronic Systems, 42 (4): 1359-1371.

Lee C C, Chao J J, 1989. Optimum local decision space partitioning for distributed detection[J]. IEEE Transactions on Aerospace and Electronic Systems, 25(4): 536-544.

Li X R, 1998. Tracking in clutter with strongest neighbor measurements. I. Theoretical analysis[J]. IEEE Transactions on Automatic Control, 43(11): 1560-1578.

Reid D, 1979. An algorithm for tracking multiple targets[J]. IEEE Transactions on Automatic Control, 24(6): 843-854.

Roecker J A, 1994. A class of near optimal JPDA algorithm[J]. IEEE Transactions on Aerospace and Electronic Systems, 30(2): 504-510.

Roecker J A, Phillis G L, 1993. Suboptimal joint probabilistic data association[J]. IEEE Transactions on Aerospace and Electronic Systems, 29(2): 510-517.

Singer R A, Kanyuck A J, 1971b. Computer control of multiple site track correlation[J]. Automatica, 7(4): 455-463.

Singer R A, Sea R G, 1971a. A new filter for optimal tracking in dense multi-target environment[C]. Proceedings of the Ninth Allerton Conference Circuit and System Theory: 201-211.

Sinha A, Ding Z, Kirubarajan T, et al, 2012. Track quality based multitarget tracking approach for global nearest-neighbor association[J]. IEEE Transactions on Aerospace and Electronic Systems, 48(2): 1179-1191.

Steinberg A N, Bowman C L, 2017. Revisions to the JDL data fusion model[M]//Handbook of Multisensor Data Fusion, Boca Raton: CRC Press: 65-88.

Tenney R R, Sandell N R, 1981. Detection with distributed sensors[J]. IEEE Transactions on Aerospace and Electronic Systems, 17(4): 501-510.

White F E, 1988. A model for data fusion[C]. 1st National Symposium on Sensor Fusion: 149-158.

第 7 章　海洋信息处理专题

7.1　水声瞬态信号检测

7.1.1　水声瞬态信号

信号的持续时间是瞬态信号的重要参数。下面给出两种常用的瞬态信号脉冲持续时间计算方式。

1. 持续时间长度计算方式一

假定已知信号 $s(t)$，$|s(t)|^2$ 表示每单位时间内的能量，称为能量密度或者瞬时功率。信号的中心时刻 m_t（信号能量主要集中在该时刻）定义为

$$m_t = \int t|s(t)|^2 \mathrm{d}t \tag{7-1}$$

信号能量分布相对于 m_t 时刻的偏离程度 σ_t 定义为

$$\sigma_t = \sqrt{\int (t-m_t)^2 |s(t)|^2 \mathrm{d}t} \tag{7-2}$$

如果 σ_t 足够小，则信号的大部分能量集中在 m_t 时刻附近，表示信号快速消失；如果 σ_t 比较大，则信号的大部分能量分布比较分散，表示信号持续时间长。

对于瞬态信号，信号的持续时间长度 T 可以定义为

$$T = 2\sigma_t \tag{7-3}$$

例 7-1　请推导高斯包络信号的持续时间长度。

考虑下面的信号：

$$s(t) = (\alpha/\pi)^{1/4} \mathrm{e}^{-\alpha(t-t_0)^2/2+\mathrm{j}\varphi(t)} \tag{7-4}$$

式中相位是任意的。

由于

$$\int \mathrm{e}^{-x^2} \mathrm{d}x = \sqrt{\pi} \tag{7-5}$$

$$m_t = \sqrt{\frac{\alpha}{\pi}} \int t\mathrm{e}^{-\alpha(t-t_0)^2} \mathrm{d}t = t_0 \tag{7-6}$$

$$\begin{aligned}\sigma_t &= \sqrt{\sqrt{\frac{\alpha}{\pi}}\int (t-t_0)^2 \mathrm{e}^{-\alpha(t-t_0)^2}\mathrm{d}t} \\ &= \sqrt{\sqrt{\frac{\alpha}{\pi}}\int t^2 \mathrm{e}^{-\alpha t^2}\mathrm{d}t} \\ &= \sqrt{\frac{1}{2\alpha}}\end{aligned} \tag{7-7}$$

可见高斯包络信号的持续时间长度为$T = 2\sigma_t = \sqrt{\dfrac{2}{\alpha}}$。

例 7-2　请推导矩形包络脉冲信号的持续时间长度。

矩形信号定义为

$$s(t)=\begin{cases}\sqrt{\dfrac{1}{t_2-t_1}}\mathrm{e}^{-\mathrm{j}\varphi(t)}, & t_1 \leqslant t \leqslant t_2 \\ 0, & \text{其他}\end{cases} \tag{7-8}$$

$$m_t = \frac{1}{2}(t_1+t_2) \tag{7-9}$$

$$\sigma_t = \frac{1}{2\sqrt{3}}(t_2-t_1) \tag{7-10}$$

可计算得到矩形脉冲持续时间长度为$T = 2\sigma_t = \dfrac{1}{\sqrt{3}}(t_2-t_1)$，这与定义的信号持续时间长度$t_2-t_1$很接近。

2. 持续时间长度计算方式二

假定信号的能量累积函数$E(t)$为

$$E(t)=\int_{-\infty}^{t}|x(t)|^2\mathrm{d}t \tag{7-11}$$

式中，$x(t)$表示带噪信号，

$$x(t)=s(t)+n(t) \tag{7-12}$$

瞬态信号的脉冲宽度也是瞬态信号的重要参数。根据短脉冲的脉冲宽度的定义，脉冲宽度是累积能量曲线上 5%和 95%两点之间的时间长度。脉冲宽度示意图如图 7-1 所示。累积能量曲线图中，水平线标记 5%和 95%的累积能量，垂直线标记相应的时间，求得该脉冲宽度为 193ms。

两种计算方式都可用于计算瞬态信号脉冲持续时间长度。前者在信号包络时间上的对称性较好时比较实用。实际数据处理中常采用后者，特别是对于不规则的或拖尾严重的瞬态信号。

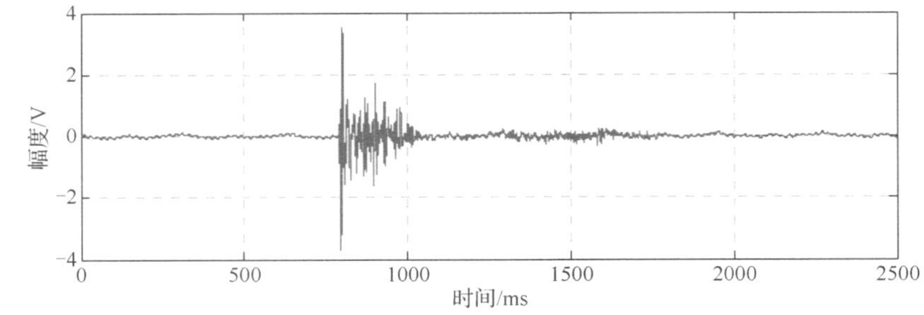

（a）信号时域波形

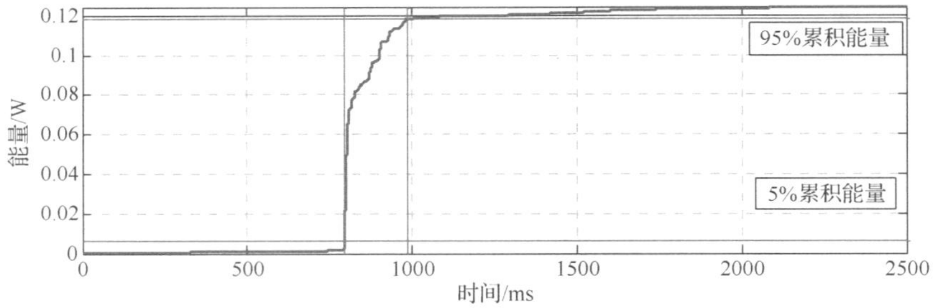

（b）累积能量曲线

图 7-1　瞬态信号脉冲宽度示意图

瞬态信号的信噪比定义为

$$\mathrm{SNR} = 10\lg\left(\frac{P_{\mathrm{s}}}{P_{\mathrm{n}}}\right) \tag{7-13}$$

式中，P_{s} 为瞬态信号持续时间内的平均功率；P_{n} 为噪声功率。

7.1.2　水声瞬态信号检测方法

对于水声瞬态信号的检测，常用的方法有能量检测法、幂律（power-law）检测法、短时傅里叶变换和小波变换等。其中短时傅里叶变换和小波变换可以参照第 2 章内容。这里仅简单介绍能量检测法和幂律检测法。

1. 能量检测法

对于能量检测法，检验统计量为

$$\hat{E}(t) = \int_{t-t_0}^{t} \left|x(t)\right|^2 \mathrm{d}t \tag{7-14}$$

式中，t_0 为积分时间长度。当没有瞬态信号时，检验统计量表示噪声的能量，当积分时间内包含瞬态信号时，检验统计量表示瞬态信号和噪声的能量之和。

能量检测法最关键的参数为积分时间长度 t_0。当 t_0 等于瞬态信号持续时间长度 T 时，性能最优，但是一般情况下 T 未知。如果 $t_0 \ll T$，则不能充分利用瞬态信号的能量信息；如果

$t_0 \gg T$，则会引入过多的噪声，降低检测性能。

2. 幂律检测法

对于待检测的瞬态信号到达时刻未知、波形结构未知、信号频带未知、持续时间长度未知的情况，美国学者 Nuttall（1996）提出了一种针对瞬态信号的幂律检测法。该方法的检验统计量是在最佳似然比检验的基础上进行幂律近似的结果，这是一种稳健性很好的非参量检验。

幂律检测法的检验统计量为

$$l(x)=\sum_{n=1}^{N}(|X_n|^2)^v \tag{7-15}$$

式中，X_n 是接收时间序列信号 $x(t)$ 第 n 个 DFT 频域序列的值，是一个复数；v 是一个非负数。

简而言之，幂律检测方法是对信号求 DFT，对每个频点进行求模平方运算后，再进行 v 次幂计算，最后将所有频点的值相加。

当 v 取不同的值时，该方法含义也不同。当 $v=1$ 时，该方法变为能量检测器；当 $v=0.5$ 时，该方法变为 DFT 检测器；当 $v=2.5$ 时，该方法被认为是最佳幂律检测器（未知信号下折中选择）。信号带宽越窄、v 越大，检测所需要总功率越小，即性能越好。处理带宽与信号实际带宽相同、$v=1$ 时，检测所需要总功率最小，即性能最好。

7.1.3　气枪声源信号海试数据处理

下面以气枪声源信号为例对水声瞬态信号检测方法进行阐述。

气枪声源属于爆炸声源，爆炸声源机动方便、无指向性，能够产生低频带、大功率的脉冲。气枪声源的源级和波形受声源深度、气压值的影响大。

图 7-2 给出了一个气枪声源信号时域波形，相应的气压为 5MPa。图 7-2（a）为全局信号，图 7-2（b）为局部放大结果。从时域波形可以看出，气枪声源信号在时域上先是瞬间增大，幅度包络逐渐衰减，信号的最大值和最小值较早出现，持续一段时间后消失，只剩噪声，持续时间为 300ms。

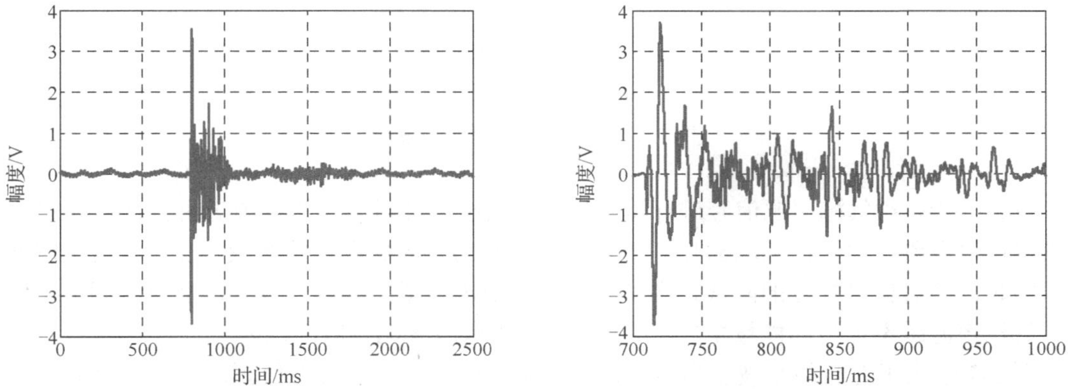

（a）时域波形（全局）　（b）时域波形（局部放大）

图 7-2　气压为 5MPa 时气枪声源信号时域波形

对气枪声源信号和噪声进行功率谱分析，得到如图 7-3 所示的功率谱对比曲线。从图中可以看出，气枪声源信号在全频带的功率均大于噪声，完美展现瞬态信号的宽带特性。

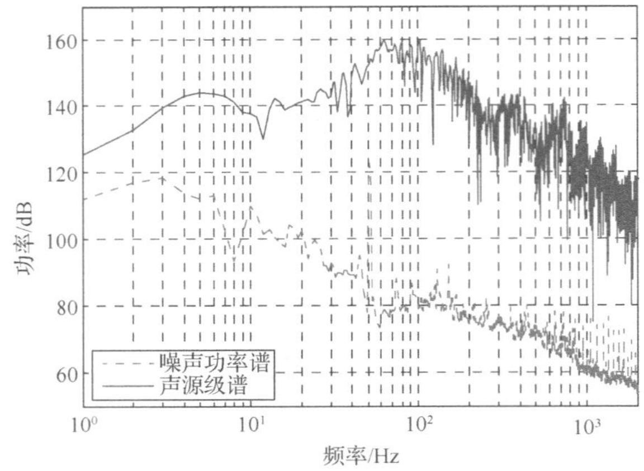

图 7-3　气枪声源信号与噪声的功率谱对比

图 7-4 给出了气枪声源信号时域波形，图 7-5 给出了不同指数对应幂律的处理结果。可以看出，相对于幅度谱和能量积分，指数越高，信号与噪声差别越明显，但是随着指数的增大，信噪比增加的趋势变缓。

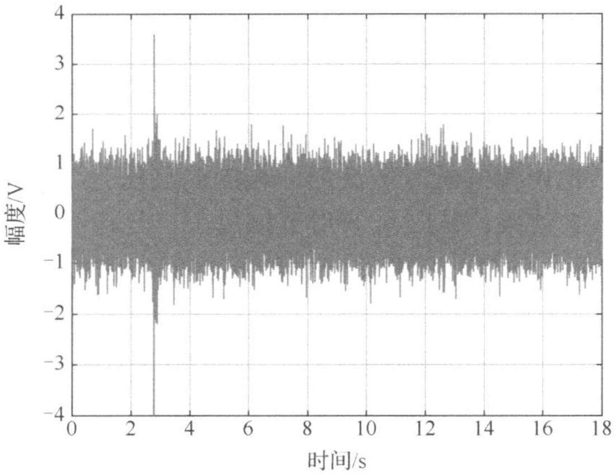

图 7-4　气枪声源信号时域波形

更进一步，对气枪声源信号进行短时傅里叶变换，得到信号的时频谱图，如图 7-6 所示。从图中可以看到，大约在 300ms 附近接收到瞬态信号，时频图上能量突然变化，持续时间较短。同时，随着信号幅度的降低，在时频图上反映出能量的降低。另外，从时频图上可以看到，气枪声源瞬态信号的能量主要集中于低频，频谱大约在 3kHz 以内。

图 7-7 给出了对应的小波变换结果，从图中可以看出，信号在低频段有较明显的特征。

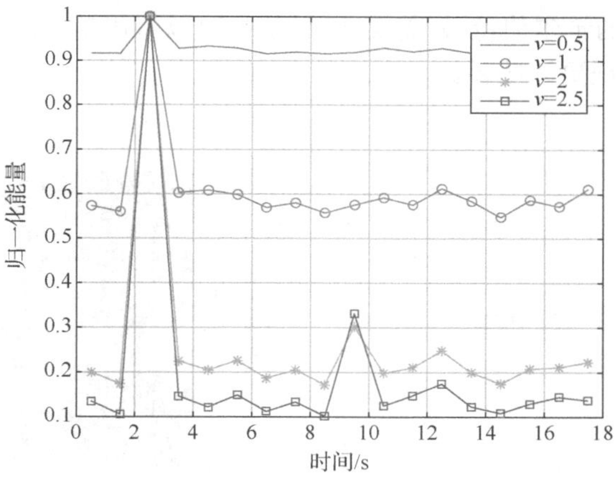

图 7-5　不同指数对应幂律的处理结果

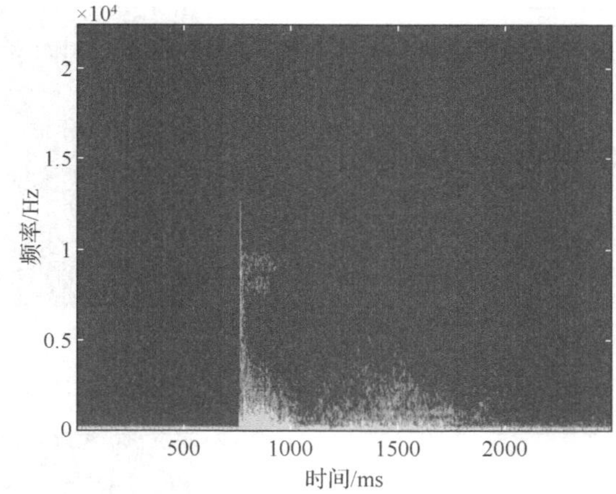

图 7-6　气枪声源信号短时傅里叶变换的时频谱图（扫封底二维码可见彩图）

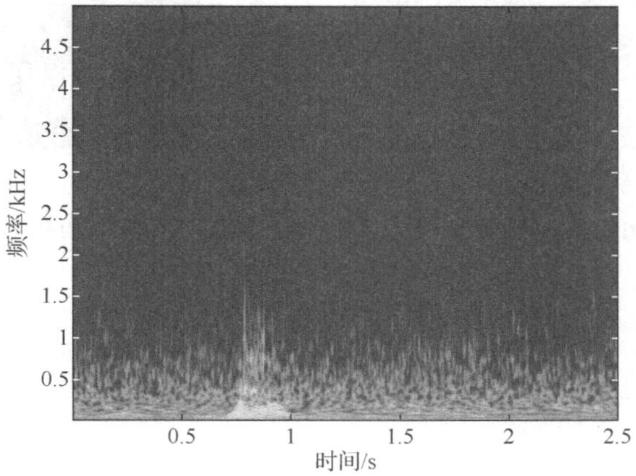

图 7-7　小波变换结果（扫封底二维码可见彩图）

图 7-8 给出了对应的希尔伯特-黄变换结果，从中可以看出前三阶的 IMF 对应信号特征较弱，后三阶对应信号特征更为明显。

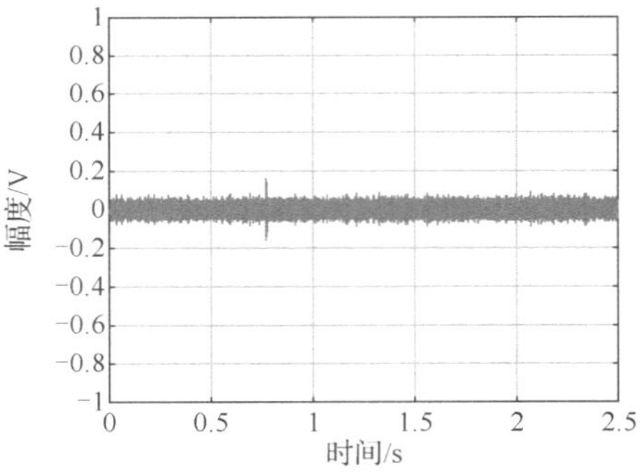

（a）一阶IMF对应时域波形

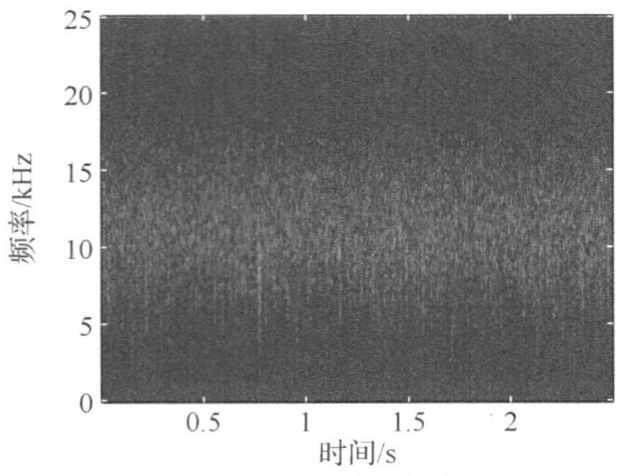

（b）一阶IMF对应时频谱图

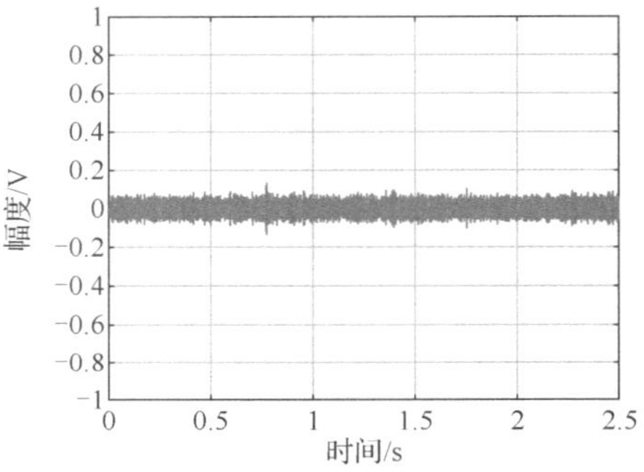

（c）二阶IMF对应时域波形

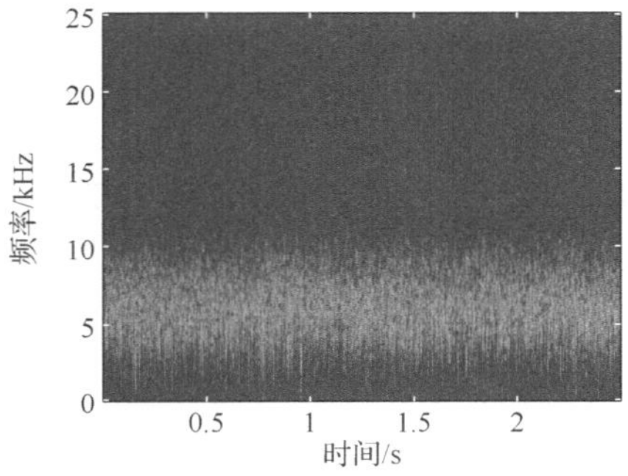

（d）二阶IMF对应时频谱图

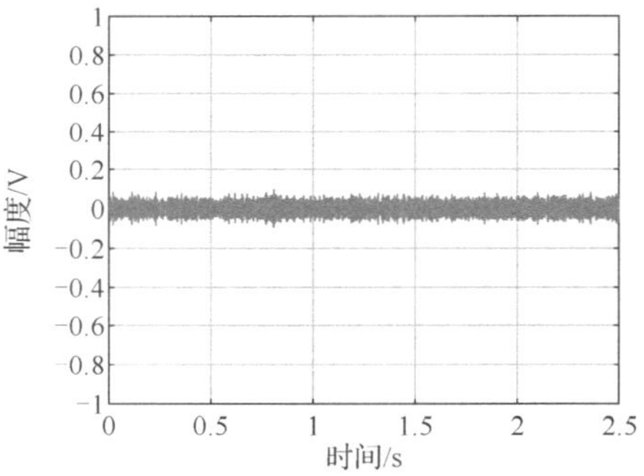

（e）三阶IMF对应时域波形

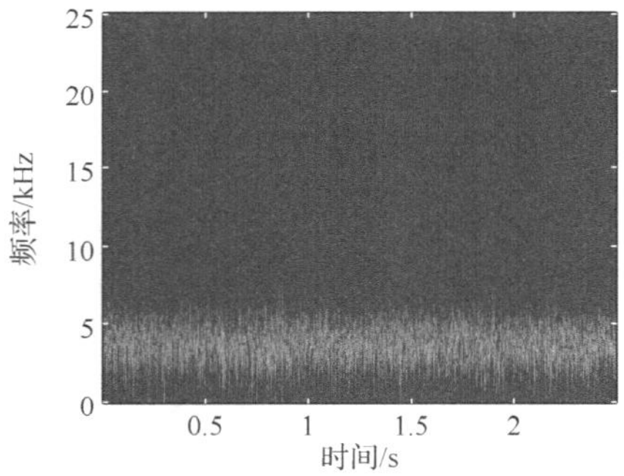

（f）三阶IMF对应时频谱图

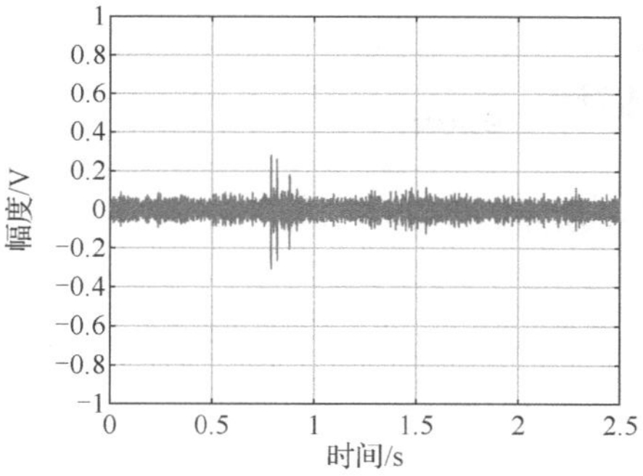

（g）四阶IMF对应时域波形

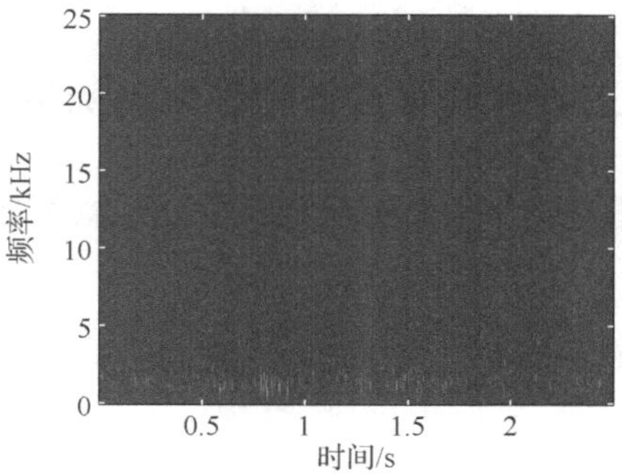

（h）四阶IMF对应时频谱图

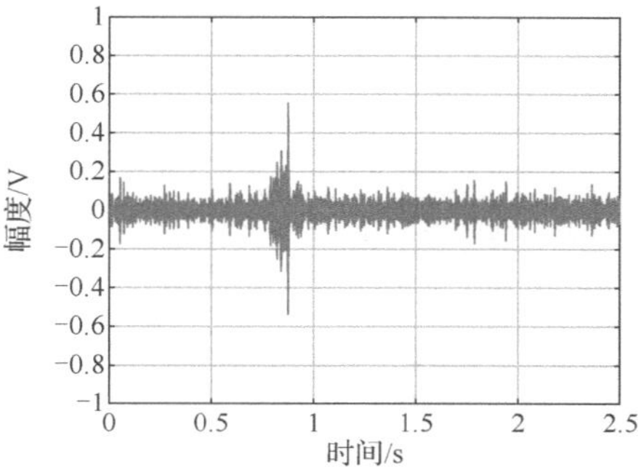

（i）五阶IMF对应时域波形

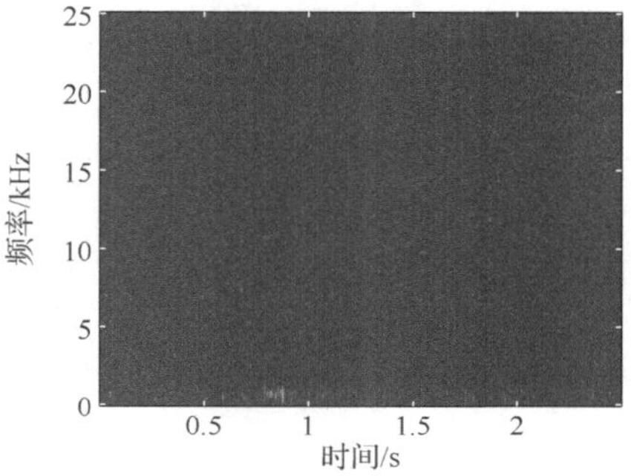

（j）五阶IMF对应时频谱图

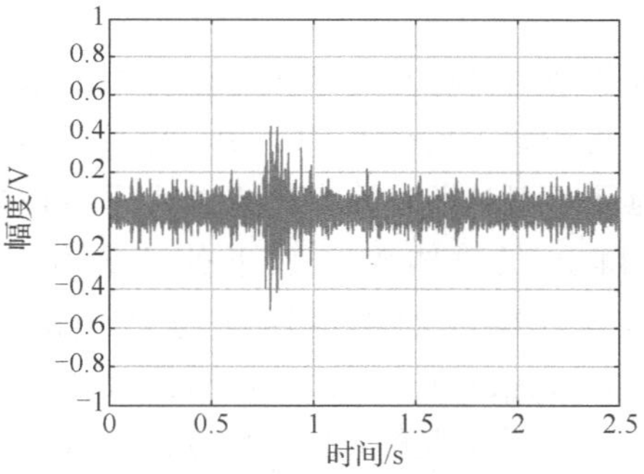

（k）六阶IMF对应时域波形

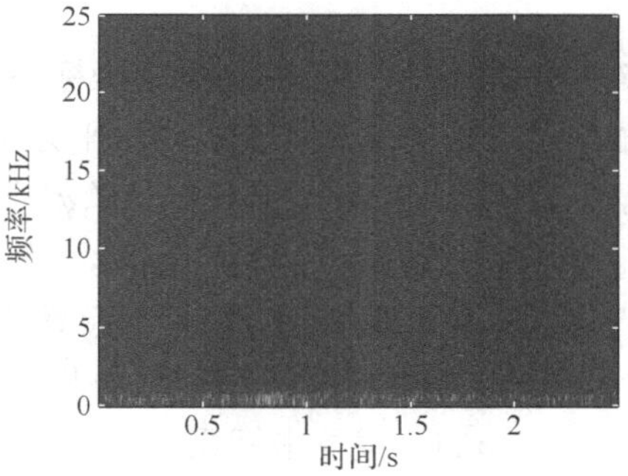

（l）六阶IMF对应时频谱图

图 7-8　希尔伯特-黄变换结果

7.2　运动平台阵列目标真方位估计

测向是很多水下运动平台搭载声呐需具备的基本功能，进行阵列方位估计时会受到搭载平台运动特性的影响，直接测量获得的是相对于载体的方位信息，若想获得目标在大地坐标系的真方位需要进行修正处理。水下滑翔机等三维运动平台搭载阵列相比于传统水平面内二维运动平台搭载阵列其测向修正问题更为复杂，本节主要介绍三维运动平台搭载阵列的大地坐标系真方位测量。

7.2.1　三维运动平台阵列载体坐标系方位估计

三维运动平台阵列坐标系定义示意图如图 7-9 所示。

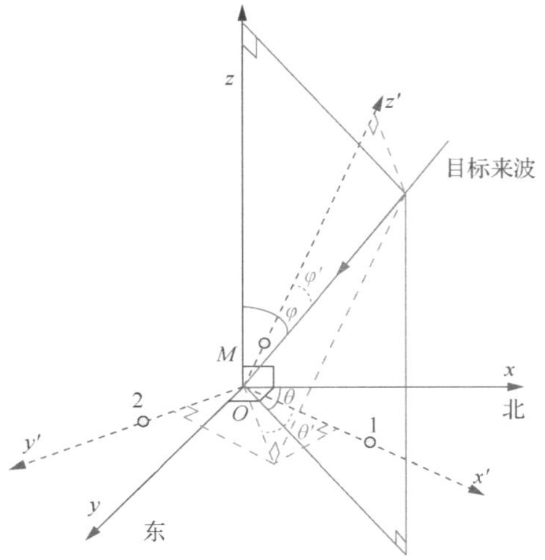

图 7-9　三维运动平台阵列坐标系定义示意图

图 7-9 中 O-xyz 所表示的是大地坐标系，θ,φ 分别为目标相对于大地坐标系的水平方位角和俯仰角信息，采用北东地坐标，水平方位角指与正北方向偏东的夹角，俯仰角为与 z 轴正向的夹角。O-$x'y'z'$ 为载体坐标系，θ',φ' 分别为目标相对于载体坐标系的水平方位角和俯仰角信息。设有一个 M 元的声压阵，第 m 个阵元在载体坐标系下的阵元位置坐标为 $\boldsymbol{p}'_m=[x'_m,y'_m,z'_m]$，假设在载体坐标系下所有阵元构成的坐标矩阵为 $\boldsymbol{P}'=[\boldsymbol{p}'^{\mathrm{T}}_1,\boldsymbol{p}'^{\mathrm{T}}_2,\cdots,\boldsymbol{p}'^{\mathrm{T}}_M]$，其在大地坐标系下位置坐标为 $\boldsymbol{p}_m=[x_m,y_m,z_m]$，大地坐标系下坐标矩阵为 $\boldsymbol{P}=[\boldsymbol{p}^{\mathrm{T}}_1,\boldsymbol{p}^{\mathrm{T}}_2,\cdots,\boldsymbol{p}^{\mathrm{T}}_M]$。载体坐标系下的阵元坐标是已知且不变的，大地坐标系的阵元坐标需要经过左边转换才能够得到，并且是随着平台运动变化的。下面给出共圆心情况下的载体坐标系到大地坐标系的坐标转换过程。假设载体平台坐标系中心罗经记录的罗经信息 heading（航向）、pitch（俯仰）、roll（横滚）对应的角度分别为 α,β,γ。直角坐标系下姿态角定义如图 7-10 所示。

此时，将载体坐标系转换为大地坐标系的转换矩阵为

$$\boldsymbol{R}_O=\begin{bmatrix}\cos\alpha\cos\beta & \cos\alpha\sin\beta\sin\gamma-\sin\alpha\cos\gamma & \cos\alpha\sin\beta\cos\gamma+\sin\alpha\sin\gamma\\ \sin\alpha\cos\beta & \sin\alpha\sin\beta\sin\gamma+\cos\alpha\cos\gamma & \sin\alpha\sin\beta\cos\gamma-\cos\alpha\sin\gamma\\ -\sin\beta & \cos\beta\sin\gamma & \cos\beta\cos\gamma\end{bmatrix} \tag{7-16}$$

第 m 个阵元载体坐标系到大地坐标系的转换关系可以表示为

$$\boldsymbol{p}^{\mathrm{T}}_m=\boldsymbol{R}_O\boldsymbol{p}'^{\mathrm{T}}_m \tag{7-17}$$

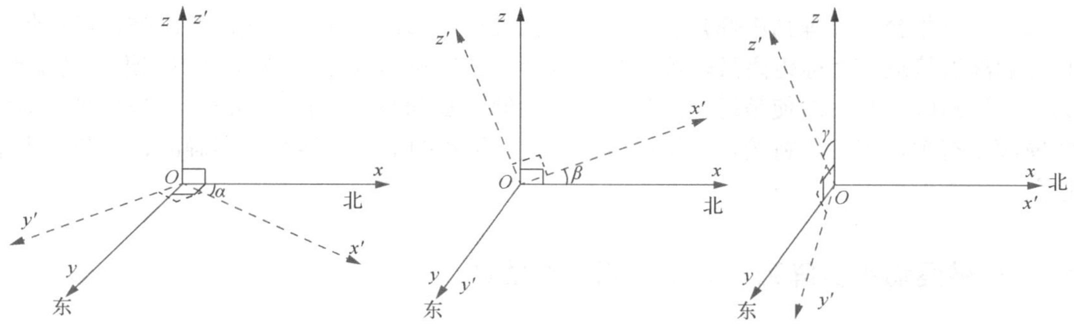

图 7-10　姿态角定义

由载体坐标矩阵到大地坐标矩阵的转换关系为

$$\boldsymbol{P} = \boldsymbol{R}_O \boldsymbol{P}' \tag{7-18}$$

按照图 7-9 所示的几何模型，假设在 t 时刻阵列信号用 $\boldsymbol{X}(t)$ 表示。如果在载体坐标系直接进行方位估计，载体坐标系阵列导向矢量可表示为

$$\boldsymbol{a}(\theta',\varphi')=[\mathrm{e}^{-\mathrm{j}2\pi f\tau_1'},\mathrm{e}^{-\mathrm{j}2\pi f\tau_2'},\cdots,\mathrm{e}^{-\mathrm{j}2\pi f\tau_M'}]^{\mathrm{T}} \tag{7-19}$$

式中，$\tau_m'(m=1,2,\cdots,M)$ 是坐标中心为参考点时各阵元补偿的时延差。可由第 3 章任意阵接收信号时延计算公式（3-7）获得。载体坐标系 CBF 波束输出的空间谱 $p(\theta',\varphi')$ 为

$$p(\theta',\varphi') = \boldsymbol{a}(\theta',\varphi')^{\mathrm{H}} \boldsymbol{R}_x \boldsymbol{a}(\theta',\varphi') \tag{7-20}$$

当采用其他加权处理方法时，空间谱可表示为

$$p(\theta',\varphi') = \boldsymbol{w}(\theta',\varphi')^{\mathrm{H}} \boldsymbol{R}_x \boldsymbol{w}(\theta',\varphi') \tag{7-21}$$

权值与具体方法有关，例如 MVDR 波束形成方法权值为

$$\boldsymbol{w}_{\mathrm{MVDR}}(\theta',\varphi') = \frac{\boldsymbol{R}_x^{-1}\boldsymbol{a}(\theta',\varphi')}{\boldsymbol{a}^{\mathrm{H}}(\theta',\varphi')\boldsymbol{R}_x^{-1}\boldsymbol{a}(\theta',\varphi')} \tag{7-22}$$

此时，空间谱经过推导可表示为

$$P(\theta',\varphi') = \frac{1}{\boldsymbol{a}^{\mathrm{H}}(\theta',\varphi')\boldsymbol{R}_x^{-1}\boldsymbol{a}(\theta',\varphi')} \tag{7-23}$$

$\boldsymbol{R}_x = E[\boldsymbol{X}\boldsymbol{X}^{\mathrm{H}}]$ 为阵列信号的协方差矩阵，如果采用频域处理则为互谱密度矩阵，$E[\cdot]$为数学期望，实际中通过求多快拍数据的数学平均实现，可以提高矩阵 $\boldsymbol{R}_x$ 的估计精度和稳定度。此时可以得到目标相对于载体的方位信息。当平台发生三维转动时，即使是对静态目标的方位测量，结果 (θ',φ') 也是变化的，不利于对目标的运动态势进行判断。在探测远距离目标时，人们往往只关心目标的水平方位，为了简化处理，在水平面内运动的二维载体搭载阵列常将俯仰角近似为 90°，仅扫描方位角进行测向。此时，方位谱可表示为

$$p(\theta') = \boldsymbol{w}(\theta')^{\mathrm{H}} \boldsymbol{R}_x \boldsymbol{w}(\theta') \tag{7-24}$$

因为二维平台搭载阵列俯仰角和横滚角变化较小，修正时主要受航向角影响，当接收阵和目标的深度接近，目标距离又较远，俯仰角可近似为90°。但是，对于水下三维运动平台，当其运动倾角较大时，即使是远距离目标，其俯仰角 φ' 值也并不接近 90°，而是与平台纵倾角和横滚角有关，因此，将俯仰固定在 90°进行方位角扫描并不能得到准确的目标载体水平方位角。

7.2.2　三维运动平台阵列大地坐标系方位估计

载体坐标系下的方位与目标相对于接收的几何位置关系及平台姿态都有关，在目标真方位不变的情况下平台转动载体坐标系下的目标方位也会改变。想要获得大地坐标系的真方位有两种修正方法：一种是直接在载体方位测向结果上修正；另一种是根据罗经实时修正获得阵列在大地坐标系下的实时基阵坐标，再利用阵列大地坐标测得目标的真方位信息。两种方法原理如下。

1. 载体方位结果修正

首先，利用载体坐标系方位估计方法得到载体坐标系方位 (θ_0',φ_0')。假设载体坐标系下目标相对于参考点距离为 r_0'，由于坐标转换并不改变目标到参考点的相对距离，所以大地坐标系下目标相对于参考点的距离 $r_0=r_0'$，则载体坐标系下目标坐标 $\boldsymbol{p}_O'=[x_0',y_0',z_0']$ 可以表示为

$$\begin{cases} x_0' = r_0\sin\varphi_0'\cos\theta_0' \\ y_0' = r_0\sin\varphi_0'\sin\theta_0' \\ z_0' = r_0\cos\varphi_0' \end{cases} \tag{7-25}$$

结合式（7-17）罗经修正坐标系转换方法，可得目标大地坐标系下坐标 $\boldsymbol{p}_O=[x_0,y_0,z_0]$，$\boldsymbol{p}_O^{\mathrm{T}}=\boldsymbol{R}_O\boldsymbol{p}_O'^{\mathrm{T}}$，联合式（7-25）可以解得大地坐标系下目标真方位信息 (θ_0,φ_0) 为

$$\theta_0=\arctan(y_0/x_0) \tag{7-26}$$

$$\varphi_0=\arctan(\sqrt{x_0^2+y_0^2}/z_0) \tag{7-27}$$

虽然实际无法得到 r_0 与 r_0' 的真实值，但它们在计算过程中会被约掉，并不妨碍得到最终结果。根据计算公式，在测量的过程中需要获得俯仰角信息才能获得准确的大地坐标方位角结果，不能将俯仰角简单近似为 90°，否则会引入误差。

2. 阵元坐标方位修正

实际中，如果直接采用阵列在三维空间内的大地坐标进行测向，可直接获得大地坐标系下的真方位结果。三维运动平台搭载的阵列其阵元位置是随着平台运动实时变化的，因此，首先要用每个时刻测得的罗经数据利用公式（7-17）进行坐标转换以获得当前时刻的阵列大地坐标。然后，利用阵元位置大地坐标对目标方位进行估计，这样可以直接获得真方位结果。假设大地坐标系阵列导向矢量为

$$\boldsymbol{a}(\theta,\varphi)=[\mathrm{e}^{-\mathrm{j}2\pi f\tau_1},\mathrm{e}^{-\mathrm{j}2\pi f\tau_2},\cdots,\mathrm{e}^{-\mathrm{j}2\pi f\tau_M}]^{\mathrm{T}} \tag{7-28}$$

同样，其中 $\tau_m(m=1,2,\cdots,M)$ 为以坐标中心为参考点情况下各阵元补偿的时延差，其计算公式为

$$\tau_m = -(x_m \cos\theta \sin\varphi + y_m \sin\theta \sin\varphi + z_m \cos\varphi)/c \tag{7-29}$$

以 CBF 为例，空间谱 $p(\theta,\varphi)$ 可由下式获得：

$$p(\theta,\varphi) = \boldsymbol{a}(\theta,\varphi)^{\mathrm{H}} \boldsymbol{R}_x \boldsymbol{a}(\theta,\varphi) \tag{7-30}$$

对于远距离目标，当接收平台深度与目标深度差远小于目标距离时，大地坐标系下的俯仰角总是接近于水平方向的，即 $\varphi \approx 90°$，直接在大地坐标系下进行波束形成扫描，可以利用简化模型将俯仰固定在 90°直接获得方位信息，时延补偿量计算可简化为

$$\tau_m = -(x_m \cos\theta + y_m \sin\theta)/c \tag{7-31}$$

利用简化公式可以直接得到波束形成方位测量输出 $p(\theta)$ 为

$$p(\theta) = \boldsymbol{a}(\theta)^{\mathrm{H}} \boldsymbol{R}_x \boldsymbol{a}(\theta) \tag{7-32}$$

当然也可以采用 MVDR 等其他加权方式处理获得空间谱结果，过程与 CBF 类似。

综上，这两种方法都可以得到大地坐标系目标真方位。需要注意的是，先修正阵元位置坐标再测向的方法测得的结果即为大地坐标系下结果，采用俯仰角近似为 90°处理的简化模型进行测向时模型近似误差更小，获得的方位信息更准确。

7.2.3　水下滑翔机平台目标方位估计仿真分析

1. 阵列模型

以搭载于回转体水下滑翔机平台的 25 元不规则小型阵为例进行仿真。此阵由三条线阵组成，分别位于滑翔机背部和两翼，相邻两条线阵之间夹角为 60°，两翼阵列各 7 元，中间阵列 11 元。其中位于坐标原点的阵元为三条线阵的共用阵元，相邻阵元间距相等，为 0.125m。图 7-11 为载体坐标系下不规则小型阵示意图。

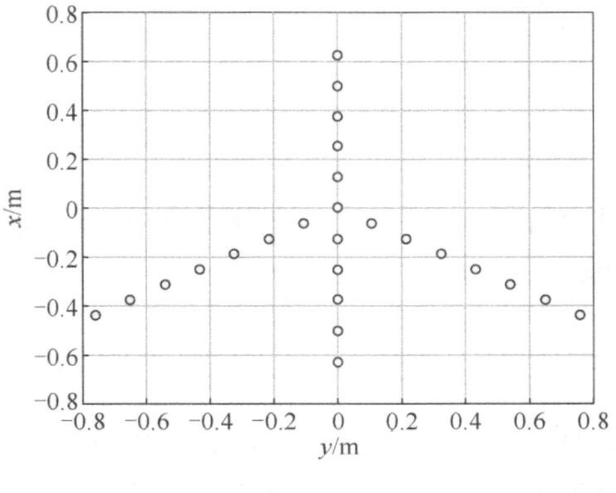

图 7-11　载体坐标系下不规则小型阵示意图

2. 运动模型

假设平台做旋转下潜滑翔运动，载体的罗经信息为：航向角由 0°开始以 0.5°/s 的速度变化，纵倾角为–15°，横滚角为 20°。由于水下环境情况复杂，对阵列搭载平台运动会有一定扰动，所以在罗经信息中加入抖动信息。图 7-12 为三维运动平台旋转下潜航行轨迹及罗经信息的仿真结果图。

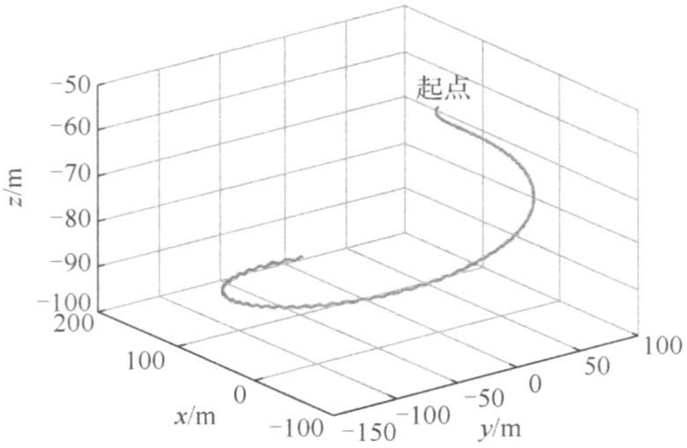

（a）水下运动轨迹

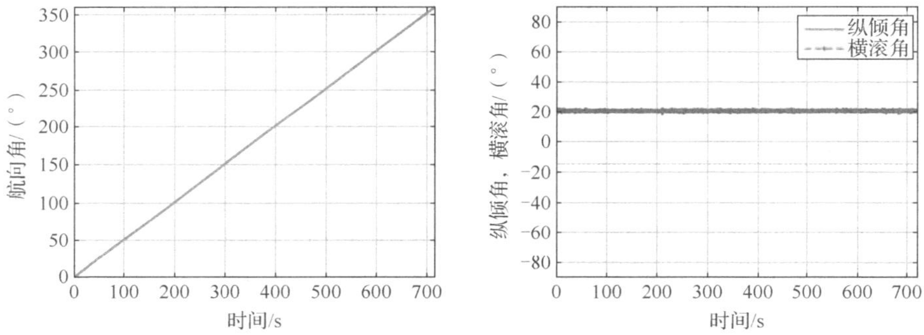

（b）三维运动平台的罗经信息

图 7-12　三维运动平台旋转下潜航行轨迹及罗经信息的仿真结果图

3. 目标信号模型

假设在远距离处有一静止目标，它位于大地坐标系下 180°方向，发射 6000Hz 的连续单频信号，信号信噪比为 10dB。

4. 结果分析

下列各图对比了 CBF、MVDR 波束形成方法分别在载体坐标系直接测向和先修正大地坐标再测向得到真方位的方位历程结果。图 7-13 为旋转下潜航行时方位修正前后窄带 CBF 方位谱图。

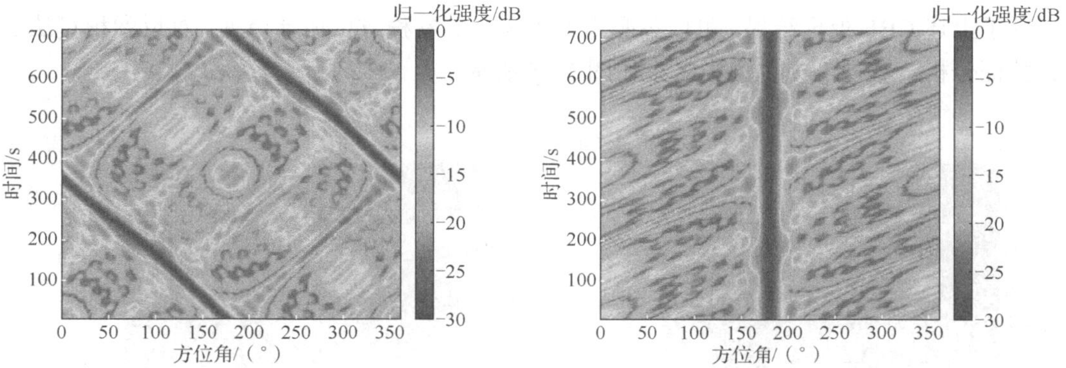

（a）载体坐标系　（b）大地坐标系

图 7-13　旋转下潜航行时方位修正前后窄带 CBF 方位谱图（扫封底二维码可见彩图）

由图 7-13 可以看出，在搭载平台进行旋转下潜航行时，大地坐标系下测得的方位结果在 180°方位不变。但在载体坐标系下测得的目标方位会随航向角的改变而变化，且与航向角的变化速度相同，这说明载体坐标系下测得的目标方位与此时搭载平台的姿态相关。观察大地坐标系下结果，可以发现在 120～200s 时以及 500～580s 时出现了主瓣宽度变宽的情况，这是因为此阵型并非标准阵型，此阵列模型的两翼阵长大于机身阵长，所以当目标位于此阵列侧面方向时，处理结果会变差。

图 7-14 为旋转下潜航行时方位修正前后窄带 MVDR 方位谱图。

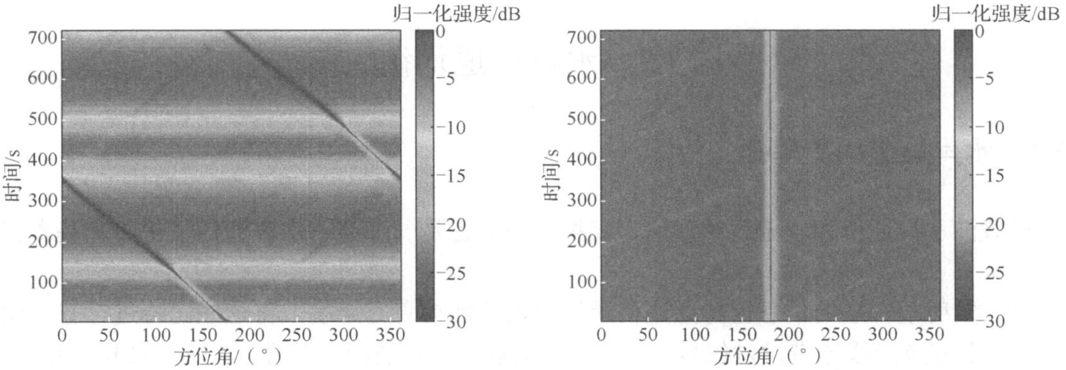

（a）载体坐标系　（b）大地坐标系

图 7-14　旋转下潜航行时方位修正前后窄带 MVDR 方位谱图（扫封底二维码可见彩图）

由图 7-14 的 MVDR 测向结果可以看出，在搭载平台进行旋转下潜航行时，大地坐标系可以获得静止目标真方位，目标位于 180°处。同样，载体坐标系目标方位随时间变化，且主瓣宽度与旁瓣级也随时间发生变化。在某些时刻旁瓣级高，这是因为搭载平台的姿态实时变化，计算得到的方向响应向量与真实方向响应之间的失配程度变化，使得 MVDR 处理效果变差。但是经过坐标修正，直接在大地坐标系测量时，可以减小权向量中方向响应向量与真实方向响应向量的误差，从而改善 MVDR 处理性能。

基于上述 CBF 处理结果，可以参照本书第 3 章反卷积方位估计原理，对反卷积算法性能进行验证分析，获得的方位谱图结果如图 7-15 所示。

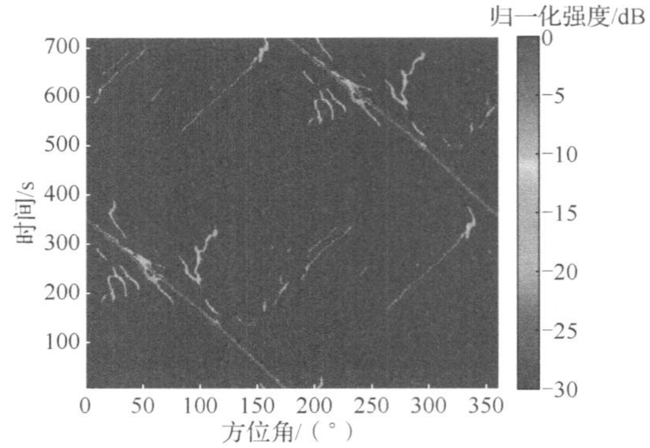

(a) 载体坐标系

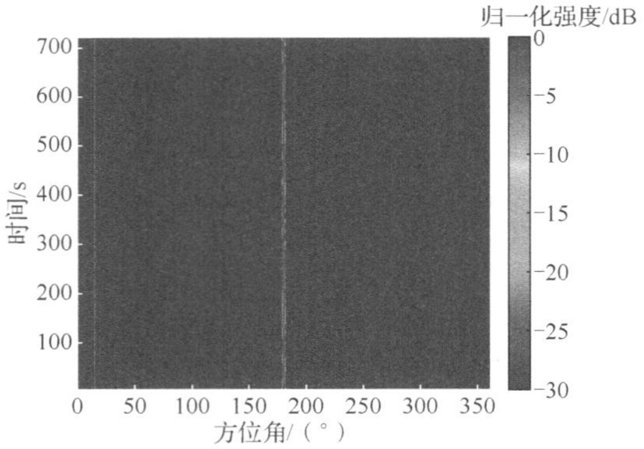

(b) 大地坐标系

图 7-15　旋转下潜航行时方位修正前后窄带 ExRL-dVc 方位谱图（扫封底二维码可见彩图）

由图 7-15 可以看出，在大地坐标系下可以非常清晰地观测到有一静止坐标位于 180°处，旁瓣级较低。但是在载体坐标系下某些时刻的某些角度存在较高旁瓣级，且在 250s 以及 600s 处出现方位模糊的情况，这是载体坐标系下直接将俯仰角近似为 90°，反卷积点扩散函数与实际情况失配导致的。

7.3　水声信道均衡

7.3.1　水声信道均衡基础

单载波水声通信相较于跳频通信、直扩通信而言是一种高速水声通信技术，其基本流程如下。

（1）发射端产生的信息比特通过信道编码器增加信息冗余度，将这些比特进行基带调制后，通过上变频形成通带发射信号，之后加收发双方已知的同步信号、测速信号和训练序列，形成完整的通信帧。

（2）接收端通过同步信号来确定接收信号的起始时间，并进行多普勒估计与补偿，再将补偿过的信号进行下变频，把通带信号变成基带信号，接着把基带信号通过信道均衡器来降低多途对信号的干扰，最后把均衡后的信号进行解调解码，恢复信息比特。

单载波水声通信基本流程图与典型帧结构如图 7-16、图 7-17 所示。

图 7-17 中，同步信号用于接收帧的起始时刻估计，测速信号用于初始多普勒估计。

水声信道是一种复杂的信道，海面、海底等反射会产生较强的多途扩展，多途扩展带来的码间串扰对通信系统的影响十分严重，是影响水声通信质量的一大障碍。目前，在水声通信系统中最有效并且最常用的消除码间串扰的方法是水声信道均衡技术。

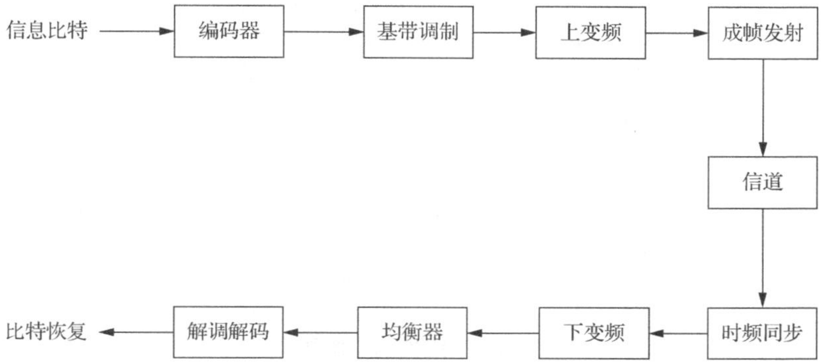

图 7-16　单载波水声通信基本流程

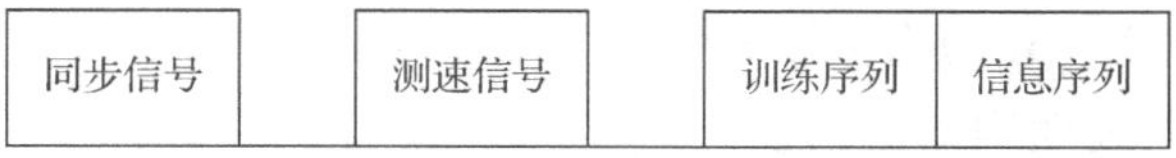

图 7-17　典型帧结构

水声信道均衡技术，常采用第 4 章介绍的递归最小二乘或最小均方等算法实现自适应均衡，其基本过程为：在接收机进行同步、多普勒估计/补偿、下变频之后，截取接收信号中训练序列位置对应的符号，该部分符号受多途影响，在时域上产生混叠；将这部分受多途影响的信号输入到均衡滤波器的输入端，对均衡滤波器的输出端和理想已知的训练序列进行比较，将误差值反馈给递归最小二乘或最小均方等自适应算法，驱动均衡器的抽头系数进行更新，在接收完全部训练序列之后，均衡器的抽头系数调整到最优值，使得经过均衡器的接收信号几乎无码间串扰，之后就可以将其用于均衡信息序列。

7.3.2　自适应信道均衡算法

均衡器抽头系数的自适应更新算法主要有递归最小二乘算法或最小均方算法，最小均方算法的收敛速度较慢，无法适应快速时变的信道。因此，本节主要采用收敛速度较快的递归最小二乘算法进行自适应均衡。

按照结构进行划分，均衡滤波器主要可分为线性均衡器、非线性均衡器。本节先以线性均衡器的结构为基础，将第 4 章的实数域递归最小二乘算法拓展到复数域递归最小二乘算法，再介绍一种典型的非线性均衡器——判决反馈均衡器。

1. 线性均衡器

线性均衡器结构如图 7-18 所示。

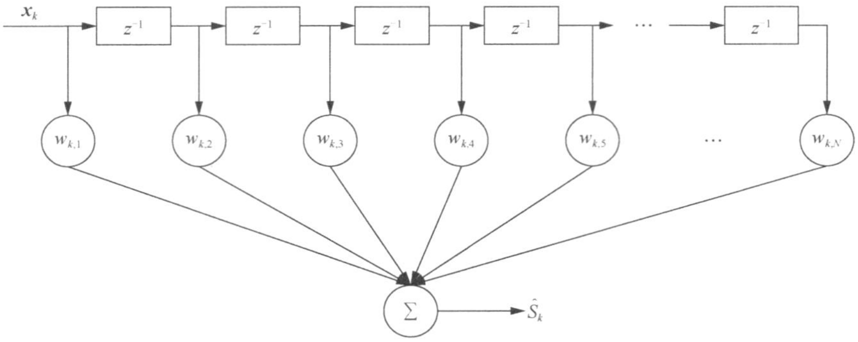

图 7-18　线性均衡器结构

定义 $\boldsymbol{x}_k$ 为 k 时刻均衡器的输入向量，$\boldsymbol{w}_k$ 为 k 时刻均衡器的抽头系数，d_k 为均衡器输出的期望值（即训练序列），$\hat{S}_k$ 为均衡器的输出。

对于有 N 个抽头的线性均衡器来说

$$\boldsymbol{x}_k = [x_{k,1}, x_{k,2}, x_{k,3}, \cdots, x_{k,N}]^{\mathrm{T}} \tag{7-33}$$

$$\boldsymbol{w}_k = [w_{k,1}, w_{k,2}, w_{k,3}, \cdots, w_{k,N}]^{\mathrm{T}} \tag{7-34}$$

则线性均衡器的输出

$$\hat{S}_k = \sum_{j=1}^{N} w_{k,j} x_{k,j} = \boldsymbol{w}_k^{\mathrm{T}} \boldsymbol{x}_k \tag{7-35}$$

均衡器的误差定义为

$$e(k) = d_k - \hat{S}_k \tag{7-36}$$

根据第 4 章所述，递归最小二乘算法为使均衡器输出误差加权平方和最小化，公式为

$$J = \sum_{n=0}^{k} \lambda^{k-n} |e(n)|^2 = \sum_{n=0}^{k} \lambda^{k-n} |d_n - \hat{S}_n|^2 \tag{7-37}$$

式（7-37）中，λ 称为遗忘因子，通常取值 $0 < \lambda \leqslant 1$。

由 $\dfrac{\partial J}{\partial \boldsymbol{w}_k} = 0$，可以推出

$$\boldsymbol{R}_k \boldsymbol{w}_k = \boldsymbol{r}_k \tag{7-38}$$

式中，$\boldsymbol{R}_k$ 是均衡器输入向量 $\boldsymbol{x}_k$ 的数据自相关矩阵，

$$\boldsymbol{R}_k = \sum_{n=0}^{k} \lambda^{k-n} \boldsymbol{x}_n \boldsymbol{x}_n^{\mathrm{T}} \tag{7-39}$$

$\boldsymbol{r}_k$ 是输入向量 $\boldsymbol{x}_k$ 与均衡器输出 $\hat{S}_k$ 的互相关向量，

$$\boldsymbol{r}_k = \sum_{n=0}^{k} \lambda^{k-n} d_n \boldsymbol{x}_n^* \tag{7-40}$$

其中，$\boldsymbol{x}_n^*$表示输入向量$\boldsymbol{x}_n$的共轭。因此，式（7-38）可得到解

$$\boldsymbol{w}_k = \boldsymbol{R}_k^{-1}\boldsymbol{r}_k \tag{7-41}$$

采用递归的方式计算$\boldsymbol{R}_k$，可得到

$$\boldsymbol{R}_k = \lambda\boldsymbol{R}_{k-1} + \boldsymbol{x}_k^*\boldsymbol{x}_k^{\mathrm{T}} \tag{7-42}$$

式（7-42）使用矩阵求逆引理，可得到$N\times N$逆矩阵$\boldsymbol{P}_k = \boldsymbol{R}_k^{-1}$的递归式

$$\boldsymbol{P}_k = \boldsymbol{R}_k^{-1} = \frac{1}{\lambda}\left(\boldsymbol{P}_{k-1} - \frac{\boldsymbol{P}_{k-1}\boldsymbol{x}_k^*\boldsymbol{x}_k^{\mathrm{T}}\boldsymbol{P}_{k-1}}{\lambda + \boldsymbol{x}_k^{\mathrm{T}}\boldsymbol{P}_{k-1}\boldsymbol{x}_k^*}\right) = \frac{1}{\lambda}(\boldsymbol{P}_{k-1} - \boldsymbol{K}_k\boldsymbol{x}_k^{\mathrm{T}}\boldsymbol{P}_{k-1}) \tag{7-43}$$

式中，$\boldsymbol{K}_k$是卡尔曼增益向量，是一个N维向量，表示为

$$\boldsymbol{K}_k = \frac{\boldsymbol{P}_{k-1}\boldsymbol{x}_k^{\mathrm{T}}}{\lambda + \boldsymbol{x}_k^{\mathrm{T}}\boldsymbol{P}_{k-1}\boldsymbol{x}_k^*} \tag{7-44}$$

用$\boldsymbol{x}_k^*$与式（7-43）左右两边相乘，可得到

$$\boldsymbol{P}_k\boldsymbol{x}_k^* = \frac{1}{\lambda}(\boldsymbol{P}_{k-1}\boldsymbol{x}_k^* - \boldsymbol{K}_k\boldsymbol{x}_k^{\mathrm{T}}\boldsymbol{P}_{k-1}\boldsymbol{x}_k^*) = \frac{1}{\lambda}[(\lambda + \boldsymbol{x}_k^{\mathrm{T}}\boldsymbol{P}_{k-1}\boldsymbol{x}_k^*)\boldsymbol{K}_k - \boldsymbol{K}_k\boldsymbol{x}_k^{\mathrm{T}}\boldsymbol{P}_{k-1}\boldsymbol{x}_k^*] = \boldsymbol{K}_k \tag{7-45}$$

同样采用递归的方式计算$\boldsymbol{r}_k$，可得到

$$\boldsymbol{r}_k = \lambda\boldsymbol{r}_{k-1} + d_k\boldsymbol{x}_k^* \tag{7-46}$$

此时，$\boldsymbol{w}_k$的递归公式为

$$\begin{aligned}\boldsymbol{w}_k &= \boldsymbol{R}_k^{-1}\boldsymbol{r}_k = \boldsymbol{P}_k\boldsymbol{r}_k = \frac{1}{\lambda}(\boldsymbol{P}_{k-1} - \boldsymbol{K}_k\boldsymbol{x}_k^{\mathrm{T}}\boldsymbol{P}_{k-1})(\lambda\boldsymbol{r}_{k-1} + d_k\boldsymbol{x}_k^*)\\ &= \boldsymbol{P}_{k-1}\boldsymbol{r}_{k-1} + \frac{1}{\lambda}d_k\boldsymbol{P}_{k-1}\boldsymbol{x}_k^* - \boldsymbol{K}_k\boldsymbol{x}_k^{\mathrm{T}}\boldsymbol{P}_{k-1}\boldsymbol{r}_{k-1} - \frac{1}{\lambda}d_k\boldsymbol{K}_k\boldsymbol{x}_k^{\mathrm{T}}\boldsymbol{P}_{k-1}\boldsymbol{x}_k^*\\ &= \boldsymbol{w}_{k-1} + \boldsymbol{K}_k(d_k - \boldsymbol{x}_k^{\mathrm{T}}\boldsymbol{w}_{k-1}) = \boldsymbol{w}_{k-1} + \boldsymbol{K}_k e_k\end{aligned} \tag{7-47}$$

以上即为复数域递归最小二乘算法的解算步骤。

2. 非线性均衡器

判决反馈均衡是一种典型的非线性均衡手段，其基本思想是：一旦当前码元被判决，那么它对下一个码元的码间干扰就可以被估计出来，这样在下一个码元判决时，当前码元对其干扰就可以被消除。判决反馈均衡器由前馈滤波器（feedforward filter，FFF）和反馈滤波器（feedback filter，FBF）构成，两者均为线性滤波器结构，但是前馈滤波器的输入为接收信号序列。在训练阶段，反馈滤波器的输入是已知的训练序列，在数据阶段，反馈滤波器的输入是均衡器之前结果的硬判决。前馈滤波器和反馈滤波器两者输出合并后和期望响应对比，其误差驱动均衡器的抽头系数可以自适应地调节。

判决反馈均衡器结构示意图如图 7-19 所示。

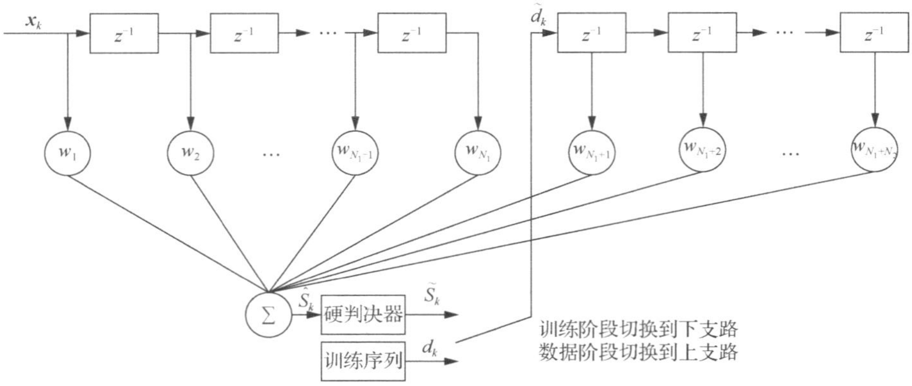

图 7-19　判决反馈均衡器结构示意图

在本节中，假设前馈滤波器的抽头个数为 N_1，反馈滤波器的抽头个数为 N_2。在训练阶段，反馈滤波器的输入为训练序列，其符号记作 d_k；在数据阶段，反馈滤波器的输入为均衡器结果的硬判决符号 $\tilde{S}_k$。为方便起见，d_k 和 $\tilde{S}_k$ 均记作 $\tilde{d}_k$，因此 N_2 个符号构成反馈滤波器的输入矢量 $\tilde{\boldsymbol{d}}_k$：

$$\tilde{\boldsymbol{d}}_k = [\tilde{d}_{k,1}, \tilde{d}_{k,2}, \cdots, \tilde{d}_{k,N_2}]^{\mathrm{T}} \tag{7-48}$$

此时前馈滤波器和反馈滤波器的输入矢量为

$$\boldsymbol{x}_k = [x_{k,1}, x_{k,2}, x_{k,3}, \cdots, x_{k,N_1}, \tilde{d}_{k,1}, \tilde{d}_{k,2}, \tilde{d}_{k,3} \cdots, \tilde{d}_{k,N_2}]^{\mathrm{T}} \tag{7-49}$$

滤波器的抽头系数矢量包括前馈抽头系数和反馈抽头系数：

$$\boldsymbol{w}_k = [w_1, w_2, \cdots, w_{N_1}, w_{N_1+1}, w_{N_1+2}, \cdots, w_{N_1+N_2}]^{\mathrm{T}} \tag{7-50}$$

则均衡器的输出符号 $\hat{S}_k$ 为

$$\hat{S}_k = \sum_{j=1}^{N_1} w_j x_{k,j} + \sum_{j=N_1+1}^{N_1+N_2} w_j \tilde{d}_{k,j-N_1} \tag{7-51}$$

在训练阶段，均衡器的每个输出符号 $\hat{S}_k$ 与已知的训练序列符号 d_k 相比，计算误差为

$$e_k = d_k - \hat{S}_k \tag{7-52}$$

在数据阶段，均衡器的每个输出符号 $\hat{S}_k$ 与其硬判决符号 $\tilde{S}_k$ 相比，计算误差为

$$e_k = \tilde{S}_k - \hat{S}_k \tag{7-53}$$

判决反馈均衡的递归最小二乘算法其余部分与前面一致。

7.3.3　水声信道均衡仿真分析

1. 仿真场景简介

Bellhop 是一种水声信道仿真软件，通过 env 文件设置工作水深、声速剖面、收发机深度

等环境参数，可得到水声多途信道的时域冲激响应等结果。本节利用 Bellhop 软件产生两种场景下的水声信道，信道冲激响应和幅频响应如图 7-20、图 7-21 所示。

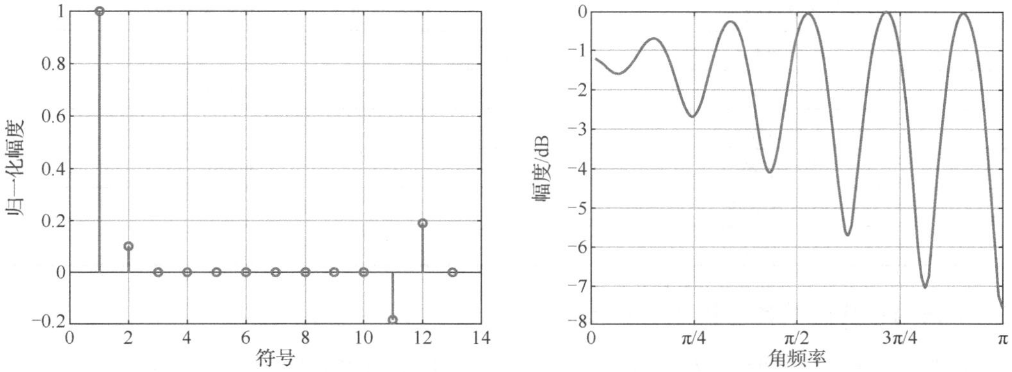

（a）信道冲激响应　（b）信道幅频响应

图 7-20　水声信道 1

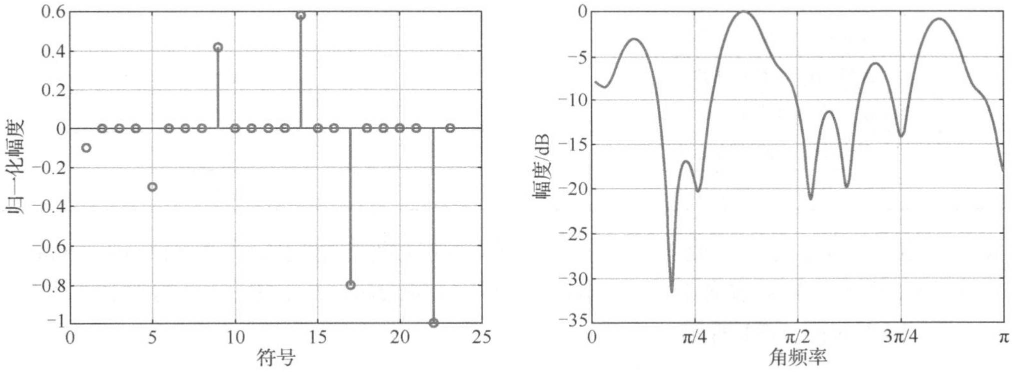

（a）信道冲激响应　（b）信道幅频响应

图 7-21　水声信道 2

从时域上看，水声信道 1 中能量最大的多途最先到达，因此被称为因果信道；而水声信道 2 中能量最大的多途不是最先到达，因此被称为非因果信道。从频域上看，水声信道 1 的频率选择性衰落程度较小（8dB 左右），而水声信道 2 的频率选择性衰落程度较大（30dB 左右），因此后者被称为深衰信道。

本节仿真的调制方式为二进制相移键控（binary phase shift keying，BPSK），为针对性地研究均衡器的性能，简化了帧结构，只由训练序列和信息序列构成。仿真条件如表 7-1 所示。

表 7-1　仿真条件

参数名称	具体参数
通信体制	单载波通信
调制方式	BPSK
信噪比	10dB
工作频带	20～30kHz
通信速率	5kbit/s
训练序列长度	511
信息比特长度	10000

2. 不同均衡器结构的均衡效果对比

对比线性均衡器和判决反馈均衡器在两种信道中的均衡效果，针对水声信道 1 的均衡器参数如表 7-2 所示。

表 7-2　针对水声信道 1 的均衡器参数

均衡器参数名称	具体参数
线性均衡器抽头个数	13
线性均衡器遗忘因子	0.9999
判决反馈均衡器前馈抽头个数	27
判决反馈均衡器反馈抽头个数	13
判决反馈均衡器遗忘因子	0.9999

水声信道 1 均衡前后星座图、线性均衡和判决反馈均衡均方误差（mean square error, MSE）曲线的对比结果以及不同均衡器误比特率（bit error rate, BER）的对比结果分别如图 7-22、图 7-23 和图 7-24 所示。

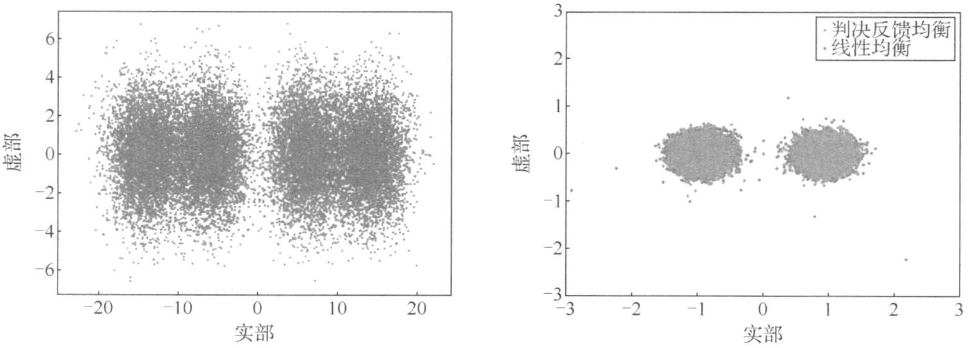

（a）均衡前星座图　（b）均衡后星座图

图 7-22　水声信道 1 均衡前后星座图

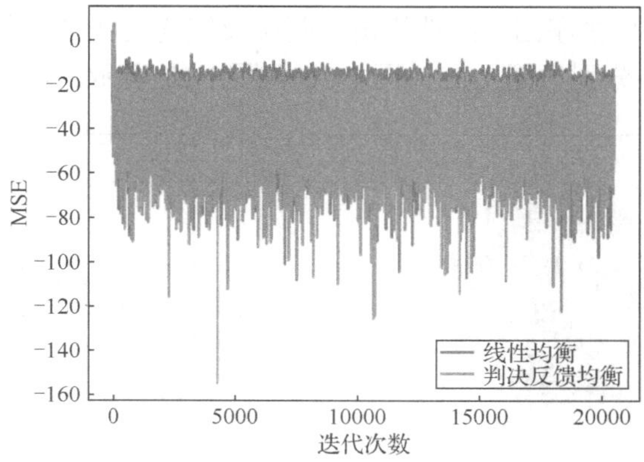

图 7-23　水声信道 1 线性均衡和判决反馈均衡 MSE 曲线对比

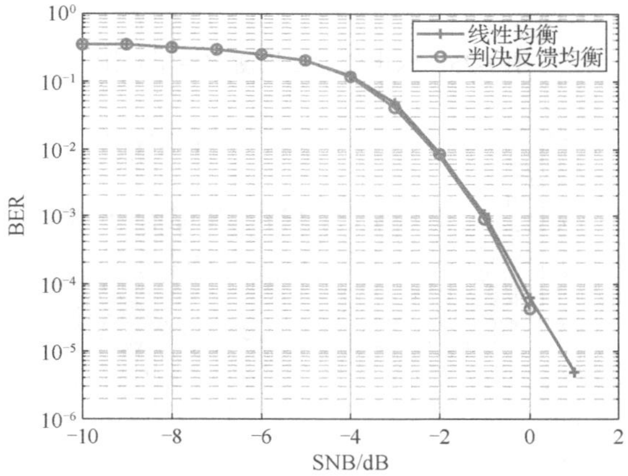

图 7-24　水声信道 1 不同均衡器 BER 对比

通信中的星座图是观察均衡效果的一种手段，其横轴是均衡器输出符号的实部，纵轴是均衡器输出符号的虚部，对于 BPSK 来说，均衡后的点数应该聚集在 ±1 附近，均衡后的点越聚集，均衡器的均衡效果越好。从水声信道 1 的星座图和 BER 来看，线性均衡和判决反馈均衡两者的均衡效果相差不大，BER 也接近。因此，在信道频率选择性衰落不严重的情况下，线性均衡和判决反馈均衡具有相似的性能，但从计算复杂度的角度考虑，前者的复杂度更低。

针对水声信道 2 的均衡器参数如表 7-3 所示。

表 7-3　针对水声信道 2 的均衡器参数

均衡器参数名称	具体参数
线性均衡器抽头个数	50
线性均衡器遗忘因子	0.9999
判决反馈均衡器前馈抽头个数	50
判决反馈均衡器反馈抽头个数	101
判决反馈均衡器遗忘因子	0.9999

水声信道 2 均衡前后星座图、线性均衡和判决反馈均衡 MSE 曲线的对比结果以及不同均衡器 BER 的对比结果分别如图 7-25、图 7-26 和图 7-27 所示。

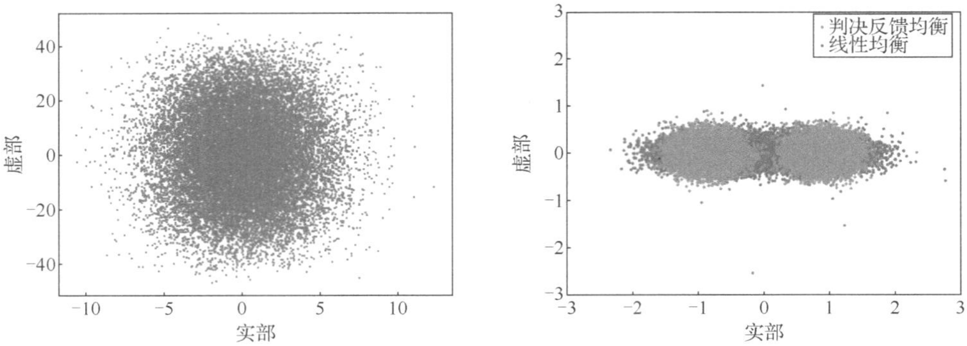

（a）均衡前星座图　　（b）均衡后星座图

图 7-25　水声信道 2 均衡前后星座图

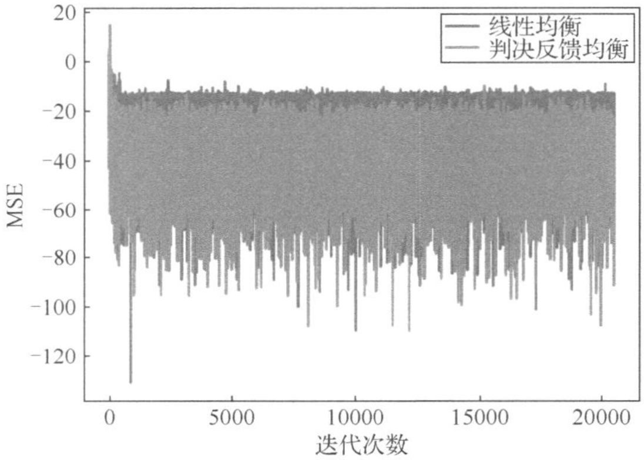

图 7-26　水声信道 2 线性均衡和判决反馈均衡 MSE 曲线对比

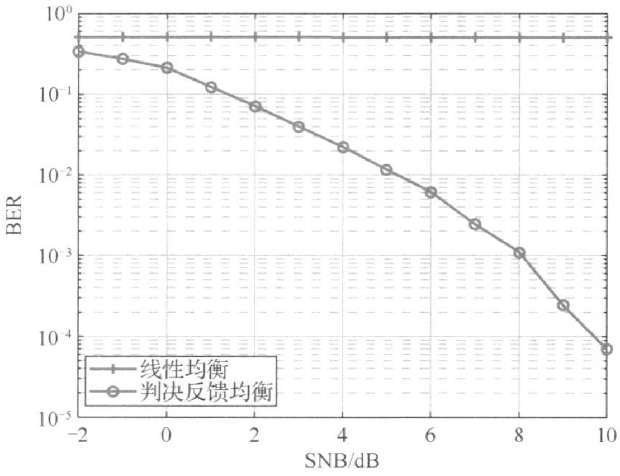

图 7-27　水声信道 2 不同均衡器 BER 对比

从水声信道 2 的星座图和 BER 曲线来看，对于深衰信道，线性均衡器几乎无均衡效果，判决反馈均衡由于利用了之前符号的判决结果进行反馈，更适合于深衰信道。因此，在实际数据处理中，我们常用判决反馈均衡器来获得更好的均衡效果。

3. 不同遗忘因子对均衡效果的影响

遗忘因子 λ 是递归最小二乘自适应算法中的重要参数，与当前符号的时间间隔越长，权重 λ^{n-k} 越小，对当前符号的影响越小。遗忘因子直接决定了均衡器的记忆长度 $1/(1-\lambda)$，遗忘因子越大，对应的记忆长度越长。遗忘因子的设置需要考虑噪声、多途扩展等多方面因素。

（1）噪声对遗忘因子设置的影响。理论上，信噪比小的环境需要更大的遗忘因子。遗忘因子更大对应的记忆长度更长，均衡器积攒更多能量，有利于抑制噪声对均衡的干扰。

为研究噪声对遗忘因子的影响，在仿真时，研究加性高斯白噪声信道的影响，信噪比范围为–5dB～10dB。具体仿真参数设置如表 7-4 所示。

表 7-4 仿真参数设置

仿真参数	参数设置
前馈滤波器长度	11
反馈滤波器长度	5
蒙特卡罗仿真次数	500

仿真得到的噪声对遗忘因子的影响结果如图 7-28 所示。图 7-28 中色棒表示系统 BER 的对数值，单位为 dB，色棒取值为–1 表示 BER 为 10^{-1}，取值为–6 表示 BER 为 10^{-6}，等等。

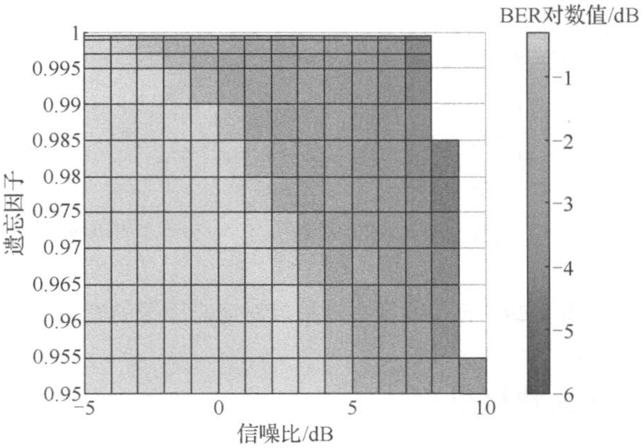

图 7-28 噪声对遗忘因子的影响（扫封底二维码可见彩图）

可以看出，同一信噪比下，遗忘因子的增大可以降低 BER，有利于均衡。随着信噪比的降低，小的遗忘因子将不再适用，需要更长的记忆长度才能获得更低的 BER。例如，如果要求 BER 不高于 10^{-3}，则信噪比大于 7dB 时，λ>0.95 即可。

（2）多途扩展对遗忘因子设置的影响。理论上，在多途扩展比较长的信道环境下，需要更大的遗忘因子，更长的记忆长度能够更好地覆盖多途的主要能量，达到更好的均衡效果。

为研究多途扩展对遗忘因子的影响，在仿真时，设置一个两根多途的信道环境，两根多途幅度为[1,0.9]，间隔分别为[10,30,50,70,100]个符号。信噪比为 10dB 时，比较不同遗忘因子下均衡后的 BER 情况。具体仿真参数设置如表 7-5 所示。

表 7-5　仿真参数设置

仿真参数	参数设置
前馈滤波器长度	最大多途扩展 × 2+3
反馈滤波器长度	最大多途扩展+1
蒙特卡罗仿真次数	100

仿真结果如图 7-29 所示。通过图 7-29 可以看出，同一多途间隔下，随着遗忘因子的增大，BER 降低，有利于均衡。若要求 BER 小于10^{-3}，多途扩展为 10 个符号时，λ>0.975 即可，多途扩展为 30 个符号时，λ>0.99 即可，多途扩展为 70 个符号时，λ>0.995 即可。若设置遗忘因子为 0.99，可在多途扩展小于 30 个符号的情况下使 BER 小于10^{-3}；若设置遗忘因子为 0.999，可在多途扩展小于 100 个符号的情况下使 BER 小于10^{-3}。

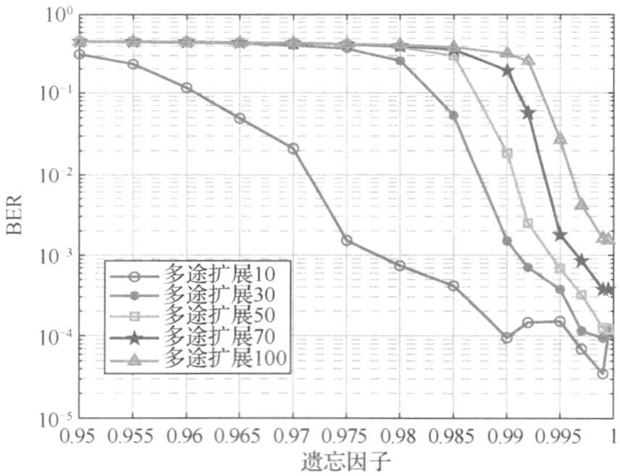

图 7-29　直接均衡多途扩展对遗忘因子的影响

7.3.4　水声信道均衡湖试数据处理

1. 湖试场景介绍

湖试数据于 2021 年 10 月在吉林松花湖采集得到，接收船的换能器入水深度约为 1.5m，发射船入水深度约为 1.8m，发射声源级为 180dB。接收船静止，发射船来回航行，船速约 5～6kn，两船的最远距离约 3km。湖试示意图如图 7-30 所示。

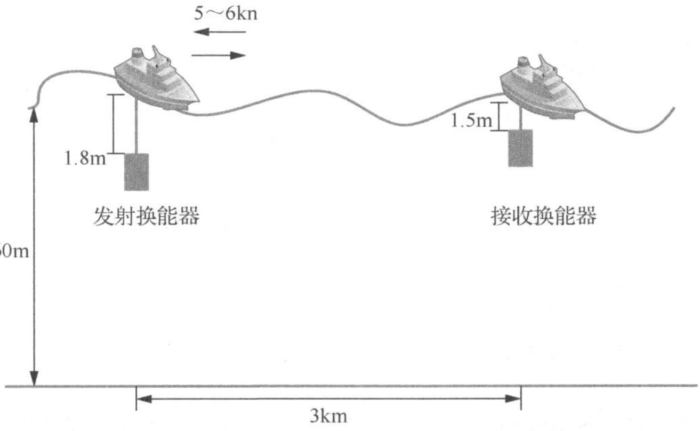

图 7-30　湖试示意图

2. 典型帧分析

处理某个典型帧信号，图 7-31 为信号时域波形，表 7-6 为处理数据时的参数设置。

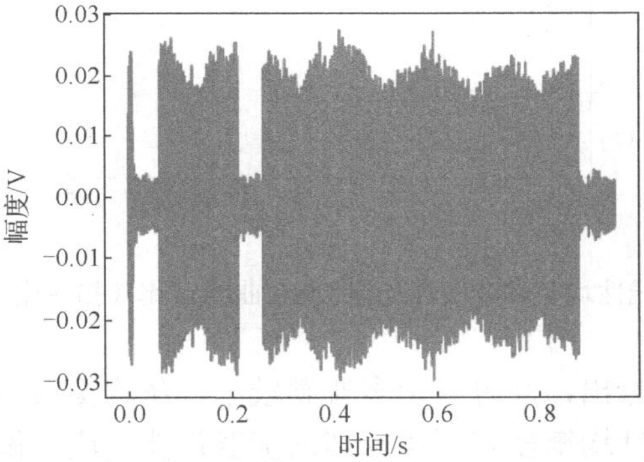

图 7-31　典型帧信号时域波形

表 7-6　参数设置

参数名称	具体参数
前馈滤波器抽头个数	15
反馈滤波器抽头个数	5
遗忘因子	0.99

从图 7-31 中可以看出，信号信噪比较高。图 7-32 为该信号均衡前后星座图，图 7-33 则是该信号线性与非线性均衡下的 MSE 曲线对比图。

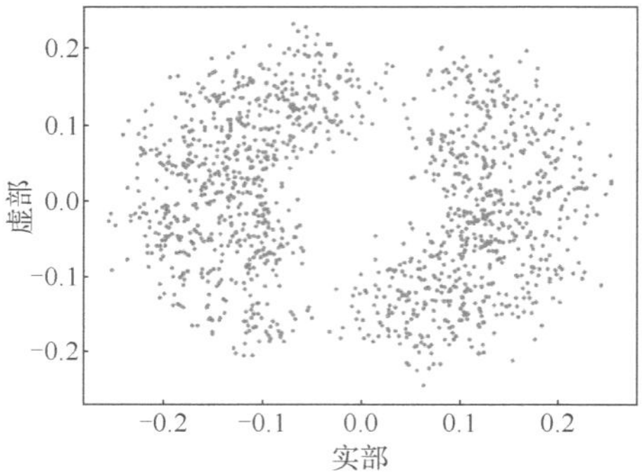

（a）均衡前星座图

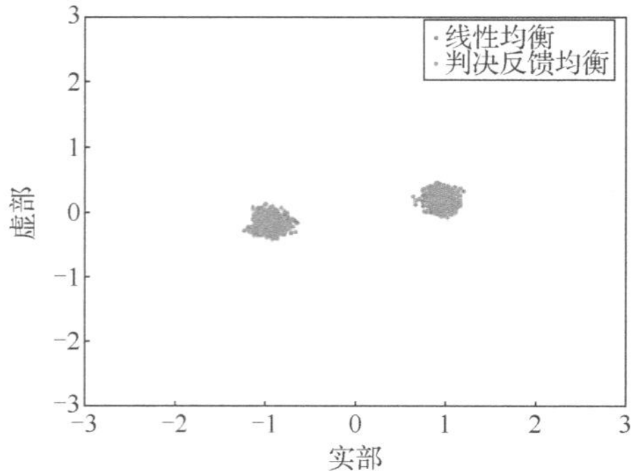

（b）均衡后星座图

图 7-32　典型帧信号均衡前后星座图（扫封底二维码可见彩图）

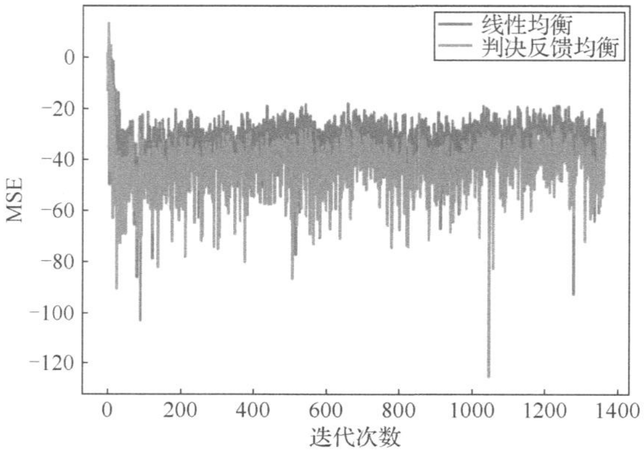

图 7-33　典型帧线性均衡和非线性均衡 MSE 曲线对比（扫封底二维码可见彩图）

从均衡前星座图可以看出，此时残余多普勒较小。从均衡后的星座图可以看出，对于残余多普勒较小的信号，线性均衡器和判决反馈均衡器都能完成均衡效果。但判决反馈均衡的星座图比线性均衡更加收敛，也就是均衡效果更好，均衡 BER 如表 7-7 所示。

表 7-7　均衡 BER

处理结果	BER
判决反馈均衡	0
线性均衡	0
未均衡	50.4%

7.4　被动三维目标运动分析

针对水声目标被动目标运动分析问题，本节将基于垂直线阵获得俯仰角量测信息，基于水平线阵获得方位与多普勒频率量测信息，利用非线性滤波算法，估计目标在三维空间中的运动状态参数。

7.4.1　系统模型构建

方位-频率-俯仰三维目标运动分析模型如图 7-34 所示。

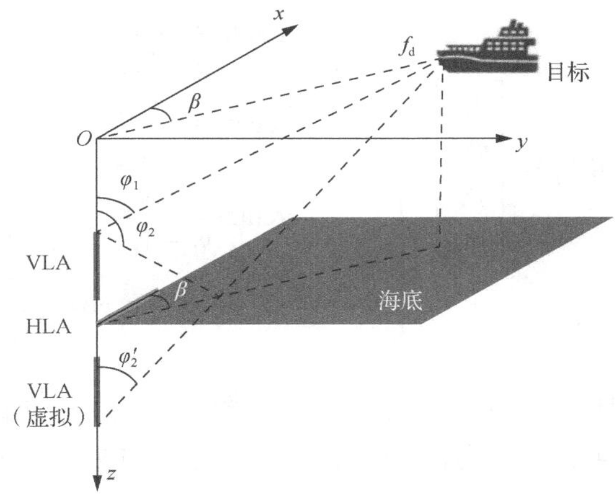

图 7-34　方位-频率-俯仰三维目标运动分析模型

VLA 表示垂直阵，HLA 表示水平阵。在海洋环境中，阵列接收到水声目标的辐射噪声通常包含多径传播路径的信号，图 7-34 展示了目标的辐射噪声直达波与一次海底反射并被 VLA 接收的过程。通过信号处理，HLA 可获得关于目标的方位角 β 以及多普勒频率 f_d 量测信息，VLA 可获得目标辐射噪声经过不同的传播路径到达的俯仰角信息 φ_1、φ_2。根据文献（田坦，2010）所述，可将经过一次海底反射传播的到达信号视为 VLA 依据海底作为对称轴镜像对称而假定虚拟存在的 VLA 接收到俯仰角信息 φ_2' 的信号，其中 $\varphi_2' = 180° - \varphi_2$。本模型可根据上述四维量测信息解决静止观测站对水声目标在三维空间内的目标运动分析问题。

由于水声目标在航行状态下，深度假设维持稳定，因此在建立目标运动分析模型时可认为目标在深度方向的速度为 0，目标在 k 时刻的状态向量（包括三维位置和速度）可由式（7-54）表示。

$$\boldsymbol{X}_k = [x_k \quad y_k \quad z_k \quad v_x \quad v_y \quad 0]^{\mathrm{T}} \tag{7-54}$$

当目标做匀速直线运动时，状态转移方程为

$$\boldsymbol{F} = \begin{bmatrix} 1 & 0 & 0 & T & 0 & 0 \\ 0 & 1 & 0 & 0 & T & 0 \\ 0 & 0 & 1 & 0 & 0 & 0 \\ 0 & 0 & 0 & 1 & 0 & 0 \\ 0 & 0 & 0 & 0 & 1 & 0 \\ 0 & 0 & 0 & 0 & 0 & 0 \end{bmatrix} \tag{7-55}$$

式中，T 为时间更新步长。可得状态方程为

$$\boldsymbol{X}_{k+1}=\boldsymbol{F}\boldsymbol{X}_k+\boldsymbol{w}_k \tag{7-56}$$

式中，$\boldsymbol{w}_k$ 表示 k 时刻的系统噪声。

k 时刻 VLA 与 HLA 对目标的量测值如式（7-57）所示。

$$h(\boldsymbol{X}_k)=\begin{bmatrix}\varphi_{1k}\\ \varphi'_{2k}\\ \beta_k\\ f_{dk}\end{bmatrix}=\begin{bmatrix}\arctan\dfrac{r_k-r_{\text{vla}1}}{z_k-z_{\text{vla}1}}\\ \arctan\dfrac{r_k-r_{\text{vla}2}}{z_k-z_{\text{vla}2}}\\ \arctan\dfrac{x_k-x_{\text{hla}}}{y_k-y_{\text{hla}}}\\ f+\dfrac{f}{c}(-v_x\sin\beta_k-v_y\cos\beta_k)\end{bmatrix} \tag{7-57}$$

式中，VLA 位置坐标为 $(x_{\text{vla}},y_{\text{vla}},z_{\text{vla}})$；HLA 位置坐标为 $(x_{\text{hla}},y_{\text{hla}},z_{\text{hla}})$；$r_k$ 表示目标到 VLA 的径向距离，即 $r_k=\sqrt{x_k^2+y_k^2}$；f 为目标的辐射频率；c 为声速。模型的量测方程如式（7-58）所示，$\boldsymbol{\varepsilon}_k$ 表示量测噪声，通常取均值为 0、方差为 σ^2 的高斯白噪声。

$$\boldsymbol{Z}_k=h(\boldsymbol{X}_k)+\boldsymbol{\varepsilon}_k \tag{7-58}$$

7.4.2　方位-频率-俯仰三维目标运动分析算法

为验证各类滤波算法对方位-频率-俯仰三维目标运动分析的可行性，并对模型的性能进行进一步分析，本节将分别使用 UKF、PF、无迹粒子滤波（unscented particle filter，UPF）与蜘蛛猴-线性优化 UPF（spider monkey linear optimization unscented particle filter，SM-LOUPF）四类滤波算法对目标在三维空间的运动状态参数进行估计，并分析估计结果的 RMSE。SM-LOUPF 算法是在蜘蛛猴优化（spider monkey optimization，SMO）算法及线性优化（linear optimization，LO）重采样算法的基础上研究出的一种蜘蛛猴-线性优化联合改进重采样方法的 UPF 算法（杜彧扬，2024）。

仿真试验：目标初始位置(4000m, 5000m, −50m)，速度 30kn，航向 200°，沿着水平方向做匀速直线运动，辐射噪声的线谱频率为 127Hz。假设海深 250m，HLA 布设在海底，VLA 布设在海深 100m 处。假定各线阵接收目标辐射信号的接收信噪比为 0dB，俯仰角量测与方位量测误差标准差均为 3°，频率量测误差标准差为 0.1Hz。滤波步长为 1s，滤波 1000 步，蒙特卡罗试验 100 次。目标与阵列的相对位置如图 7-35 所示。

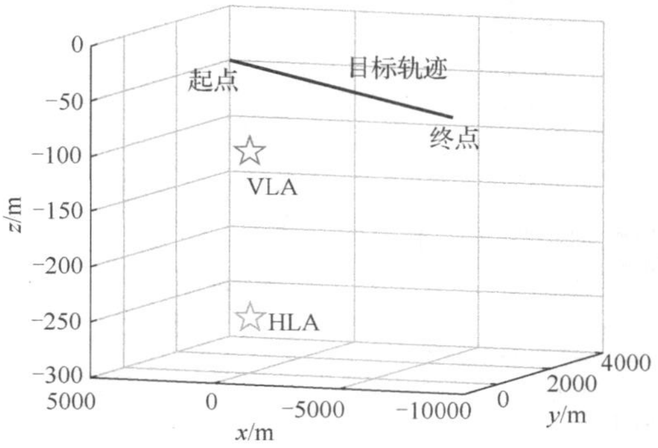

图 7-35　目标与阵列的相对位置

四个滤波算法参数为：设置 UKF 算法的初始化参数为 $\alpha=1$、$\beta=2$、$\kappa=3$；PF 类算法取粒子数 N 为 10000，水平方向在 x 轴与 y 轴位置上的初始化范围取值均为[0km,10km]，速度 v_x 与 v_y 初始化区间取[1kn,40kn]，深度方向的初始化取值为整个海深区间[−250m,0m]。四个算法对目标轨迹的估计结果及其 RMSE 如图 7-36 和图 7-37 所示。

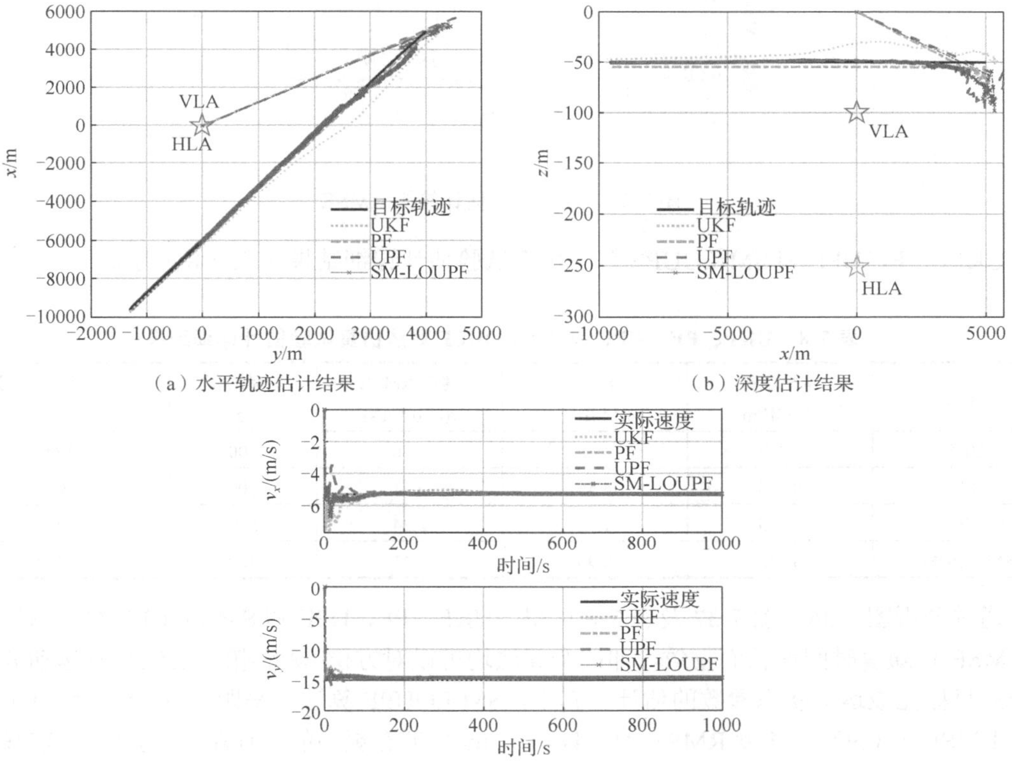

（a）水平轨迹估计结果　（b）深度估计结果

（c）速度估计结果

图 7-36　仿真试验目标轨迹估计结果

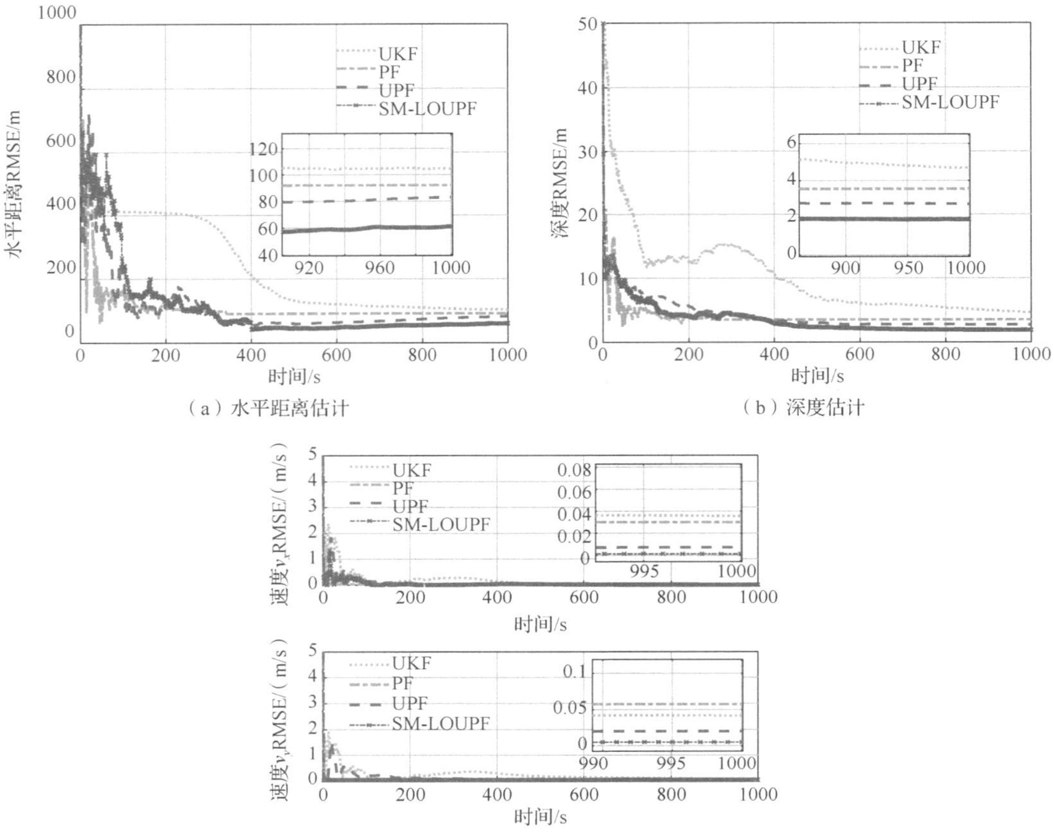

（a）水平距离估计　　（b）深度估计

（c）速度估计

图 7-37　四个算法估计结果 RMSE

UKF、PF、UPF 和 SM-LOUPF 算法仿真试验估计详细结果如表 7-8 所示。

表 7-8　UKF、PF、UPF 和 SM-LOUPF 算法仿真试验估计详细结果

算法	水平距离 RMSE/m	深度 RMSE/m	速度 RMSE /($\times10^{-2}$m/s)	收敛时间 /s	单步运行时间 /ms
UKF	104.60	4.69	5.66	600	1.60
PF	92.13	4.55	6.71	300	13.20
UPF	82.95	1.72	2.24	500	324.00
SM-LOUPF	61.15	0.90	1.41	400	359.00

通过分析图 7-36、图 7-37 及表 7-8 可得，UKF、PF、UPF 和 SM-LOUPF 算法估计结果的 RMSE 均随着时间增长而收敛，即四个算法均可以对方位-频率-俯仰三维目标运动分析模型中的目标完成运动状态参数的估计。其中，SM-LOUPF 算法水平距离 RMSE 为 61.15m，深度 RMSE 为 0.90m，速度 RMSE 为 1.41×10^{-2} m/s，拥有更高的估计精度，但计算效率较低，单步运行时间是 UKF 算法的 224 倍、PF 算法的 27 倍，与 UPF 运行时间接近，收敛时间为 400s，略晚于 PF 算法，但快于 UKF 与 UPF 算法，适合在计算机硬件水平较高、有充足的滤波时间、对估计精度要求高的场景下使用。

7.4.3　被动三维目标运动分析海试数据处理

本节将利用 SWellEx-96 海试中 S5 事件的试验数据进行算法模型验证。SWellEx-96 是由美国海洋物理实验室在 1996 年 5 月 10 日至 18 日之间进行的试验，试验数据可在网络上开源获得，试验地点距离加利福尼亚州圣迭戈附近的洛马岬尖端约 12km。试验船上的拖曳声源发射若干宽带信号和单频信号，频带为 50～400Hz。

在试验的 S5 事件中，共布放了一个 VLA 以及南北面的两个 HLA（NHLA、SHLA），目标试验船以 5kn 的速度向东北行驶，选用 S5 事件中第 54～64min 期间的试验数据对方位-频率-俯仰三维目标运动分析模型进行算法验证。试验期间 NHLA、VLA 的位置以及试验船拖曳目标声源的行驶轨迹如图 7-38 所示。其中，NHLA 阵长为 240m，布设在海底；VLA 阵长为 120m，布设在水深 94m 处。

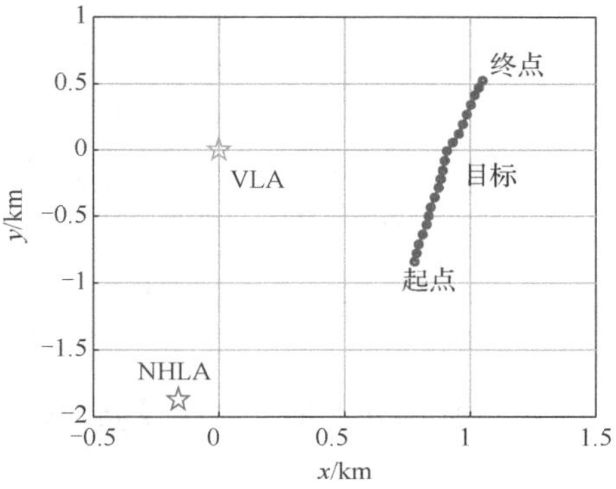

图 7-38　目标与阵列相对位置关系

图 7-39 展示了通过波束形成技术获得的俯仰角、方位角的量测结果，其中方位历程是目标真方位量测结果（NHLA 的端射方向与正北方向呈 34.5°夹角）。

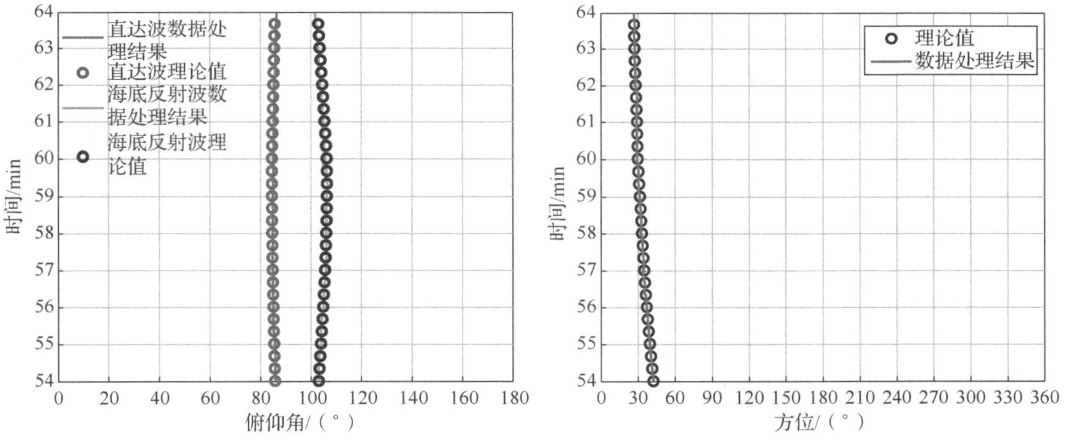

（a）目标俯仰角历程图（直达波和海底反射波）　（b）目标方位角量测

图 7-39　俯仰角和方位角量测结果

图 7-40 展示了通过功率谱估计技术获得的目标 LOFAR 谱图（低频分析记录）与频率量测结果。图 7-40（a）中色棒表示信号功率幅值，单位为 dB。图中的圆圈标志表示该时段内，使用试验提供的试验船、VLA 及 NHLA 的 GPS 数据，计算得出的三类信息的理论值。

四个滤波算法的参数：设置 UKF 算法的初始化参数为 $\alpha=1$、$\beta=2$、$\kappa=3$；PF 类算法取粒子数为 10000。根据 NHLA 测得的目标初始方位设定水平方向在 x 轴位置上的初始化范围为 $[0\text{km},10\text{km}]$，y 轴位置上的初始化范围取值均为 $[-10\text{km},0\text{km}]$，速度 v_x 与 v_y 初始化区间取 $[1\text{kn},40\text{kn}]$，深度方向的初始化取值为 $[-500\text{m},0\text{m}]$。分别使用 UKF、PF、UPF 及 SM-LOUPF

算法对该海试数据进行三维目标运动分析性能验证。

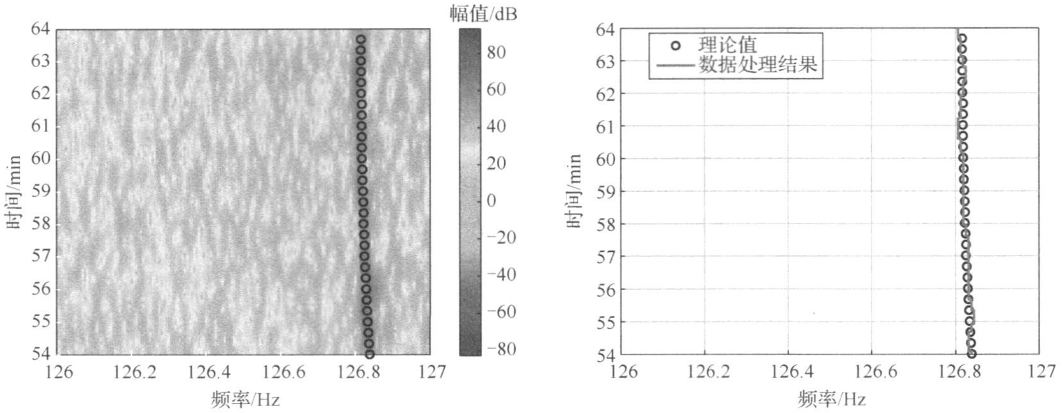

（a）目标LOFAR谱图（黑色O标记是理论值）　　（b）目标辐射频率量测与理论频率值

图 7-40　多普勒频率量测处理结果

海试数据处理估计结果及其误差曲线如图 7-41 与图 7-42 所示。

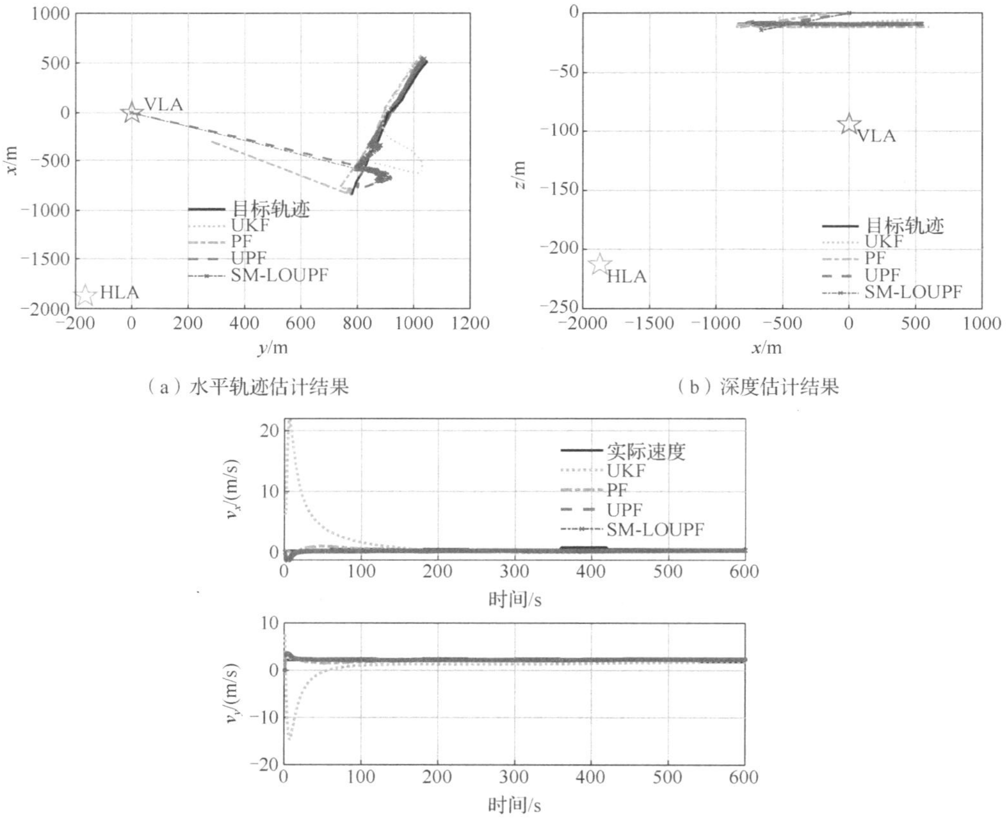

（a）水平轨迹估计结果　　（b）深度估计结果

（c）速度估计结果

图 7-41　海试数据处理估计结果（扫封底二维码可见彩图）

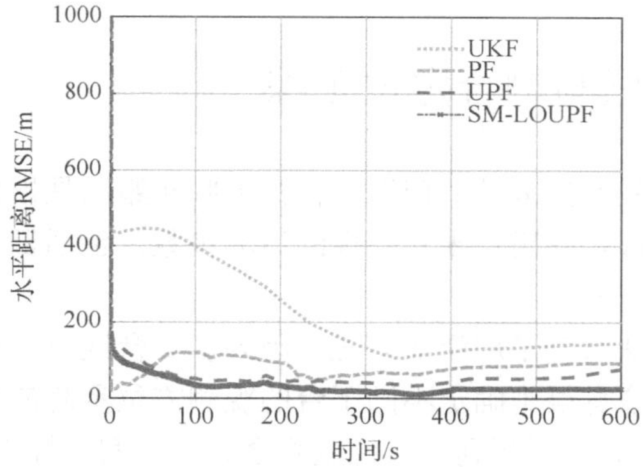

（a）水平距离估计

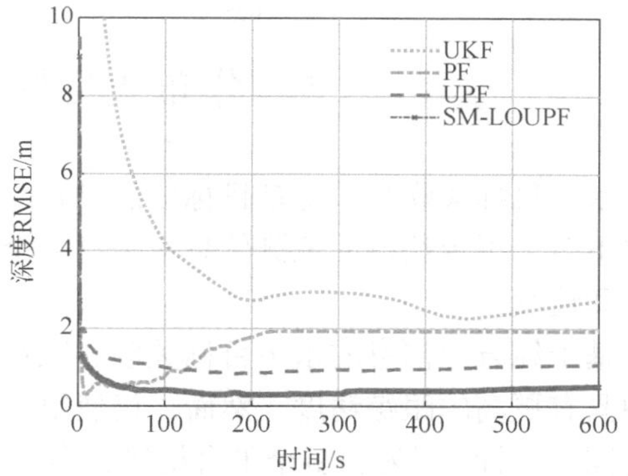

（b）深度估计

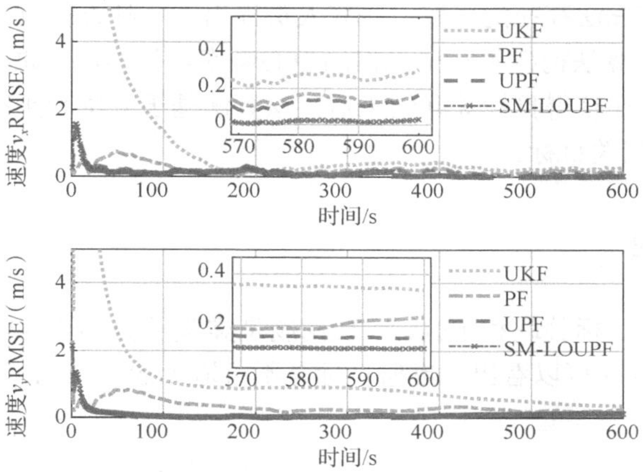

（c）速度估计

图 7-42　海试数据处理估计结果 RMSE（扫封底二维码可见彩图）

方位-频率-俯仰被动三维目标运动分析模型海试数据处理各项参数详细结果如表 7-9 所示。

表 7-9　方位-频率-俯仰被动三维目标运动分析模型海试数据处理各项参数详细结果

算法	水平距离 RMSE/m	深度 RMSE/m	速度 RMSE/(m/s)	收敛时间/s
UKF	144.40	2.71	0.45	350
PF	90.99	1.92	0.29	200
UPF	76.21	1.05	0.23	300
SM-LOUPF	57.08	0.50	0.19	250

通过图 7-41 及图 7-42 可得，UKF、PF、UPF 及 SM-LOUPF 四个算法均可有效完成对目标运动状态各项参数的估计。并且由表 7-9 可得，SM-LOUPF 算法水平距离 RMSE 为 57.08m，深度 RMSE 为 0.50m，速度 RMSE 为 0.19m/s，RMSE 最小，收敛时间为 250s，晚于 PF 算法，但快于 UKF 与 UPF 算法；PF 算法的收敛速度最快，但算法收敛后的估计精度劣于 UPF 和 SM-LOUPF 算法。海试数据处理结果与仿真试验结论基本一致。

7.5　分布式目标关联与融合定位跟踪

水下目标关联与跟踪是目标信息融合领域具有挑战性的问题。目标关联和跟踪是指使用从水下多个平台获得的量测信息来关联多个目标，并确定未知目标的运动参数，包括目标的位置和速度。

基于纯方位信息的水下目标关联和跟踪方法得到了广泛的研究，因为多平台纯方位量测模型具有更高的跟踪精度。然而，仅使用方位信息很难确定不同平台的观测方位量测值是否来自同一目标。因为当多个平台检测到多个目标时，观测到的方位量测会导致虚假目标产生，需要额外的算法来判断虚假目标，这可能会带来算法复杂性增加的问题。

针对当前关联跟踪算法存在的问题，研究人员提出了一种方位频率目标关联与跟踪算法（Zhang et al., 2024）。该算法构建了一个无偏的中心频率估计器，并通过引入最近邻算法构建了两级假设检验准则。在获得目标关联结果后，该算法基于方位和频率量测构建目标运动模型，并应用 UKF 跟踪相关目标。

7.5.1　量测模型构建

对于传统的纯方位目标关联和定位，主要问题是虚假目标。图 7-43 显示了纯方位目标关联和定位问题。从图 7-43 可以看出，虚假目标是不可避免的，难以消除。

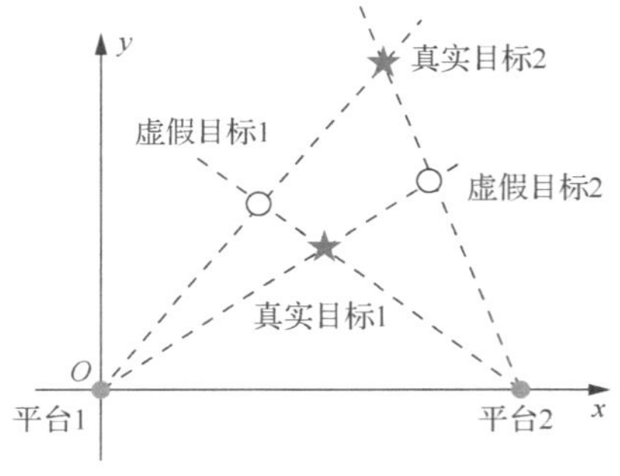

图 7-43　纯方位目标关联和定位问题

为了解决上述问题，本节将频率量测与方位量测相结合。新的量测方程为

$$Z(k)=h[X(k)]+r(k) \tag{7-59}$$

方程（7-59）可以被改写为

$$\begin{bmatrix}\tilde{\beta}_k\\ \tilde{f}_k\end{bmatrix}=\begin{bmatrix}\beta_k\\ f_0\left[1-\dfrac{(v_{x,k}-v_{Ox,k})\sin\beta_k+(v_{y,k}-v_{Oy,k})\cos\beta_k}{c}\right]\end{bmatrix}+\begin{bmatrix}\varepsilon_{\beta,k}\\ \varepsilon_{f,k}\end{bmatrix} \tag{7-60}$$

式中，$\beta_k=\arctan\left[\left(x_k-x_{O,k}\right)/\left(y_k-y_{O,k}\right)\right]$，$x_k$ 和 y_k 是 k 时刻的位置坐标，$x_{O,k}$ 和 $y_{O,k}$ 是参考点

k 时刻的位置坐标；$\tilde{\beta}_k$ 和 $\tilde{f}_k$ 分别代表 k 时刻的方位量测和频率量测；$\varepsilon_{\beta,k}$ 和 $\varepsilon_{f,k}$ 分别代表 k 时刻的方位量测误差和频率量测误差，并且服从高斯分布，$\boldsymbol{R}(k)=\mathrm{diag}[\varepsilon_{\beta,k}^2,\varepsilon_{f,k}^2]$ 是量测误差协方差矩阵；$v_{x,k}$ 和 $v_{y,k}$ 是 k 时刻的目标速度；$v_{Ox,k}$ 和 $v_{Oy,k}$ 是 k 时刻参考点的速度；c 是水中声速；f_0 是中心频率。

7.5.2　方位频率目标关联与定位跟踪算法

频率量测方程式（7-60）可以写成

$$\tilde{f}_k = f_0 - [f_0(v_{x,k}-v_{Ox,k})]\frac{\sin\beta_k}{c} - [f_0(v_{y,k}-v_{Oy,k})]\frac{\cos\beta_k}{c} + \varepsilon_{f,k} \tag{7-61}$$

等式（7-61）可以写成矩阵形式：

$$\boldsymbol{AX}+\boldsymbol{B}=\boldsymbol{C} \tag{7-62}$$

式中，

$$\boldsymbol{A}=\begin{bmatrix} -\dfrac{\sin\beta_1}{c} & -\dfrac{\cos\beta_1}{c} & 1 \\ -\dfrac{\sin\beta_2}{c} & -\dfrac{\cos\beta_2}{c} & 1 \\ \vdots & \vdots & \vdots \\ -\dfrac{\sin\beta_k}{c} & -\dfrac{\cos\beta_k}{c} & 1 \end{bmatrix} \tag{7-63}$$

$$\boldsymbol{X}=[f_0(v_{x,k}-v_{Ox,k}), f_0(v_{y,k}-v_{Oy,k}), f_0]^{\mathrm{T}} \tag{7-64}$$

$$\boldsymbol{B}=\left[\varepsilon_{f,1},\varepsilon_{f,2},\cdots,\varepsilon_{f,k}\right]^{\mathrm{T}},\quad \boldsymbol{C}=\left[\tilde{f}_1,\tilde{f}_2,\cdots,\tilde{f}_k\right]^{\mathrm{T}} \tag{7-65}$$

然后，可以通过最小二乘算法获得加权估计的中心频率：

$$\hat{\boldsymbol{X}}=(\boldsymbol{A}^{\mathrm{T}}\boldsymbol{WA})^{-1}\boldsymbol{A}^{\mathrm{T}}\boldsymbol{WC} \tag{7-66}$$

式中，$\boldsymbol{W}=\boldsymbol{R}^{-1}$，$\boldsymbol{R}=\mathrm{diag}(\varepsilon_{f,1}^2,\varepsilon_{f,2}^2,\cdots,\varepsilon_{f,k}^2)$。

虽然使用方程（7-66）可以实现中心频率估计，但仍然存在问题。一方面，该方法是一种批处理算法，会增加算法运行时间。另一方面，随着观测值数量的增加，该方法可能会遇到高阶矩阵求逆的困难。为了解决上述问题，将方程（7-66）改进为递归形式：

$$\begin{cases} \hat{\boldsymbol{X}}(k)=\hat{\boldsymbol{X}}(k-1)+\boldsymbol{M}(k)\boldsymbol{A}(k)^{\mathrm{T}}W(k)\cdot[C(k)-A(k)\hat{X}(k-1)] \\ \boldsymbol{M}(k)=\boldsymbol{M}(k-1)-\boldsymbol{M}(k-1)\boldsymbol{A}(k)^{\mathrm{T}}\cdot[\boldsymbol{A}(k)\boldsymbol{M}(k-1)\boldsymbol{A}(k)^{\mathrm{T}}+W(k)^{-1}]^{-1}\boldsymbol{A}(k)\boldsymbol{M}(k-1) \end{cases} \tag{7-67}$$

式中，$\boldsymbol{A}(k)=\left[-\dfrac{\sin\beta_k}{c},-\dfrac{\cos\beta_k}{c},1\right]$；$C(k)=\tilde{f}_k$；$W(k)=(\varepsilon_{f,k}^2)^{-1}$。

然后，可以使用式（7-67）递归地获得中心频率估计量。下面给出使用中心频率估计量对目标关联进行假设检验的过程。

以平台 m 观测的目标 i 和平台 n 观测的目标 j 为例。定义以下假设事件。

H_0：$S^{m,i}(t)$ 和 $S^{n,j}(t)$ 来自同一目标。

H_1：$S^{m,i}(t)$ 和 $S^{n,j}(t)$ 来自不同目标。

$S^{m,i}(t)$ 是平台 m 观测到的目标 i 的目标关联信息向量集：

$$S^{m,i}(t)=\{\hat{f}_0^{m,i}(t,f_n),\boldsymbol{M}^{m,i}(t,f_n),m\in M,i\in I,f_n\in f_N\} \tag{7-68}$$

$$S^{n,j}(t)=\{\hat{f}_0^{n,j}(t,f_n),\boldsymbol{M}^{n,j}(t,f_n),n\in N,j\in I,f_n\in f_N\} \tag{7-69}$$

式中，m、n 是平台序号；M、N 是平台数目；i、j 是目标序号；I 是目标数量；f_n 是线谱序号；f_N 是线谱数量；t 是采样时刻。

H_0 假设下的联合概率密度为

$$\begin{aligned}
&p[\Delta f_0^{m,i,n,j}(k,f_n)\mid H_0]\\
&=p[\Delta f_0^{m,i,n,j}(k,f_n),\Delta f_0^{m,i,n,j}(k-1,f_n)\mid H_0]\\
&=p[\Delta f_0^{m,i,n,j}(k,f_n)\mid \Delta f_0^{m,i,n,j}(k-1,f_n),H_0]\cdot p[\Delta f_0^{m,i,n,j}(k,f_n)\mid H_0]\\
&=\prod_{t=1}^{k}p[\Delta f_0^{m,i,n,j}(t,f_n)\mid \Delta f_0^{m,i,n,j}(t-1,f_n),H_0]
\end{aligned} \tag{7-70}$$

式中，

$$\Delta f_0^{m,i,n,j}(t,f_n)=\hat{f}_0^{m,i}(t,f_n)-\hat{f}_0^{n,j}(t,f_n) \tag{7-71}$$

通常，估计误差服从分布 $N[0;\boldsymbol{G}^{m,i,n,j}(t,f_n)]$，并且协方差矩阵可以通过式（7-67）计算。

$$\boldsymbol{G}^{m,i,n,j}(t,f_n)=\boldsymbol{M}^{m,i}(t,f_n)+\boldsymbol{M}^{n,j}(t,f_n) \tag{7-72}$$

H_0 假设下的似然函数为

$$\begin{aligned}
L[\Delta f_0^{m,i,n,j}(k,f_n)\mid H_0]=&\left[\prod_{t=1}^{k}\left|2\pi\boldsymbol{G}^{m,i,n,j}(t,f_n)\right|^{-1/2}\right]\\
&\times\exp\left\{-\frac{1}{2}\sum_{t=1}^{k}[\Delta f_0^{m,i,n,j}(t,f_n)]^{\mathrm{T}}\cdot[\boldsymbol{G}^{m,i,n,j}(t,f_n)]^{-1}\Delta f_0^{m,i,n,j}(t,f_n)\right\}
\end{aligned} \tag{7-73}$$

定义似然比：

$$\mathrm{LR}[\Delta f_0^{m,i,n,j}(k,f_n)]=L[\Delta f_0^{m,i,n,j}(k,f_n)\mid H_0]/L[\Delta f_0^{m,i,n,j}(k,f_n)\mid H_1] \tag{7-74}$$

定义对数似然比，并得到似然比函数：

$$\begin{aligned}
&\mathrm{LRF}^{m,i,n,j}(k)\\
&=\sum_{f_n=1}^{f_N}\sum_{t=1}^{k}[\Delta f_0^{m,i,n,j}(t,f_n)]^{\mathrm{T}}[\boldsymbol{G}^{m,i,n,j}(t,f_n)]^{-1}\Delta f_0^{m,i,n,j}(t,f_n)\\
&=\sum_{f_n=1}^{f_N}\mathrm{LRF}^{m,i,n,j}(k-1,f_n)+\sum_{f_n=1}^{f_N}[\Delta f_0^{m,i,n,j}(t,f_n)]^{\mathrm{T}}[\boldsymbol{G}^{m,i,n,j}(t,f_n)]^{-1}\Delta f_0^{m,i,n,j}(t,f_n)
\end{aligned} \tag{7-75}$$

对事件 H_0 和 H_1 进行一级假设检验：

$$
\begin{aligned}
&H_0\begin{cases}\mathrm{LRF}^{m,i,n,j}(k)=\arg\min\{\mathrm{LRF}^{m,i,n,j}(k),i,j\in I\}\\ \mathrm{LRF}^{m,i,n,j}(k)\leqslant\lambda(k)\end{cases}\\
&H_1\begin{cases}\mathrm{LRF}^{m,i,n,j}(k)\neq\arg\min\{\mathrm{LRF}^{m,i,n,j}(k),i,j\in I\}\\ \mathrm{LRF}^{m,i,n,j}(k)>\lambda(k)\end{cases}
\end{aligned}
\tag{7-76}
$$

式中，$\lambda(k)$ 为 k 时刻的门限，门限满足

$$P\{\mathrm{LRF}^{m,i,n,j}(k)>\lambda(k)\,|\,H_0\}=\alpha \tag{7-77}$$

门限的取值基于以下事实，$\mathrm{LRF}^{m,i,n,j}(k)$ 是具有 kn_x 自由度的卡方分布，即 H_0 为真时，错误概率为 α。对于给定的 α，$\lambda(k)$ 随着 k 的增大而增大，需要实时修正。

在获得一级假设检验的结果后，所提出的算法构建了二级假设检验，如果一级假设检验满足事件 H_0，则 $\mathrm{value}^{m,i,n,j}(k)=1$，否则 $\mathrm{value}^{m,i,n,j}(k)=0$。

计算目标关联置信度：

$$P_{\mathrm{TA}}^{m,i,n,j}(k)=\frac{\sum\limits_{k=k_{\mathrm{thr}}}^{k}\mathrm{value}^{m,i,n,j}(k)}{k-k_{\mathrm{thr}}+1},\quad k\geqslant k_{\mathrm{thr}} \tag{7-78}$$

对事件 H_0 和 H_1 进行二级假设检验：

$$
\begin{aligned}
&H_0: {P_{\mathrm{TA}}}^{m,i,n,j}(k)\geqslant P_{\mathrm{thr}}\\
&H_1: {P_{\mathrm{TA}}}^{m,i,n,j}(k)<P_{\mathrm{thr}}
\end{aligned}
\tag{7-79}
$$

式中，k_{thr} 是收敛步数阈值。由于中心频率估计器需要时间稳定，因此有必要设置阈值，从而实现基于中心频率的目标特征关联算法。

在获得目标关联结果后，需要构建目标定位跟踪模型。本算法构建了中心频率的估计器，这使得该算法不需要中心频率的先验信息。因此，本算法的状态向量 $\boldsymbol{X}(k)$ 为

$$\boldsymbol{X}(k)=[x_k,y_k,v_{x,k},v_{y,k}]^{\mathrm{T}} \tag{7-80}$$

相应的状态方程为

$$\boldsymbol{X}(k)=\boldsymbol{F}\boldsymbol{X}(k-1)+\boldsymbol{G}w(k) \tag{7-81}$$

$$\boldsymbol{F}=\begin{bmatrix}1&0&T&0\\0&1&0&T\\0&0&1&0\\0&0&0&1\end{bmatrix},\quad \boldsymbol{G}=\begin{bmatrix}0.5T^2&0\\0&0.5T^2\\T&0\\0&T\end{bmatrix} \tag{7-82}$$

式中，$\boldsymbol{F}$ 和 $\boldsymbol{G}$ 分别是状态转移和干扰矩阵；$w(k)$ 是 k 时刻的系统噪声，其均值为零，协方差矩阵为 $\boldsymbol{Q}(k)$；T 是采样时刻。在构建新的目标运动跟踪模型后，使用 UKF 对目标进行跟踪。

7.5.3 仿真分析和海试数据处理

1. 仿真分析

模拟四个匀速直线运动目标、两个静止观测平台。图 7-44 显示了平台和目标的位置。方位的标准偏差 $\varepsilon_{\beta,k}$ 和频率量测噪声 $\varepsilon_{f,k}$ 分别为 1° 和 0.01Hz，四个目标的中心频率分别为 150Hz、151Hz、152Hz、153Hz，k_{thr} 设置为 100，c 设置为 1500m/s。图 7-45 和图 7-46 为两个平台获得的频率量测和方位量测。

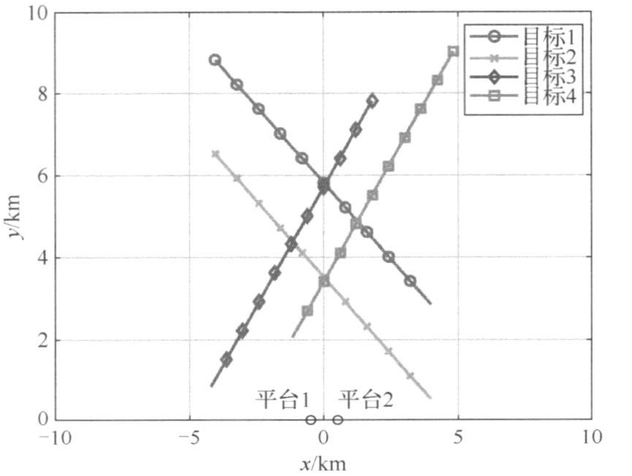

图 7-44　平台和目标的位置

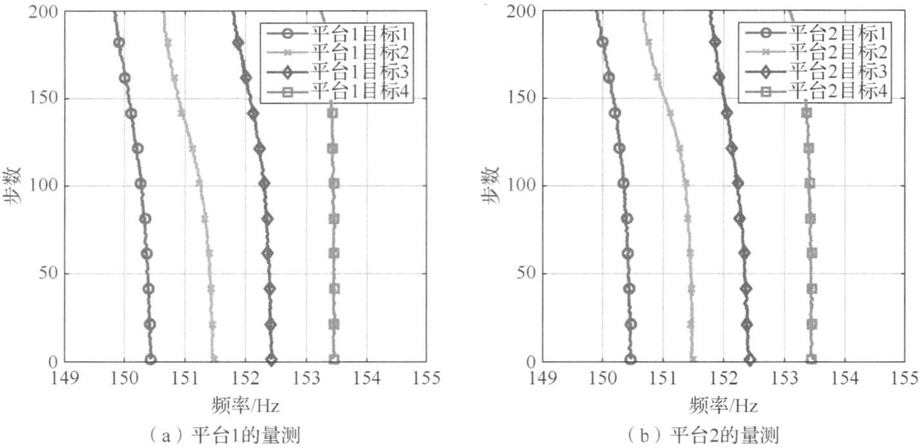

图 7-45　频率量测

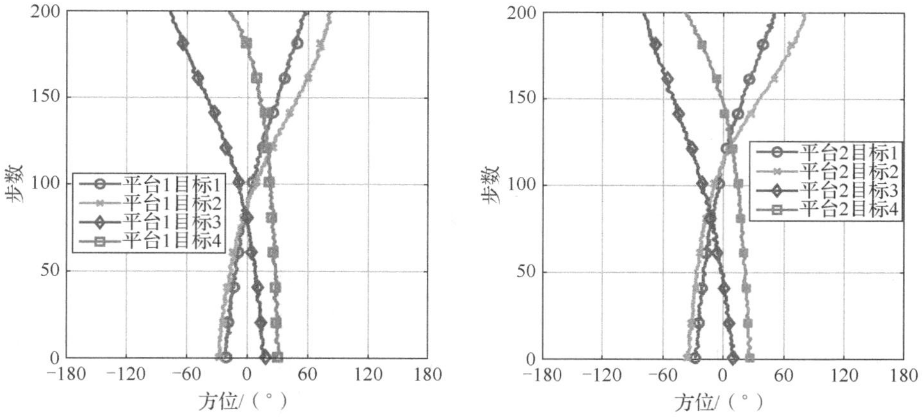

（a）平台1的量测　（b）平台2的量测

图 7-46　方位量测

在获得中心频率的估计结果后，应用所提出的算法来实现目标关联。图 7-47 给出了所提出的目标关联算法的关联置信度。

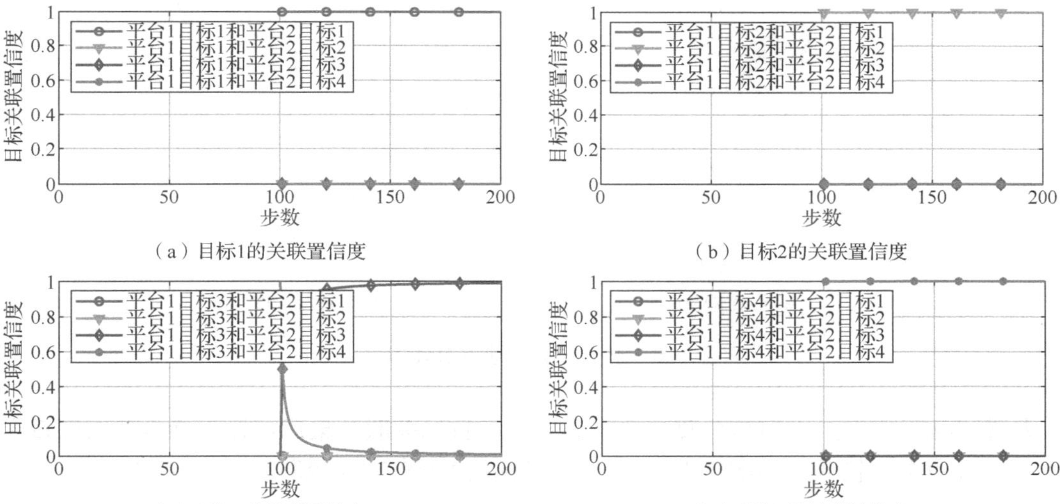

（a）目标1的关联置信度　（b）目标2的关联置信度
（c）目标3的关联置信度　（d）目标4的关联置信度

图 7-47　目标关联置信度

如图 7-47 所示，当不同平台观测到同一目标时，目标关联置信度随着时间推移逐渐增大，趋近于 1。当不同平台观测到不同目标时，目标关联置信度随着时间推移趋近于 0。在获得目标相关性结果后，应用基于方位和频率量测的 UKF 进行目标定位与跟踪。图 7-48 为目标的跟踪轨迹和真实轨迹。图 7-49 给出了位置和速度 RMSE。

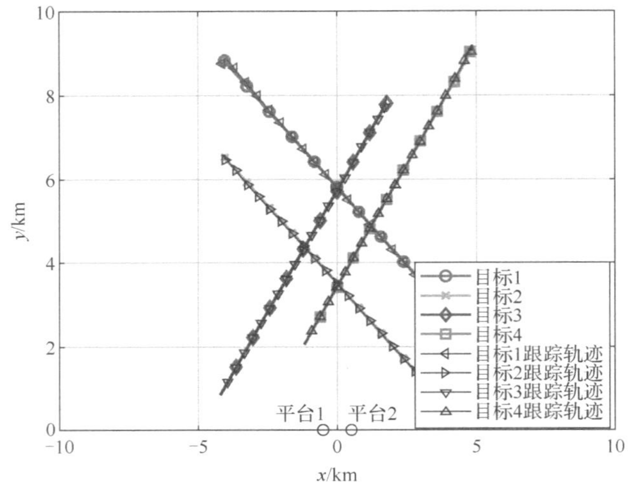

图 7-48　目标的跟踪轨迹和真实轨迹（扫封底二维码可见彩图）

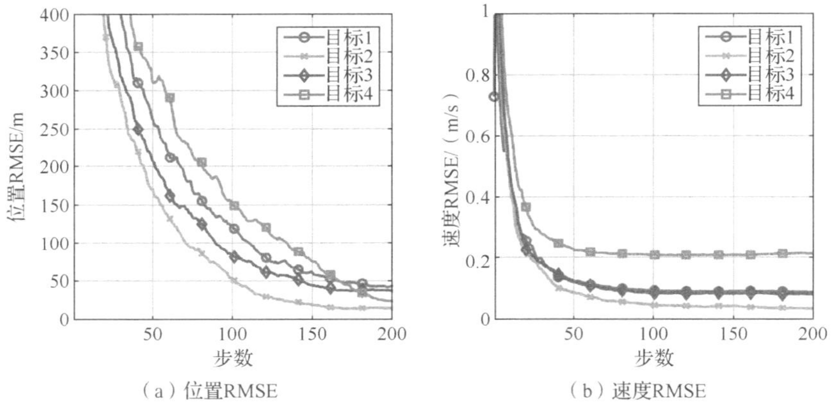

图 7-49　位置和速度 RMSE

从图 7-48 可以看出，UKF 算法在得到正确的目标关联结果后可以正确定位跟踪每个目标，并且没有关联错误。在图 7-49 中，每个目标的 RMSE 曲线都趋于收敛状态。

2. 海试数据处理

基于海试数据验证算法在实际海洋环境中的可行性，两个观测平台被放置在海底。在试验过程中，观察到两个目标：一个目标的典型频率特征范围为 251～255Hz，被命名为目标 1；另一个目标的典型频率特征范围为 92～96Hz，被命名为目标 2。目标 1 是测试船，可以通过全球定位系统（GPS）获取船的轨迹信息。以平台 1 的位置为原点，两个平台的位置和目标 1 的 GPS 轨迹如图 7-50 所示。图 7-51、图 7-52 给出了两个平台观测到的两个目标 LOFAR 谱图（低频分析记录），其色棒表示信号功率幅值，单位为 dB。LOFAR 谱图显示的观测时间范围约为 350min。

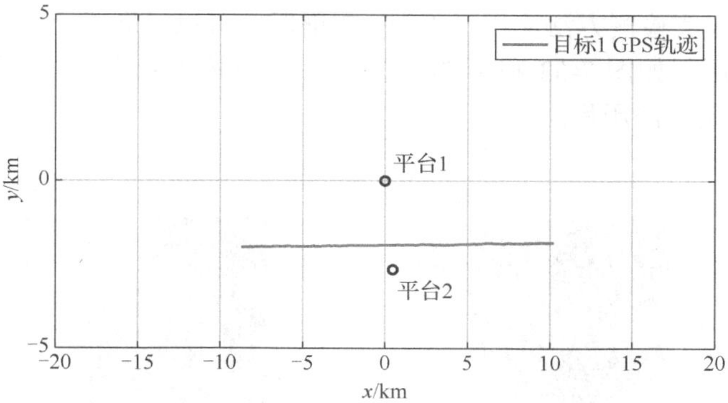

图 7-50　平台位置和目标 1 的 GPS 轨迹

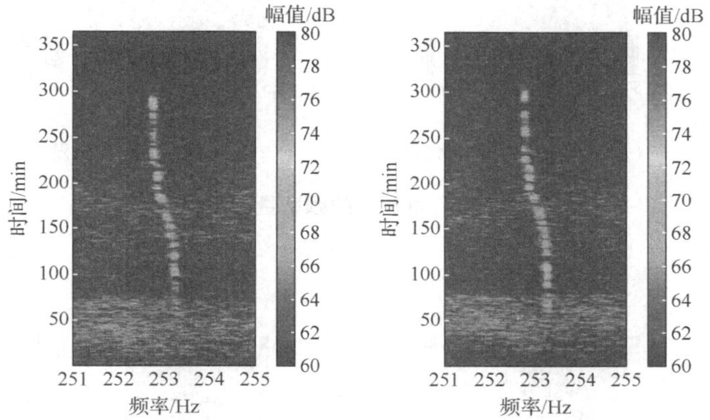

（a）平台1的LOFAR谱图　（b）平台2的LOFAR谱图

图 7-51　目标 1 的 LOFAR 谱图

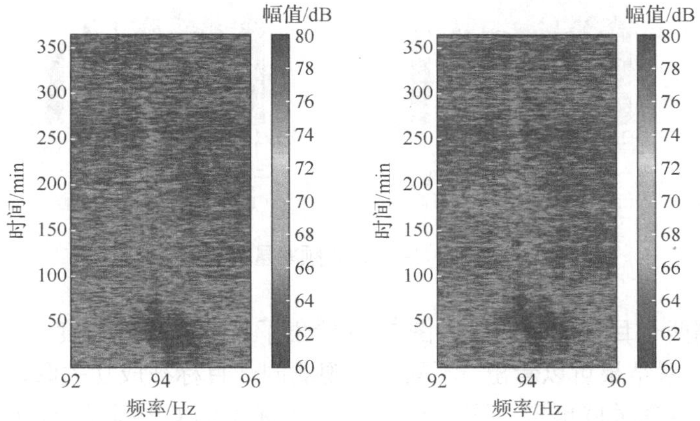

（a）平台1的LOFAR谱图　（b）平台2的LOFAR谱图

图 7-52　目标 2 的 LOFAR 谱图

通过将能量最大值检测方法应用于 LOFAR 谱图，可以提取频率历程。基于 LOFAR 谱图提取的频率量测历程如图 7-53 和图 7-54 所示，其色棒表示信号功率幅值，单位为 dB。图 7-55 为提取的方位量测历程。

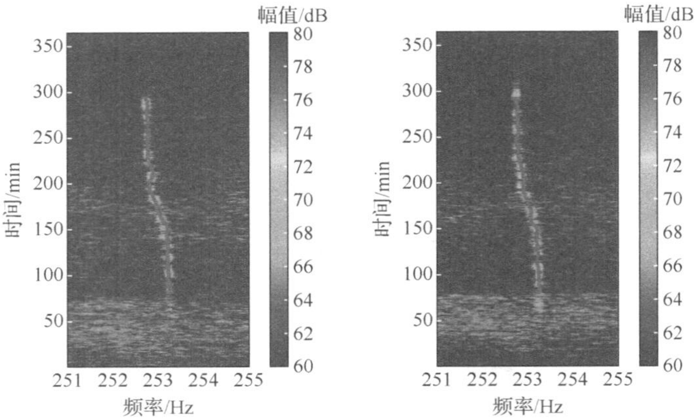

（a）平台1频率量测历程　（b）平台2频率量测历程

图 7-53　目标 1 的频率量测历程

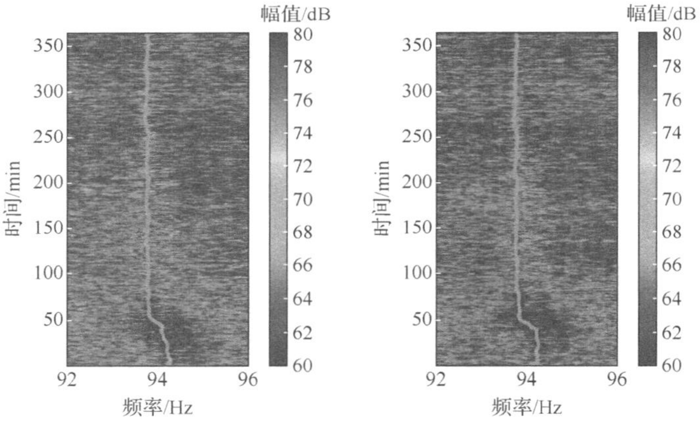

（a）平台1频率量测历程　（b）平台2频率量测历程

图 7-54　目标 2 的频率量测历程

选择同时观测两个目标的时间段，图 7-56 给出了目标关联置信度。

从图 7-56 的关联结果可以看出，不同平台观测同一目标被成功关联，不同平台观测不同目标未被关联，不存在关联虚警。图 7-57 给出了目标 1 的 GPS 轨迹和基于双平台方位频率的目标定位跟踪轨迹。

在提取频率和方位量测值时存在量测误差，这会导致最终跟踪轨迹中的定位误差。如图 7-57 所示，跟踪轨迹与 GPS 轨迹相比较，误差小于 0.85km。海试数据的分析结果证实了所提出算法的有效性。

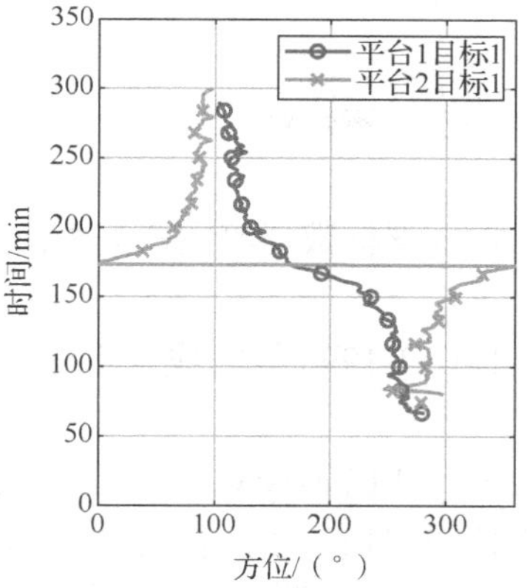

（a）目标1方位量测历程

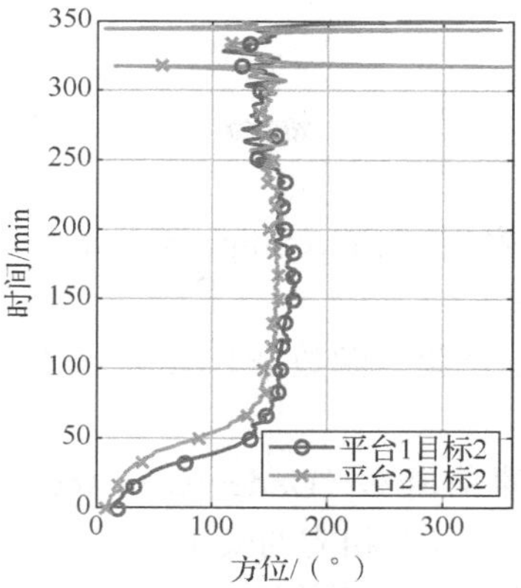

（b）目标2方位量测历程

图 7-55　方位量测历程

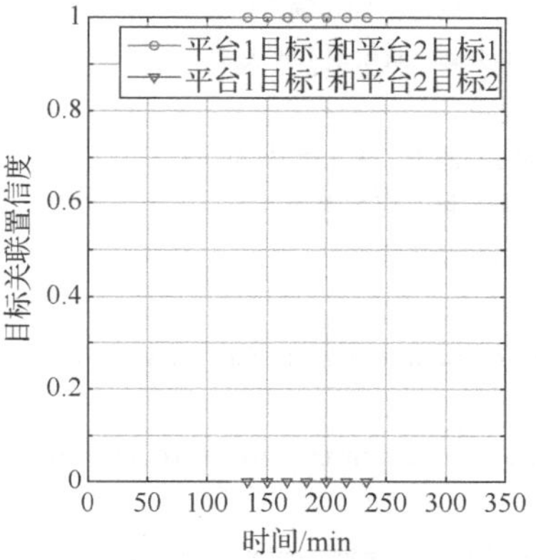

（a）平台1目标1的关联置信度

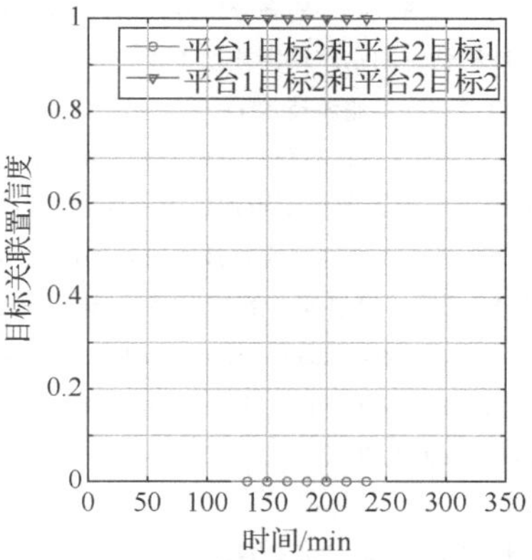

（b）平台1目标2的关联置信度

图 7-56　目标关联置信度

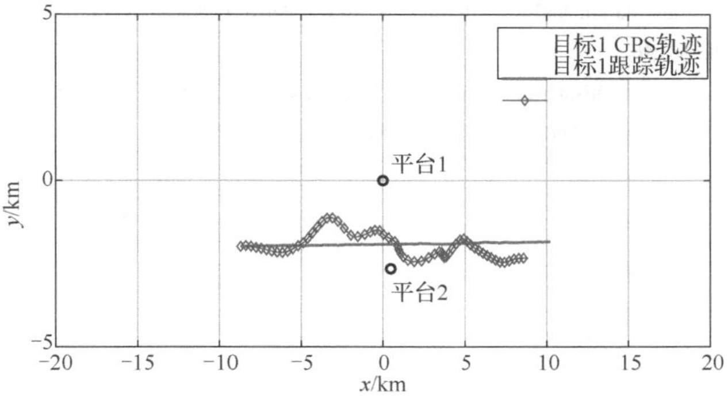

图 7-57　目标 1 的 GPS 轨迹和跟踪轨迹

习　　题

1. 利用开源数据集 DeeShip、Shipsear 或者 Argo 浮标数据等完成典型海洋声学信号的时频分析数据处理。

2. 利用海上试验开源数据 SWellEx-96、SACLANT 1993 等完成水平阵、垂直阵相关阵列信号数据处理。

3．利用水声信道库（Underwater Acoustic Channel Library）中不同海上试验记录的通信信道的脉冲响应，以及相应的噪声模型进行水声信道建模、水声信道估计等数据处理。

4. 利用海上试验开源数据 SWellEx-96 完成目标测向、测距、测深等数据处理。

参 考 文 献

崔文婷, 2023. 三维运动平台搭载阵列的高分辨方位估计算法研究[D]. 哈尔滨: 哈尔滨工程大学.

杜彧扬, 2024. 基于贝叶斯估计的水声目标被动 TMA 方法研究[D]. 哈尔滨: 哈尔滨工程大学.

富宇, 2021. 水声多途信道关联及滤波技术[D]. 哈尔滨: 哈尔滨工程大学.

何友, 关键, 孟祥伟, 2011. 雷达目标检测与恒虚警处理[M]. 2 版. 北京: 清华大学出版社: 46-48.

黎梦远, 2023. 水声通信中的单载波频域均衡技术研究[D]. 哈尔滨: 哈尔滨工程大学.

曲光宇, 2020. 水下多目标纯方位跟踪与定位技术研究[D]. 哈尔滨: 哈尔滨工程大学.

田坦, 2010. 声呐技术[M]. 2 版. 哈尔滨: 哈尔滨工程大学出版社.

Nuttall A H, 1996. Detection performance of power-law processors for random signals of unknown location, structure, extent, and strength[J]. AIP Conference Proceedings, 375(1): 302-324.

Rubner Y, Tomasi C, Guibas L J, 2000. The earth mover's distance as a metric for image retrieval[J]. International Journal of Computer Vision, 40: 99-121.

Sun D J, Zhang K, Mei J D, et al, 2023. Deconvolved beamforming for a compact conformal array on a three-dimensional mobile platform[J]. Acoustics Australia, 51(3): 373-388.

Sun D J, Zhang Y A, Teng T T, et al, 2023. Underwater Doppler-bearing maneuvering target motion analysis based on joint estimated adaptive unscented Kalman filter[J]. The Journal of the Acoustical Society of America, 154(5): 2843-2857.

Tremois O, Le Cadre J P, 1996. Target motion analysis with multiple arrays: Performance analysis[J]. IEEE Transactions on Aerospace and Electronic Systems, 32(3): 1030-1046.

Zhang Y A, Teng T T, Hu Z J, 2024. A multi-platform underwater target association and tracking method based on bearing and frequency measurements[C]. 2024 OES China Ocean Acoustics (COA). IEEE: 1-7.